Mastercam 数控加工完全自学丛书

图解 Mastercam 2017 车铣复合编程入门与精通

李小聪 编 著

机 械 工 业 出 版 社

本书围绕 Mastercam 2017 介绍车铣复合编程，为帮助读者打好基础，第 1 ～ 4 章分别介绍了 Mastercam 2017 基础知识、Mastercam 2017 图形修改技巧、车铣复合必备知识、Mastercam 2017 两轴车床编程基础与技巧，第 5、6 章详细介绍了 Mastercam 2017 三轴、四轴车铣复合编程基础与技巧，第 7 章详解了典型零件的 Mastercam 2017 车铣复合编程。本书可让读者对车铣复合编程有一个全面深入的了解，并熟练运用到实际工作中。书中所有实例均采用 FANUC 32iM-B 系统，机床为卧式走刀机。扫描前言中的二维码，可下载书中实例源文件。为方便读者交流学习，提供 QQ 群（672656261）交流平台。

本书适合从事数控技术的工程技术人员和相关专业学生学习使用。

图书在版编目（CIP）数据

图解Mastercam 2017车铣复合编程入门与精通/李小聪编著.
—北京：机械工业出版社，2020.5（2022.2重印）
（Mastercam数控加工完全自学丛书）
ISBN 978-7-111-65212-0

Ⅰ. ①图… Ⅱ. ①李… Ⅲ. ①数控机床—车床—计算机辅助设计—应用软件 ②数控机床—铣床—计算机辅助设计—应用软件 Ⅳ. ①TG519.1 ②TG547

中国版本图书馆CIP数据核字（2020）第052074号

机械工业出版社（北京市百万庄大街22号 邮政编码100037）
策划编辑：周国萍　　责任编辑：周国萍
责任校对：王　延　　封面设计：马精明
责任印制：李　昂
北京捷迅佳彩印刷有限公司印刷
2022年2月第1版第4次印刷
184mm×260mm · 17.75印张 · 426千字
5 001—6 500册
标准书号：ISBN 978-7-111-65212-0
定价：69.00元

电话服务	网络服务
客服电话：010-88361066	机　工　官　网：www.cmpbook.com
010-88379833	机　工　官　博：weibo.com/cmp1952
010-68326294	金　　书　　网：www.golden-book.com
封底无防伪标均为盗版	机工教育服务网：www.cmpedu.com

前　言

《图解 Mastercam 2017 车铣复合编程入门与精通》，编写的初衷是为了让有需要的朋友，能够快速系统地学会用计算机进行车铣复合编程。目前车铣复合编程应用很广，但一直以来都是以手工编程为主，效率低，还容易出错，需要反复仿真模拟验证。

本书围绕 Mastercam 2017 介绍车铣复合编程。全书共 7 章，第 1 ～ 4 章分别介绍了 Mastercam 2017 基础知识、Mastercam 2017 图形修改技巧、车铣复合必备知识、Mastercam 2017 两轴车床编程基础与技巧，第 5、6 章详细介绍了 Mastercam 2017 三轴、四轴车铣复合编程基础与技巧，第 7 章详解了典型零件的 Mastercam 2017 车铣复合编程。本书可让读者对车铣复合编程有一个全面深入的了解，并熟练运用到实际工作中。书中所有实例均采用 FANUC 32iM-B 系统，机床为卧式走刀机。

本书的主要特点如下：

1）实例来源于一线。书中所有实例均为生产实例，读者通过案例学习，可解决生产中出现的类似问题。

2）由浅入深。从基础理论到实际操作细节化讲解，简单易懂，让初入门的读者容易掌握其中的编程技巧。

3）专业性强。围绕车铣复合编程，剔除不必要的内容，减少学习的烦琐程度，重点介绍软件编程的各种策略在车铣复合实际加工中如何发挥更大的作用。

本书适合从事数控技术的工程技术人员和相关专业学生学习使用，特别推荐给在企业从事手工编程升级到计算机编程的技术人员。为方便读者交流，编著者建立了学习交流 QQ 群 672656261。为便于读者学习，扫描下方二维码，可下载书中实例源文件。

为便于一线读者学习使用，书中的一些名词术语按行业使用习惯呈现，未全按国家标准统一，敬请谅解。

编著者在本书的编写过程中，得到了很多朋友的帮助和指点，在此表示万分感谢！尤其感谢曹可振、李奥在软件上的指导和帮助！由于编著者水平有限，书中如有不妥，请读者和前辈们批评指正。

李小聪

目　录

第❶章　Mastercam 2017 基础知识

本章介绍 Mastercam 2017 的操作界面和在车铣复合编程中需要用到的一些操作，可以为新手做一个良好的开端。

1.1　操作界面

和之前的版本相比，Mastercam 2017 的界面让人耳目一新，如图 1-1 所示。它把所有的功能进行了整理归类，并进行了模块化分布，这对于没有接触过这个软件的新手来说，可在短时间内掌握界面的基本操作方法，比之前的版本更加直观。

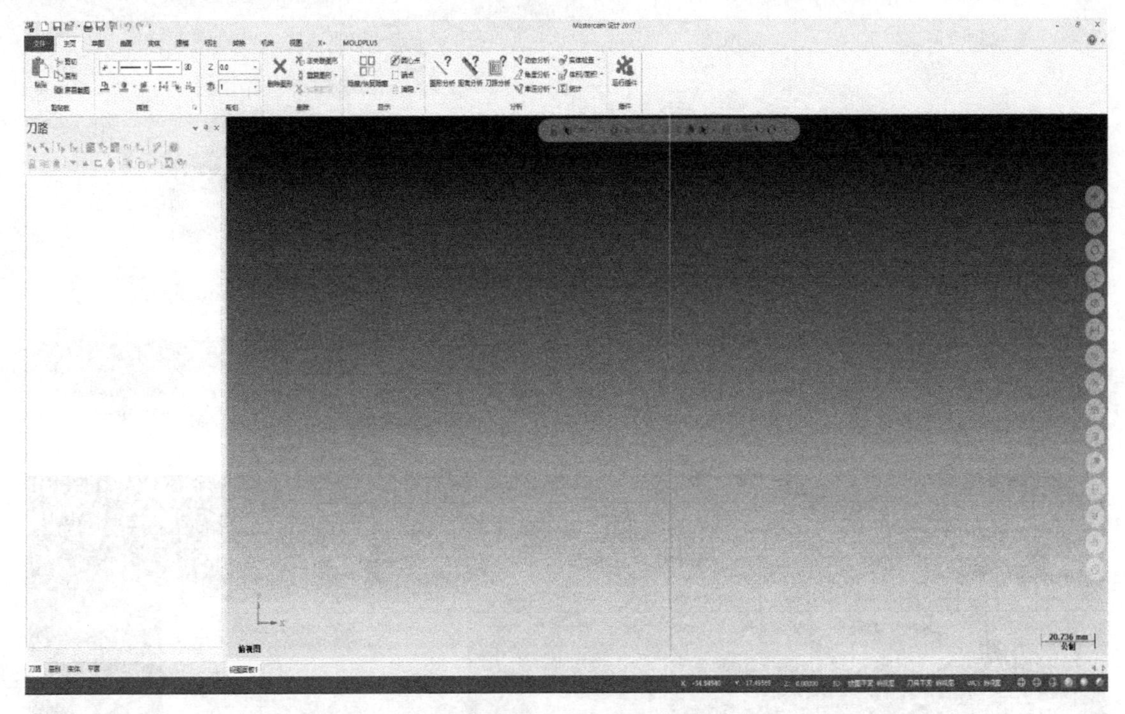

图 1-1　Mastercam 2017 主界面

图 1-2 为 Mastercam 2017 的绘图功能菜单。从图 1-2 可以很清楚地看到基本的绘图操作，比如点、线、圆、圆弧、曲线，对比之前的版本变化非常大。

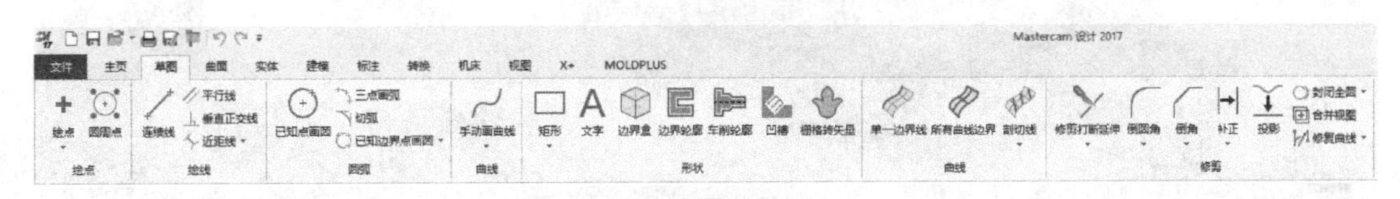

图 1-2　绘图功能菜单

然后来看操作管理器界面，如图 1-3 所示。在这个操作管理器界面里，集成了刀路、层别、实体和平面。这样编程时可以很方便地调用不同的操作，而不用满屏幕去找相应的图标。如果不小心关掉了这个界面，可以在“视图”菜单里重新打开。如果想把操作管理器放在其他地方，可以双击操作管理器，然后拖到相应的区域，再次双击操作管理器即可。也可以直接拖放到相应的图形上，它会自动依附到主界面上，非常方便，如图 1-4 所示。

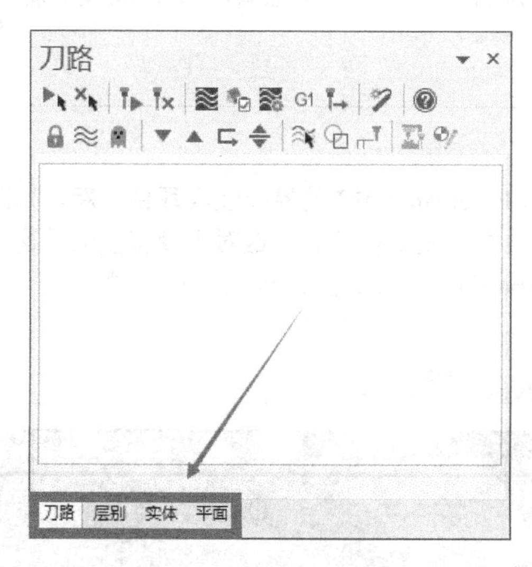

图 1-3　操作管理器界面

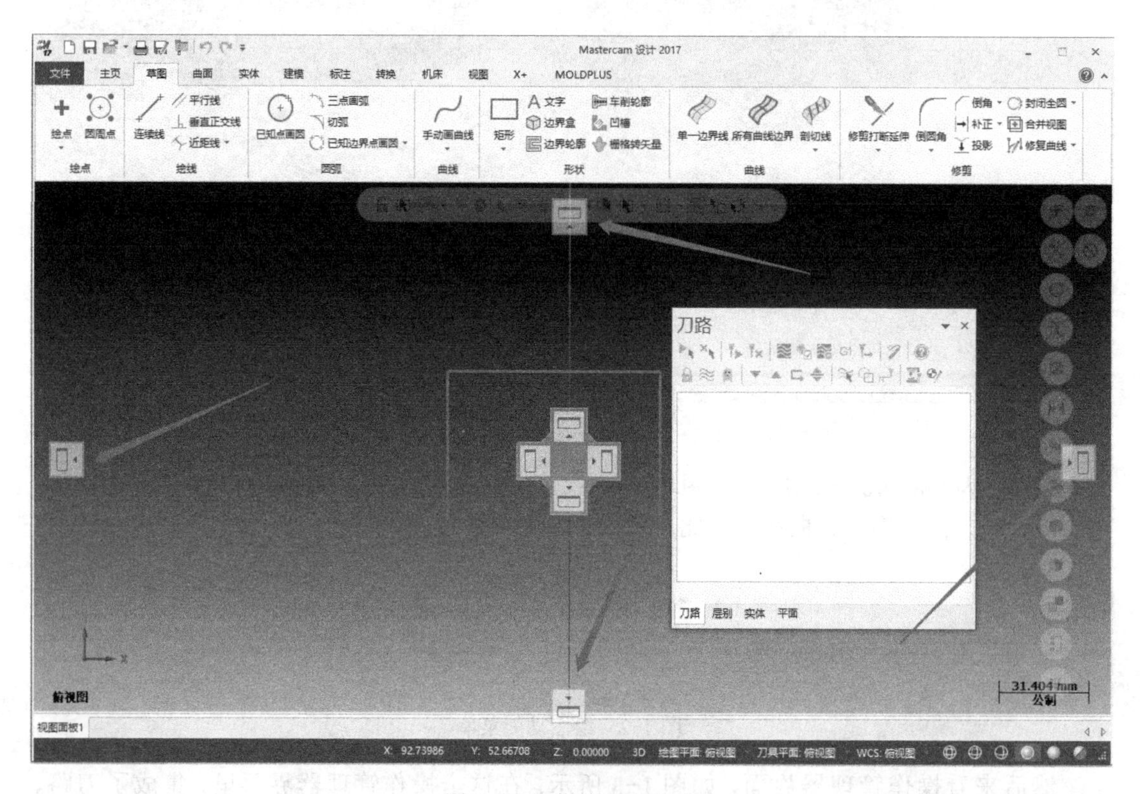

图 1-4　操作管理器移动

还有一个选择界面也很方便，如图 1-5 所示。在选择图形时，可以快速更改选择的类型。

图 1-5　选择界面

其他的界面基本上与上一版本相似，在此不再细讲。

1.2　图形的输入与输出

从 Mastercam X 版开始，Mastercam 对其他软件绘制的图形的兼容性一直非常好，不管是线框、片体，还是实体，都可以快速输入到 Mastercam 里，而不需要一系列复杂的转换操作。目前支持类型多达 20 种以上，常见的如 DWG、DXF、IGS、X-T、SETP 等。输入图形的操作方法非常简单，直接单击打开，或者按快捷键 Ctrl+O，如图 1-6 所示。

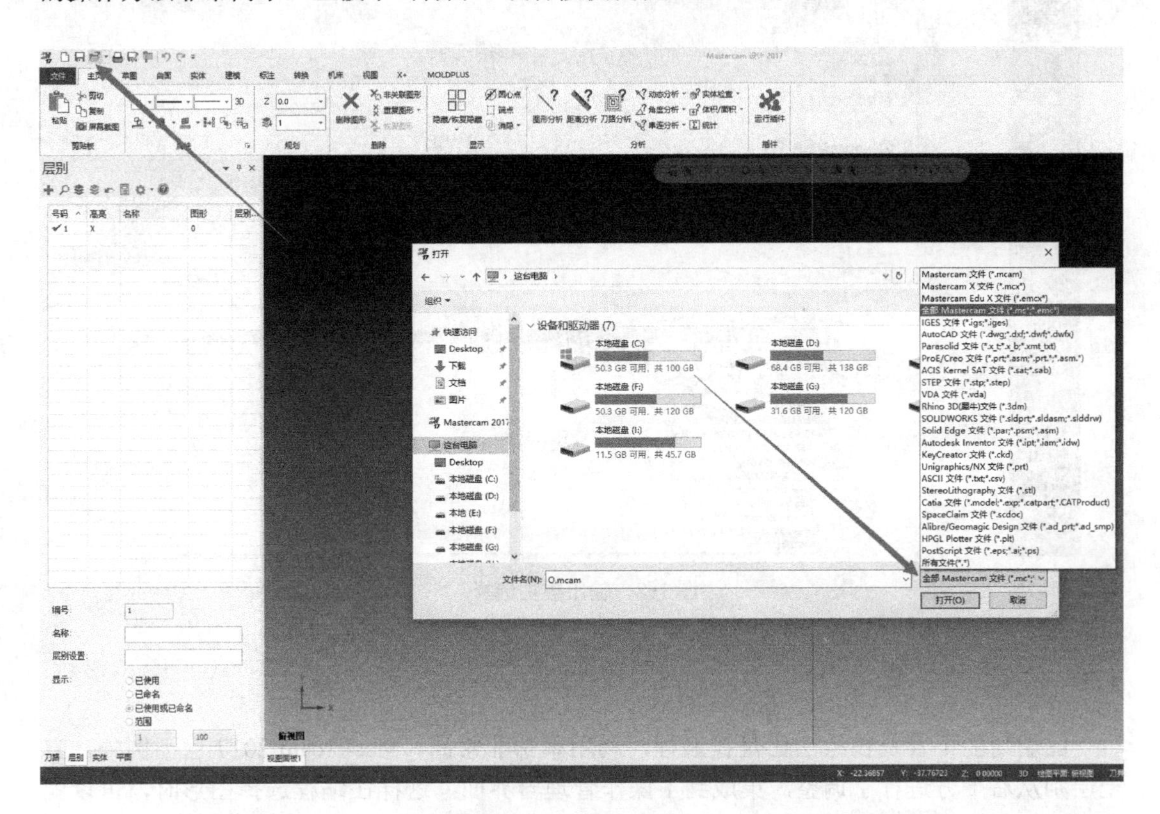

图 1-6　图形输入

如果要输出当前的文件为其他格式，单击“文件”，选择“另存为”，然后选择另存为文件的格式，保存到相应的文件夹就可以了，如图 1-7、图 1-8 所示。

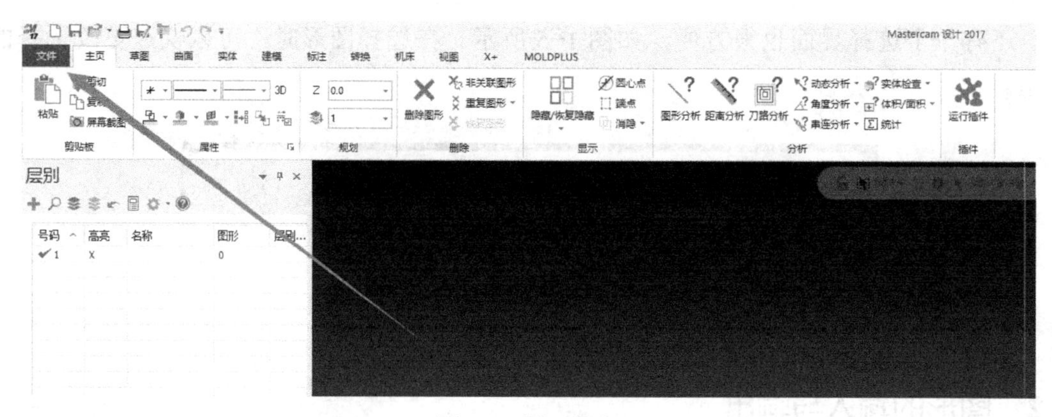

图 1-7　图形输出

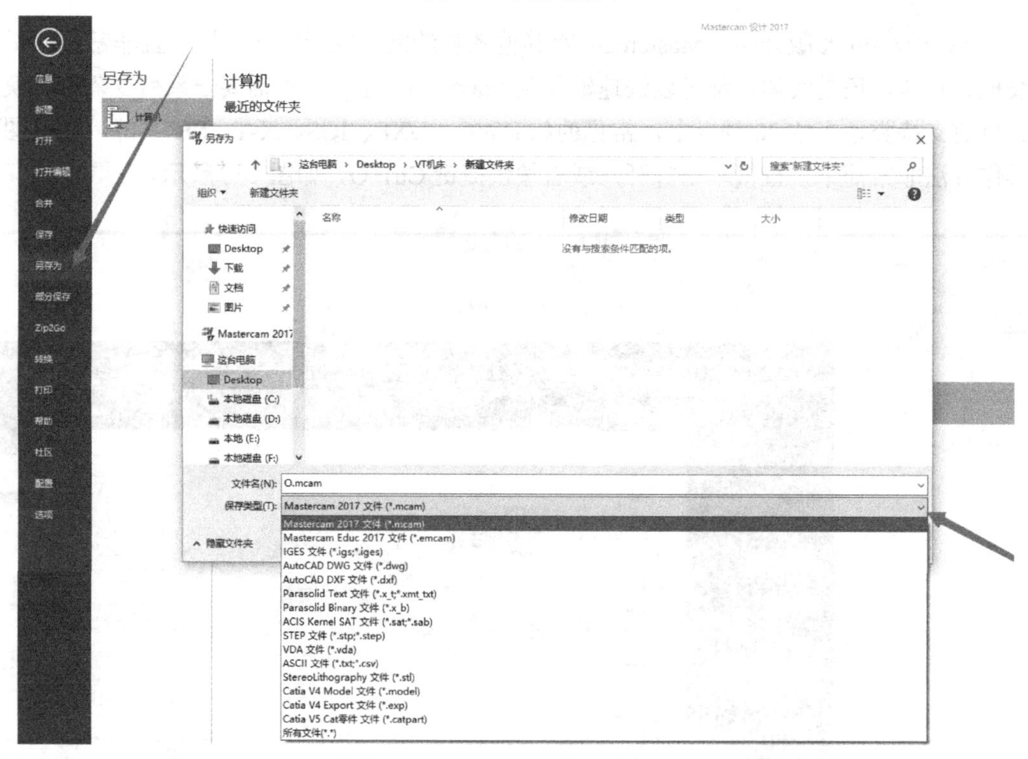

图 1-8　输出类型选择

1.3　图层

图层功能不管是在绘图还是在编程，利用率都非常高。Mastercam 2017 也不例外，它把层别从右下方进行了调整，集成到了操作管理器界面，这样在编程选择图形时，可以就近选择，不必跨过整个屏幕。移动、复制图层直接在绘图区域右击就可以完成，这也是 Mastercam 2017 版本改进的地方之一，如图 1-9、图 1-10 所示。在这里，可以很方便地执行关于图层的各种操作，比如在车铣复合编程中，可以把车床车削的图形和铣削的图形分别放入不同的图层，并更改默认的图层名，在编程时可以快速选择，使编程界面不那么杂乱。具体操作方法请参照其他相关书籍。

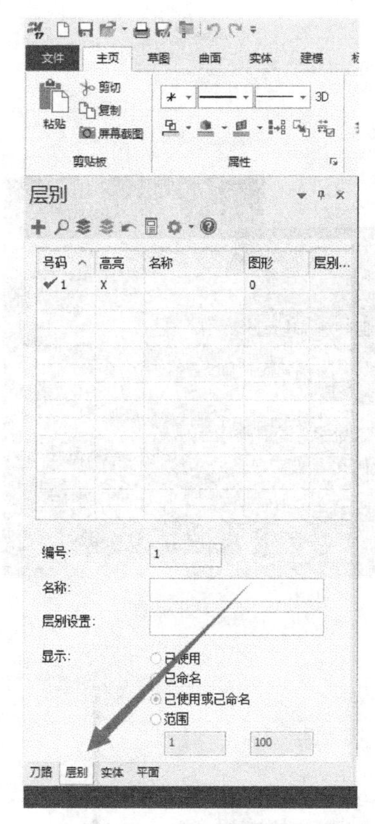

图 1-9　层别快捷栏

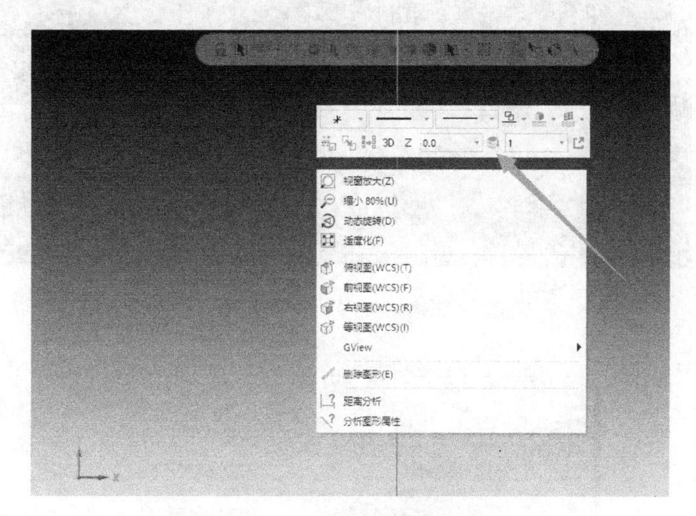

图 1-10　移动层别快捷栏

1.4　常用快捷键

一般常用的快捷键有编辑、视图、文件几个大的类型，表 1-1 列出了车铣复合常用的快捷键，供读者参考。如果需要修改默认的快捷键，可以在菜单栏空白处右击，选择“自定义快速访问工具栏…”，然后单击左下角的“自定义”按钮，即可设置自定义快捷键，如图 1-11、图 1-12 所示。

表　1-1

功　能	快 捷 键	功　能	快 捷 键
屏幕适度化	Alt+F1	刷新	F3
俯视图	Alt+1	隐藏图素	Alt+E
前视图	Alt+2	图层管理	Alt+Z
后视图	Alt+3	显示隐藏坐标轴	F9
底视图	Alt+4	WCS/C/T 坐标轴	Alt+F9
右视图	Alt+5	缩小 50%	F2
左视图	Alt+6	视图放大	F1
等视图	Alt+7	删除图素	F5
前一个视图	Alt+P	分析图素	F4

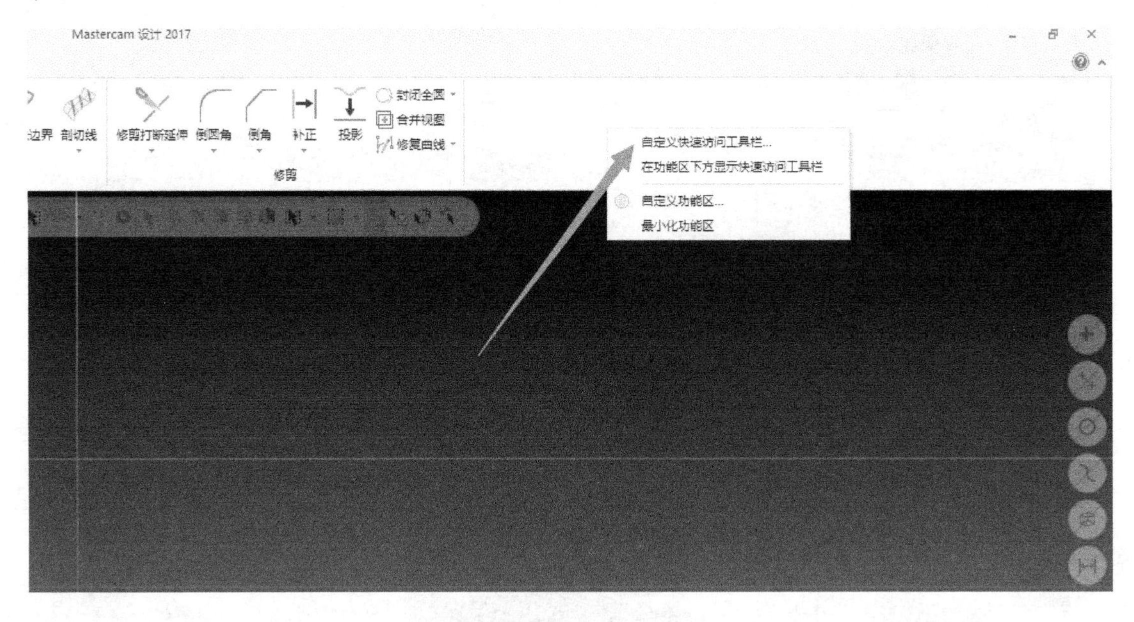

图 1-11　自定义工具栏

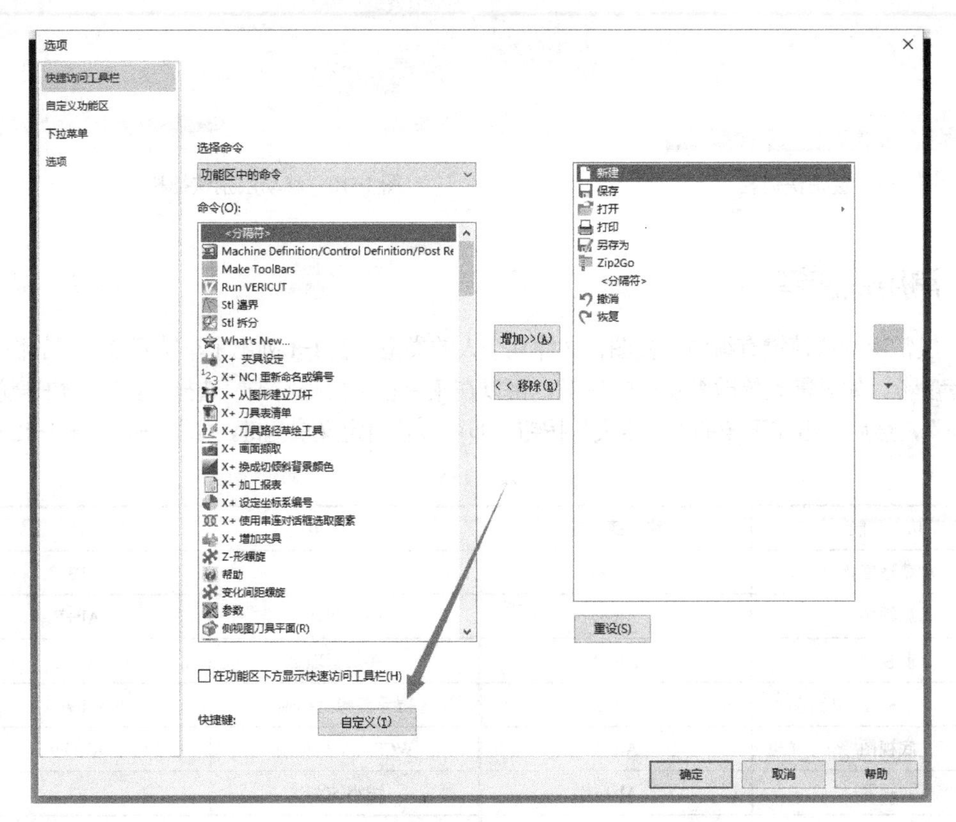

图 1-12　自定义工具

第❷章　Mastercam 2017 图形修改技巧

第 1 章简单介绍了软件界面基础知识，由于本书重点在车铣复合编程，对于绘图方法，读者可以参考机械工业出版社出版的相关书籍。如果读者是专职于软件编程，对于绘图方法其实没必要太过深入，只需掌握一些基本的绘图方法即可。但一定要掌握图形的修改方法，因为在编程中，原始图档不一定能完全适用于编程，尤其是在多轴编程时，需要对原始图档做一些修改，才能符合编程的要求。

本章将根据车铣复合编程的需要，针对性地介绍需要掌握的图形修改方法，从简单的二维图形到三维图形的修改，让读者在短时间内掌握必备的图形修改技巧。

2.1　修剪

2.1.1　修剪打断延伸

现在来对图形做一个简单的修剪，如图 2-1 所示。这是一个长方形，箭头所示是多余的线段，需要对其进行修剪。先单击“修剪”命令，弹出图 2-2 所示“修剪打断延伸”对话框。

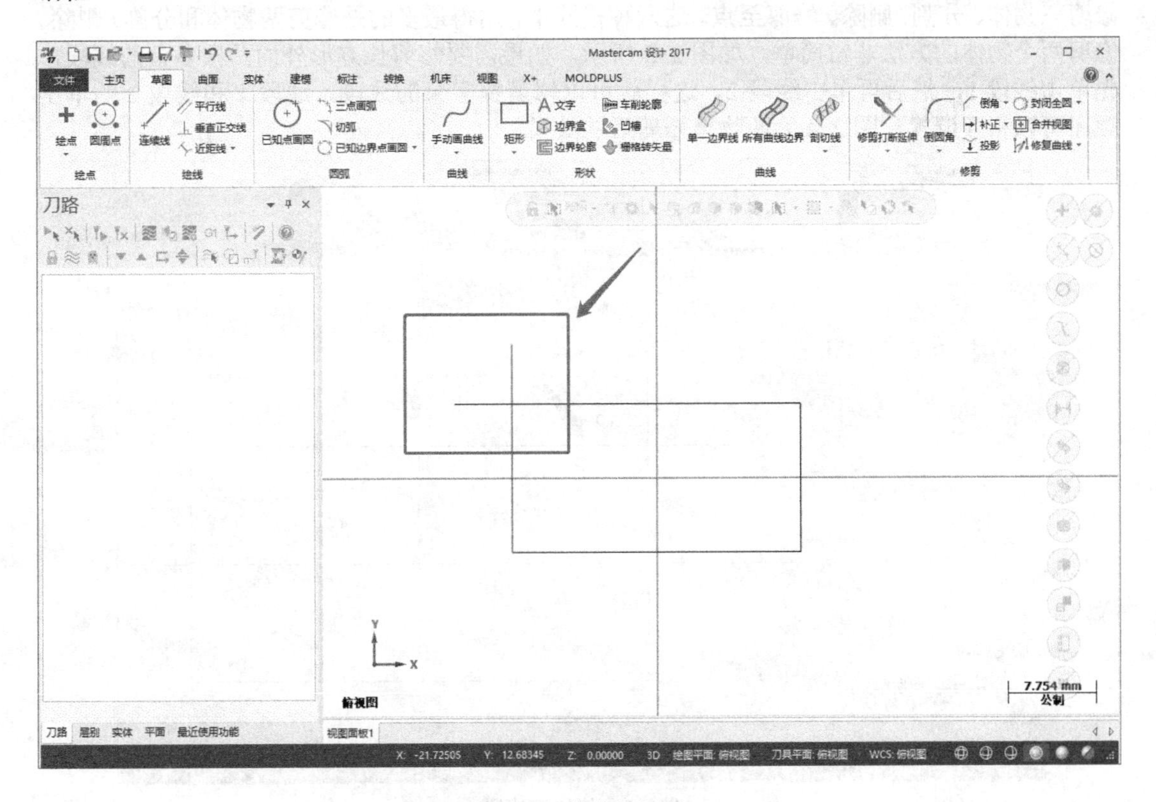

图 2-1　待修剪图形

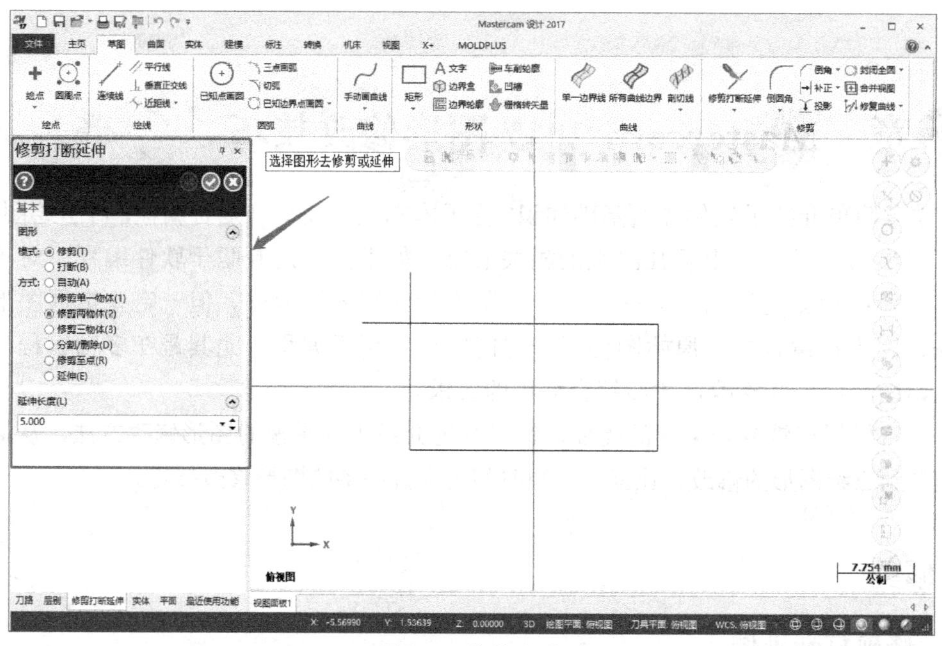

图 2-2　修剪选项

图 2-2 所示修剪命令包含修剪、打断、延伸三个功能，修剪和打断为一组模式，延伸功能放在“方式”下面为一组。修剪与打断的区别在于，修剪是删除不要的线段，打断只是打断线段而不删除。首先看一下修剪模式的六种方式，自动、修剪单一物体、修剪两物体、修剪三物体、分割/删除、修剪至点。这六种模式中，用得最多的是修剪两物体和分割/删除。修剪两个物体的方法非常简单，如图 2-3 所示，如果需要修剪长方形外面两根多余的线段，先单击线段 1，然后再单击线段 2，这样就可以修剪掉多余的线段。线段 1 和线段 2 的单击顺序可以相互调换，图 2-4 为两物体修剪后的效果。

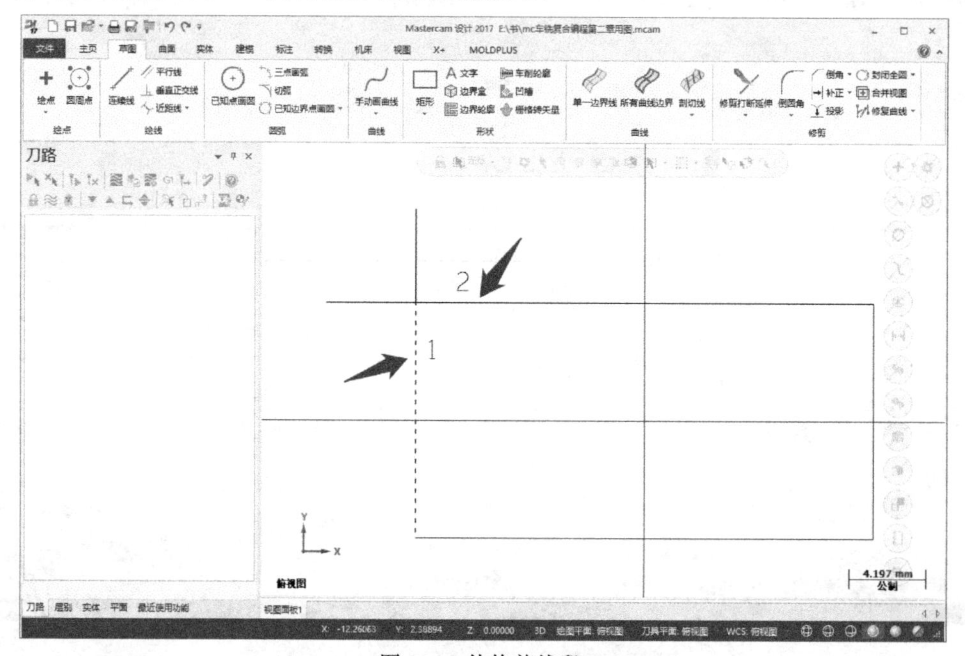

图 2-3　待修剪线段

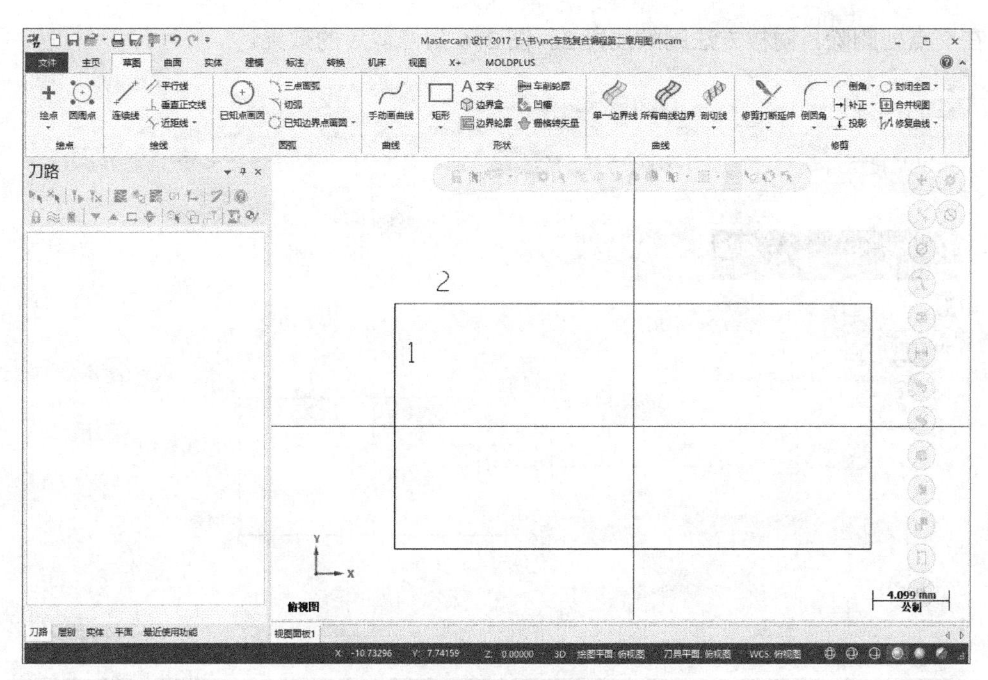

图 2-4 修剪完成

分割 / 删除使用方法有两种，第一种是在修剪模式下，为删除功能，只要单击不需要的线段就可以在相交处自动删除；第二种是在打断模式下，为分割功能，单击线段就可以在相交处自动分割，保留所有线段。图 2-5 为修剪模式下的分割 / 删除功能。

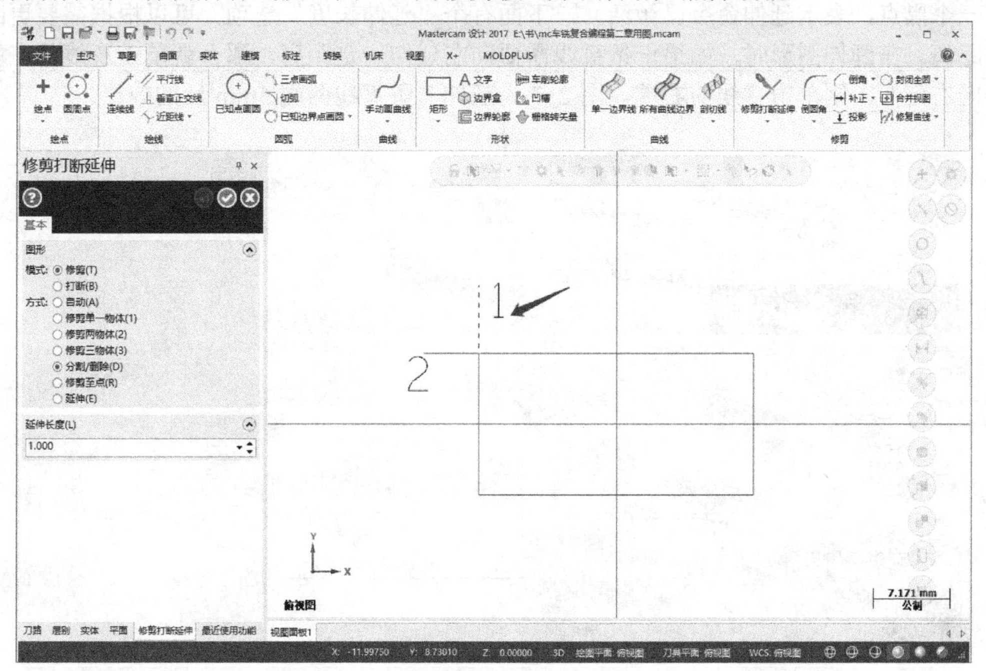

图 2-5 待删除

如图 2-5 所示，单击“修剪”命令，选择“模式”为“修剪”，单击“分割 / 删除”，或者按快捷键 D，然后单击要删除的线段 1，线段 1 在交点处变为虚线，接着单击，线段 1

就会在交点处删除。同样方法删除线段 2。图 2-6 为修剪后的效果。

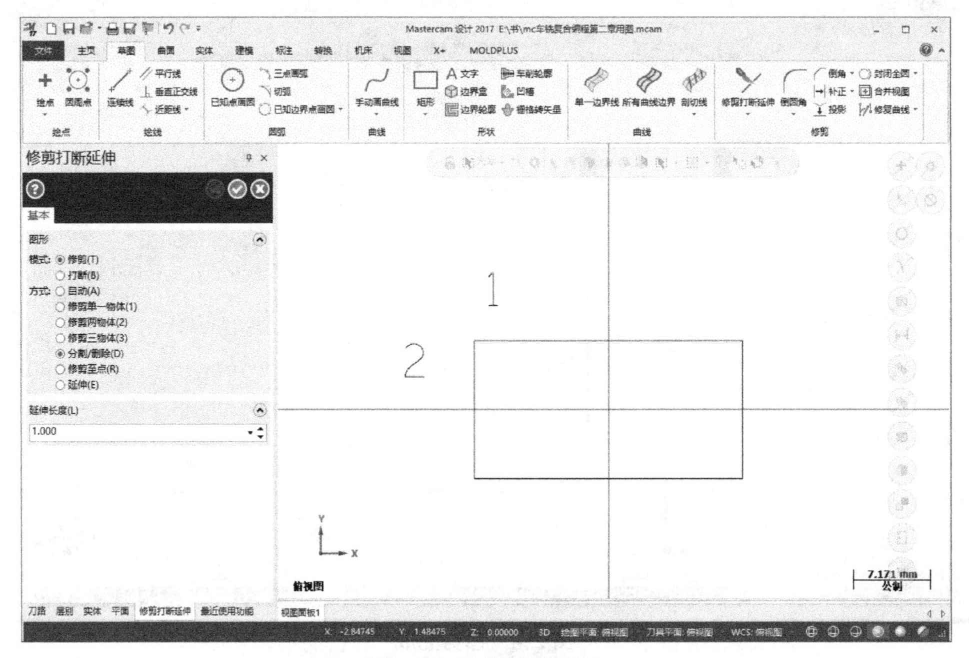

图 2-6 修剪后的效果

在图形修改中，延伸功能也是使用频率比较高的，尤其在多轴编程中的图形修改。在“修剪打断延伸”对话框中，选择“延伸”，也可以按快捷键 E（“延伸”命令前的空心圆会有一个黑点，表示延伸命令已激活），下面有个“延伸长度”选项，可以根据需要更改延伸的距离。在延伸图形时，如果一条直线需要向左延伸一定距离，那么就单击直线的左端；需要向右延伸，则单击直线的右端。图 2-7 为延伸一条直线两端 5mm 后的效果。

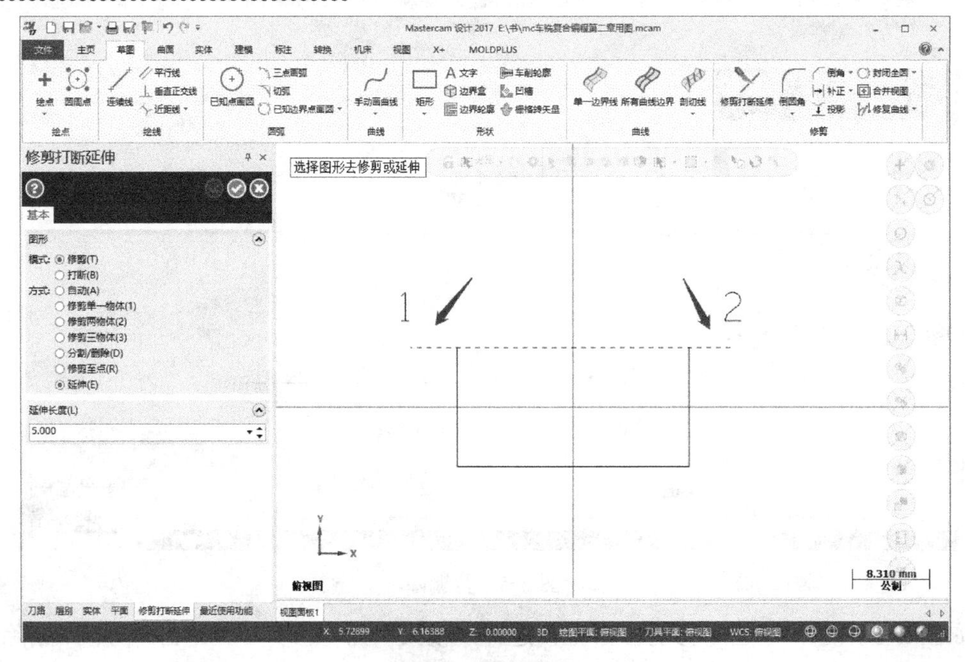

图 2-7 延伸效果

2.1.2　倒圆角

倒圆角命令的使用比较简单，在车铣复合编程中只需要用到倒圆角的部分功能，如图 2-8 所示，单击菜单栏“倒圆角”命令，弹出“倒圆角”对话框，选择“类型”为“圆角”，在“半径”选项中输入数值，设置默认是修剪图形，如果需要保留倒圆角后的线段，可以将“修剪图形”前的钩去掉。

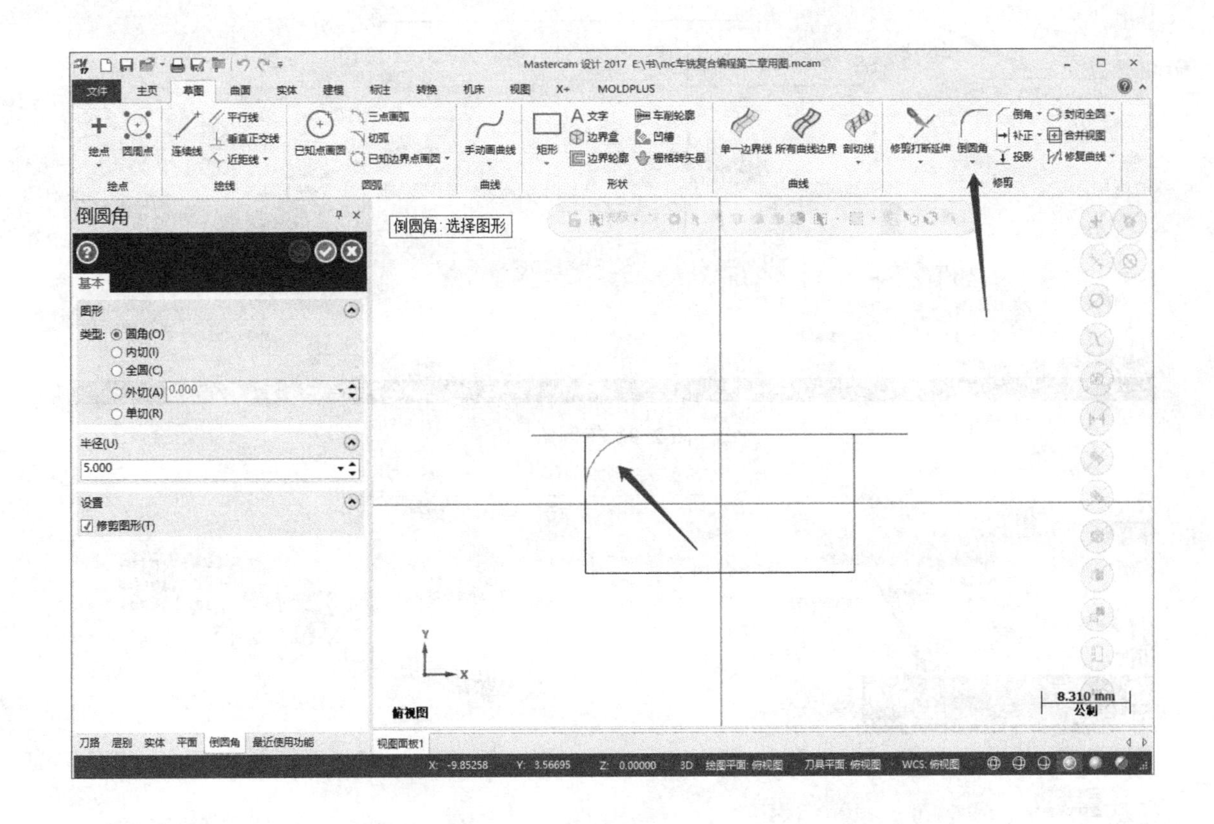

图 2-8　倒圆角

2.1.3　倒角

倒角命令使用方法也非常简单，如图 2-9 所示，单击“倒角”命令，弹出“倒角”对话框，“类型”选择常用的“距离 1”，距离 1 类型默认是 45° 倒角，也就是等距倒角。输入距离参数，单击需要倒角的线段，即可完成倒角。如果需要倒多个距离不相同的角，可以单击确定并创建新的操作按钮，图 2-10 所示为倒角完成后的效果。

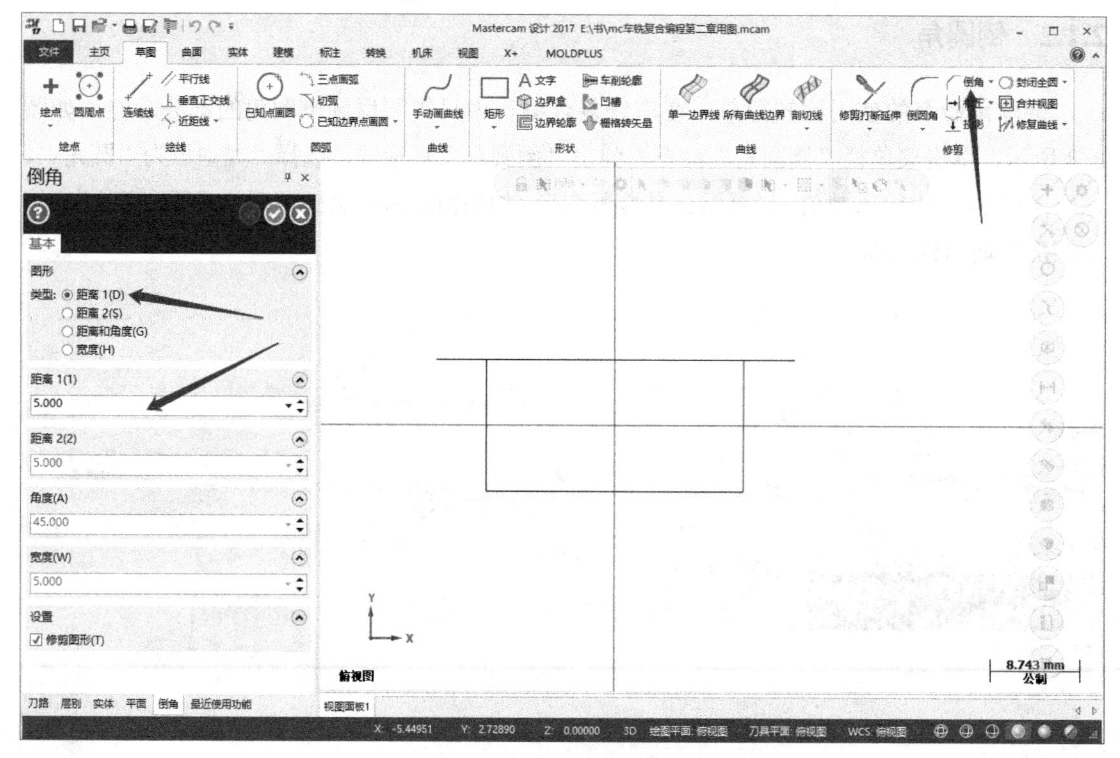

图 2-9　待倒角

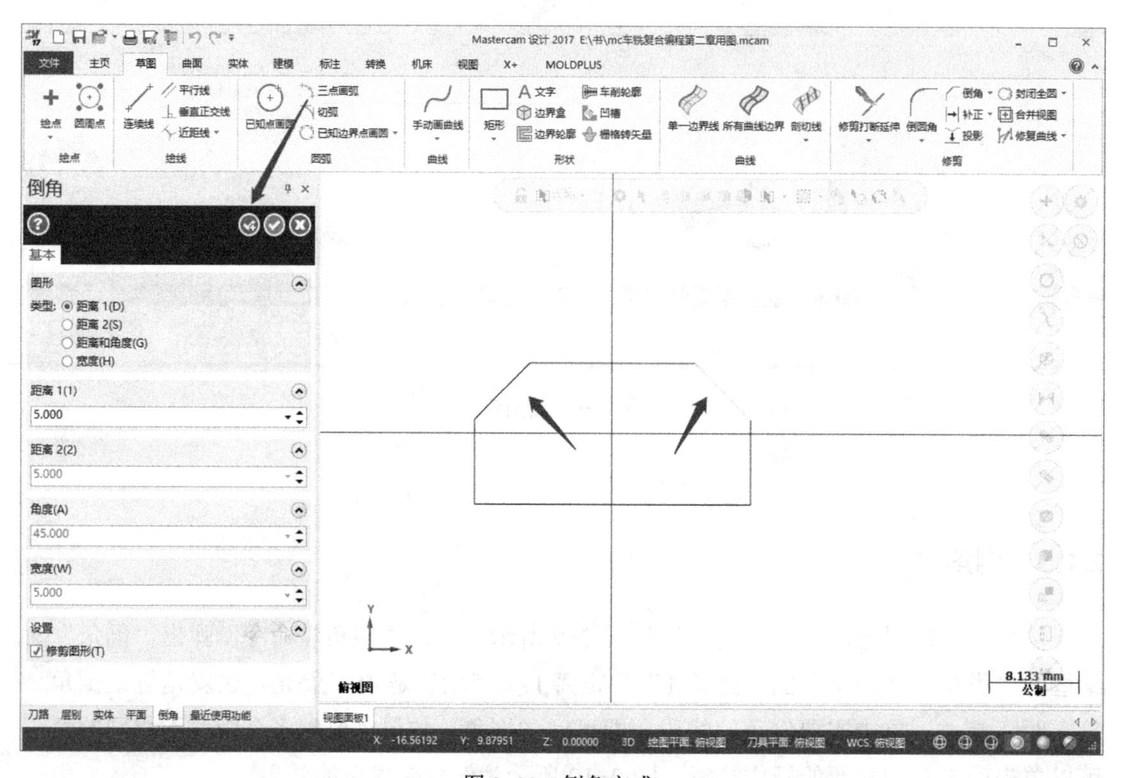

图 2-10　倒角完成

2.1.4　补正

补正在车削编程中经常用到，方式有单体补正和串连补正两种。单体补正，就是选择单个线段进行补正，串连补正就是选择多个相连的线段进行补正。在模具配件加工中，因为工艺的要求，经常会用到半成品毛坯，各个部位余量不太一致，在编程中需要对毛坯做一个精确的设定。这时就需要用到补正功能，在标准图形上，对各个部位按照毛坯余量做一个偏置，编程时就可以做到高效快速地二次开粗，节省加工时间。

单体补正时，在“草图”菜单下，单击“补正”按钮，弹出“补正”对话框，有四个参数需要根据自己的要求进行修改。补正的次数，默认为 1 次，可以根据要求输入其他数值；模型的补正方式有移动、复制、连接和 U 型槽；还有一个补正距离和补正方向，把这些参数都修改好后，就可以单击要补正的线段，然后再单击线段的任意一边确定补正的方向。图 2-11 中 1 和 2 分别为补正的左右方向。

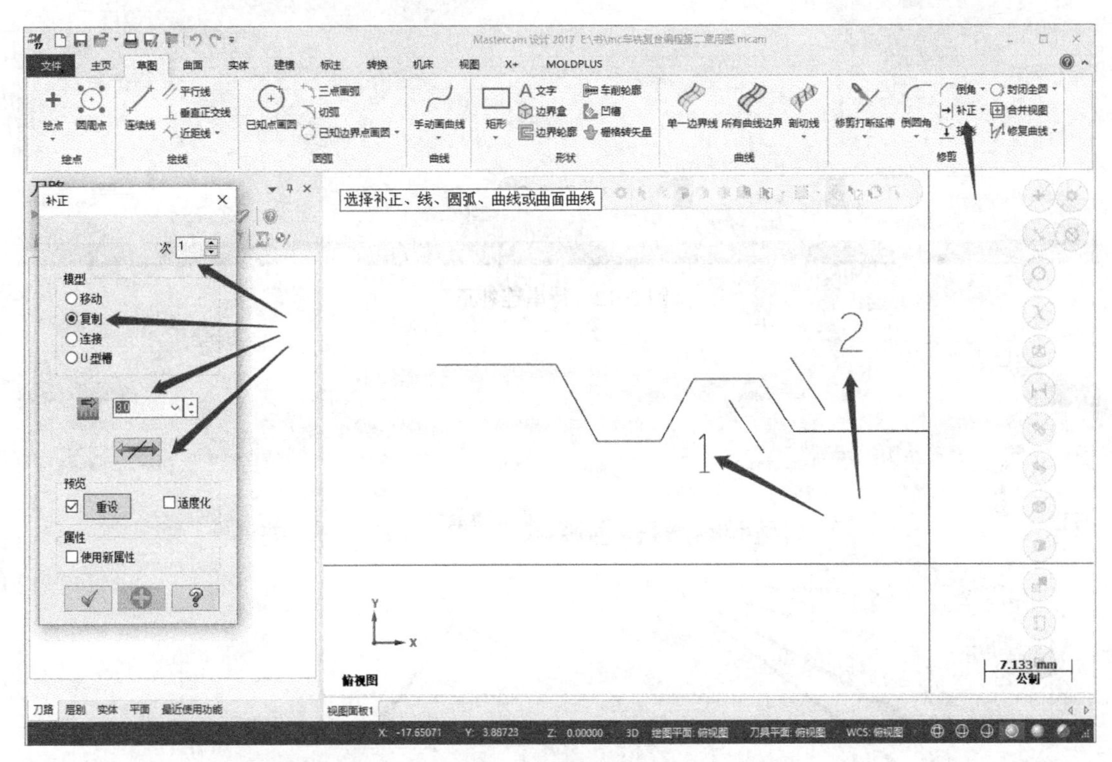

图 2-11　单体补正

串连补正在选择补正线段时多了一个串连选项。单击“补正”按钮旁边的扩展实心三角，弹出单体补正和串连补正选项，选择“串连补正”，弹出“串连选项”对话框，可以自由选择串连的方式，如串连和部分串连，如图 2-12 所示。

选择好要补正的线段后，单击确定按钮，然后弹出“串连补正选项”对话框，如图 2-13 所示。从图 2-13 中可以观察到，串连补正比单体补正多了几个选项。补正的距离可以设置 X 向和 Y 向距离，还可以设置补正的偏置方法，如绝对坐标和增量。还有一个“寻找自我相交”功能，是指如果补正后线段因为距离的原因断开，可以自动进行相交连接。补正后相交处如果产生圆角，可以通过转角来设置为无。

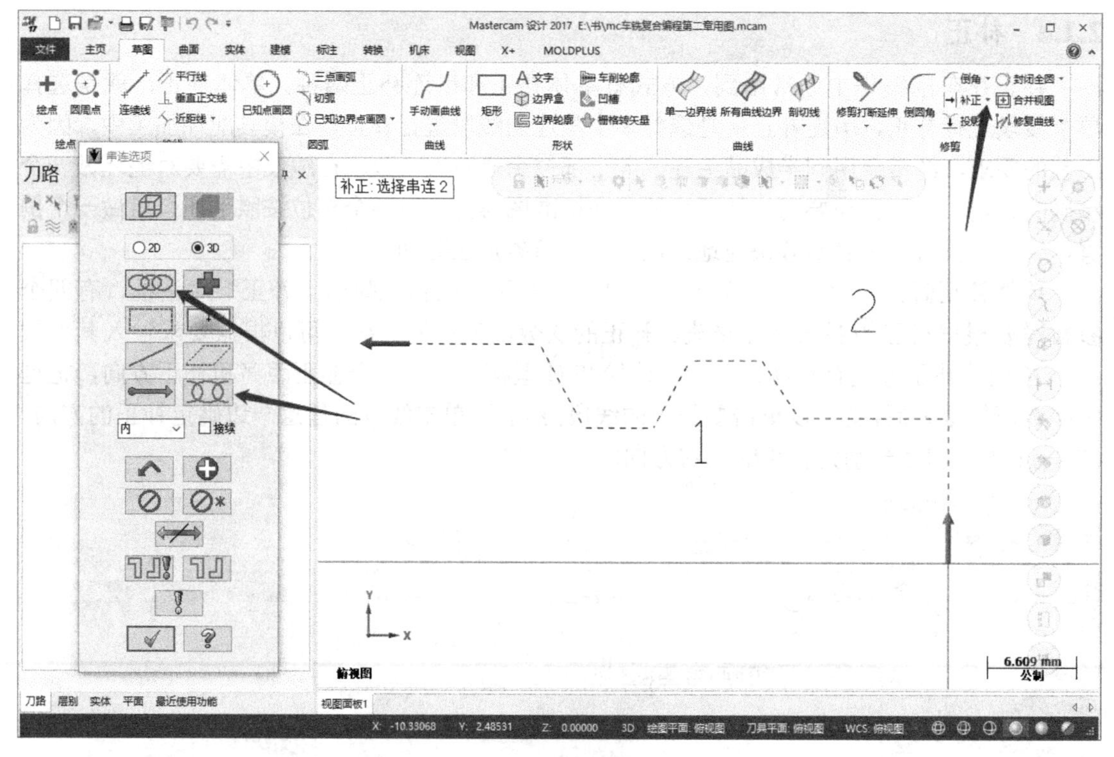

图 2-12　待串连补正

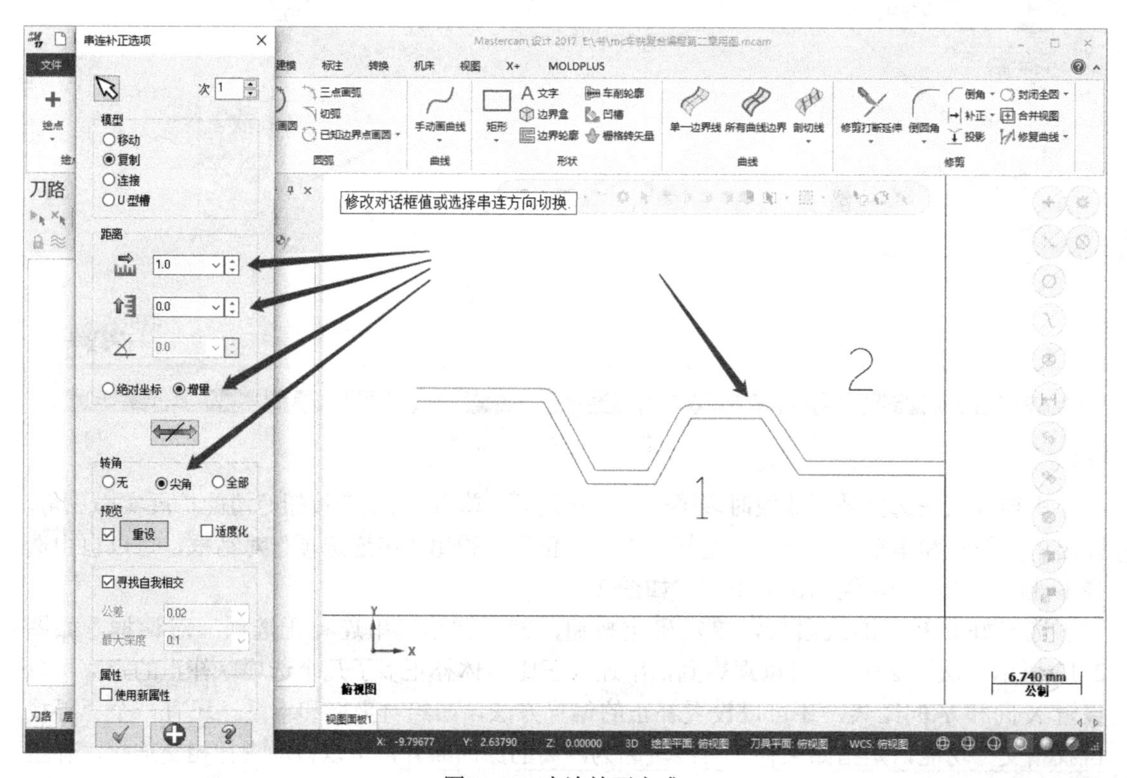

图 2-13　串连补正完成

2.1.5　投影

在编程中，经常需要从外部导入图样，但并不是每个图样导入就可以直接使用。比如有些二维图，在俯视图里观察明明线段是相连的（图 2-14），可当你串连时，发现怎么都无法选择（图 2-15），这时就要注意了，图样里的线段极有可能不在同一平面上。可以通过切换视图方向来判断线段是不是在同一平面上。假如出现不在同一平面的情况，需要用到投影功能。

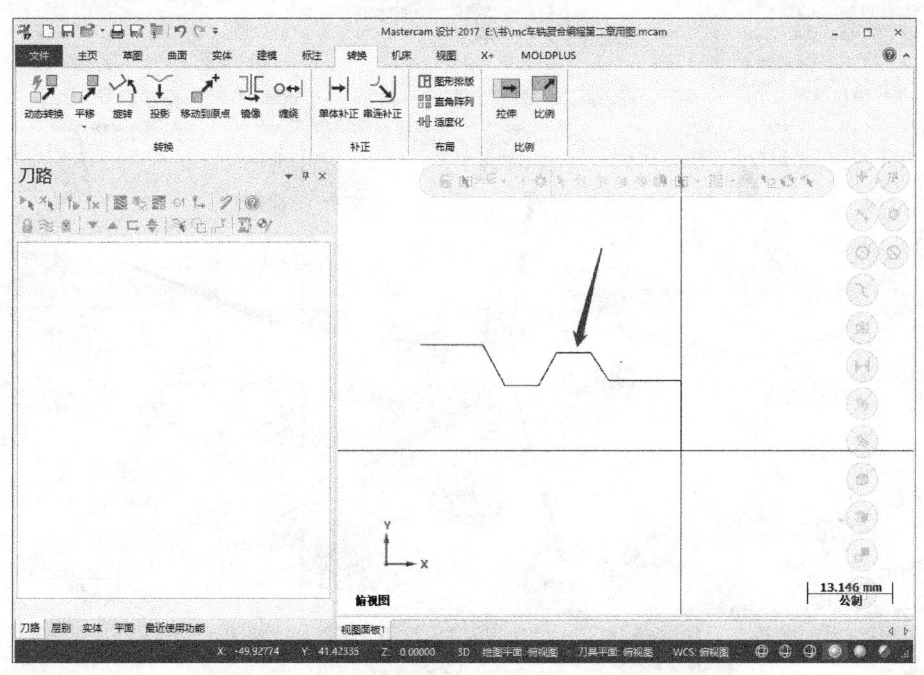

图 2-14　待检查

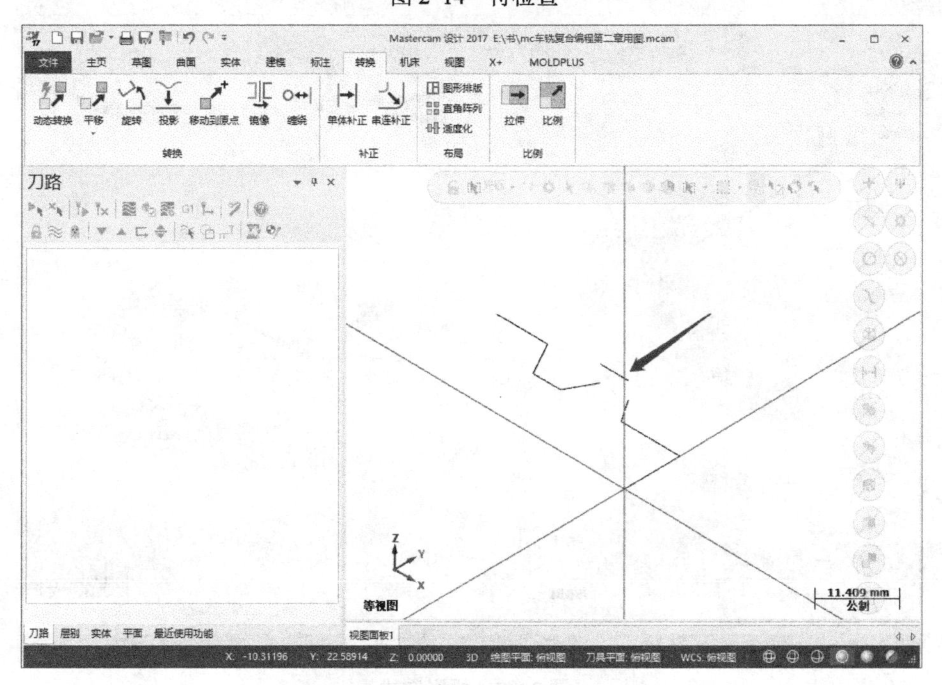

图 2-15　已检查

投影可以将不同平面的二维线段投射到同一平面，这样编程时，才可以顺利进行串连。把视图调整到等视图，可以观察到不在同一平面的线段，然后单击“草图”菜单里的投影选项，弹出选择选项，选择需要投影的线段，然后结束选择，弹出“投影”对话框，选择投影的类型，第一个为投影到绘图平面，第二个为投影到平面，第三个为投影到曲面，当前用第一个就可以，选择完成后单击确定，如图 2-16、图 2-17 所示。

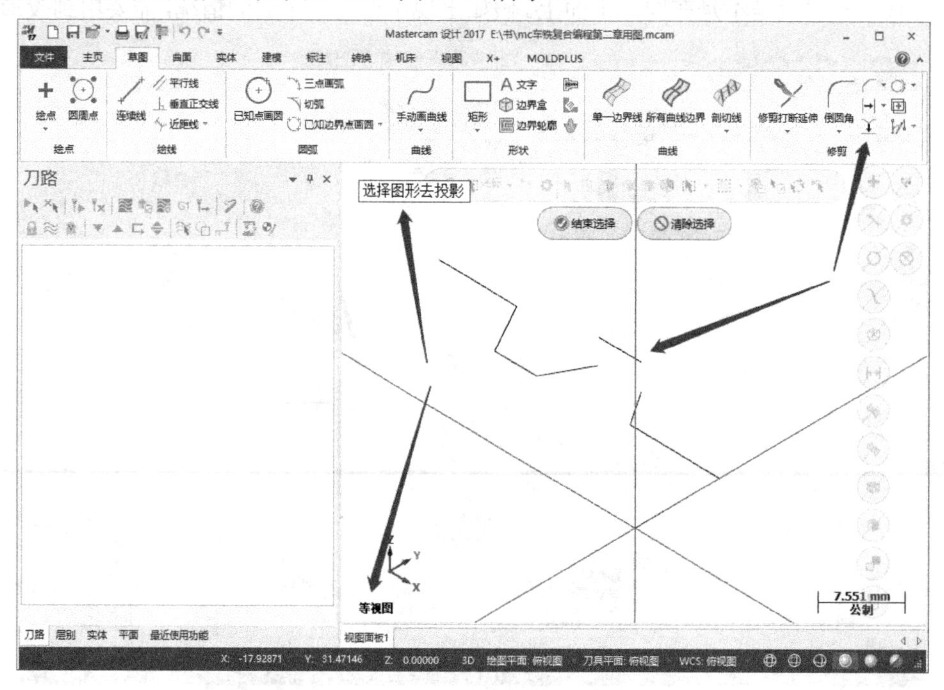

图 2-16　投影操作

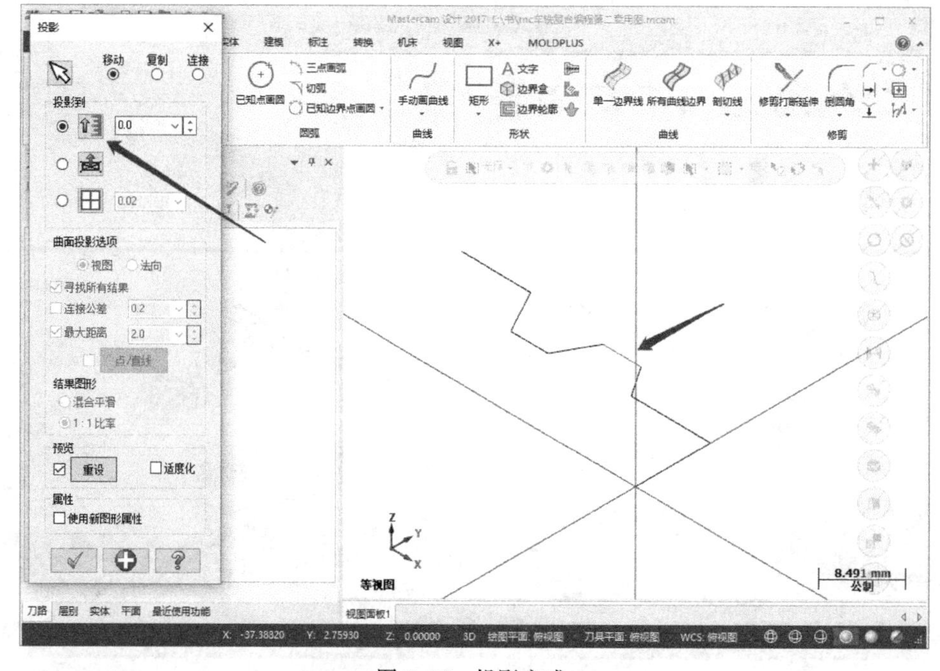

图 2-17　投影完成

2.2　曲面延伸与曲面法向

在四轴车铣复合编程中，需要用到实体抽出曲面来进行编程，所以在这里单独介绍一下曲面的编辑。一般使用频率最高的是曲面延伸和曲面法向。曲面延伸就是在原有的曲面基础上进行延伸或者缩短。因为刀具在进入工件时，必须有一个避空量，当进 / 退刀设置无法满足要求时，可以将曲面延伸到比刀具半径略大的距离，这样进刀时可以更加安全和快速。

打开“曲面”菜单，单击“延伸”按钮，弹出“延伸曲面”对话框，模式按依照距离或者到平面选择参数，类型可以选择线性或者到非线，这些参数确定好后选择要延伸的曲面，这时出现一个箭头，拖动鼠标到需要延伸的边，单击，就完成了所选择曲面的延伸，如图 2-18、图 2-19 所示。

曲面法向就是在编程中可以理解为加工面的方向。当从实体中抽出了曲面片体进行编程时，选择加工曲面的左边，可程序出来却是右边，相当于刀具把不应该加工的地方给切削掉了，如果切削参数和策略都没有问题，那么就要检查曲面的法向了。

在“曲面”菜单里选择“更改法向”按钮，弹出提示“把鼠标移动到曲面上，软件会自动显示出法向的提示箭头”。如果法向不正确，可以在曲面上单击，法向就会自动调整到另外一面，如图 2-20、图 2-21 所示。

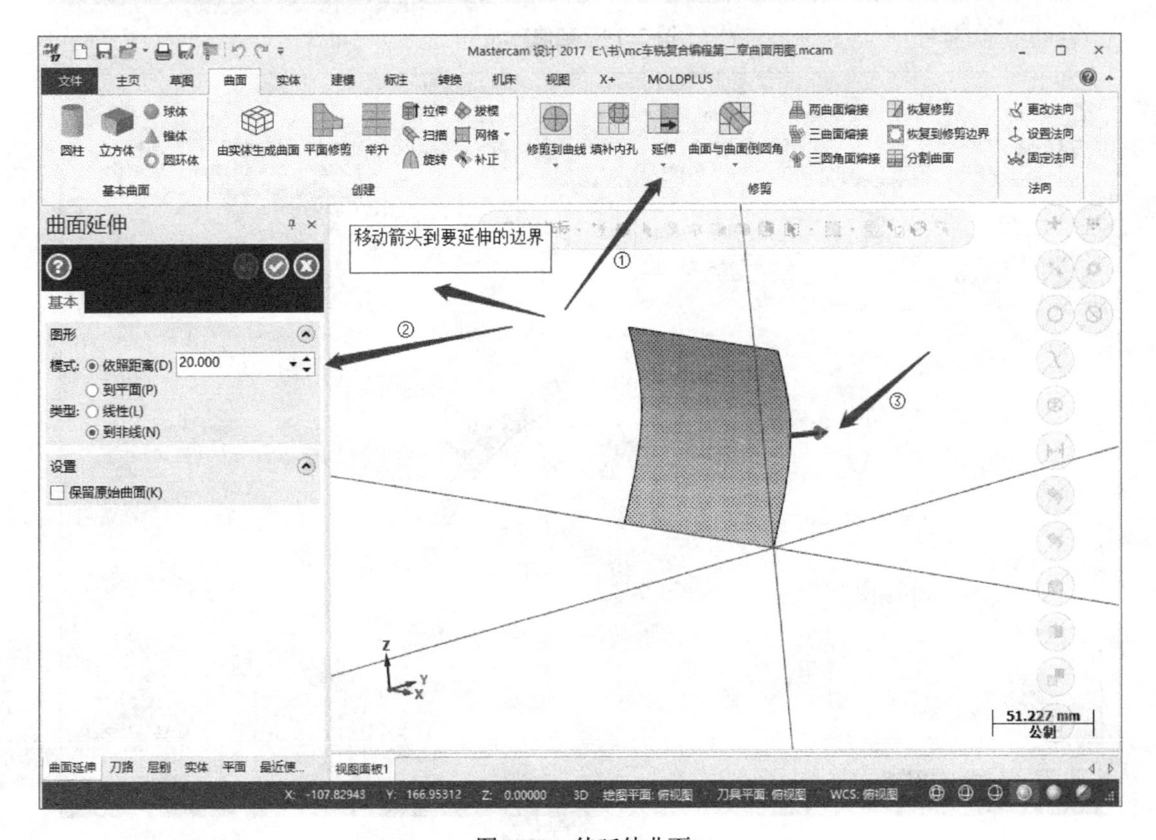

图 2-18　待延伸曲面

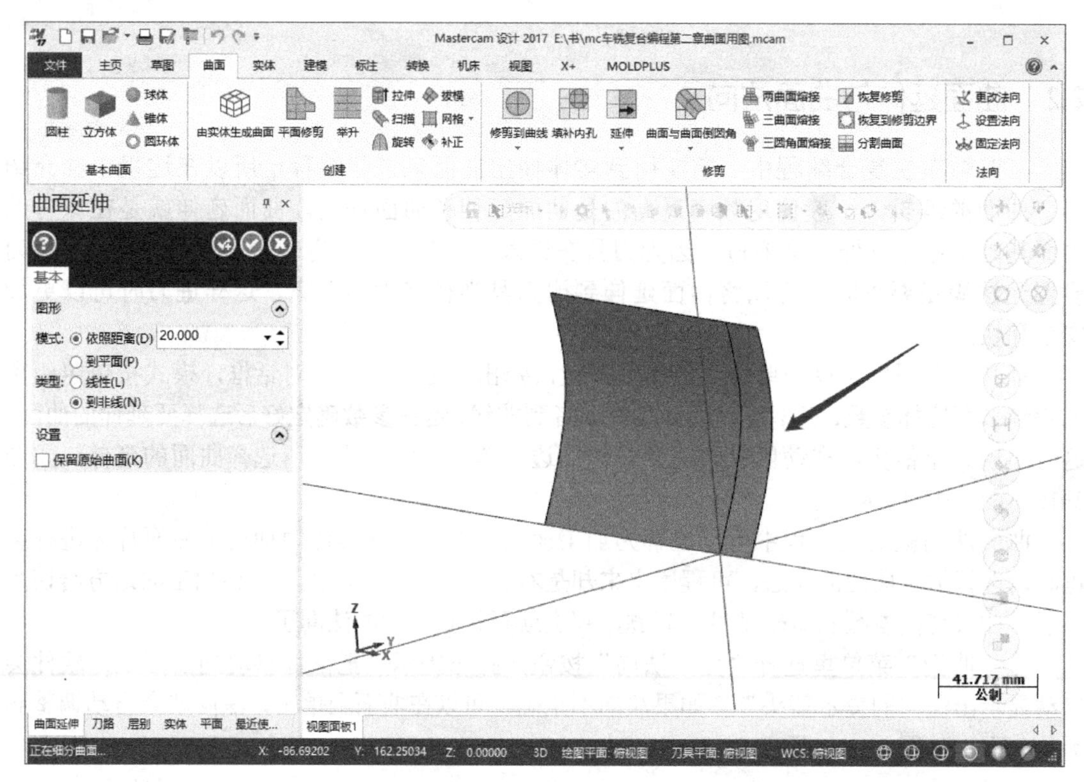

图 2-19　延伸完成

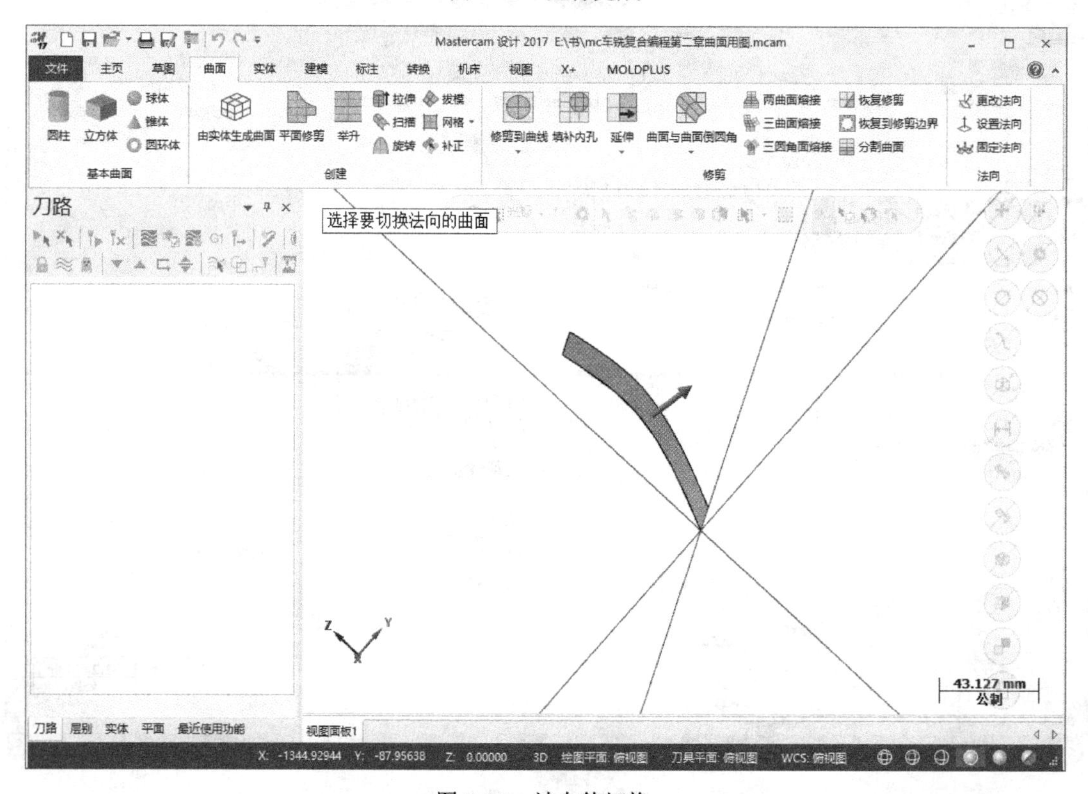

图 2-20　法向待切换

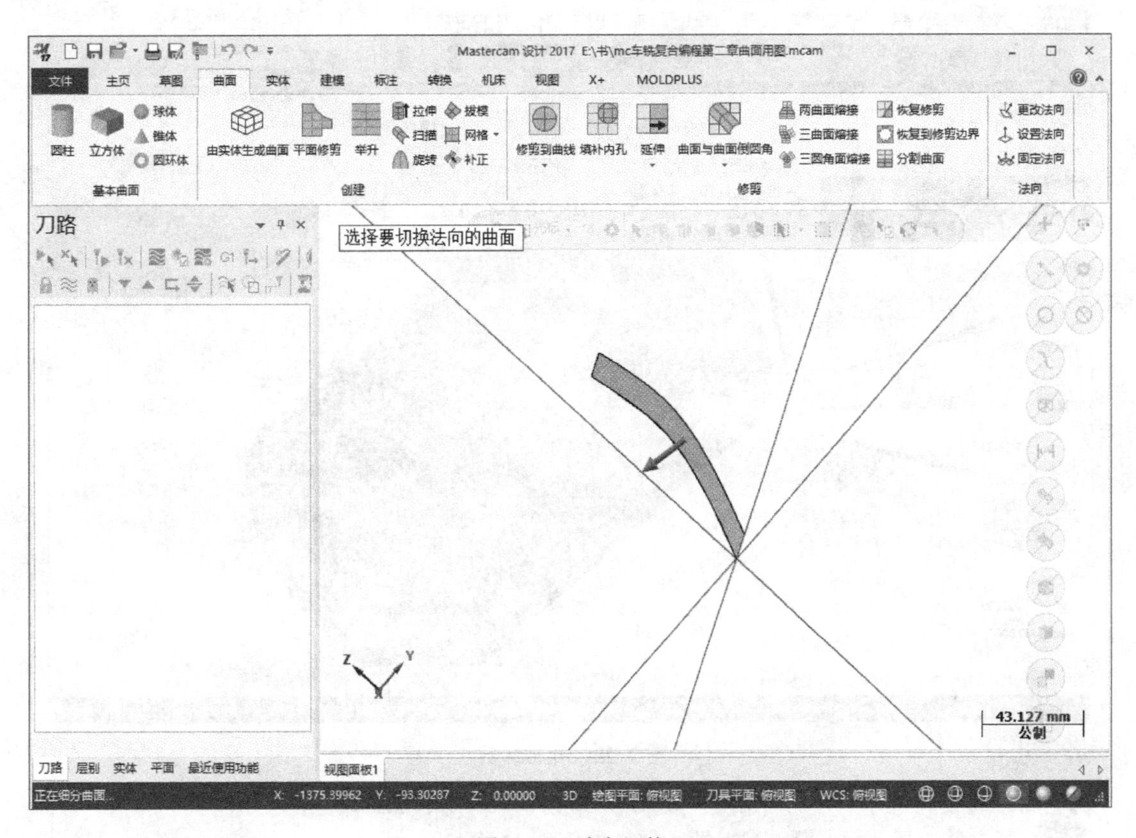

图 2-21 法向切换

2.3 孔轴

之所以要把孔轴作为一个单独的小节来讲，是因为孔轴功能不论是在车铣复合机床，还是加工中心，都是很常用的功能。在编程时，大部分图档是 3D 的，圆弧面上的孔不能直接用来编程，因为无法捕捉到圆心点。这时就需要用孔轴命令将圆心点提取出来，以方便编程。

在“建模”菜单里，单击“孔轴”按钮，弹出“孔轴”对话框，可出现一段文字框提示选择内孔实体面，并且告诉选择的方法。如果有多个相同大小的孔，按住 Ctrl 键同时选择内孔实体面，可以将相同大小孔的圆心一次性提取出来。如果孔轴的方向不对，可以将鼠标移动到孔轴箭头中间，然后单击，就可以把孔轴调整过来。在调整时，如果有实体面干扰，可调整视图，让孔轴与实体面没有重叠的视觉感。在“基本”选项卡下，要修改一些选项，如“圆”，这个选项是不需要的，因为在编程中，只需要一个钻孔点就可以了。如果是沉孔，需要用到铣削命令，那就勾选“圆”，这样软件会把圆弧上的线提取出来，自动投影到与点相同高度的平面，如图 2-22 ～图 2-24 所示。

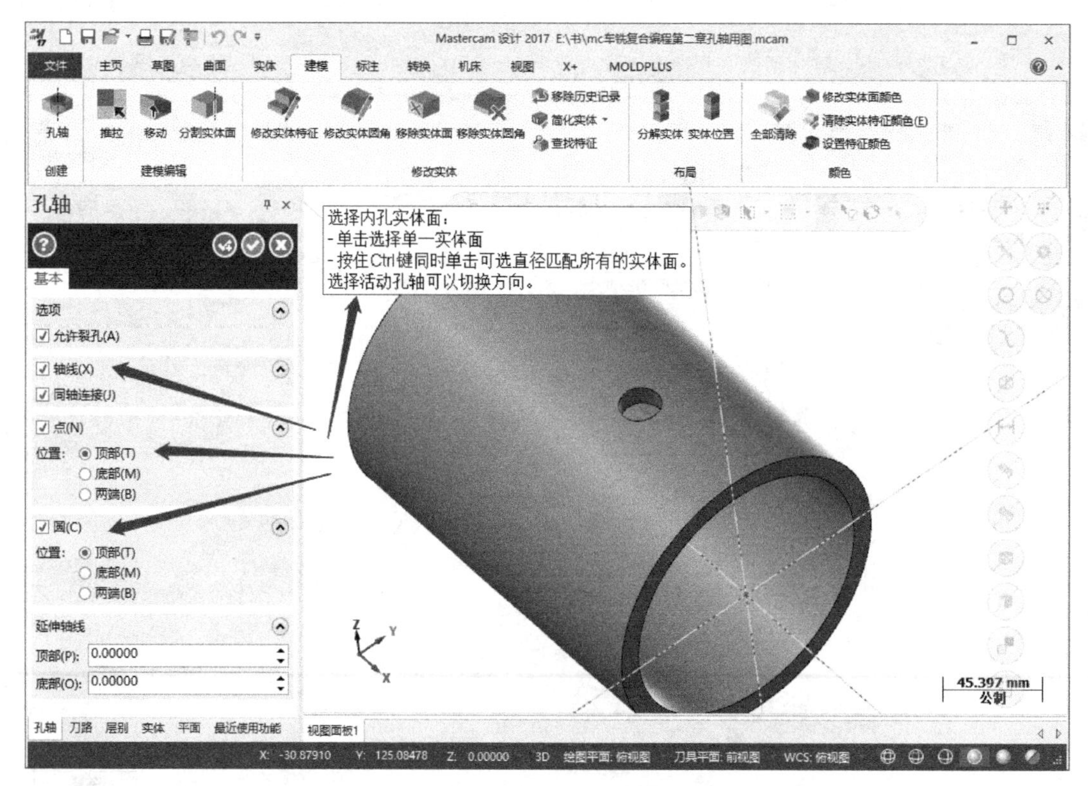

图 2-22　孔轴参数

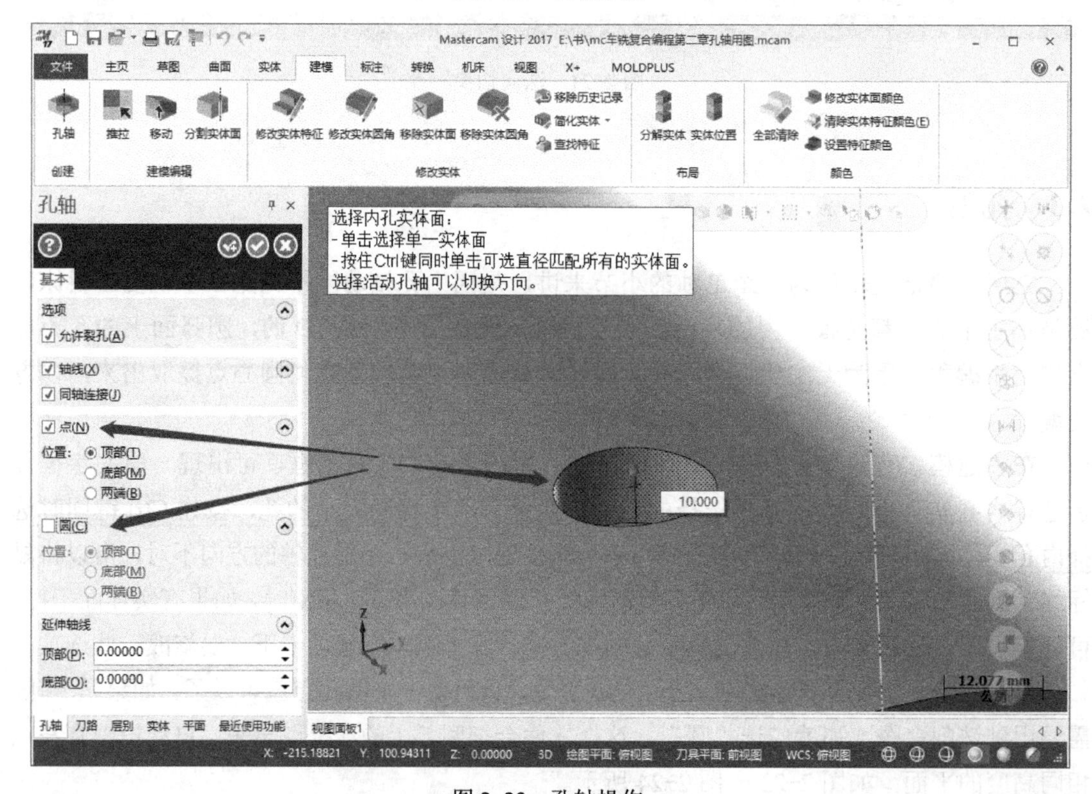

图 2-23　孔轴操作

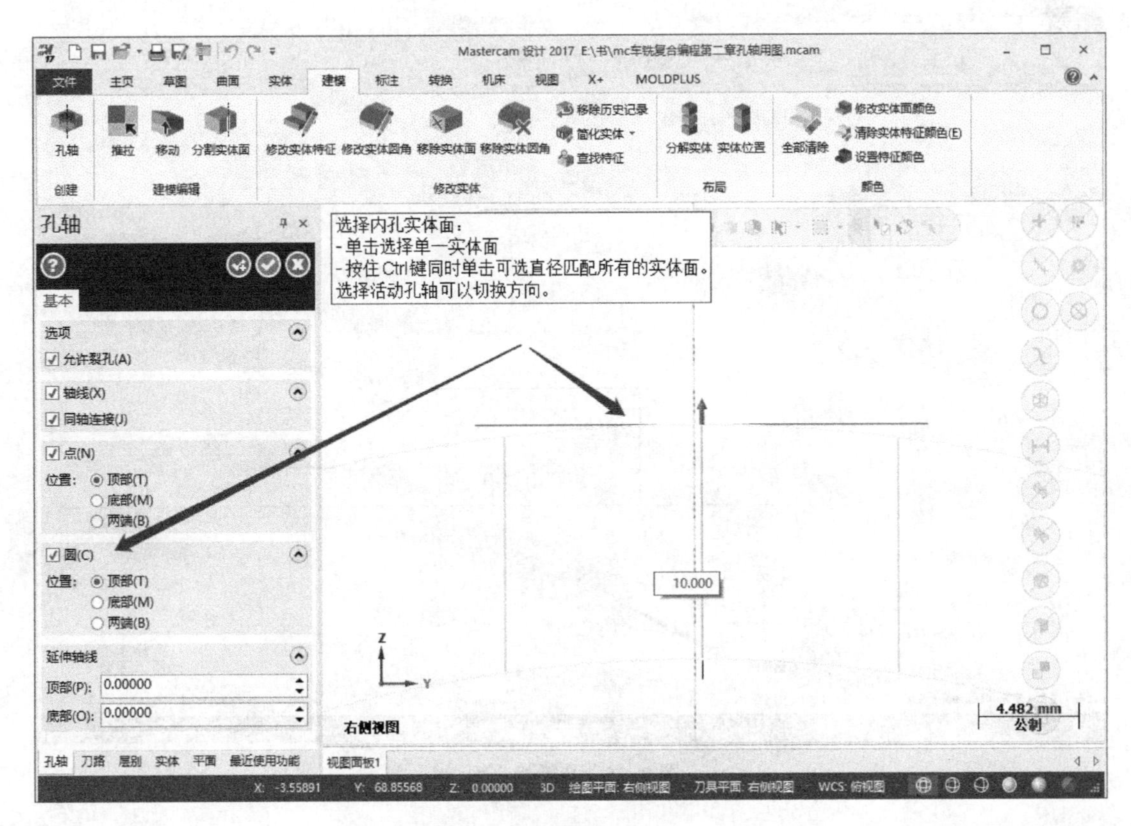

图 2-24　孔轴完成

2.4　转换

因为 Mastercam 软件本身没有自动识别加工原点和加工平面功能，在外部导入图档时，如果绘图原点不对，或者加工平面不对，需要手动进行更改，所以要用到转换功能。

2.4.1　3D 平移

在车铣复合编程中，默认的加工视图为俯视图。当从外部导入图样时，发现图样看不见，那么先切换视图，看看图样究竟在哪个视图，然后再用 3D 平移功能，把图样从其他视图调整到俯视图。同样，导入实体时，也是如此操作。

现在导入图形，通过俯视图，发现看不见图档，逐一切换视图，确定图形在右视图（软件上为“右侧视图”），单击“转换”菜单，选择“平移”下的扩展按钮，弹出平移菜单，单击“3D 平移”，弹出“3D 平移选项”对话框，提示选择需要转换的图形，先框选图形，然后单击“结束选择”。接着弹出更多选项，根据提示，图形在右视图，选择原始视图为右视图，目标视图为俯视图，输入完成后确定就可以。这样就完成了图档的 3D 平移操作，如图 2-25 ～图 2-27 所示。

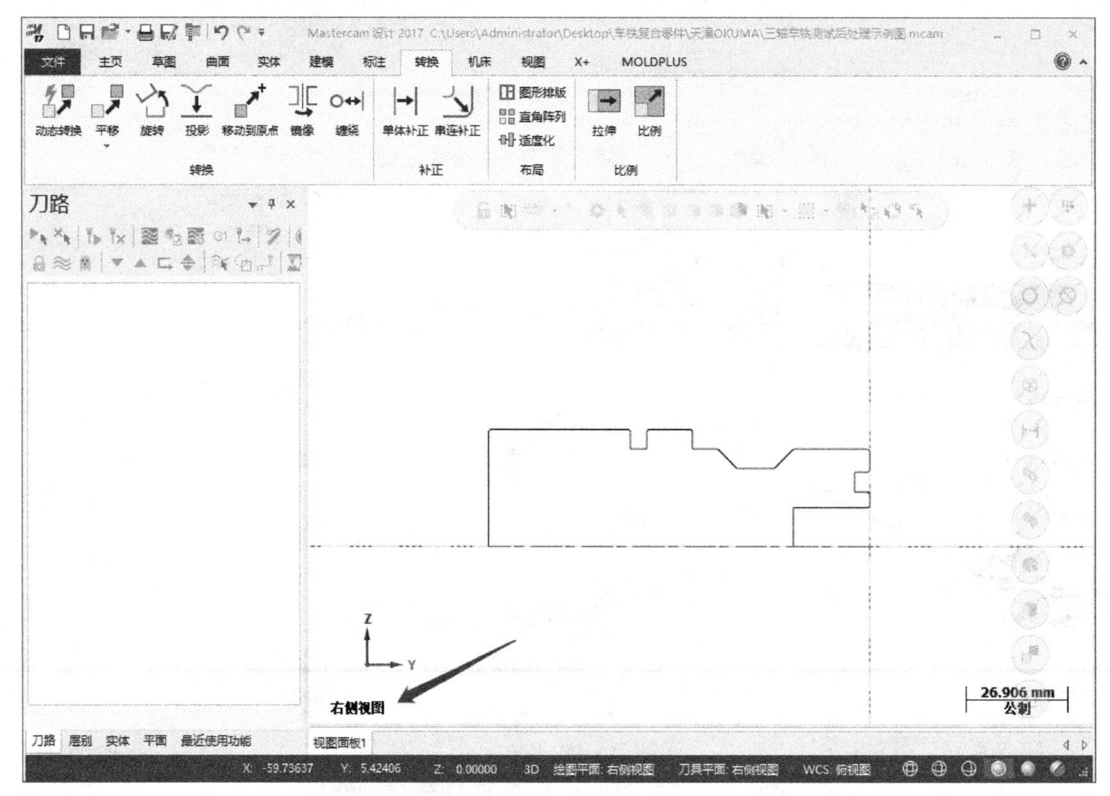

图 2-25　待转换平面

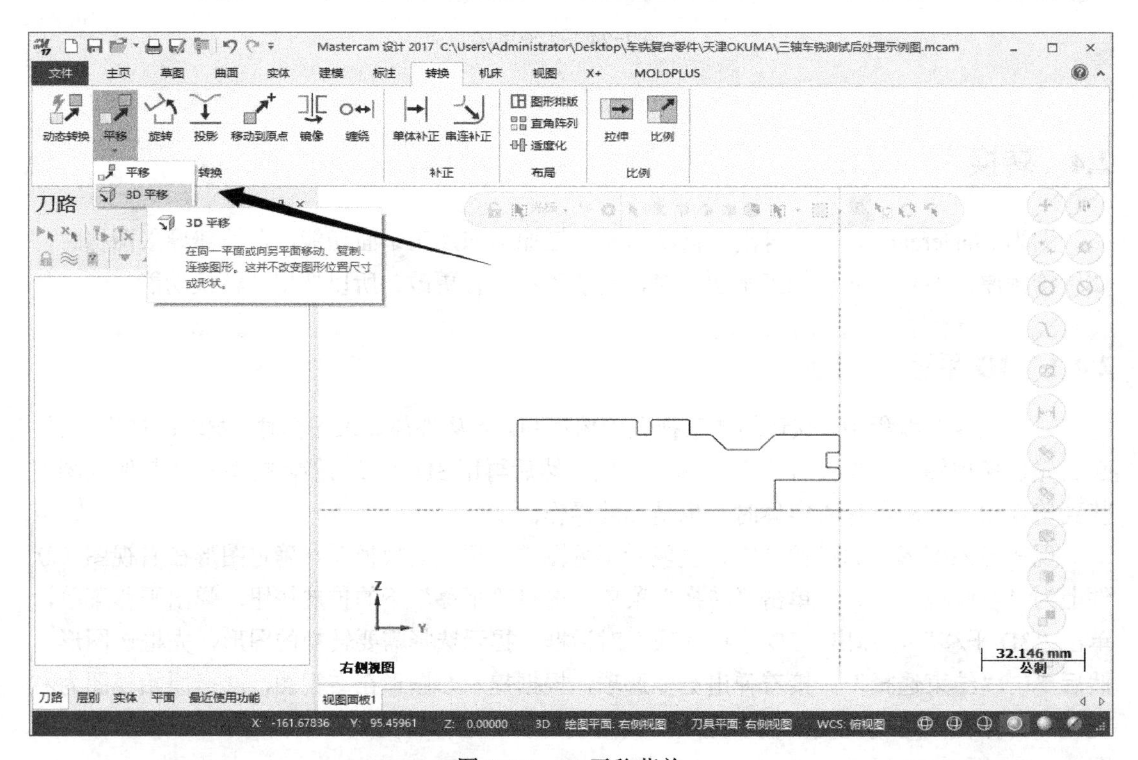

图 2-26　3D 平移菜单

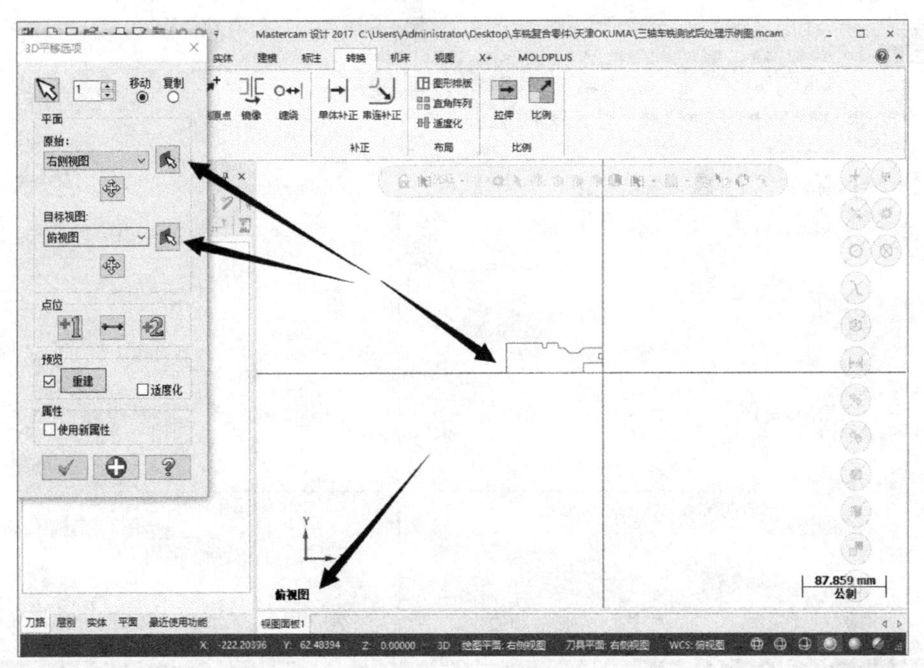

图 2-27 3D 平移完成

2.4.2 移动到原点

在上面的 3D 平移操作中，因为图档刚好在坐标原点上，所以不需要继续操作。如果遇到 3D 平移时图档并不在软件原点上，如图 2-28 所示，这时需要将图档移动到原点。在“转换”菜单下单击“移动到原点”，提示“选择平移起点”，直接单击起点，Mastercam 自动把图档移动到原点，如图 2-29、图 2-30 所示。

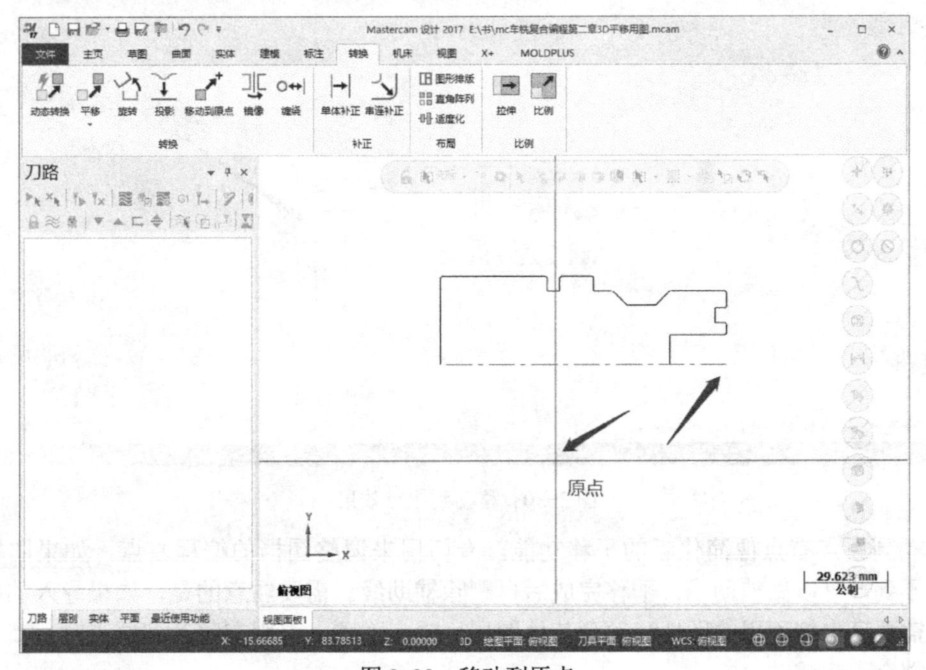

图 2-28 移动到原点

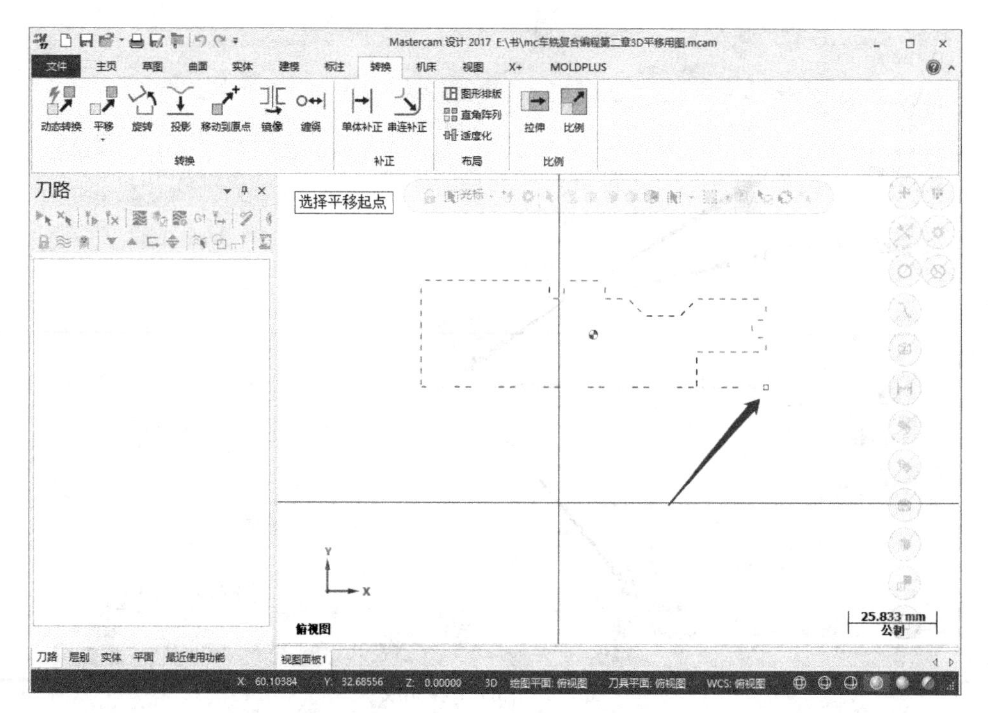

图 2-29　选择平移起点

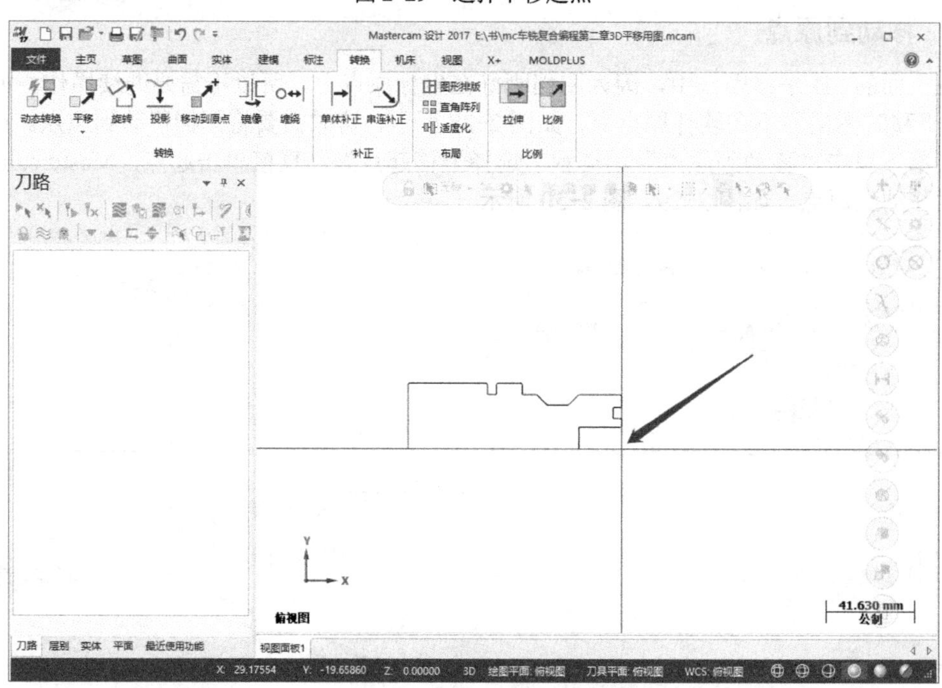

图 2-30　移动到原点效果

移动到原点有点像简化版的平移功能，专门用来调整图档的编程原点。如果图档中原点捕捉不到，可以做辅助线，平移完成后再删除辅助线。需要注意的是，如果导入的图档有多个，需要事先把不用的图档移动到其他图层，或者隐藏，否则在移动到原点时，其他不相干的图档会一起移动。

第3章 车铣复合必备知识

3.1 车铣复合机床

复合加工是机械加工中最流行的加工工艺之一，它可以把几种不同的加工工艺集中在一台机床上实现，应用比较广泛，难度也比较大。车铣复合机床在一台数控机床上可同时拥有数控车床和数控铣床的功能。

车铣复合机床是复合机床中发展最快、应用范围最广泛的设备。机床复合也是机床发展的重要方向，包括车铣复合、车铣磨复合、铣磨复合、切削与3D打印复合、切削与超声波振动复合、激光与冲压复合等多种样式，复合的目的就是让机床具有多种功能，一次装夹完成多个工序，以提高加工效率和精度。

3.1.1 车铣复合加工的优势

与常规数控加工工艺相比，车铣复合加工的突出优势主要表现在以下方面。

1）缩短了产品制造工艺链，提高了生产效率。车铣复合加工可以实现一次装夹完成全部或者大部分加工工序，从而大大缩短产品制造工艺链。这样一方面减少了由于装夹改变导致的生产辅助时间，同时也减少了工装夹具制造周期和等待时间，能够显著提高生产效率。

2）减少装夹次数，提高加工精度。装夹次数的减少，避免了由于定位基准转化而导致的误差积累。同时，车铣复合加工设备大都具有在线检测功能，可以实现制造过程关键数据的在位检测和精度控制，从而提高产品的加工精度。

3.1.2 车铣复合机床的特点

车铣复合机床的特点如下：

1）车铣复合加工中心使用高精度内藏式主轴。

2）采用自由移动式操作面板，可提高作业效率。

3）主要大批量生产各种小零件及高速加工复杂零件，以及多样化加工。

4）细长复杂工序可一次性加工成型，配置自动送料装置可提高效率。

3.1.3 车铣复合加工中心和五轴加工中心的区别

1）车铣复合加工中心是带B轴联动、C轴联动的可以做车削加工和铣削加工的机床，可以说在车铣复合加工中心上可以完成一个零件的全部或者大部分加工，所以又称为小型生产线。它不仅能够提高产品的精度和加工产品的效率，而且对企业而言大大节约了机床的占地面积，过去需要在几台机床上完成一个零件的加工，现在只需要一台机床就可以完成所有的加工。车铣复合加工中心也可以分为立式车铣复合加工中心和卧式车铣复合加工中心，在欧洲和日本等发达国家这类机床已经非常普遍，我国才刚开始起步，而且发展较慢，主要是我们对这类机床的利用率还不高，大大地浪费了车铣复合机床的功能。

2）五轴加工中心只能做铣削加工而不能做车加工。所以在加工时有很多局限性。车铣复合加工中心能够覆盖五轴加工中心的加工，但是五轴加工中心却不能做车铣复合的加工。

3.1.4 车铣复合发展现状

大多数的车铣复合加工在车削中心上完成，而一般的车削中心只是把数控车床的普通转塔刀架换成带动力刀具的转塔刀架，主轴增加 C 轴功能。由于转塔刀架结构、外形尺寸的限制，动力刀座的功率小，转速不高，也不能安装较大的刀具。这样的车削中心以车为主，铣、钻功能只是做一些辅助加工。动力刀塔造价昂贵，造成车削中心的成本居高不下，国产的售价一般超过 30 万元，进口的超过 60 万元，一般用户承受不起。经济型车铣复合机床主轴大多是 XZC 轴和 XYZC 轴，就是在卡盘上增加一个旋转的 C 轴，在 X 轴上增加一个 Y 轴，实现基本的铣削功能。四轴车铣复合机床又分为正交 Y 轴和非正交 Y 轴，正交 Y 轴就是与 X 轴互为垂直的关系，而非正交 Y 轴则是与 X 轴形成一个锐角的夹角，通常称之为假 Y 轴，因为此类机床 Y 轴运动时需借助 X 轴运动来调整。通过三角函数可以得知，非正交 Y 轴机床在结构上可以做得更加紧凑，但行程和稳定性不如正交 Y 轴。

3.1.5 典型车铣复合机床

通过图 3-1 ～图 3-4 可以简单了解目前比较常见的车铣复合机床，图 3-5、图 3-6 为高端五轴车铣复合机床。

图 3-1 所示机床是新一代系统比较常见的机型，一个刀塔加一个动力装置，成本低廉，只适合加工小尺寸复合件，精度一般在 ±0.01 ～ ±0.02mm。对于精度要求不是很高的产品，企业都会优先选择这种机型，目前市场占有率非常高。这类机床品牌多如牛毛，国产新一代车铣复合机床基本上都是这种类型，还有一些低端的排刀加动力刀座机，一般技术人员都不太喜欢排刀机，调机极为不便，但胜在加工速度快，小企业最爱，在此就不详述了。

图 3-2 所示机床是目前主流的中高端车铣复合机床，旋转刀塔上搭载内置动力旋转轴，X 向与 Z 向的动力刀座可以自由调换，实现高速高精加工。对产品质量要求高且实力雄厚的企业都会大批量采购这类车铣复合机床。这种进口的高端机型，可以做到 ±0.005mm 的公差，而且稳定性好。这类高精度的国产车铣复合机床只有屈指可数的几家公司能生产。

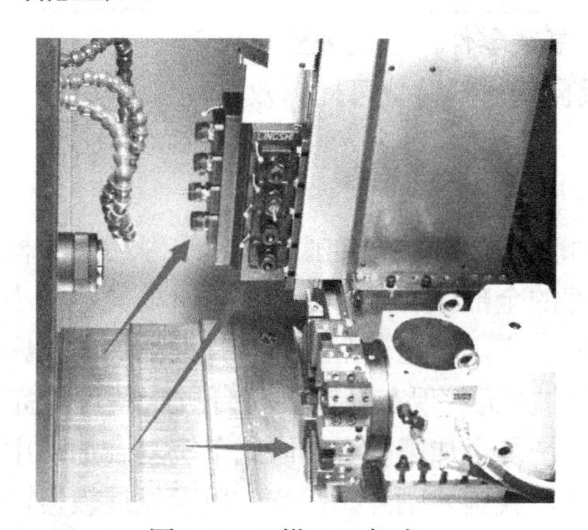

图 3-1　刀塔 4+4 机床

图 3-2　刀塔可转位动力刀座机床

图 3-3、图 3-4 是日本大隈的双主轴双刀塔车铣复合机床，型号为 LT2000EX。大隈也是双主轴双刀塔车铣复合机床的代表，它是全球机床界的“全能型制造商”，一直坚持从核心部件（驱动器、编码器、马达、主轴等）到数控操作系统到终端，全部由本厂设计开发完成，真正实现了软硬兼备。从结构来看，是上左下右刀塔加左右主轴，这种机型加工方式非常灵活，一般有三种模式：

1）上左刀塔加左主轴，下右刀塔加右主轴。

2）上左下右刀塔加左主轴，上左下右刀塔加右主轴。

3）上左下右刀塔加左右主轴。

目前在国内市场，这种类型的机床一般都是国外厂商把持着绝对的市场话语权。如大隈、马扎克、德玛吉、森精、哈斯、泷泽等一些国外品牌。

图 3-3　OKUMA-LT2000EX 双主轴双刀塔车铣复合机床

图 3-4　OKUMA-LT2000EX 内部结构

说到车铣复合机床的开山祖师派，绝对少不了奥地利的 WFL 机床，这家公司是专注于大型车铣复合加工中心的制造厂家，机床主要用在大型工件的加工上，如航空及重型工业的大型阀体、轴、轧辊等大型、超大型零部件。WFL-M150、WFL-M50 五轴车铣复合机床如图 3-5、图 3-6 所示。

图 3-5　WFL-M150 五轴车铣复合机床

图 3-6　WFL-M50 五轴车铣复合机床

图 3-7、图 3-8 所示是日本泷泽的五轴车铣复合机床，型号为 TMX-2000，用于中小型零件加工。与图 3-3 所示机床不同，这个机床是带刀库带 B 轴的，加工范围更加多样化。说到美国和日本的高端机床，除了出口管制外，还有一个移机检测系统，当购买了此类机床，第一次安装完成后，如果以后因为生产需要，挪到其他的位置，必须通知机床厂家或者经销

商，如果私自挪动，机床系统会立刻锁定。

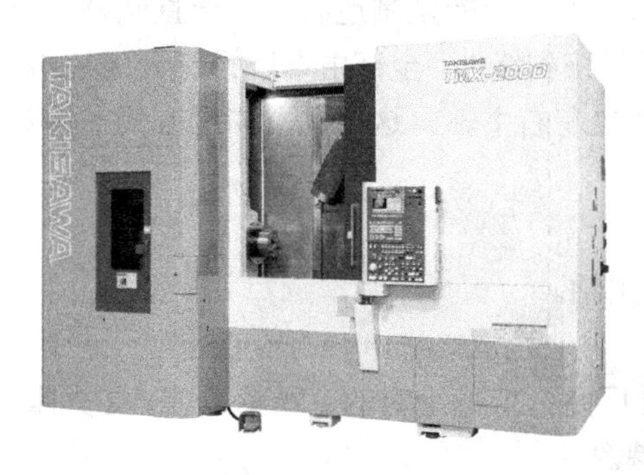

图 3-7　泷泽 TMX-2000 五轴车铣复合机床外观

图 3-8　泷泽 TMX-2000 五轴车铣复合机床内部

3.2　动力刀座种类

介绍完机床，再来介绍三四轴车铣复合机床常用的动力刀座。五轴车铣复合机床具有刀库，结构和加工中心切削主轴一样，可以用通用刀柄来夹持刀具，在此不做介绍。图 3-9 ～图 3-13 为三四轴车铣复合机床动力刀座。

图 3-9 所示是一个 Z 轴动力刀座，主要用来加工端面形状及孔。在车铣复合加工中，Z 轴动力刀座应用最广泛。图 3-10 也是一个 Z 轴动力刀座，明显与图 3-9 不一样，这个是双向动力刀座，一般用在多主轴车铣复合机床上，可以加工左主轴，也可以加工右主轴，节省了刀座空间，能在同样的刀位上安装更多的刀具，实现多功能化。初次使用此类刀座的读者，要注意分辨刀座的旋转方向，以免编程错误。

图 3-9　Z 轴动力刀座

图 3-10　Z 轴双向动力刀座

图 3-11 是一个常规的 X 轴动力刀座，用于 C 轴和径向的钻孔与铣削，和 Z 轴动力刀座刚好成 90°，这种动力刀座在车铣复合中的应用也很广。

图 3-12 是一个可调角度动力刀座，专门用于工件倾斜面的加工。这种刀座可以在四轴上实现五轴的刀路，也就是所谓的 4+1 定轴加工，当然，编程时需要用机床坐标系旋转功能。

图 3-13 是一个插齿动力刀座，专门用于内外圆齿、内圆直槽等工艺，一般做齿轮半成品时才用得到，只用在小批量高精度加工。大批量都用专业的插齿机或拉齿机。

图 3-14 所示是滚齿动力刀座，造价高昂，结构复杂，体积硕大。一般用户都不会购买这类刀座，因为性价比低。

图 3-11　X 轴动力刀座

图 3-12　可调角度动力刀座

图 3-13　插齿动力刀座

图 3-14　滚齿动力刀座

3.3　极坐标与三视图

1．极坐标

极坐标属于二维坐标系统，在平面内取一个定点 O，叫作极点，引一条射线 Ox，叫作极轴，再选定一个长度单位和角度的正方向（通常取逆时针方向）。对于平面内任何一点 M，用 ρ 表示线段 OM 的长度（有时也用 r 表示），θ 表示从 Ox 到 OM 的角度，ρ 叫作点 M 的极径，θ 叫作点 M 的极角，有序数对（ρ，θ）叫作点 M 的极坐标，这样建立的坐标系叫作极坐标系。通常情况下，M 的极径坐标单位为 1（长度单位），极角坐标单位为 rad（或°）。图 3-15 为极坐标示意图。

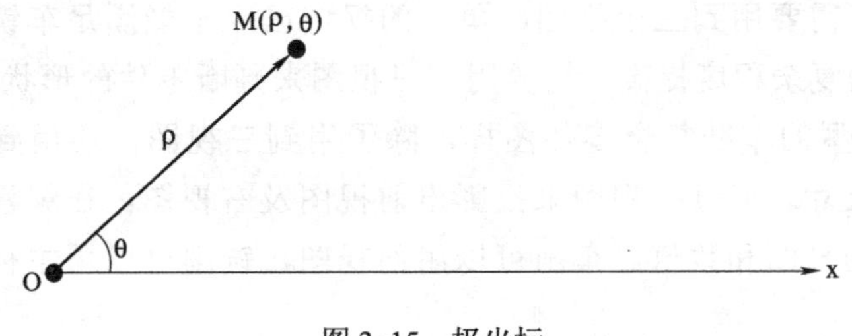

图 3-15　极坐标

在三轴车铣复合机床加工中，因为少了一个 Y 轴，在加工端面外形时不能像加工中心一样走直线铣削，需要用到 XC 联动，用极坐标来编程，可以大大减轻编程的复杂程度，这是三轴车铣复合手工编程最好的方式。比如要铣一个端面外形，先把极坐标系转换为直角坐标系。图 3-16 为极坐标直角坐标系。

图 3-16 为规则零件的极坐标数值，这是机加工通常采用的极坐标编程的一种方法，把工件的中心设为零点，然后根据四个象限点得出相应坐标值。通过图形可以看出，在极坐标下，所有的坐标值均为对称关系，只是正负值不一样。如果是不规则图形，就不会像图 3-16 一样左右上下对称。图 3-17 是一个不规则零件的极坐标数值。在数控编程中，软件也是根据这个极坐标值来读取相应的数值，以实现对刀路的计算。

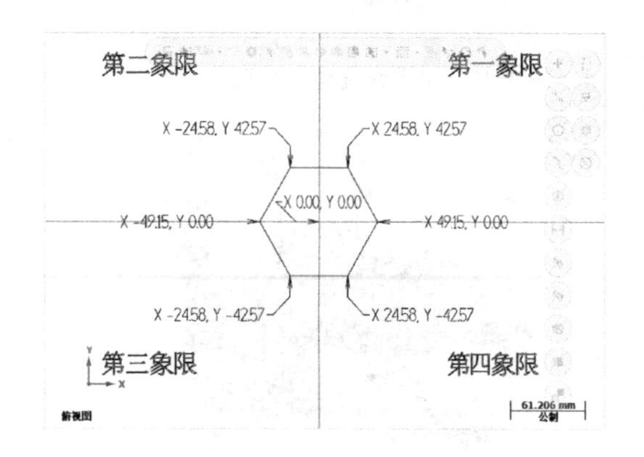

图 3-16　规则零件的极坐标数值

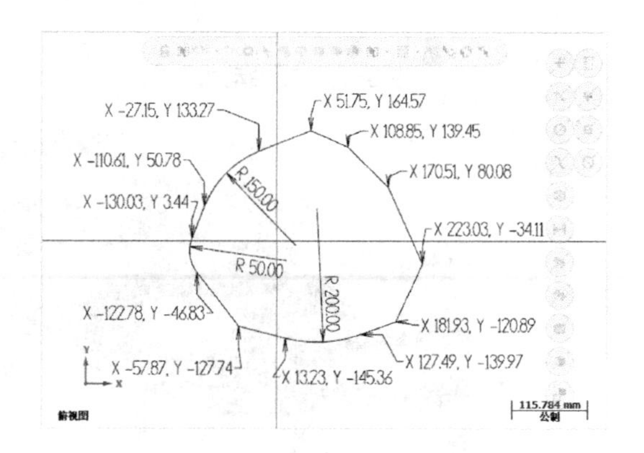

图 3-17　不规则零件的极坐标数值

2. 三视图

通过三视图，可以从二维图快速形成一个三维概念。在两轴的车床加工时，只需一个剖视图和右视图即可。图 3-18 为车床零件二维图。

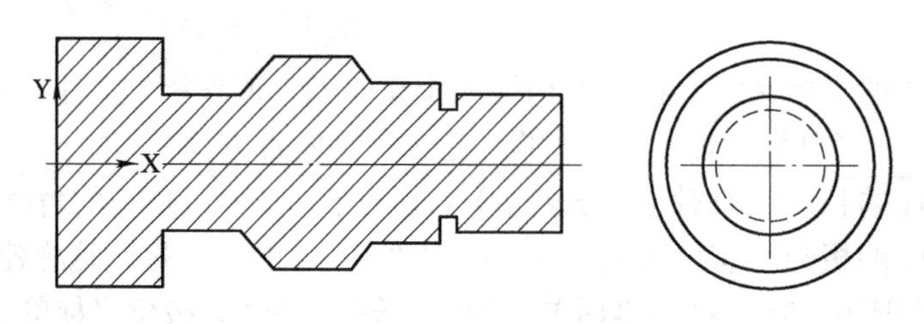

图 3-18　车床零件二维图

车铣复合加工需要用到三个视图，单一的视图已经不能满足车铣复合加工编程的需要，随着零件的复杂程度提高，需要用到三视图来判断零件的形状、位置和尺寸等。图 3-19 是一个典型的车铣复合零件图样，除了用到三视图，还用到了剖视图，每个视图表达不同的尺寸。通过主视图来投影出前视图及右视图。在编程中，需要根据三视图来确定加工的平面和数值。车削可以用剖视图，铣削可以用主视图和前视图及右视图。

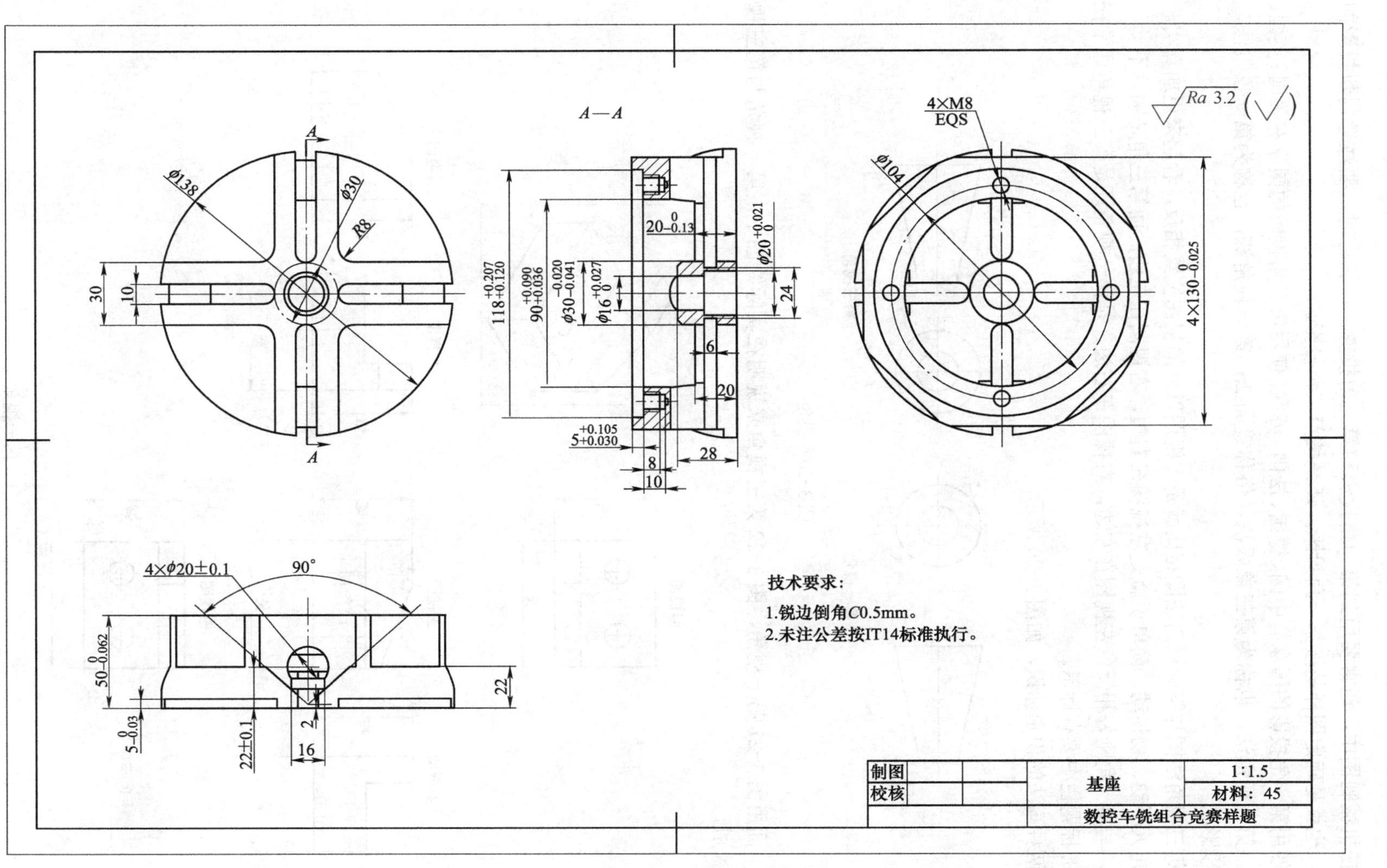

图 3-19　车铣复合三视图

在机械制图中，通常要用到第一角投影和第三角投影。在编程时，要注意判断投影的方向，也就是确定图样是按第一角投影，还是按第三角投影。

使用第一角投影的国家有中国、德国、法国、苏联，使用第三角投影的国家有美国、英国、日本。第三视角法，也称为第三象限法，俗称镜面法；第一视角法，也称为第一象限法，俗称投影法。

第三视角法图与第一视角法图相比就是主视图以外的视图位置相反，看起来更加真实。第一角人不动、物体动，简单说就是左视图在右边，右视图在左边。而第三角是物体不动、人动，与第一角刚好相反，左视图在左边，右视图在右边。是第一视角还是第三视角通常在图样的标题栏中要有标示。

两种画法的识别标识，如图 3-20 所示。

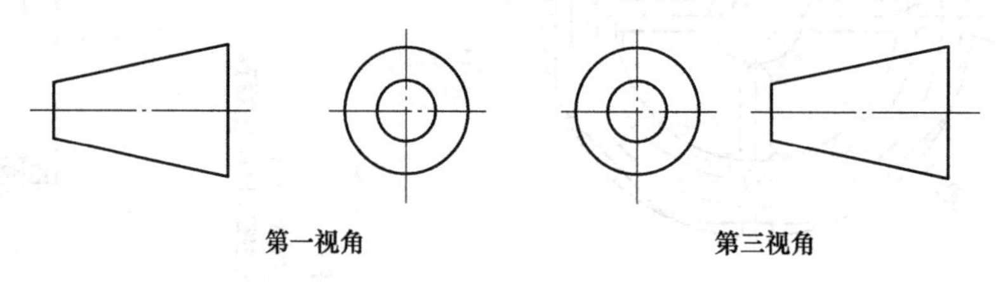

图 3-20　视角

下面用图 3-21 第一视角、图 3-22 第三视角来说明在实际绘图中，第一视角与第三视角的区别。

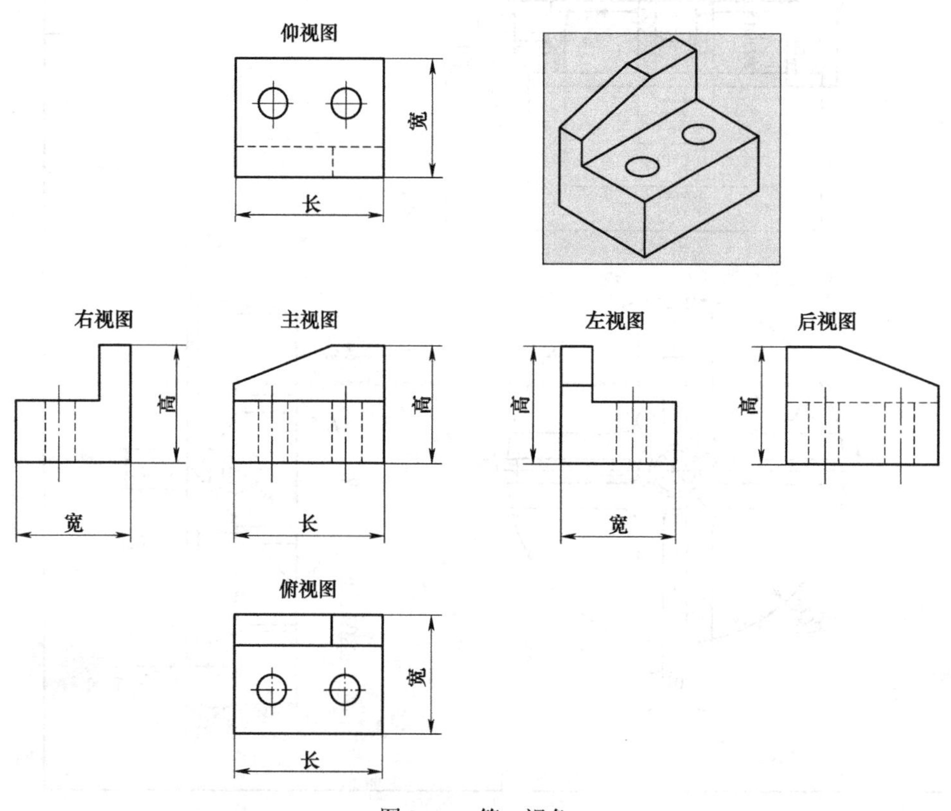

图 3-21　第一视角

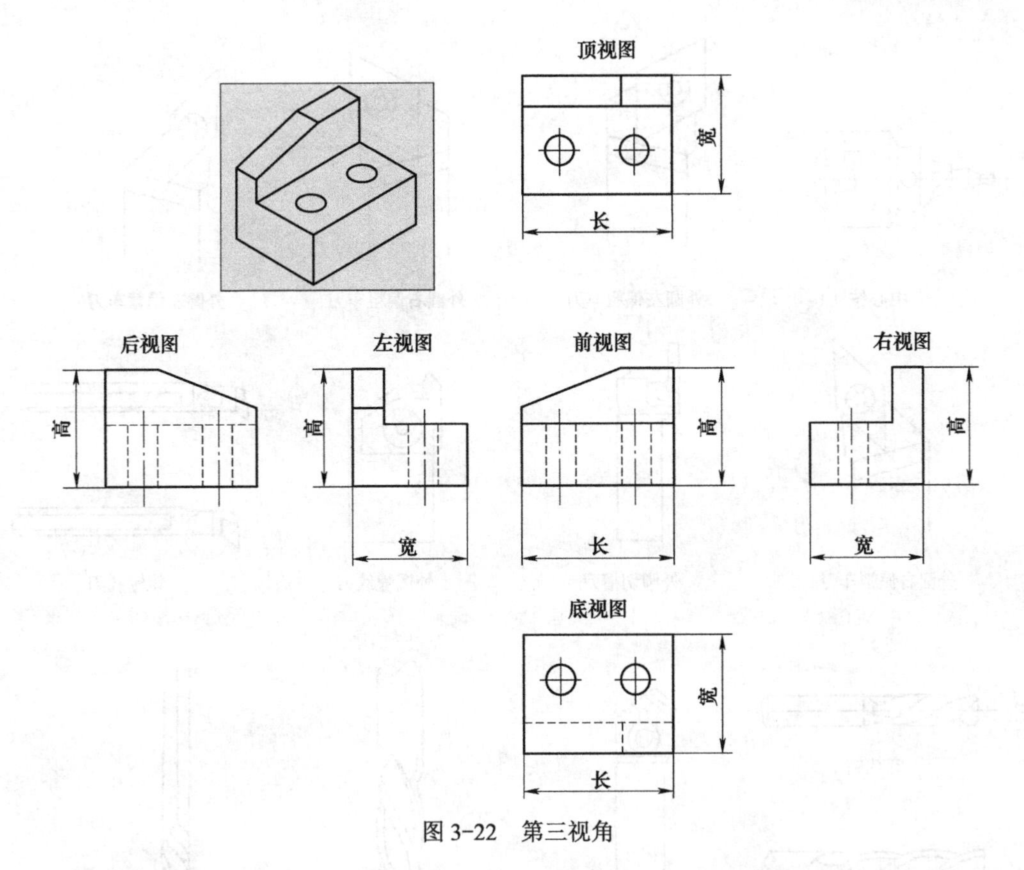

图 3-22 第三视角

如图 3-21、图 3-22 所示，第一视角与第三视角刚好如前面所说，除了主视图，其他视图刚好相反。在编程加工时，第一时间要分清楚图样是按哪个视角绘图，这样编程才有一个正确的视图方向。

3.4 刀具的选择与刀具补偿

车削用来加工回转体零件，把零件通过自定心卡盘夹在机床主轴上，并高速旋转，然后用车刀按照回转体的母线进给，切出产品外形来。车床上还可进行内孔、螺纹、咬花等加工，后两者为低速加工。数控车床也可以进行复杂回转体外形的加工。

铣削是将毛坯固定，用高速旋转的铣刀在毛坯上进给，切出需要的形状和特征。传统铣削较多地用于铣轮廓和槽等简单外形 / 特征。

图 3-23 是车铣复合常用的刀具。另外还有一些非标的定制刀具，比如为了节省刀位和加工时间而定制的带倒角钻头，为了加工特别圆弧定制的圆弧铣刀。

图 3-24 是一个典型的成型钻头，主要用于螺钉孔和沉孔的加工，可以通过一个程序段完成两个工序，可大大节省加工时间。在机床刀位不足时，还可以节约一个刀位来安装其他必备的刀具。

图 3-25 是成型 R 圆弧铣刀，从形状上观察得知，这是一个非标的内 R 圆弧刀，主要用于工件的圆弧边缘加工，加工质量好，时间短。缺点是刀具磨损严重后无法人工修磨。

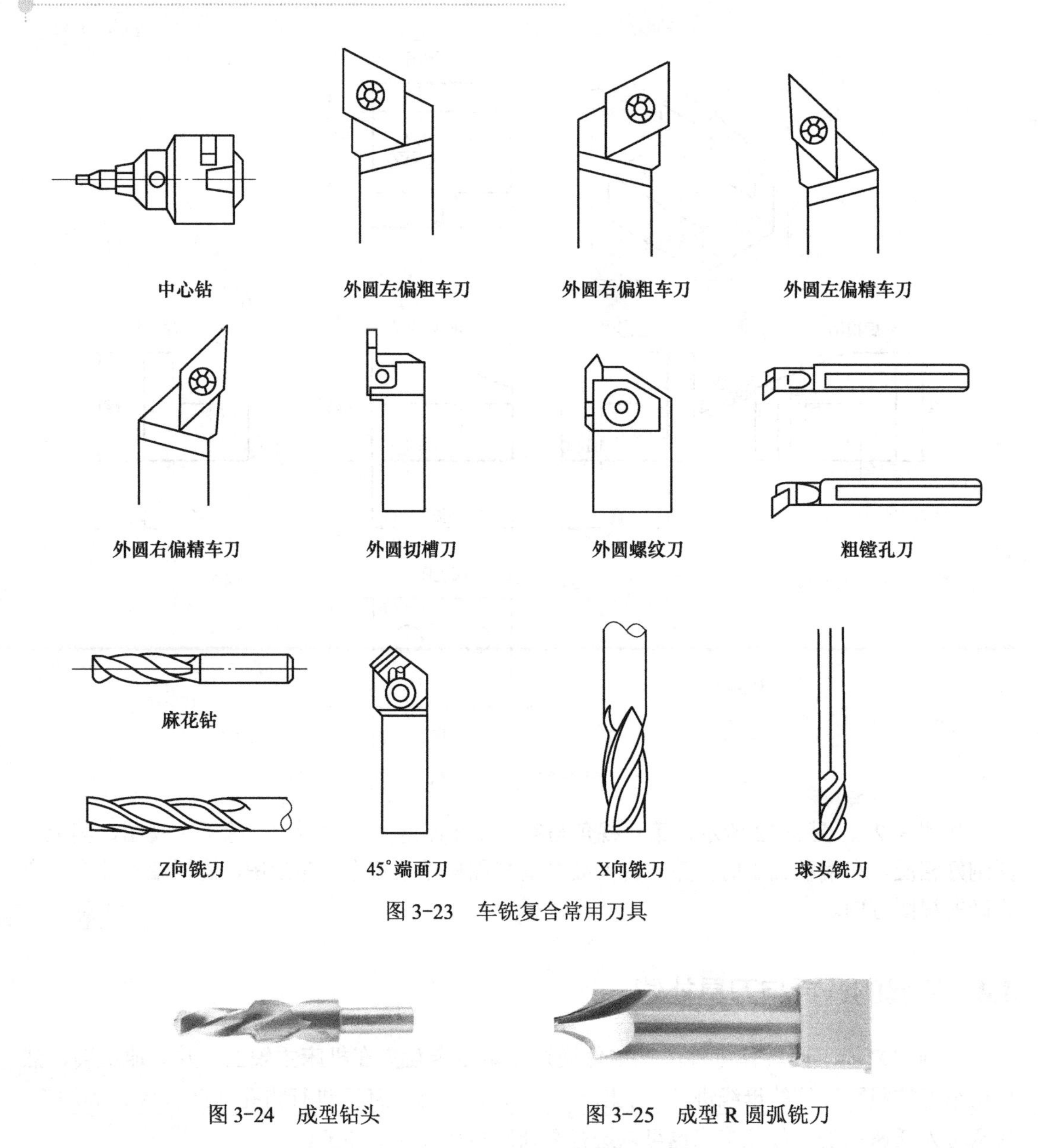

图 3-23　车铣复合常用刀具

图 3-24　成型钻头

图 3-25　成型 R 圆弧铣刀

简单介绍完刀具，再来讲讲刀具半径补偿。

随着数控加工技术的不断进步，生产中越来越多地用到了机夹刀，与传统的焊接刀相比，有以下四个优点：

1）刀杆可重复使用，节省材料。

2）刀具的刀片可以根据所需圆弧大小、角度随时更换。

3）一个刀片在转位后，无须重新测量，提高了工作效率，并且刀片的使用率提高。

4）有利于实现刀具的标准化。

根据机夹刀具的形状，机夹刀片是带有一定圆弧的，在加工中，刀具中心运动轨迹并不是加工零件的实际轮廓。若用刀具中心轨迹来编制加工程序，则程序的数学处理工作量大，当刀具半径发生变化时，则还需重新修改或编制程序。这样，编程会很麻烦。利用刀具半径补偿功能，当编制零件加工程序时，只需按零件轮廓编程，使用刀具半径补偿指令，并在控制面板上用键盘（CRT/MDI）方式，人工输入刀具半径值，数控系统会根据零件程序和刀具半径自动计算出刀具中心的偏移量，进而得到偏移后的中心轨迹，并使系统按刀具中心轨迹运动，完成对零件的加工。

数控车床编程时可以将车刀刀尖看作一个点，按照工件的实际轮廓编制加工程序。但实际上，为保证刀尖有足够的强度和提高刀具寿命，车刀的刀尖均为半径不大的圆弧。一般粗加工所使用的车刀的刀尖圆弧半径 R 为 0.8mm 或 1.2mm；精加工所使用车刀的刀尖圆弧半径 R 为 0.4mm 或 0.2mm。切削加工时，刀具切削点在刀尖圆弧上变动。在切削内孔、外圆及端面时，刀尖圆弧不影响加工尺寸和形状，但在切削锥面和圆弧时，会造成过切或欠切现象。

因此，当使用车刀来切削加工锥面和圆弧时，必须将假设的刀尖路径做适当的修正，使之切削加工出来的工件能获得正确尺寸，这种修正方法称为刀尖圆弧半径补偿。

对于采用刀尖圆弧半径补偿的加工程序，在加工前要把刀尖半径补偿的有关数据输入刀补存储器中，以便执行加工程序时，数控系统对刀尖圆弧半径所引起的误差自动进行补偿。刀尖圆弧半径补偿是通过 G41、G42、G40 代码及 T 代码指定的刀尖圆弧半径补偿值来加入或取消。其程序段格式为

G40

G01 X Z G41 或 G01 X Z G42

其中，G40 为取消刀尖圆弧半径补偿；G41 为建立刀具圆弧半径左补偿；G42 为建立刀具圆弧半径右补偿。图 3-26 为刀具补偿示意图。

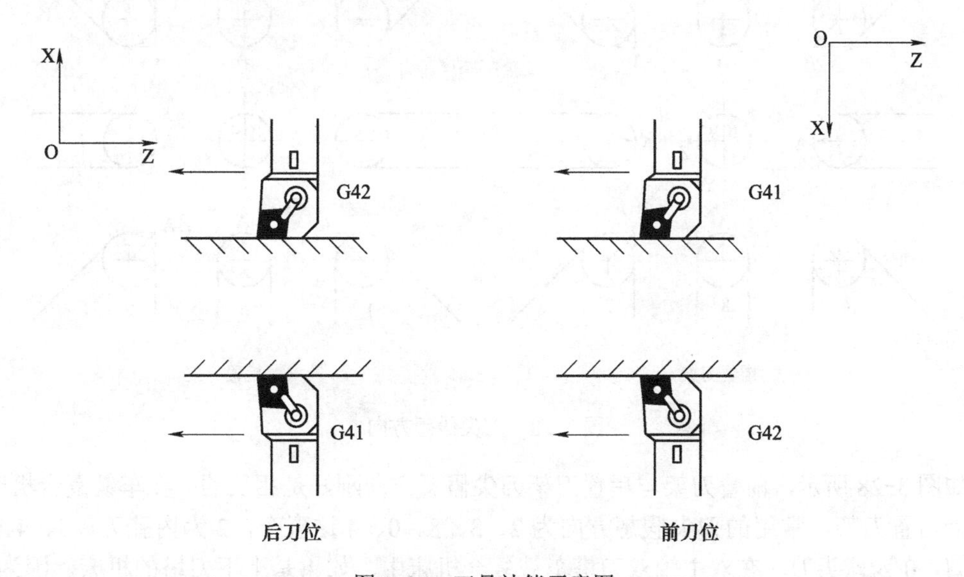

图 3-26　刀具补偿示意图

刀尖圆弧半径补偿值可以通过数控系统的刀具补偿设定界面设定。以 FANUC 32i-MB 系统为例，T 指令要与刀具补偿编号相对应，且要输入假想刀尖位置序号。假想刀尖位置序号是对应不同形式刀具的一种编码。

图 3-27 所示是 FANUC 32i-MB 系统刀具补偿界面，号为刀具号，比如 T0101，T 为刀

具代码，第一个 01 为刀具号，第二个 01 为刀具偏置号及刀尖圆弧半径补偿号。X 轴和 Z 轴分别为位置偏置，半径为刀尖圆弧半径补偿，T 为刀尖假想方向。图 3-28 为刀尖假想方向示意图。

FANUC Series 32*i*-MODEL B

刀具补偿 / 形状 -1

QIAN HOU SHU SHUO~ 00138

号	X 轴	Z 轴	半径 r
G 001	112.050	0.000	0.8003
G 002	20.150	54.134	0.0000
G 003	20.100	71.034	0.0000
G 004	67.835	75.200	0.4002
G 005	-21.995	60.700	0.4002
G 006	67.300	62.667	0.0000
G 007	75.687	-0.033	0.4003
G 008	178.333	-72.544	0.0000
G 009	20.100	76.047	0.0000
G 010	164.533	-72.544	0.0000
G 011	131.717	-12.103	0.1008
G 012	130.407	18.367	0.2000
G 013	180.653	-0.420	0.0000
G 014	148.467	-0.192	0.0000
G 015	20.650	52.407	0.0000
G 016	162.033	-72.344	0.0000
G 017	84.153	59.510	6.1000

图 3-27　刀具偏置

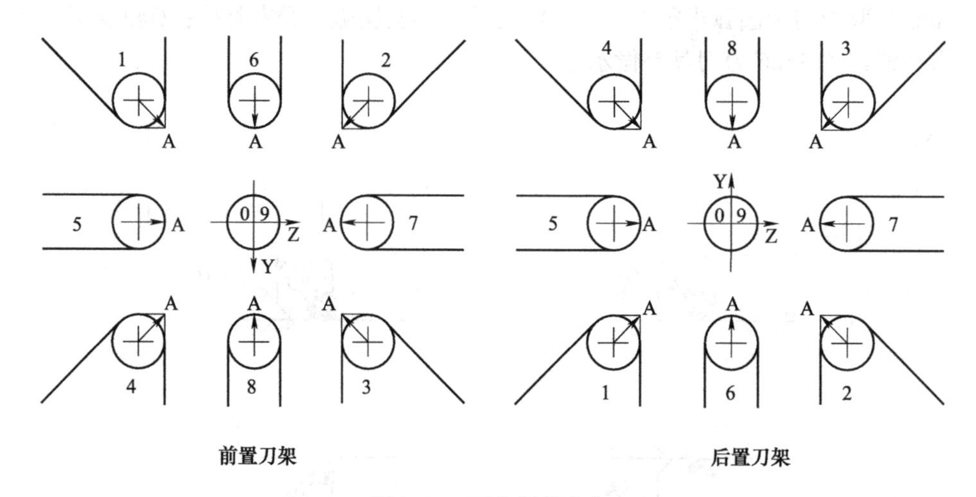

图 3-28　刀尖假想方向

如图 3-28 所示，前置刀架与后置刀架刀尖假想方向刚好是相反的。在车铣复合机床中，一般为后置刀架，常用的刀尖假想方向为 2、3、8、0、4 这五个，2 为内孔刀，3、4、8 为外圆刀，0 为球头刀。在双主轴双刀塔车铣复合机床中，如果是上下刀塔的机床，因为机床自带坐标系镜像旋转功能，前置刀架在编程中其实也是后置刀架，那么刀尖假想方向就和后置刀架一致，编程的坐标值也与上刀塔一致，无须更改 X、Y、Z、C 的方向。

介绍完车削的刀具与圆弧半径补偿，再来介绍铣削的刀具与刀具半径补偿。有加工中心基础的读者都知道铣削用刀具一般都是对称或非对称圆柱体，所以半径补偿比较好理解，一般就是刀具直径的一半，也就是刀具的半径。铣削刀具的种类虽然多，但基本上都是对称圆柱体，即使不对称，当主轴通过刀柄使刀具旋转时，刀具的最大外径就是刀具的实际直径。相对于车削来说，铣削的刀具半径补偿要简单很多，因为它只有两个方向，左和右，也就是 G41 和 G42，铣削刀具因其结构特点，不存在刀尖假想方向，只需要区分顺铣和逆铣即可。

如图 3-29 所示，当刀具为顺时针旋转时，工件与刀具同一方向时为顺铣，工件与刀具方向相反即为逆铣。在外形铣削时，顺铣的方向与挖槽铣削时顺铣的方向刚好相反。很多初学者把刀具的顺时针旋转和顺时针进给混淆了。在挖槽中，虽然运动方向是顺时针，可是相对于刀具来说它是逆铣，顺铣逆铣的判断原则是以刀具的旋转方向为准。

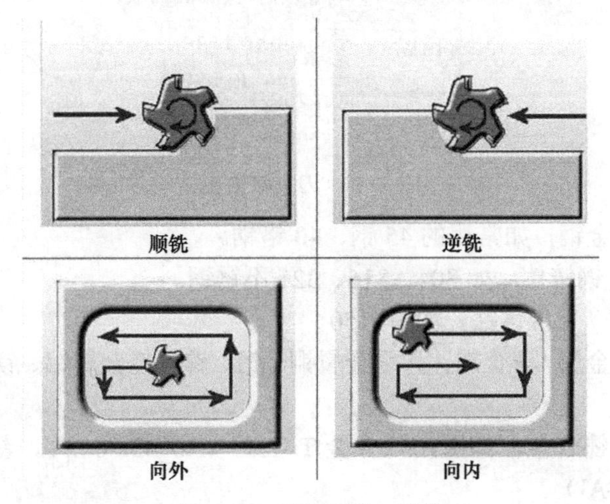

图 3-29　刀具顺铣、逆铣

在铣削编程时，刀具的半径补偿首先要确定加工平面。四轴车铣复合机床有三个可加工平面，G17 为 XY 平面，G18 为 XZ 平面，G19 为 YZ 平面。确定了加工平面后就可以开始进行刀具半径补偿。需要注意的是，大部分数控系统只能在直线段进行半径补偿的建立和取消，不能在圆弧上进行，也就是说在 G41/G42/G40 后只能跟随 G00/G01 代码，而不能出现 G02/G03 代码，否则机床报警。

在选择补偿代码时，要根据补偿方向来决定，根据刀具运动方式，左补偿（G41）其实就是顺铣，右补偿（G42）就是逆铣，所以在选择补偿时，只要根据顺铣、逆铣就可以判断出是左补偿还是右补偿。如果有读者用到逆时针旋转的铣削刀具，那么补偿的方向和顺逆铣方向就刚好是相反的。大部分情况下，加工中优先采用顺时针旋转的铣削刀具。

3.5　材料的分类与切削参数

在加工中，除了对机床和刀具要有充分的了解外，对材料的了解也丝毫不少于前两者，因为不了解所加工的材料，就无法选择合适的刀具及合理的加工参数。对于初接触数控的读者来说，如果对材料不了解，也没有人指导，会走很多弯路。我们可以从刀具盒上得到一个简单的材料分类，图 3-30 为山特维克的刀具加工参数说明。图中箭头所示的六个字母分别代表六种材料分类：

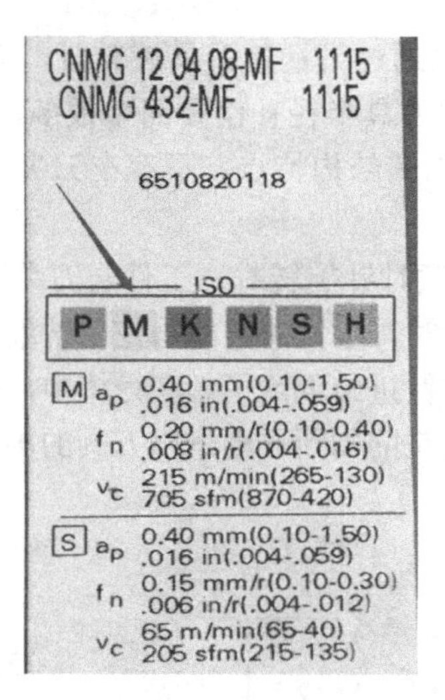

图 3-30　刀具参数表

1）P 指碳钢 / 合金钢，如常用的 45 钢、40 铬钢。

2）M 指不锈钢 / 钢铸件，如 304、316、321 不锈钢。

3）K 指灰口铸铁 / 球墨铸铁，如 HT150。

4）N 指铝 / 有色金属 / 非金属，如重金属铜、铅、锌，轻金属铝、镁，非金属有机玻璃、尼龙、PEEK。

5）S 指钛合金 / 镍合金，如医用钛合金 Ti-15Zr-4Nb_4Ta-0.2Pd，新型高强高韧钛合金 Ti1023（Ti-10V-2Fe-#Al）。

6）H 指淬硬钢 / 冷硬铸铁，如 40 铬加硬到 55HRC。

如果要认真介绍材料，恐怕几本书都写不完，所以本书只简单介绍常用的材料，也就是按刀具上的六种分类，我们在编程时，图样上会标示材料，只需要根据所标示材料进行大致归类就可以了。材料归类后，选择相应的加工参数，如图 3-30 所示，这种刀片适合 M 和 S 系列的材料，加工参数也各不相同，最主要的参数就在切削速度 v_c 的区别，当加工 M 系列的材料时，切削速度最高为 265m/min，但加工 S 系列材料时，切削速度最高为 65m/min，那么通过切削速度计算公式，就可以很快得出比较适合的主轴转速或者铣削转速。除了切削速度，上面还有很多的参数，背吃刀量 a_p，第一排 0.4mm 指的是米制的背吃刀量最佳背吃刀量参考值，第二排是寸制的背吃刀量最佳背吃刀量参考值。f_n 指切削进给速度，分别也是用米制和寸制来标示最佳切削进给速度参考值。

3.6　刀具标准编号

细心的读者会注意到图 3-30 上面还有一排字母和数字的组合：

CNMG 12 04 08-MF 1115

这是一个刀具标准编号，几乎所有的刀具厂商都用此类编号来标识刀具。下面以山特维克刀具为样板来介绍上述标准代码的含义，可帮助读者通过标准代码快速选择所需要的刀具，其他厂商的刀具和山特维克刀具在前十位代码是一样的，读者可以做到举一反三。

如图 3-31 所示，第一个字母代表刀片形状及角度，车削机夹刀一般常用的有 C80°、

D55°、T60°、V35° 和 W80°。选择刀具一般都是根据工件形状来决定，粗加工一般选择 W80° 和 C80°，精车一般选择 V35° 和 D55°。

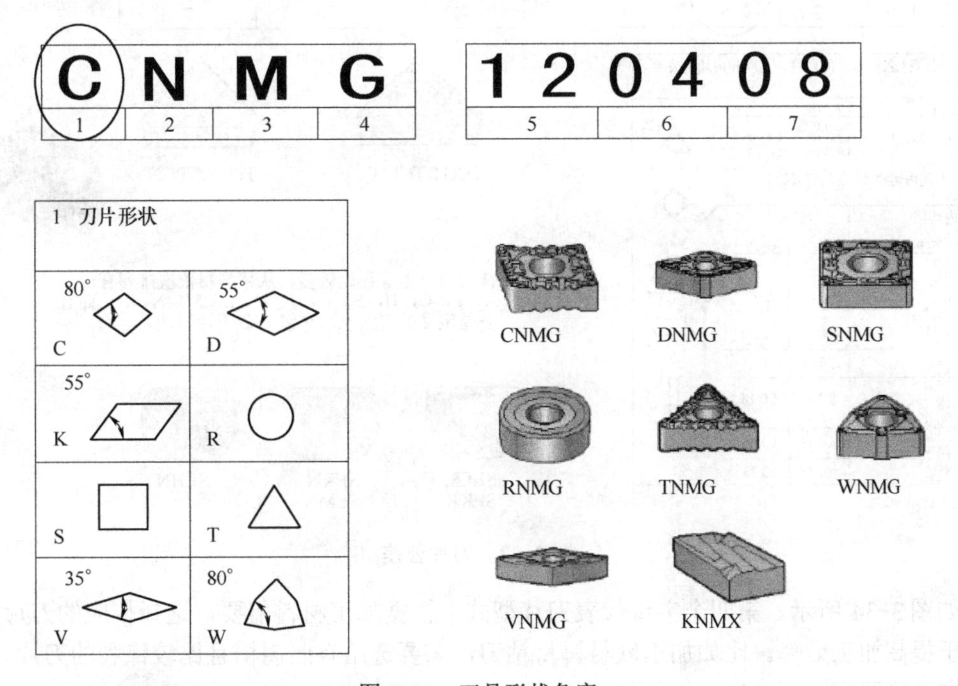

图 3-31　刀具形状角度

如图 3-32 所示，第二个字母代表刀片的后角，在加工非常规工件时，要注意刀具后角的干涉。

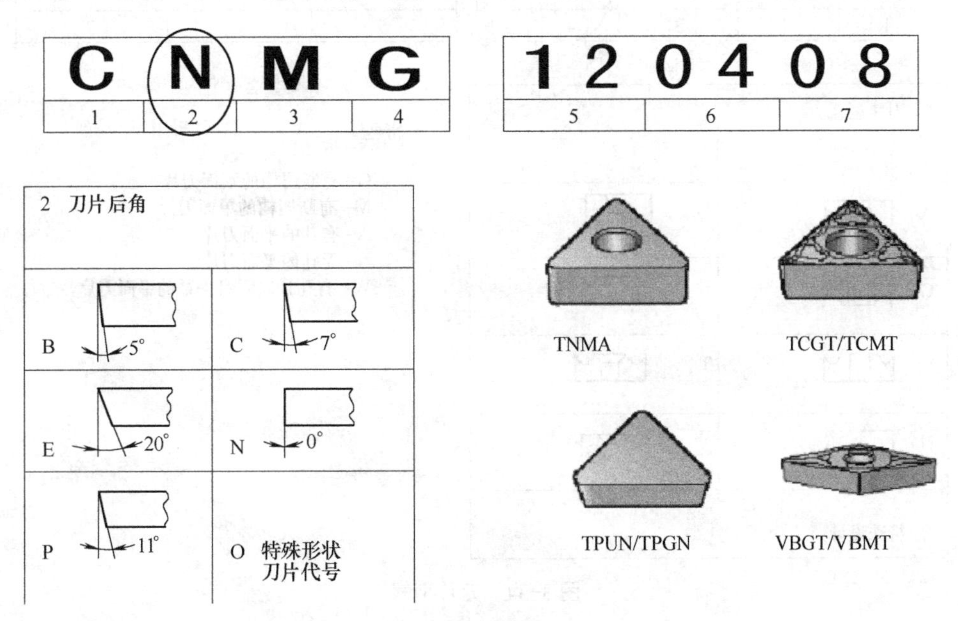

图 3-32　刀片后角

如图 3-33 所示，第三个字母代表刀片的公差等级，这个一般不需要过多了解。

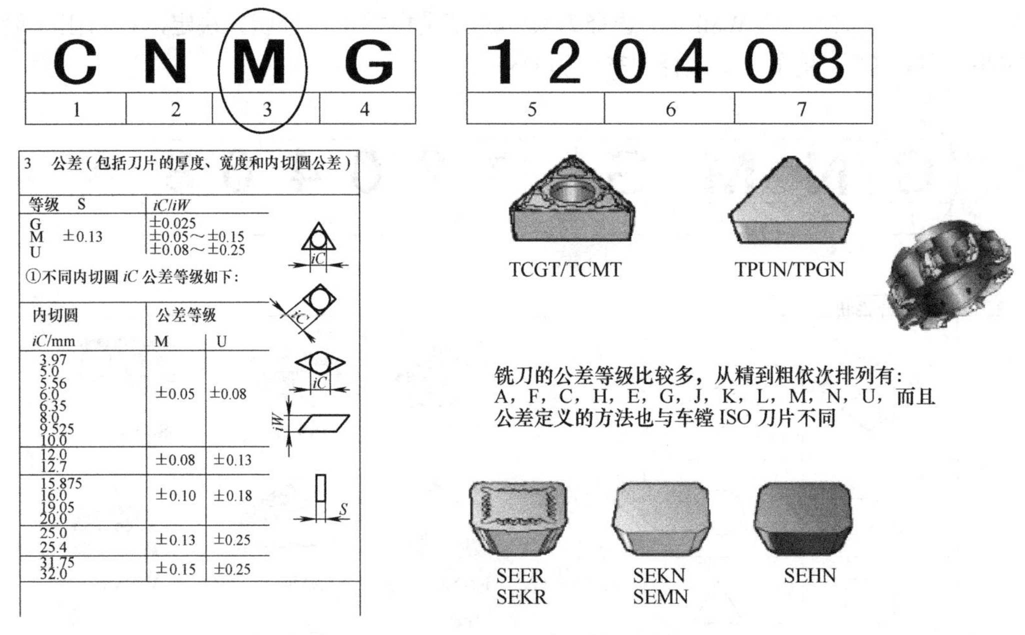

3 公差（包括刀片的厚度、宽度和内切圆公差）

等级	S	iC/iW
G		±0.025
M	±0.13	±0.05～±0.15
U		±0.08～±0.25

①不同内切圆 iC 公差等级如下：

内切圆 iC/mm	公差等级 M	公差等级 U
3.97 5.0 5.56 6.0 6.35 8.0 9.525 10.0	±0.05	±0.08
12.0 12.7	±0.08	±0.13
15.875 16.0 19.05 20.0	±0.10	±0.18
25.0 25.4	±0.13	±0.25
31.75 32.0	±0.15	±0.25

图 3-33　刀片公差

如图 3-34 所示，第四个字母代表刀片型式。根据加工材料需要，选择相应的刀片型式，有利于提高加工效率。比如加工软材料易粘刀，需要选用有断屑槽且比较锋利的刀片，切削时才容易排屑。

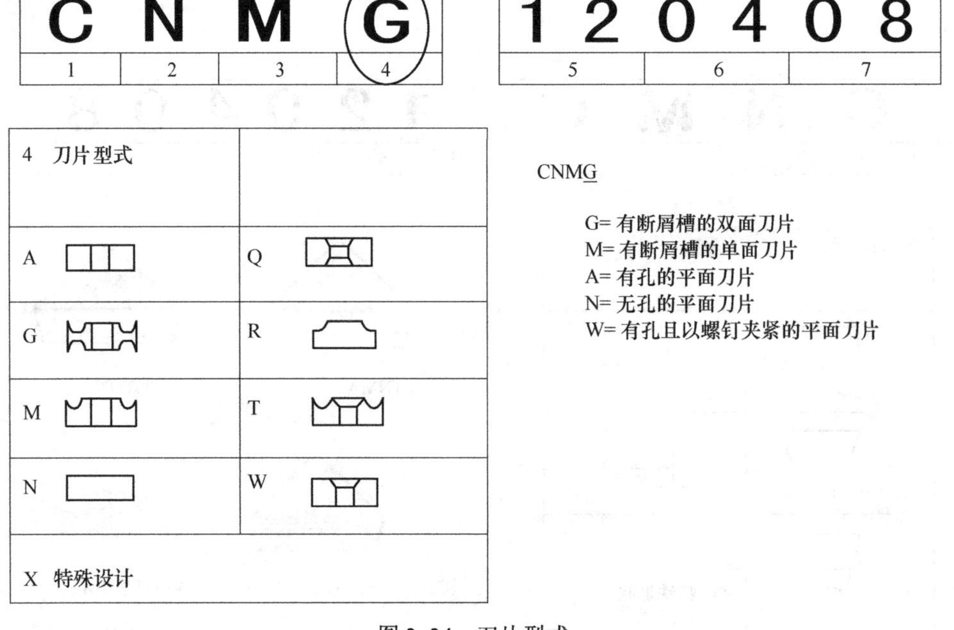

4 刀片型式	
A	Q
G	R
M	T
N	W
X 特殊设计	

图 3-34　刀片型式

如图 3-35 所示，第五个第六个的数字代表的是刀片的边长。不同大小的刀片边长各不一样，选择多大的刀片取决于刀杆的型号。或者说选择多大的刀片就要选择相应的刀杆。

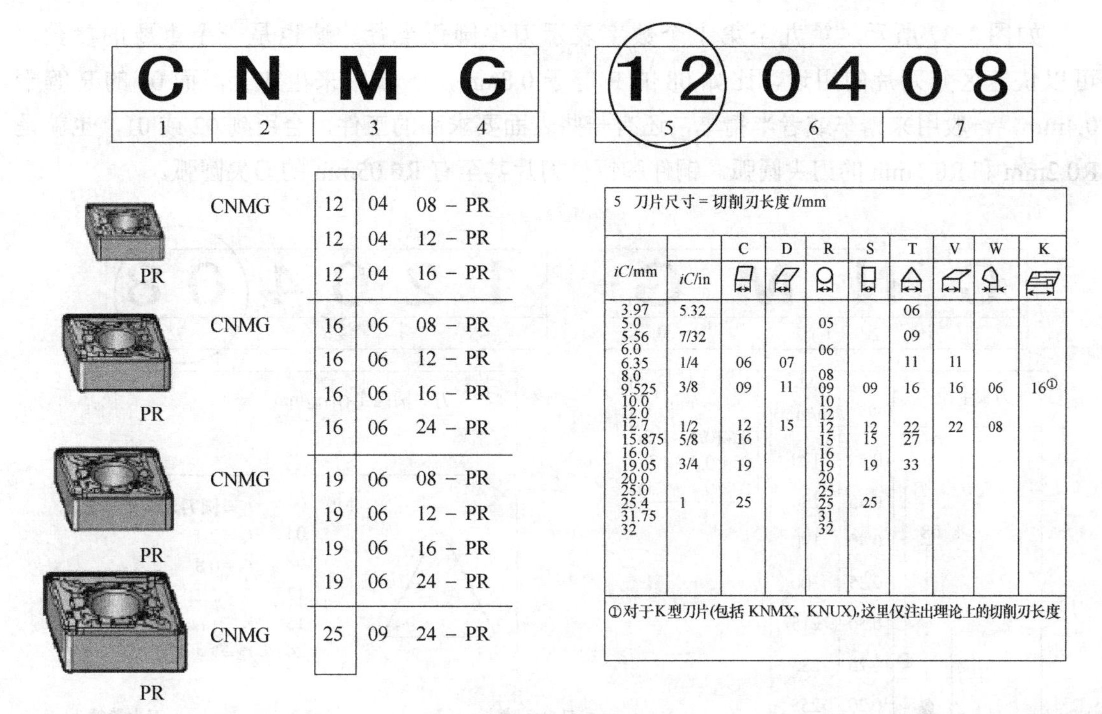

5　刀片尺寸 = 切削刃长度 l/mm

iC/mm	iC/in	C	D	R	S	T	V	W	K
3.97	5.32					06			
5.0				05					
5.56	7/32					09			
6.0				06					
6.35	1/4	06	07			11	11		
8.0				08					
9.525	3/8	09	11	09	09	16	16	06	16①
10.0				10					
12.0				12					
12.7	1/2	12	15	12	12	22	22	08	
15.875	5/8	16		15	15	27			
16.0				16					
19.05	3/4	19		19	19	33			
20.0				20					
25.0				25					
25.4	1	25		25	25				
31.75				31					
32				32					

①对于K型刀片(包括 KNMX、KNUX),这里仅注出理论上的切削刃长度

图 3-35　刀片边长

如图 3-36 所示，第七个第八个数字代表的是刀片的厚度。图中用 S 来标示厚度，在测量刀片厚度时，有无断屑槽的测量点也不一样。刀片的厚度直接影响刀片的中心高，加工端面时，如果刀片中心高偏高，中间会有一个台阶；如果刀片中心高偏低，中间会有一个圆弧凸起。所以在选择刀片时，同一种刀片尽可能选择厚度一样的，这样在更换刀片时，不会因为厚度不一而产生中心高不对，或者尺寸变化大的情况。

C N M G　1 2 0 4 0 8

1 2 3 4　5 6 7

DNMG 11 04 04 – MF
11 04 08 – MF

DNMG 15 04 04 – MF
15 04 08 – MF

DNMG 15 06 04 – MF
15 06 08 – MF

6　刀片厚度 S/mm

代码	厚度
01	S= 1.59
T1	S= 1.98
02	S= 2.38
03	S= 3.18
T3	S= 3.97
04	S= 4.76
05	S= 5.56
06	S= 6.35
07	S= 7.94
09	S= 9.52
10	S= 10.00
12	S= 12.00

图 3-36　刀片厚度

如图 3-37 所示，第九个第十个数字表示刀尖圆弧半径。这也是一个重要的参数，可以快速区分刀片的用途，比如 08 的 R 等于 0.8mm，一般用来粗加工，而 04 的 R 等于 0.4mm，一般用来精车或者半精车，还有一些表面要求高的工件，会用到 02 或 01，也就是 R0.2mm 和 R0.1mm 的刀尖圆弧。铜件和铝件刀片甚至有 R0.05mm 的刀尖圆弧。

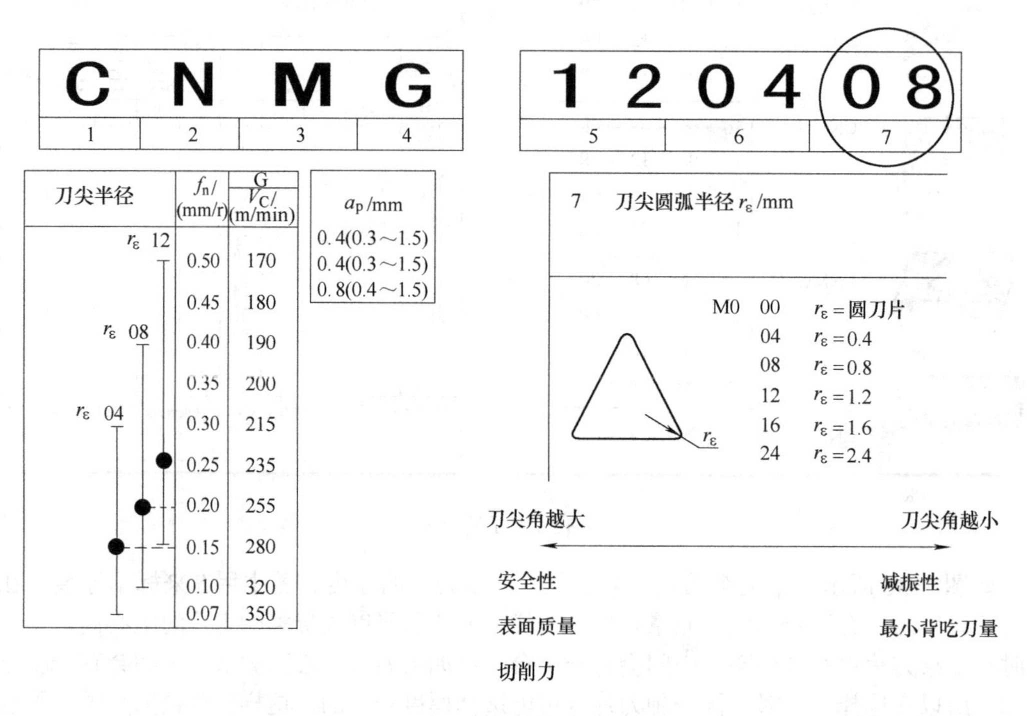

图 3-37 刀片圆弧

如图 3-38 所示，R/L 指的是刀片的正反角，通常称为正反刀片。图中第一个刀片没有正反之分，可以双向切削。

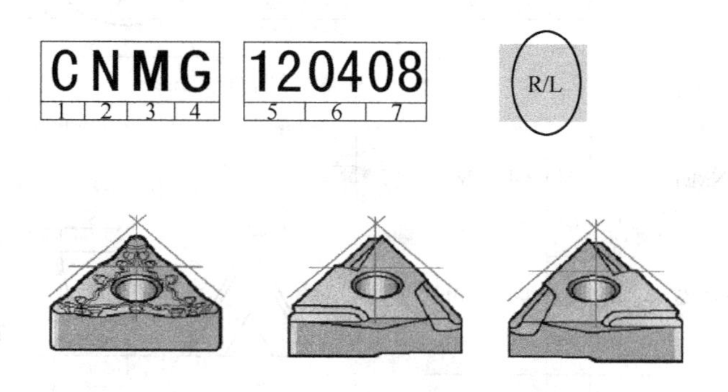

图 3-38 刀片方向

如图 3-39 所示，4015 指的是刀片涂层代码。图中表格明确标示了不同涂层用于不同的材料，其中空心的五角星代表可用；实心的五角星代表非常适合。其他厂商的刀具涂层代码各不相同，读者在选择时，需要根据刀具厂商提供的资料进行选择。

C	N	M	G	1 2	0 4	0 8	PF	4015
1	2	3	4	5	6	7		

	可乐满牌号													
	P					M					K			
	HT	HC	HC	HC	HC	HC	HC	HC	HC		HC	HC	HC	
	5015	1525	4015	4025	4035	1025	2015	2025	2035		3005	3015	3025	
WF　CCMT 06 02 04 – WF	☆	★				☆	★				★			
09 T3 04 – WF	☆	★				☆	★				★			
09 T3 08 – WF	☆	★				☆	★				★			

图 3-39　刀片材质代码

3.7　外圆刀杆标准编号

下面仍然用山特维克刀杆编号作为样板来讲解刀杆的区分，让读者能够对刀杆的编号有一个大概的了解。主要介绍外圆、内孔和切断的刀杆。车刀和车刀杆的种类目前非常多，只需要记住常用的几个就可以了。

如图 3-40 所示，第一个字母表示刀片的紧固方式。常用的有 M 型和 S 型，这也是根据加工要求来选择的，粗加工因为切削力比较大，一般选用 M 型，精车因为是轻切削，一般会选用 S 型。

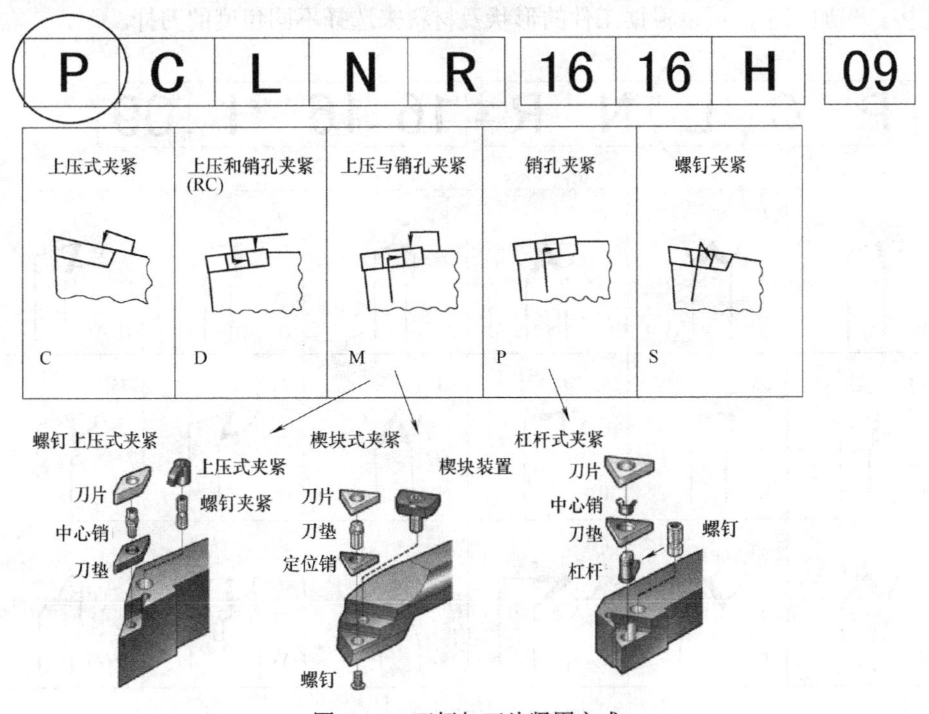

图 3-40　刀杆与刀片紧固方式

如图 3-41 所示，第二个字母代表刀杆可用刀片的形状，这和前面介绍的刀片编号第一个字母刚好是吻合的。

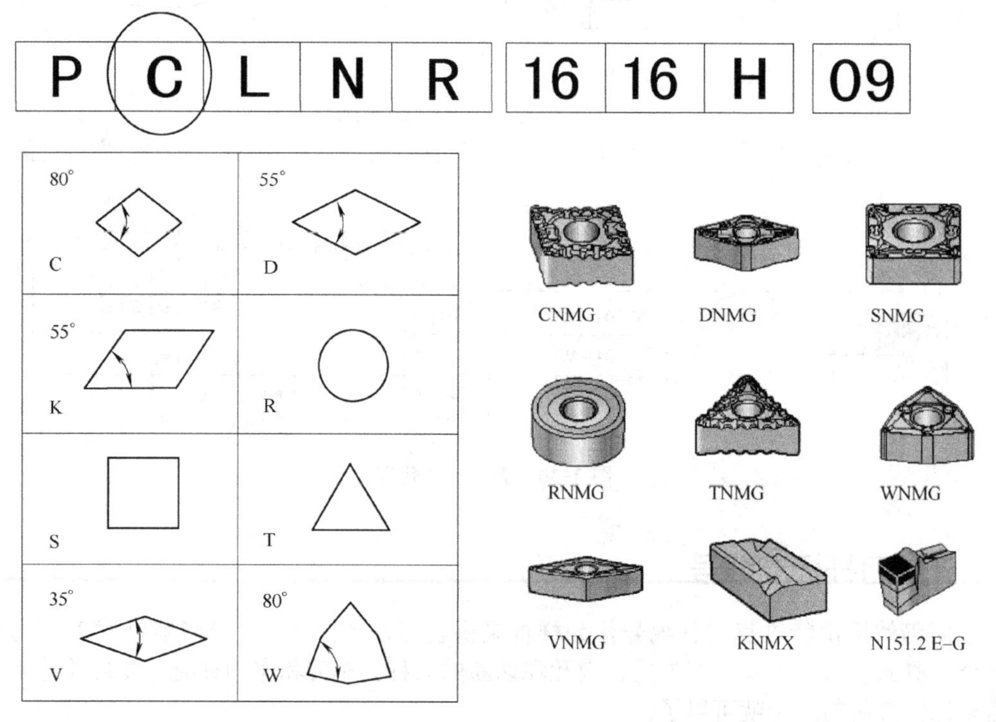

图 3-41　刀杆可用刀片的形状

如图 3-42 所示，刀杆第三个字母代表刀具的切削角度，通过图可以看出，切削角度有 18 种之多。在加工中，可以根据工件的形状及材料来选择不同角度的刀杆。

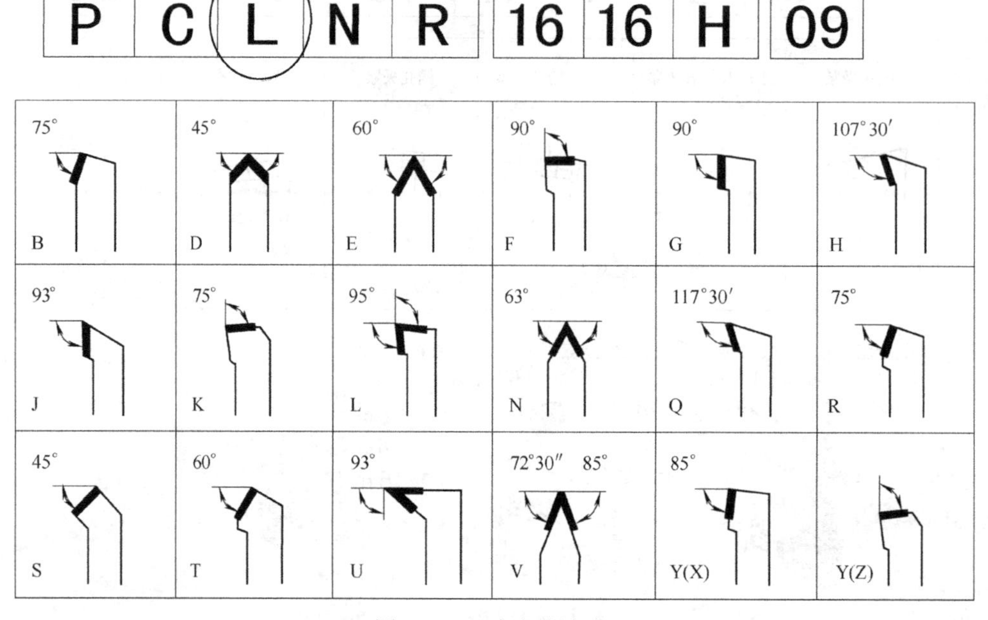

图 3-42　刀杆切削角度

如图 3-43 所示，用四个示例来表示不同角度的刀杆和刀片所加工的范围。

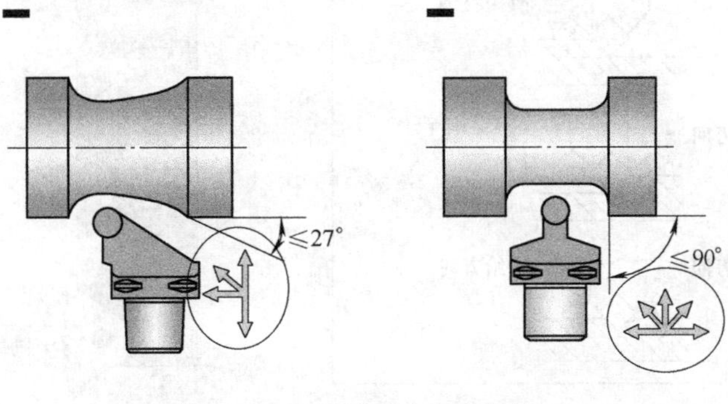

图 3-43　刀杆角度与加工范围

如图 3-44 所示，第四个字母和刀片编号第二位字母也是相吻合的，刀片的后角是多少度，刀杆的后角就选择多少度。

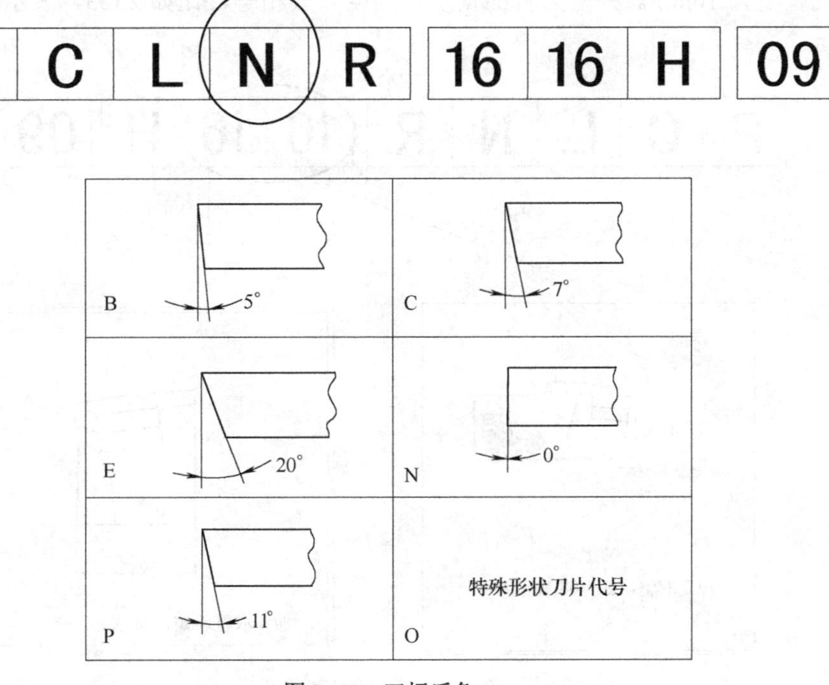

图 3-44　刀杆后角

如图 3-45 所示，第五个编号指的刀杆的左右方向，R 为右手刀杆，L 为左手刀杆，N 为双向刀杆。

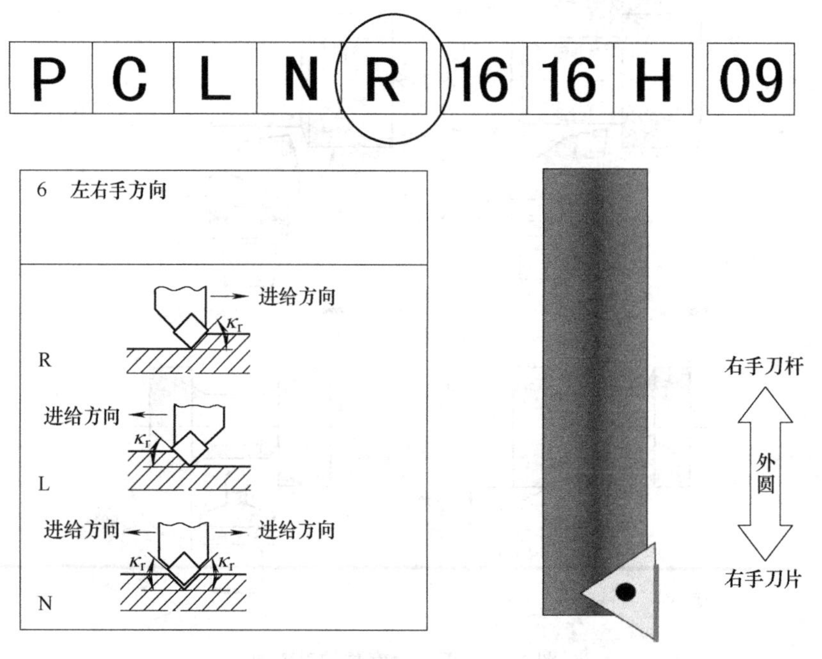

图 3-45 刀杆方向

如图 3-46 所示，第六个第七个与第八个第九个数字代表的是刀杆的宽度和高度。第六个第七个数字合并为 16，表示刀杆的高度为 16mm；第八个第九个数字合并为 16，表示刀杆的宽度为 16mm。外圆刀杆的宽度和高度一般相等，比如 2525，表示宽度和高度均为 25mm。

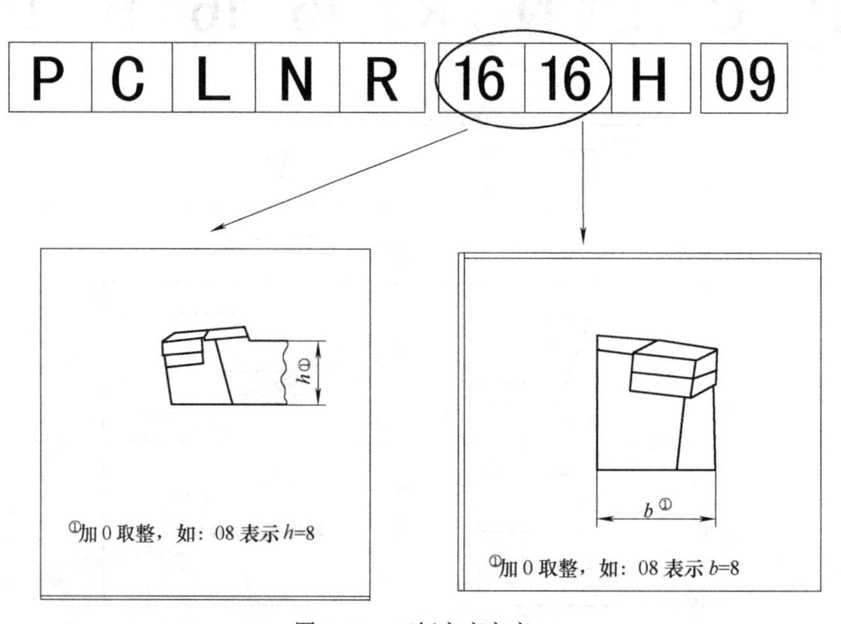

图 3-46 刀杆宽度高度

如图 3-47 所示，刀杆第十个字母代表刀杆的长度，按图所示，H 长度为 100mm。假如刀杆编号为 2525M，那么查表就可以得出此刀杆长度为 150mm。

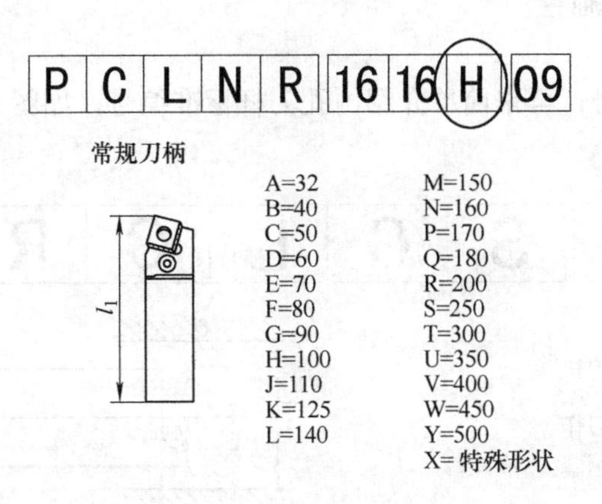

图 3-47　刀杆长度

如图 3-48 所示，最后两个数字代表刀杆切削刃的长度，这个切削刃的长度与刀片的边长是相等的。

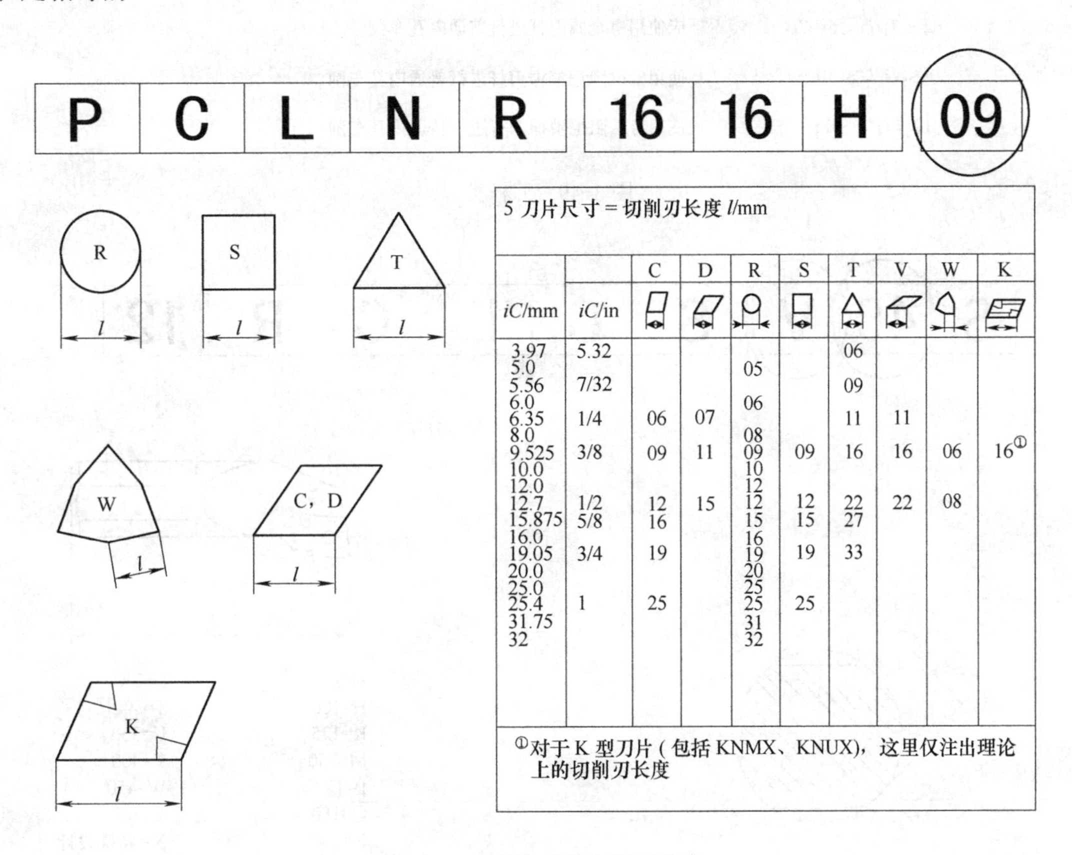

5 刀片尺寸 = 切削刃长度 l/mm

iC/mm	iC/in	C	D	R	S	T	V	W	K
3.97	5.32					06			
5.0				05					
5.56	7/32					09			
6.0				06					
6.35	1/4	06	07			11	11		
8.0				08					
9.525	3/8	09	11	09	09	16	16	06	16①
10.0				10					
12.0				12					
12.7	1/2	12	15	12	12	22	22	08	
15.875	5/8	16		15	15	27			
16.0				16					
19.05	3/4	19		19	19	33			
20.0				20					
25.0				25					
25.4	1	25		25	25				
31.75				31					
32				32					

①对于 K 型刀片 (包括 KNMX、KNUX)，这里仅注出理论上的切削刃长度

图 3-48　刀杆与刀片切削刃长度

3.8 内孔刀杆标准编号

介绍完外圆刀杆编号，再来简单介绍内孔刀杆标准编号，如图 3-49 ～图 3-55。

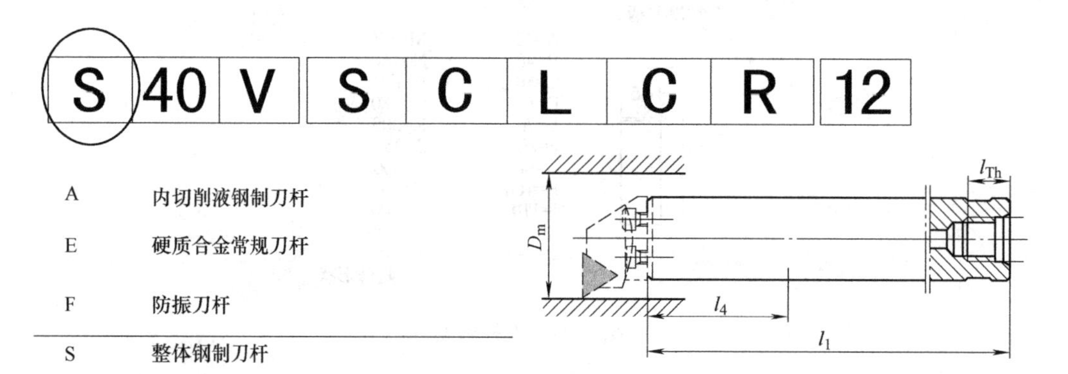

$l_4/D<4$	可以用整体钢刀杆进行普通内孔车削
$4<l_4/D<6$～7	应使用重金属刀杆进行普通内孔车削
$6<l_4/D<10$～12	使用标准阻尼消振刀杆进行普通内孔车削
$12<l_4/D<15$	使用特殊阻尼消振刀杆进行普通内孔车削

图 3-49　刀杆类型

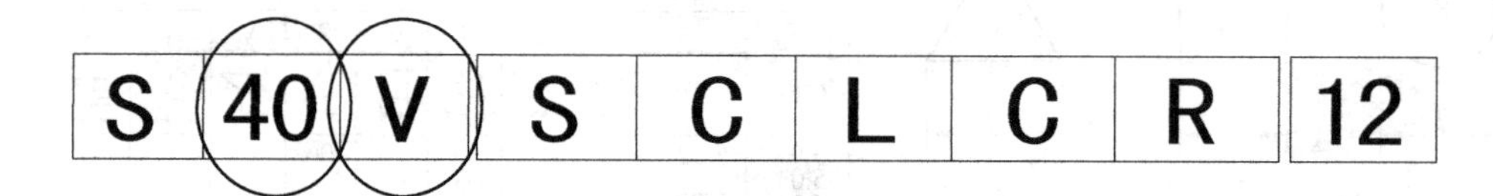

常规刀杆

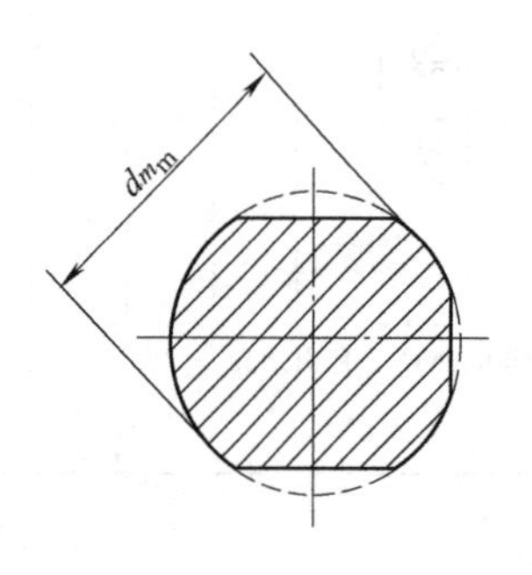

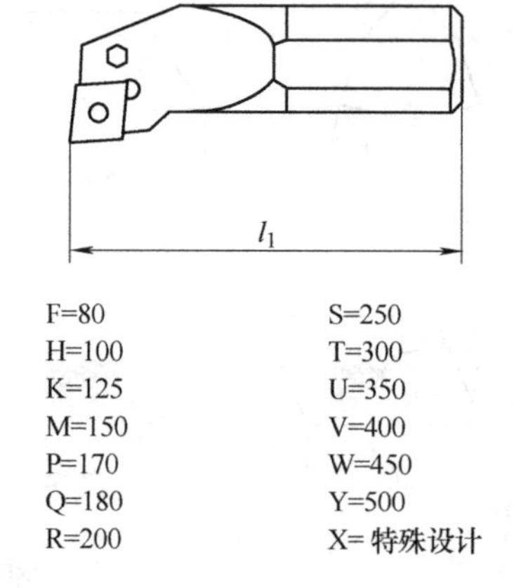

图 3-50　刀杆直径与长度

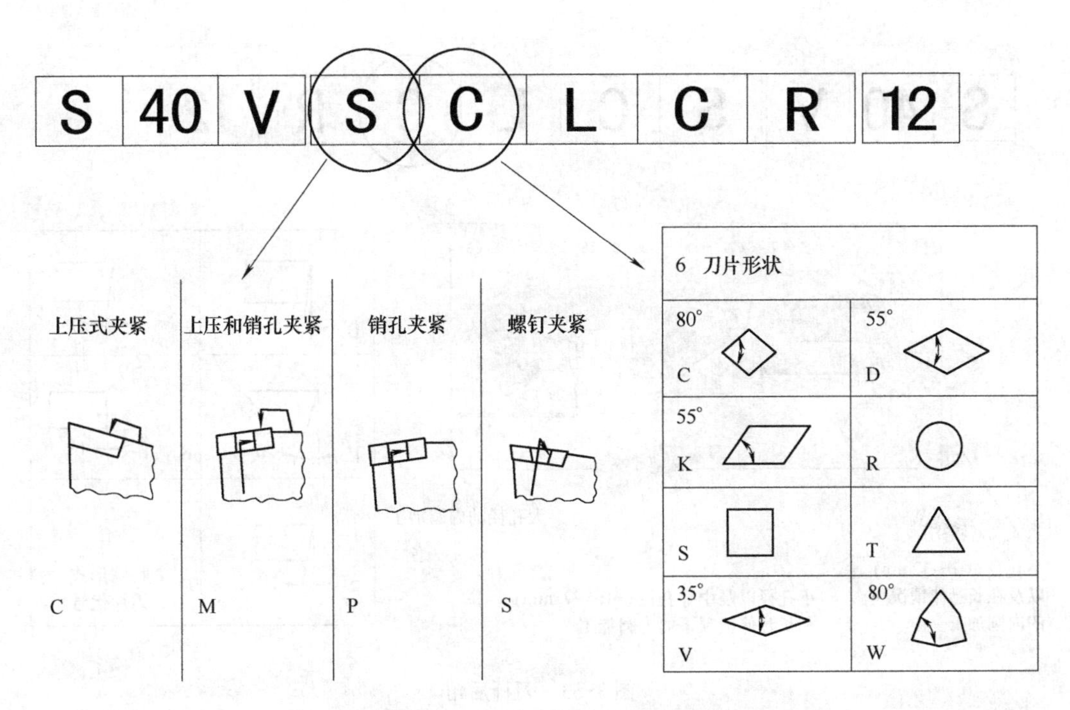

图 3-51　刀杆与刀片坚固方式

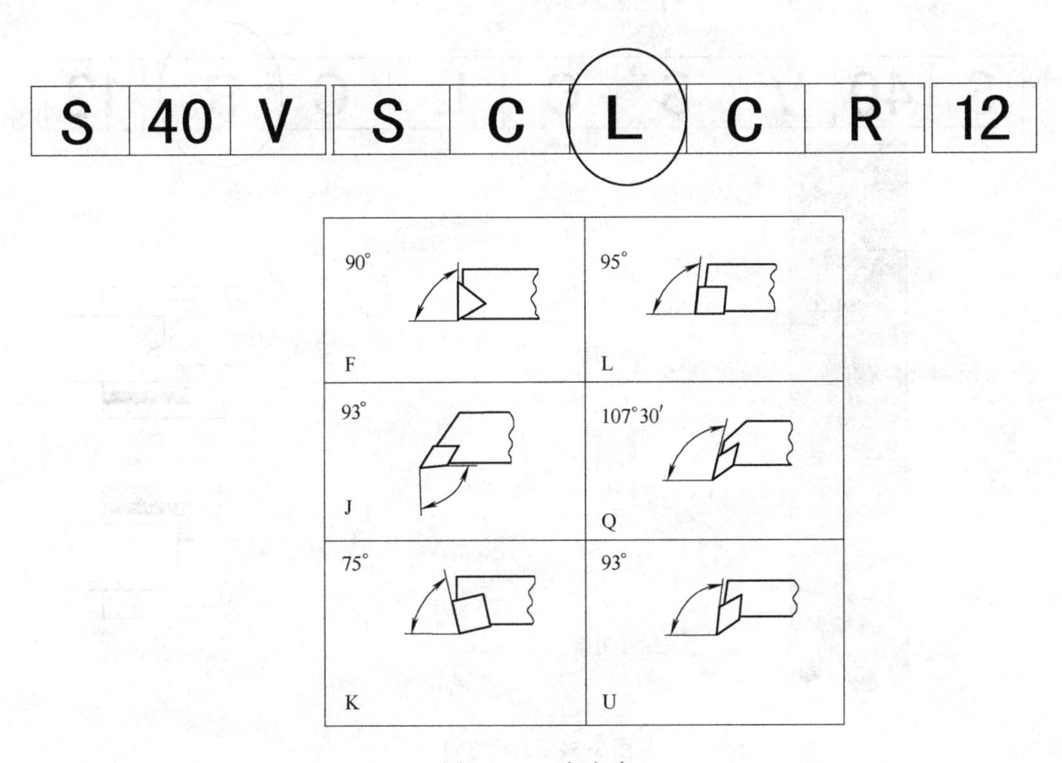

图 3-52　刀杆角度

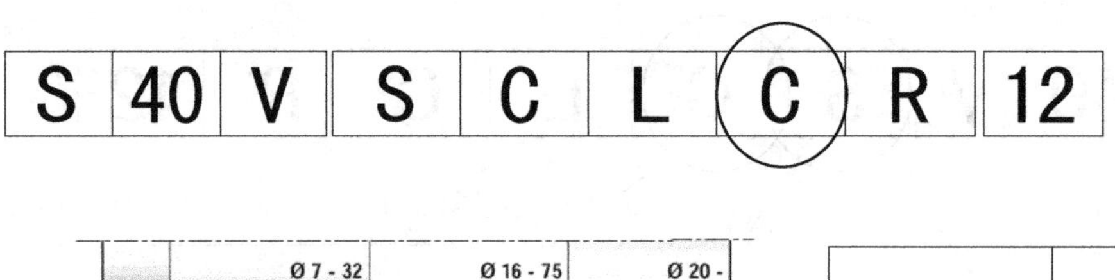

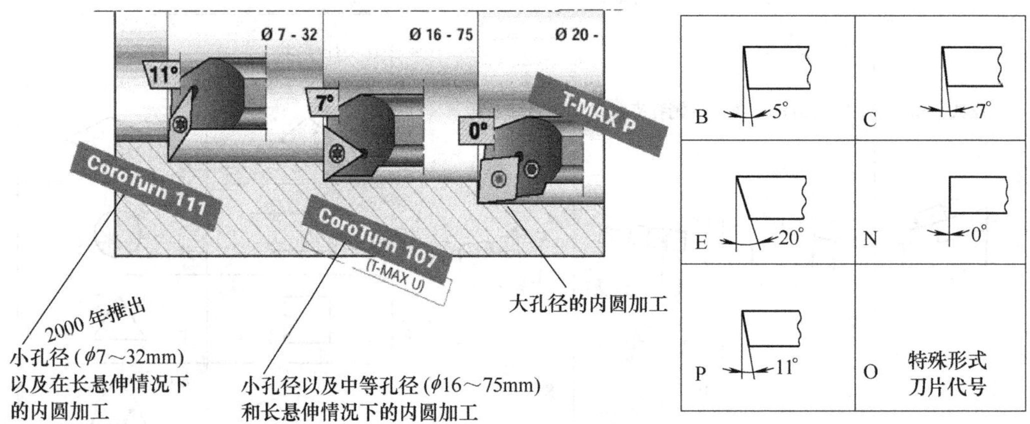

图 3-53　刀杆后角

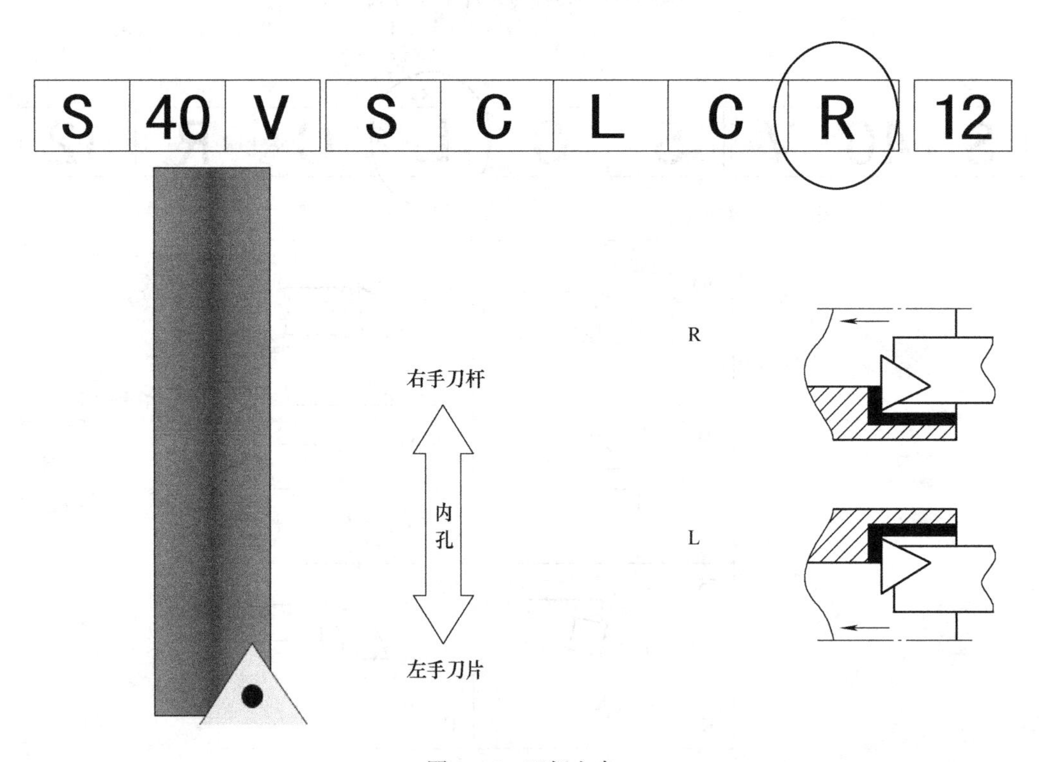

图 3-54　刀杆方向

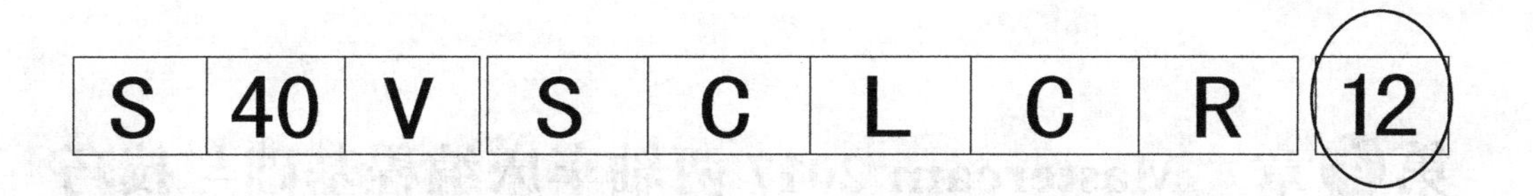

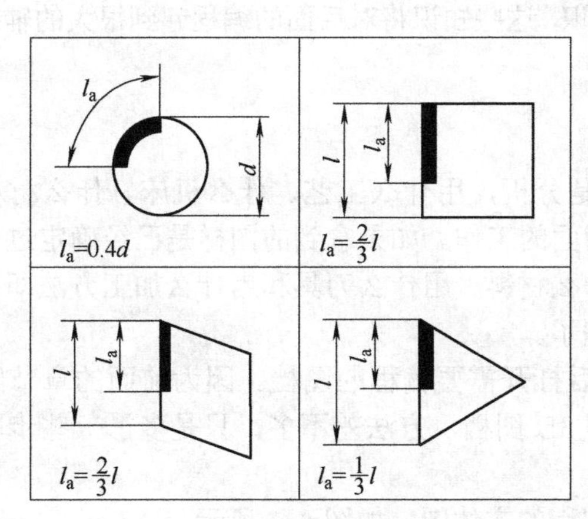

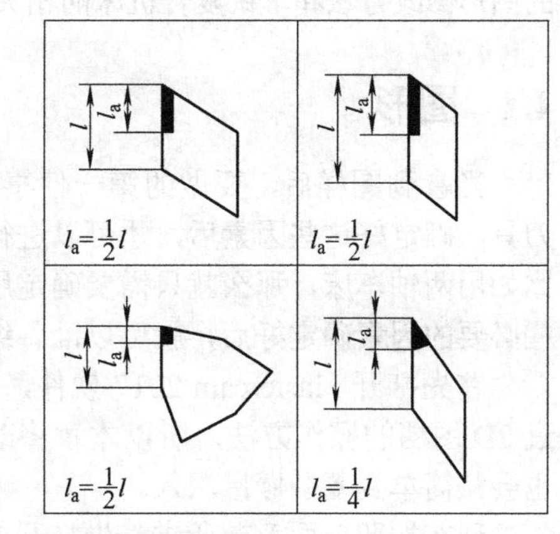

图 3-55　刀杆与刀片切削刃长度

第❹章　Mastercam 2017 两轴车床编程基础与技巧

本章开始进入编程，前面章节讲了 Mastercam 2017 软件的基本操作方法，以及一些必要的图形修改方法和车铣复合机床的相关知识，这些知识将对后面的编程起到很大的辅助作用。

4.1　图形

当拿到图样后，要做的第一件事就是分析，用什么工艺、什么机床、什么材料、什么刀具，确定好这些因素后，才可以进行后面的工作。如果拿到的图样是已经确定过工艺的，比如用两轴车床，那么就只需要确定用什么材料、用什么刀具和用什么加工方法即可。把这些必要的因素确定好后，就可以准备编程了。

首先打开 Mastercam 2017 软件，然后打开需要编程的图档。因为前面的章节给大家讲过 2D 图档的操作方法，所以本章将改用 3D 图档，方法差不多，只是多了一些步骤。图档也会从简单到复杂慢慢深入。

现在按照前面章节所讲，先打开要编程的实体图，如图 4-1 所示。

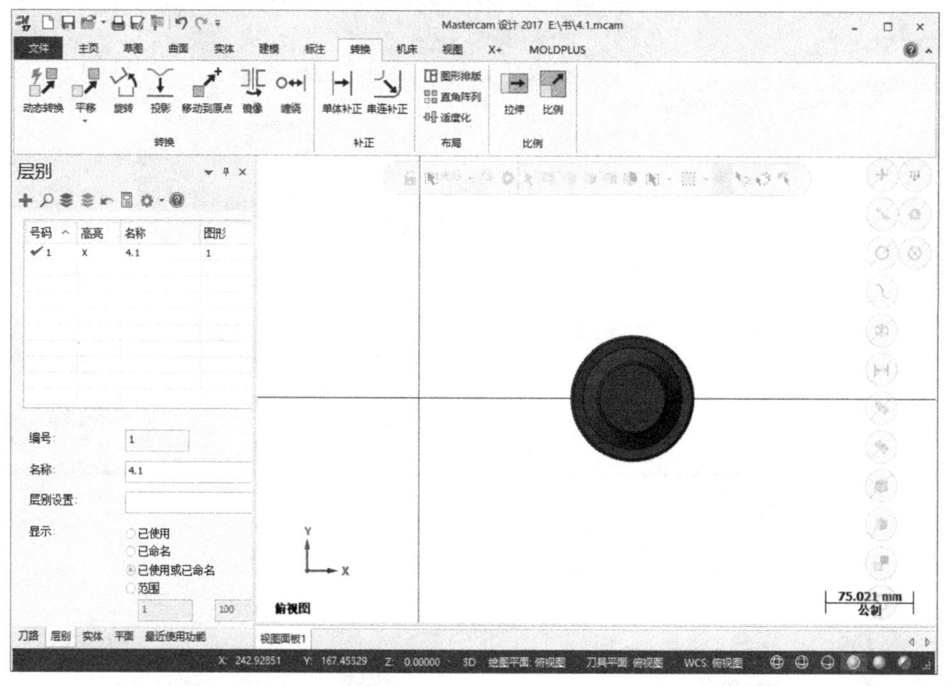

图 4-1　实体

通过对图形的观察，需要做三个准备工作才能开始编程：

1）将图档从俯视图调整到右视图。

2）将图档移动到加工原点上。

3）做出车削轮廓线并将图档分层。

首先在“转换”菜单里选择“3D 平移”命令，将图档框选，结束选择后，用移动的方式，将目标视图改为右视图（软件为右侧视图），在确定之前会出现一个图形的线框，这个就是预览图。如果没有问题，直接单击确定，就完成了图档的 3D 转换操作，如图 4-2、图 4-3 所示。

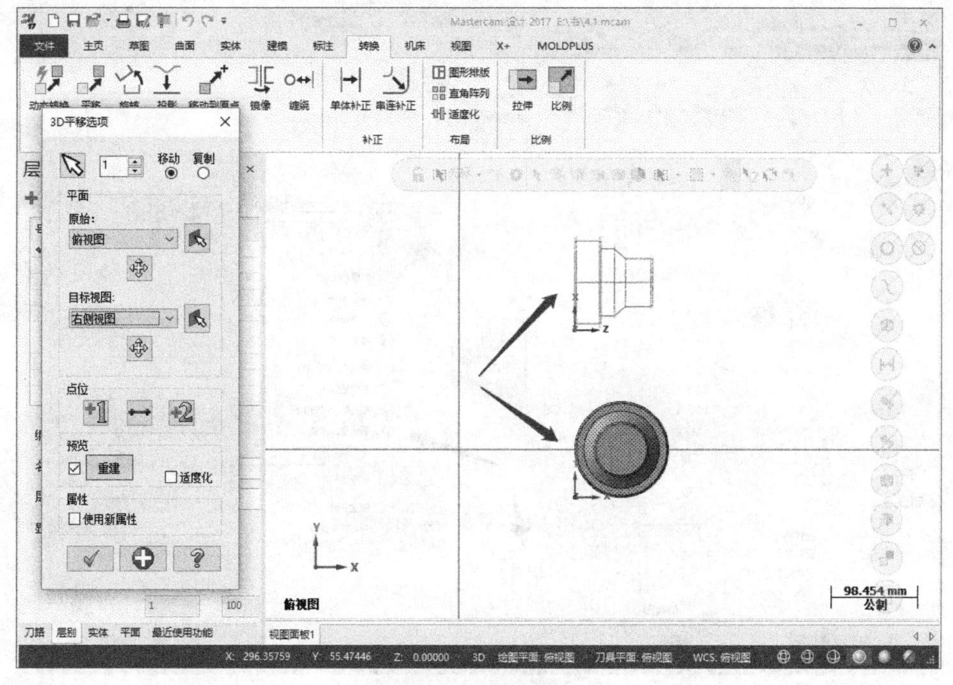

图 4-2　3D 转换

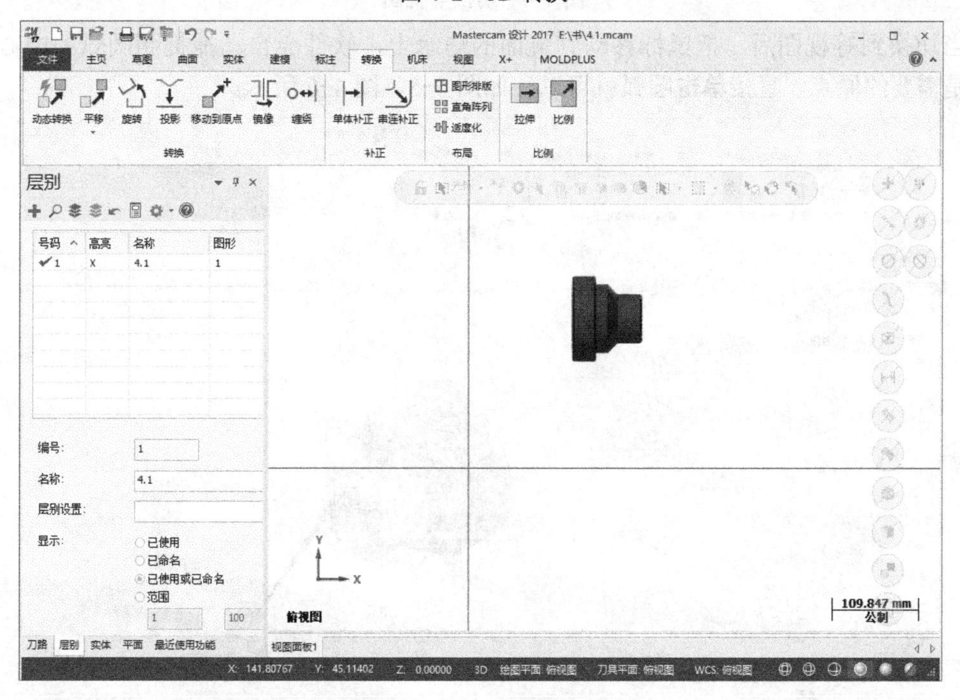

图 4-3　3D 转换效果

通过上面的 3D 平移操作，已经将图档调整到正确的视图，接下来就是将图档移动到原点。在“转换”菜单下单击“移动到原点”，弹出提示框“选择平移起点”。通过观察，发现在俯视图里无法捕捉到想要的起点，在空白处右击选择“等视图”，将俯视图切换到等视图；也可以直接按快捷键 Alt+7 快速切换到等视图，如图 4-4 所示。

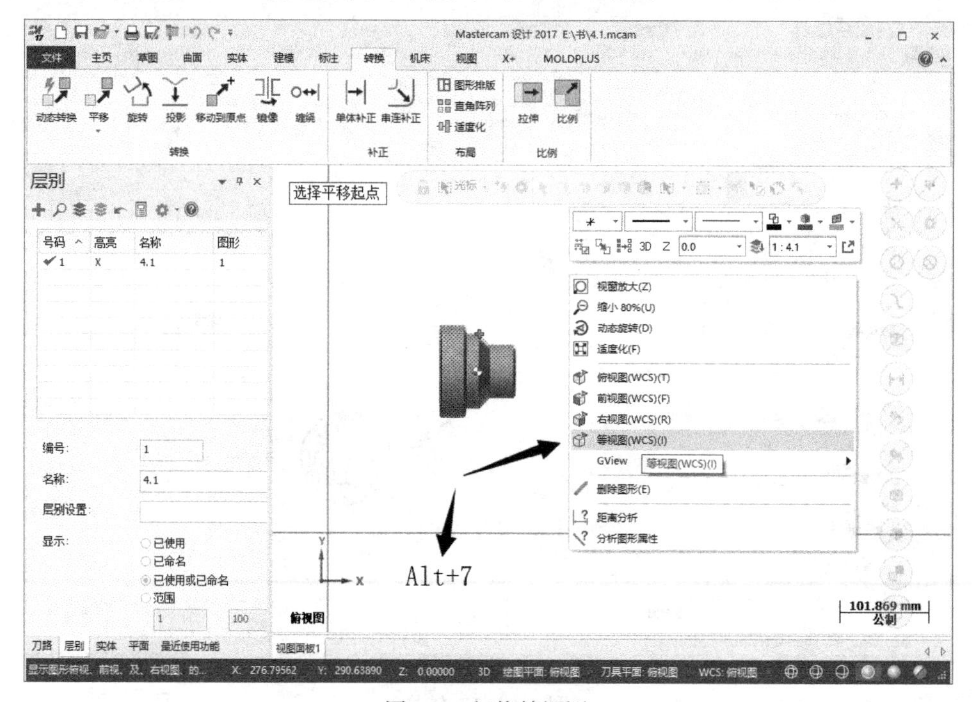

图 4-4　切换等视图

当切换到等视图后，把鼠标移动到端面的边缘上，软件会自动捕捉到圆弧的中心点，也就是需要的原点，直接单击圆弧就可以，如图 4-5、图 4-6 所示。

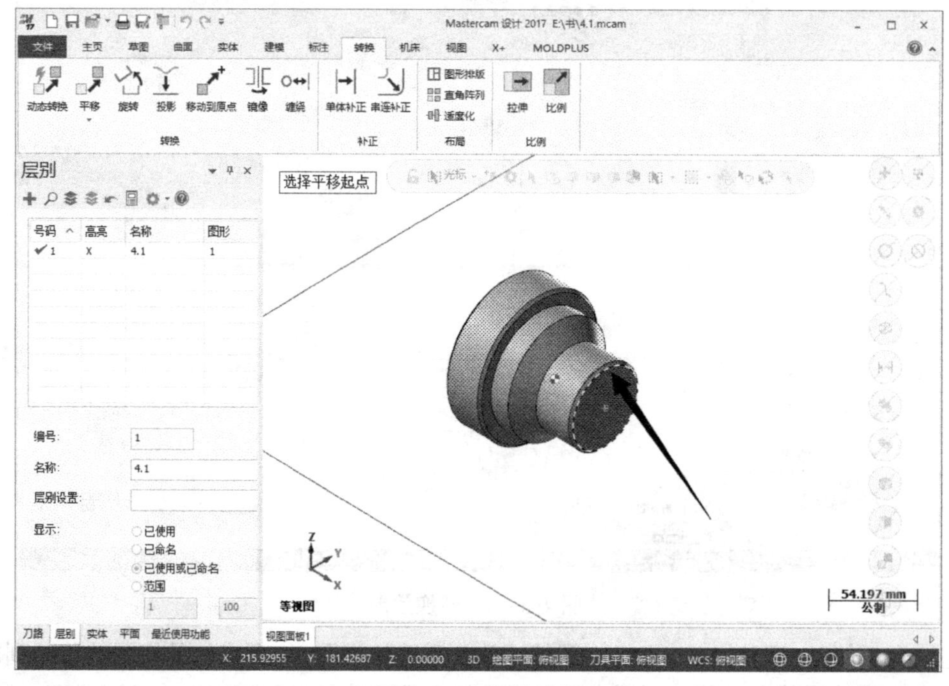

图 4-5　移动到原点

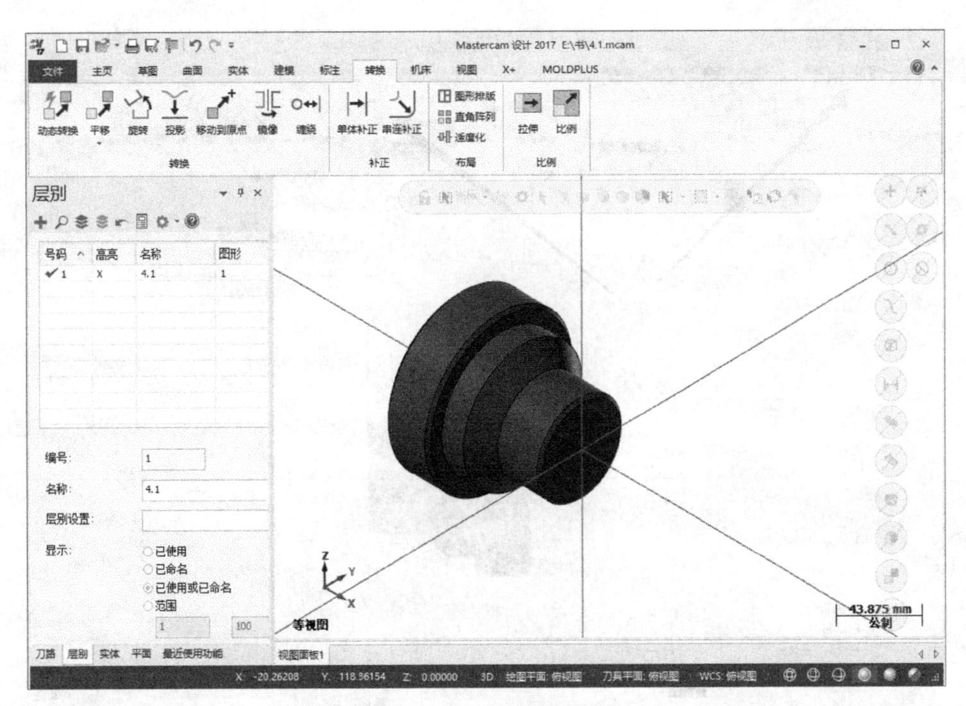

图 4-6　移动到原点效果

现在图档原点已经移动到位，那么再将视图切换到俯视图。接着选择“草图”菜单，单击车削轮廓，弹出提示“选择实体”，直接框选实体，然后单击结束选择，弹出“车削轮廓”对话框，计算方式可以用默认的旋转。轮廓的选择要注意了，如果机床是后置刀架，选择上轮廓；如果是前置刀架，选择下轮廓；也可以直接选择完整轮廓。选择完成确定即可。具体如图 4-7 ～图 4-10 所示。

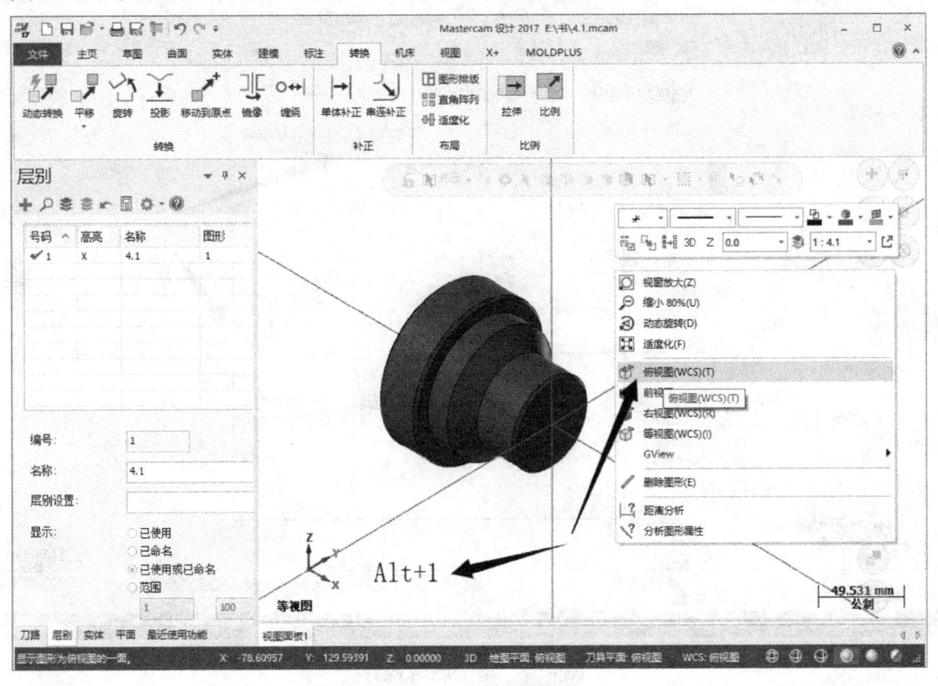

图 4-7　切换俯视图

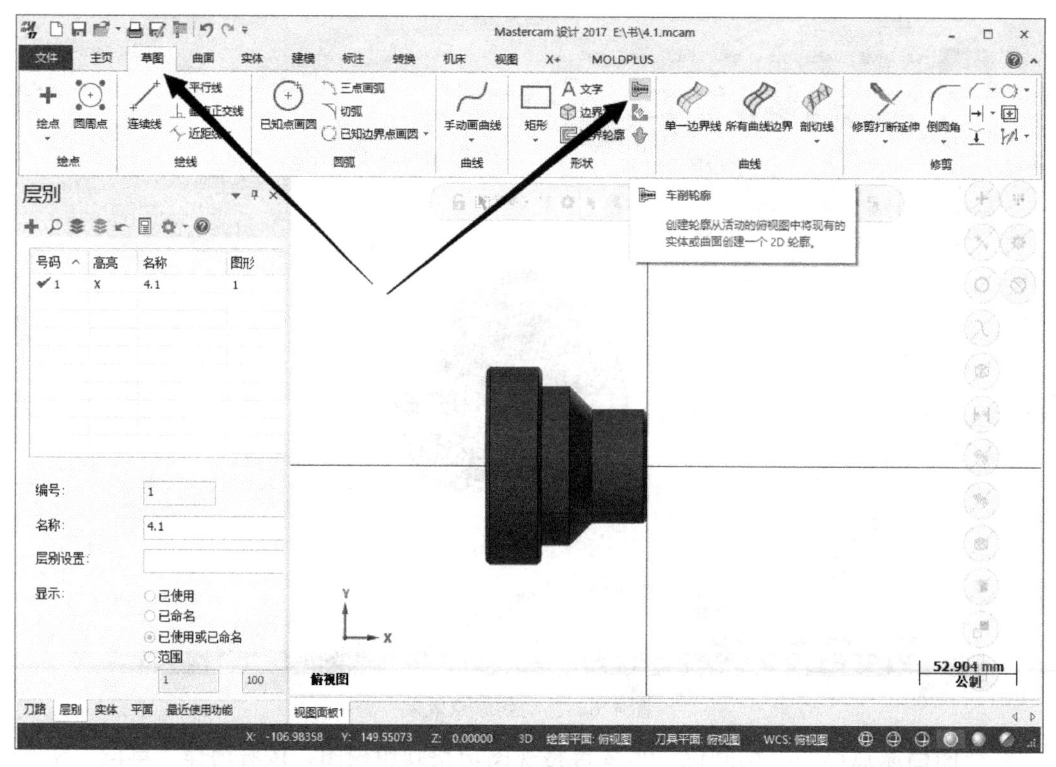

图 4-8　车削轮廓菜单

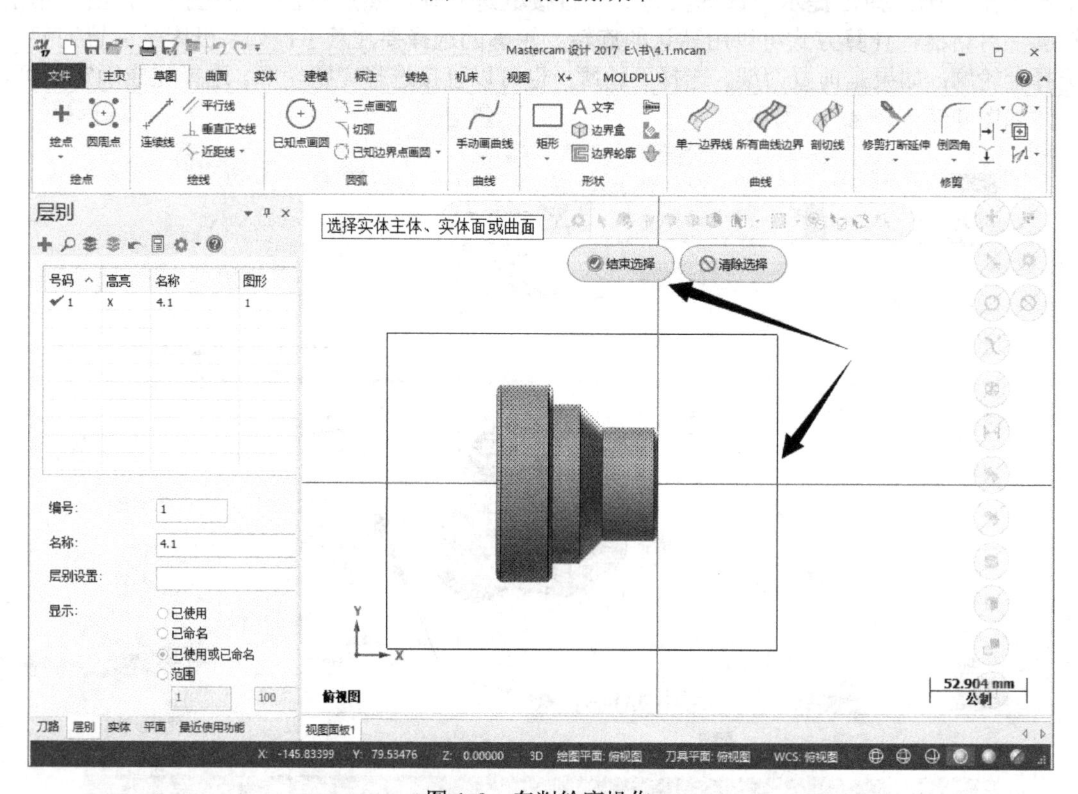

图 4-9　车削轮廓操作

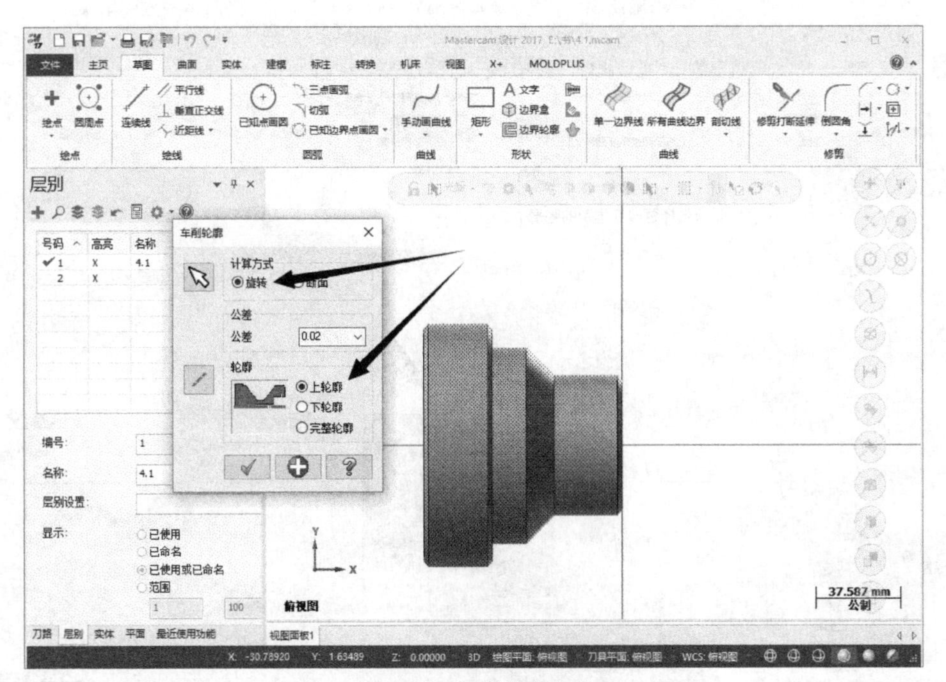

图 4-10　车削轮廓参数

通过车削轮廓操作，成功提取出了车削编程需要的二维线段，但是线框在实体上，使编程时选择起来不够直观，可以先将实体移动到其他图层然后隐藏。

首先在软件绘图区域右击，弹出对话框，单击更改图层按钮，弹出“选择要改变层别图形”提示，单击实体，并结束选择，弹出“更改层别”对话框，默认“选项”为“移动”，然后把“使用主层别”前面的钩去掉，再将编号改为其他编号，并勾选“强制显示”，选择“关”，最后确定，这样就把实体移动到其他图层并隐藏。具体如图 4-11 ～图 4-14 所示。

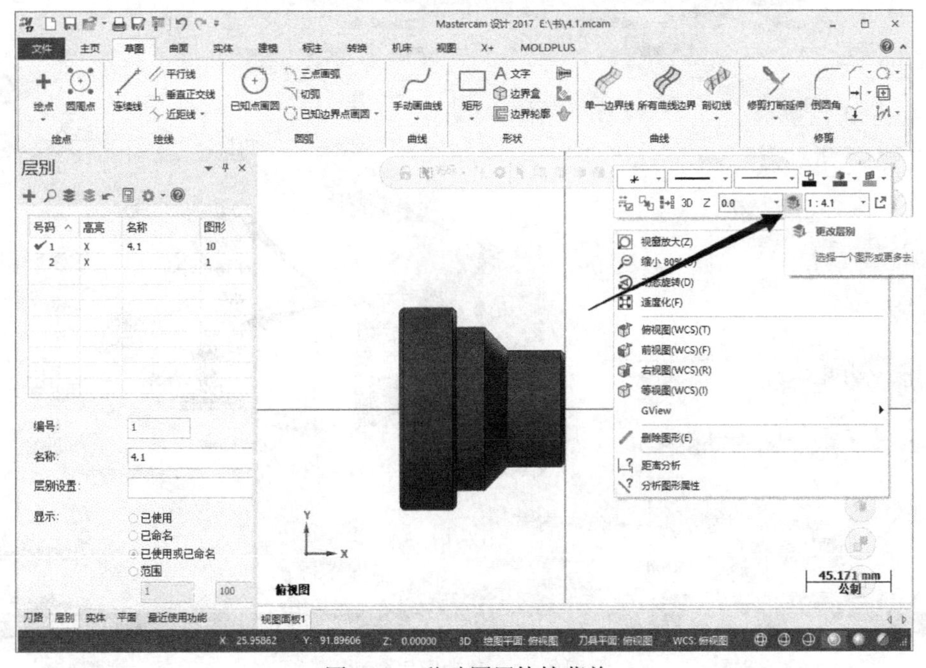

图 4-11　移动图层快捷菜单

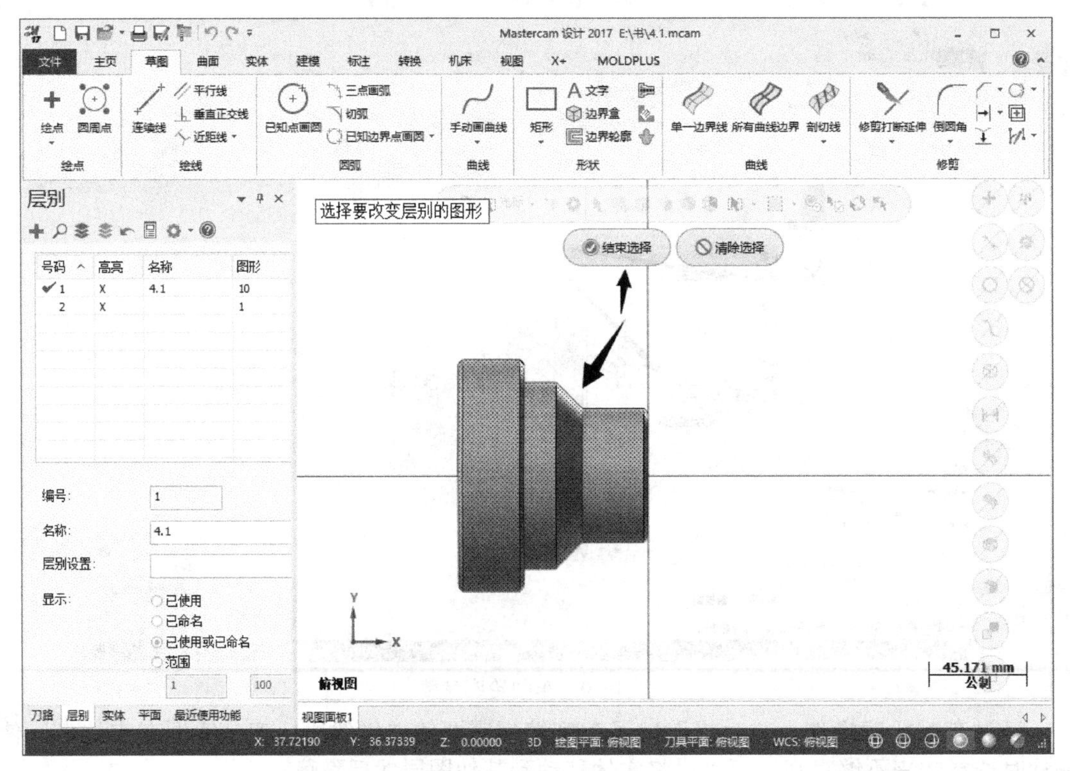

图 4-12　选择实体

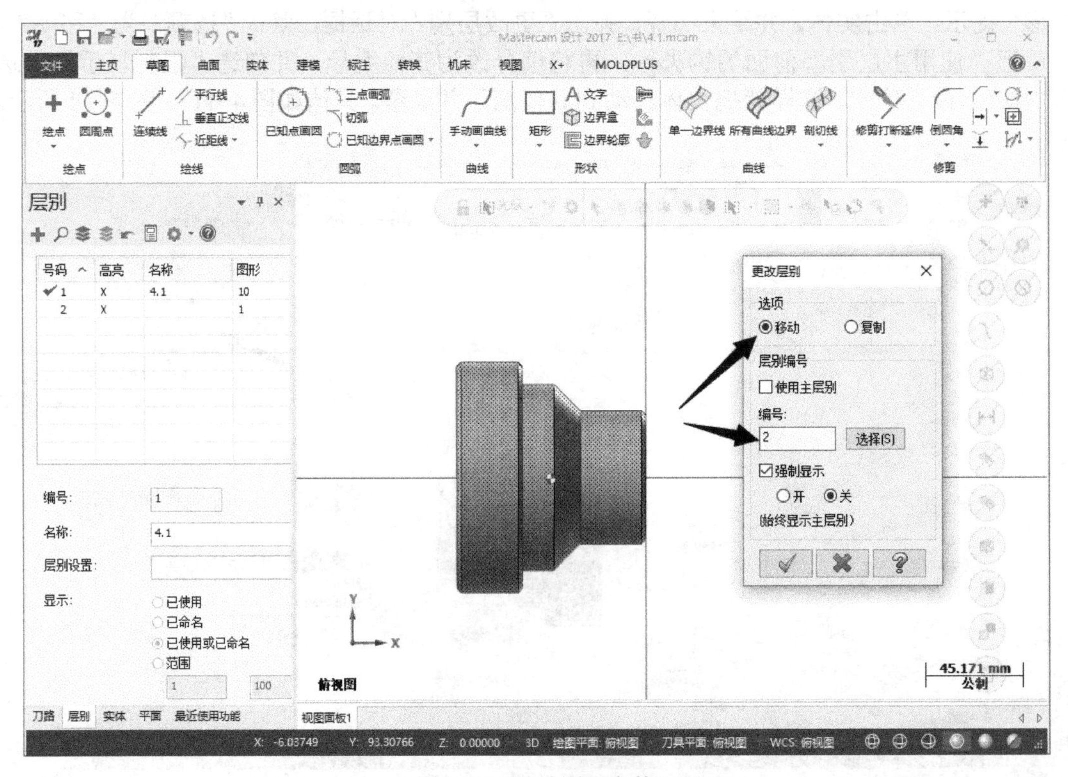

图 4-13　移动图层参数

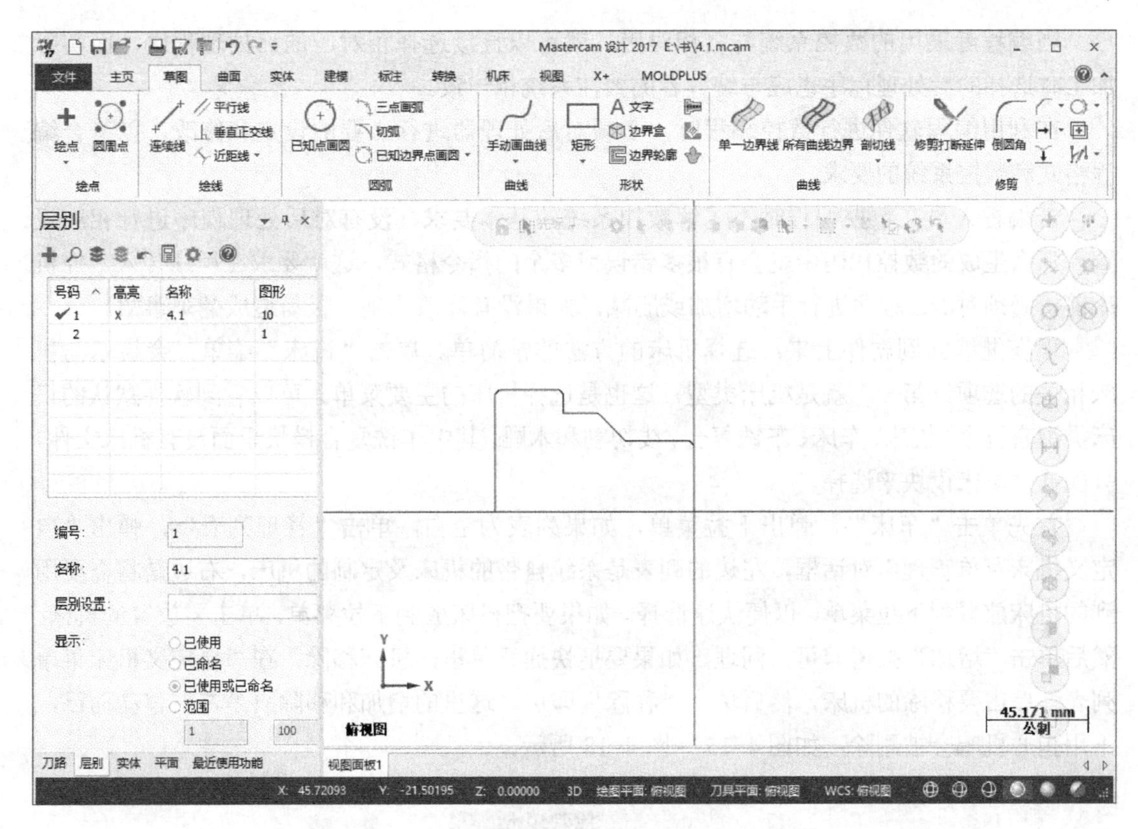

图 4-14　移动图层效果

4.2　机床

图形处理完毕，接下来就要选择机床。一般软件自带的机床文件就可以满足学习的要求，如果有更多的需要，可以通过软件公司定制。由于现在 Mastercam 软件的机床文件和后处理是关联的，所以在选择机床时，要注意这个后处理是否支持目前编程的需要。如果产品需要用四轴机床才能做出来，而你选择一个三轴机床和后处理，很显然是没有办法将这个程序编出来的。

也许有读者会说，三轴工件可以直接用四轴的机床文件来编程，确实可以，但后处理出来会多出一个轴，如果上机时不报警倒也没什么。假如机床报警，这时又要手动删除多余代码。当程序量大时，就会非常耗时耗力。

所以在选择机床时，尽可能依照产品需要来选择合适的机床文件和后处理，这样可以避免很多不必要的麻烦。提到机床，就不得不说到后处理，可能刚接触的读者，对后处理不太了解。

后处理程序是在设计完成的待加工零件模型基础上，对已安排好的加工方式、刀具选择、下刀方式、刀路安排及切削参数等工艺参数进行运算，并编译生成机床能识别的 G 代码。这一步的代码处理准确与否，直接关系到零件的加工质量及数控机床的安全。

当编程者采用的数控系统与之相对应，就可以直接选择相对应的后处理程序，而实际加工时选择的后处理程序也应与编程者的数控系统相一致。

在利用编程软件进行数控编程时，必须对后处理器进行必要的设定和修改，以符合编程格式和数控系统的要求。

若编程人员在数控编程时不了解数控系统的基本要求，没有对后处理程序进行相应设置，那么生成的数控代码中就会有很多错误或多余的指令格式。这就要求在程序传入数控机床前，必须对 NC 程序进行手动增加或删减，如果没有修改正确，极易造成翻车事故。

现在继续回到软件上来，选择机床的方法非常简单。单击“机床”菜单，会显示与机床相关的选项。第一个就是机床类型，这也是选择机床的主要菜单，可以看到软件默认的机床类型有五个，铣床、车床、车铣复合、线切割和木雕。其中车铣复合模块里面没有机床文件，只能通过车床模块来选择。

首先单击“车床”，弹出下拉菜单，如果列表为空白，单击“管理列表”，弹出“自定义机床菜单管理”对话框，左边的列表是系统自带的机床及定制的机床，右边是将需要用到的机床放置到下拉菜单，以便快速选择。如果要把机床放到下拉菜单，单击要放置的机床，然后单击“增加”按钮即可。同理，如果要把快捷菜单里的机床移除，在“自定义机床菜单列表”单击要移除的机床，然后单击“移除”即可。这里的增加和移除只是左右移动而已，不用担心机床会被删除，如图 4-15 ～图 4-18 所示。

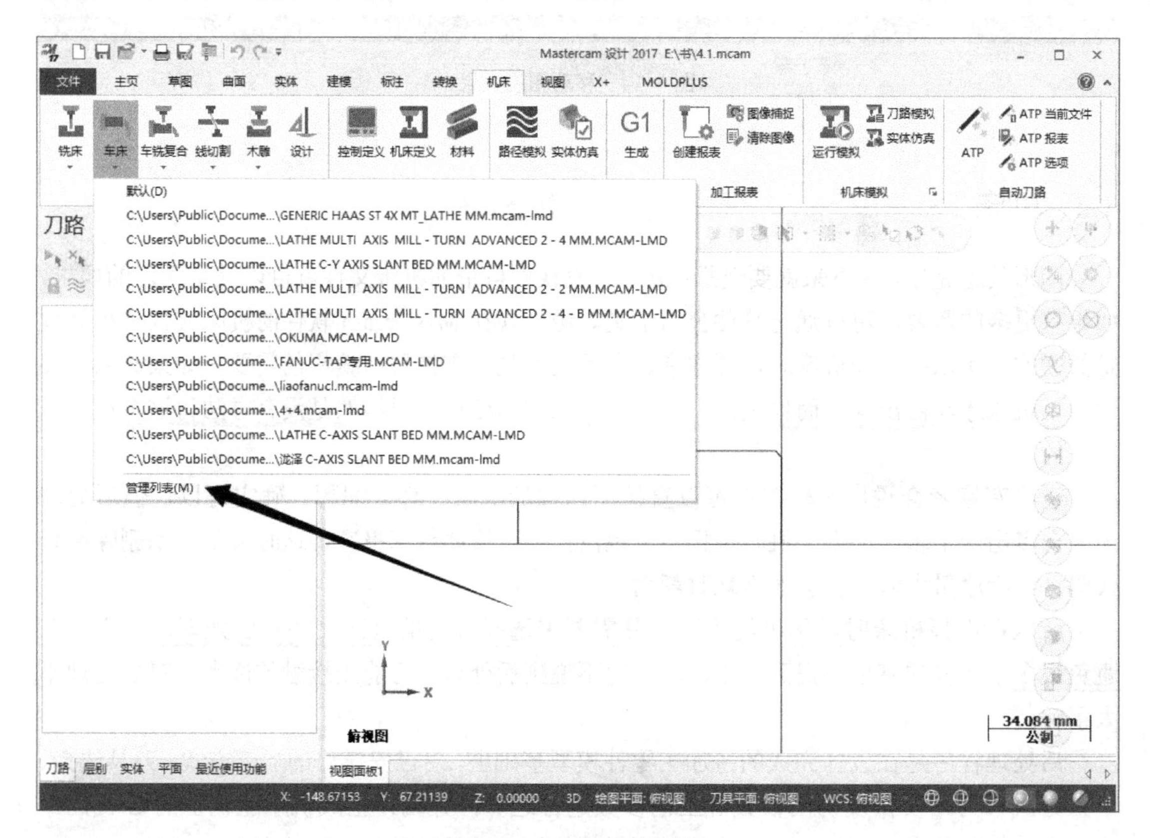

图 4-15　机床文件菜单

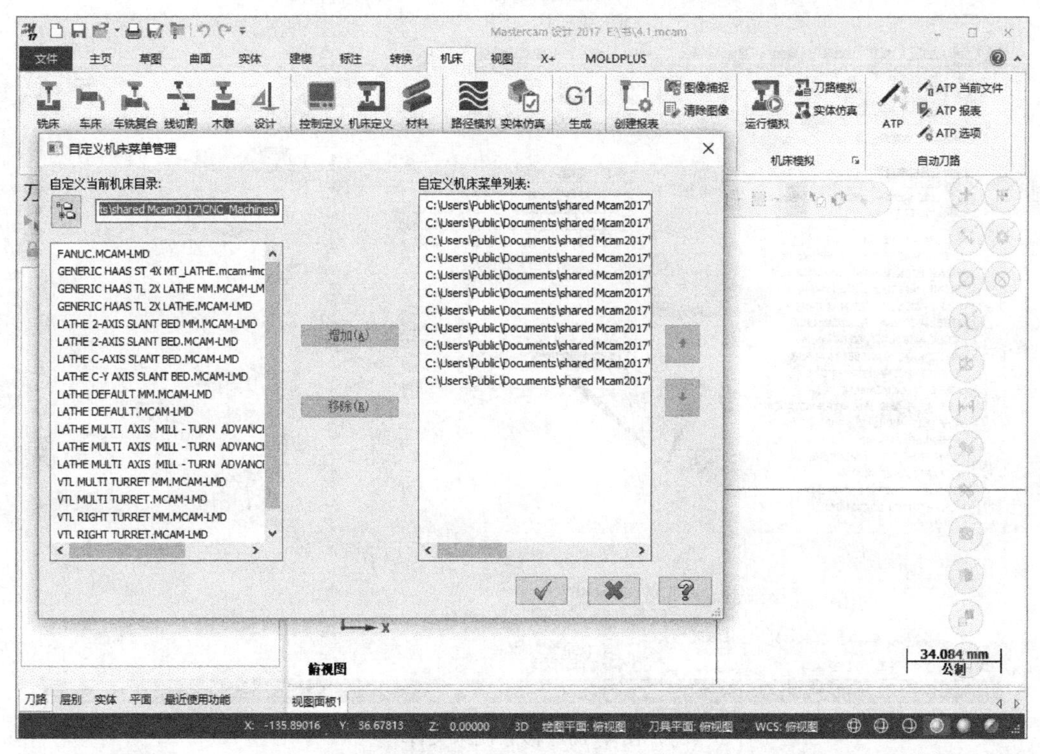

图 4-16　自定义机床文件

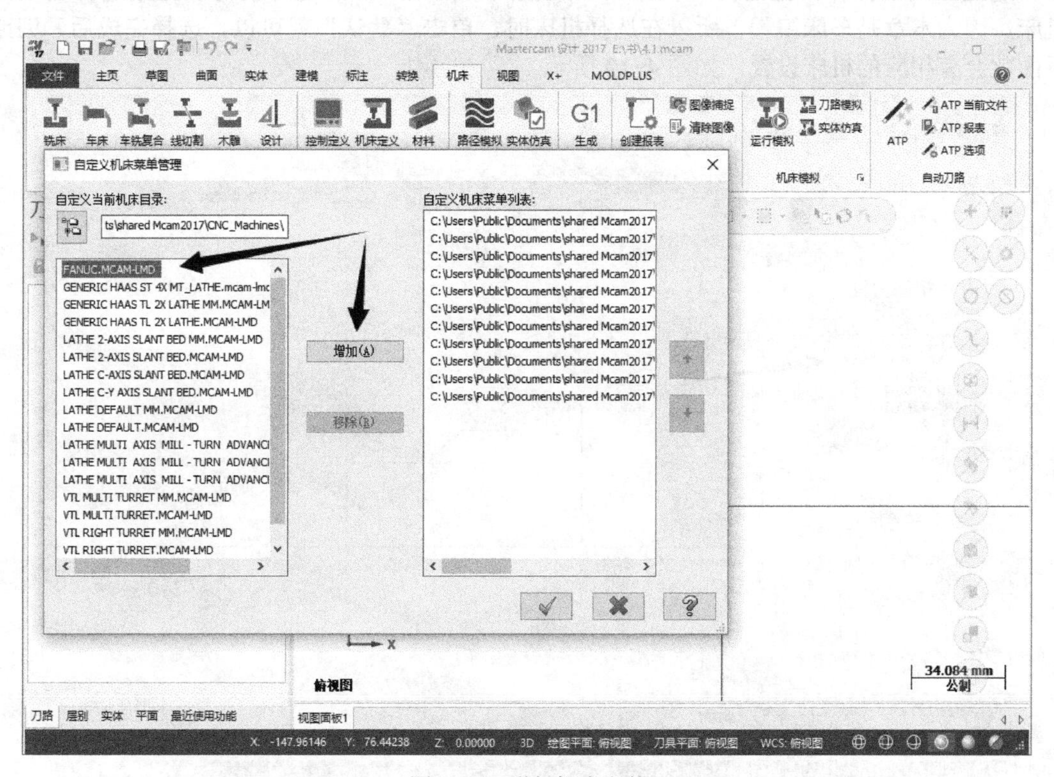

图 4-17　增加机床文件

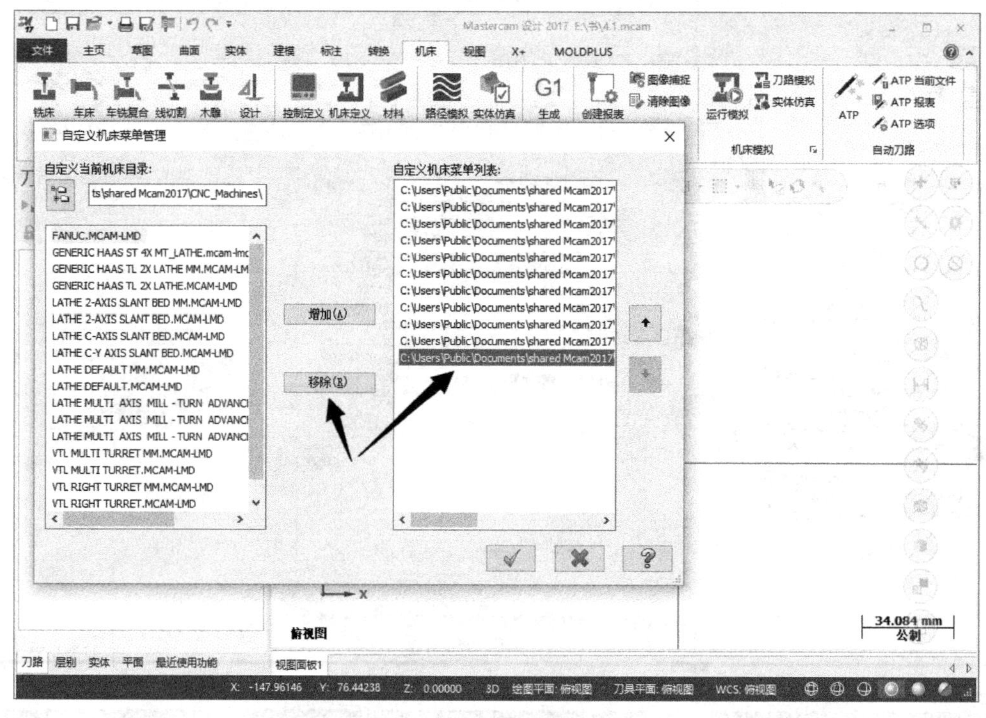

图 4-18　移除机床文件

通过上面的操作，把需要的机床已经放置到下拉菜单中，这时就可以直接选择需要的机床。因为本章是车床编程，所以在选择机床时，单击“默认”就可以。选择完成后，刀路下面就会有相应的机床设置，如图 4-19 所示。

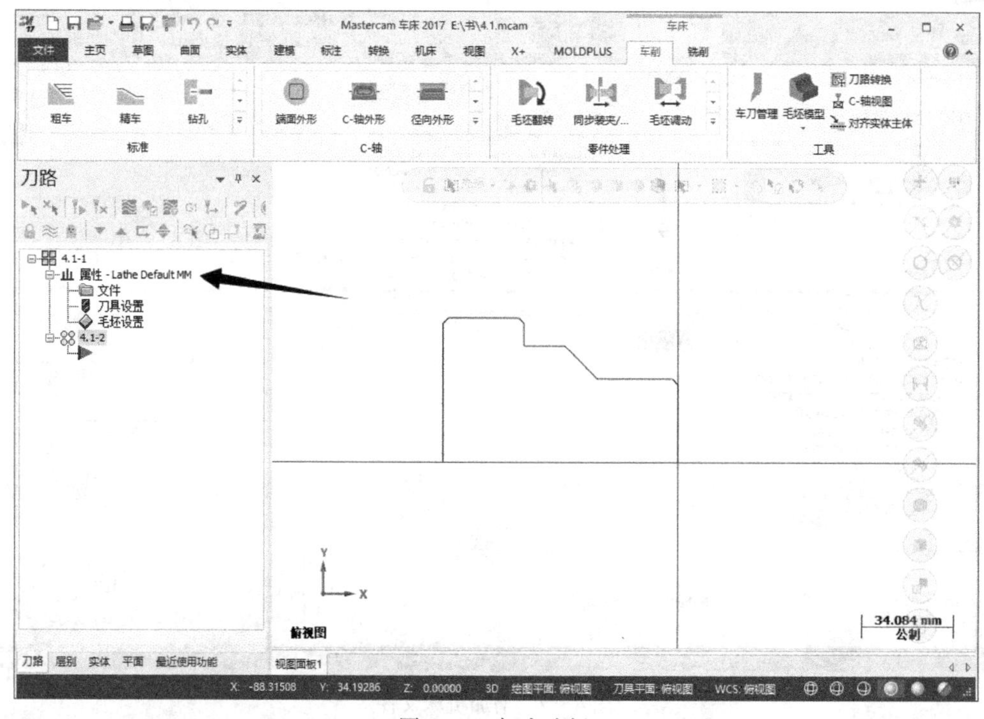

图 4-19　机床选择

4.3　毛坯

机床选择好后，接下来是设置毛坯。直接单击机床属性里的“毛坯设置”，弹出“机床群组属性”对话框，这里要设置毛坯平面、毛坯和卡爪设置，如图 4-20 所示。

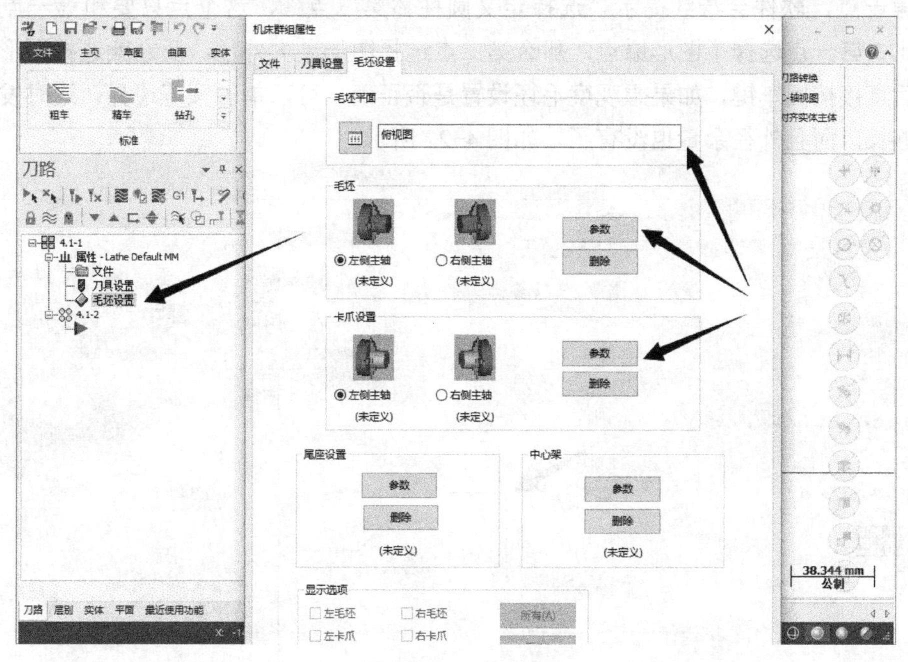

图 4-20　毛坯设置

因为车削平面默认是在俯视图，所以毛坯平面直接用软件默认就可以。设置毛坯参数，第一个是外径，也就是毛坯的直径，可以根据实际材料大小进行设置，如图 4-21 所示。

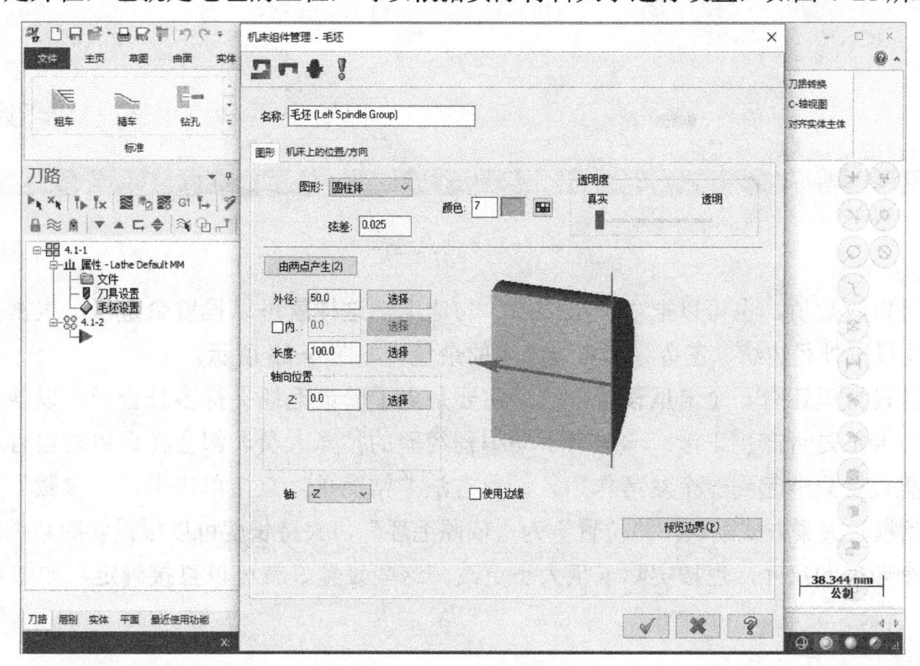

图 4-21　毛坯设置参数

假如不知道毛坯大小，为了编程需要，可以先根据图形来设置，单击“由两点产生”，弹出提示，“选择定义圆柱体第一点”，可以单击图形的最大外径，也可以单击图形原点。选择好第一点，软件会继续提示“选择定义圆柱体第二点”，这个点只要和第一点相反就可以。比如第一点选择了图形原点，那么第二点选择图形最大外径，反之就选择图形原点。设定好后直接按回车键，如果想观察毛坯设置是否正确，可以单击预览边界，这时发现毛坯明显不够长，而且外径余量也没有了，如图 4-22 所示。

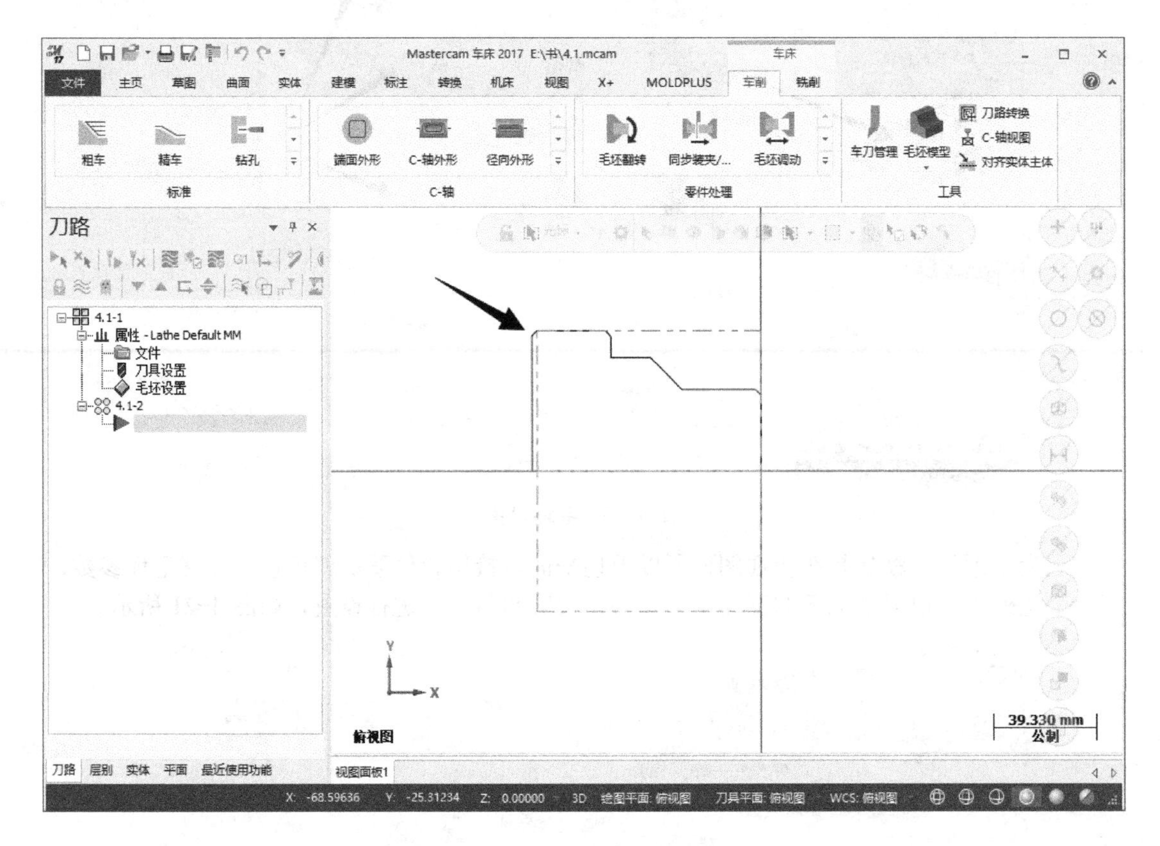

图 4-22　两点选择

那可以改数值，也可以把“使用边缘”勾选上，这样就可以设置余量了。根据提示，可以分别设置外径边缘、左边缘和右边缘等的余量，如图 4-23 所示。

毛坯设置里还有一个卡爪设置，这个主要是为了验证毛坯夹持多长合理，以便提前知道刀具与卡爪是否产生干涉。一般有手动编程经验的技术人员，都会在调机时自行设置，在软件里设置只能起到一个参考作用。设置方法非常简单，直接单击卡爪“参数”，弹出卡盘对话框，夹紧方式默认，“位置”为“依照毛坯”，夹持长度可以根据实际数据填写，还有一个卡爪的尺寸，也按实际卡爪大小更改。这些设置好就可以直接确定，如图 4-24、图 4-25 所示。

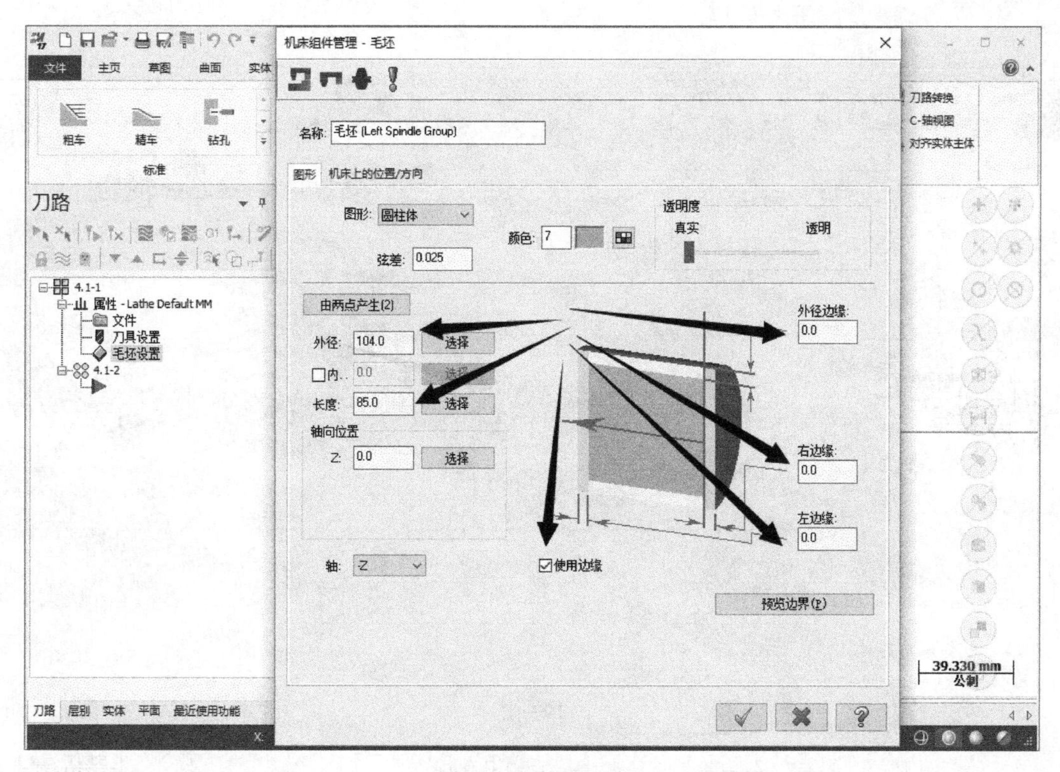

图 4-23　使用边缘

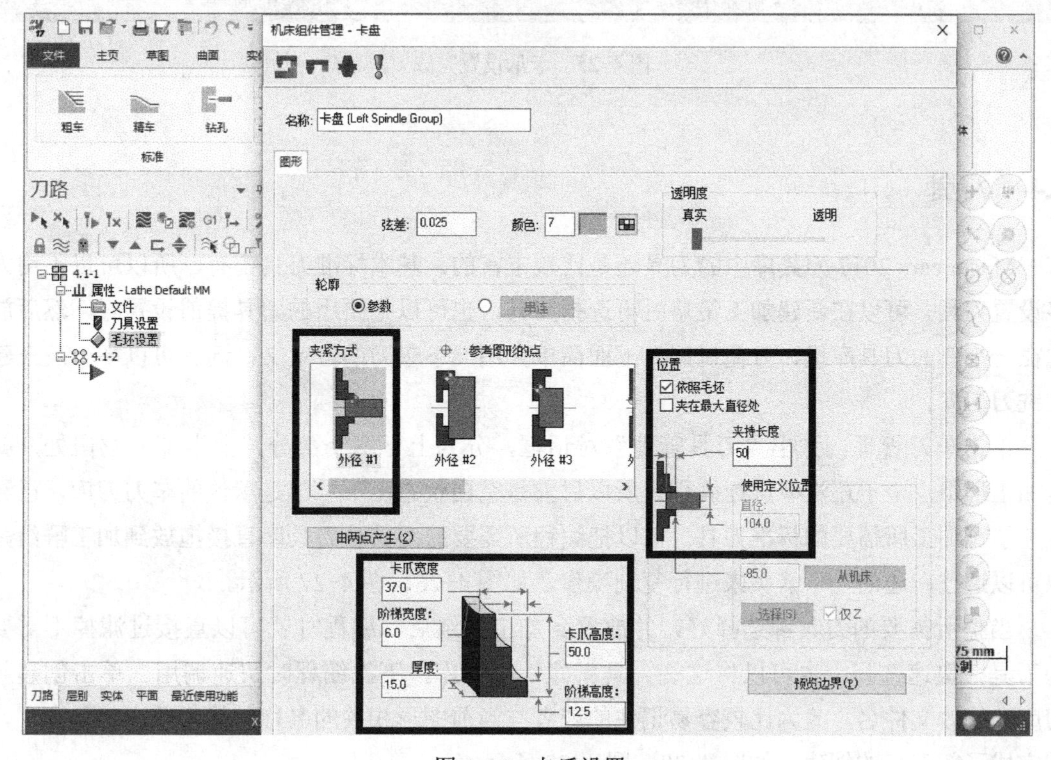

图 4-24　卡爪设置

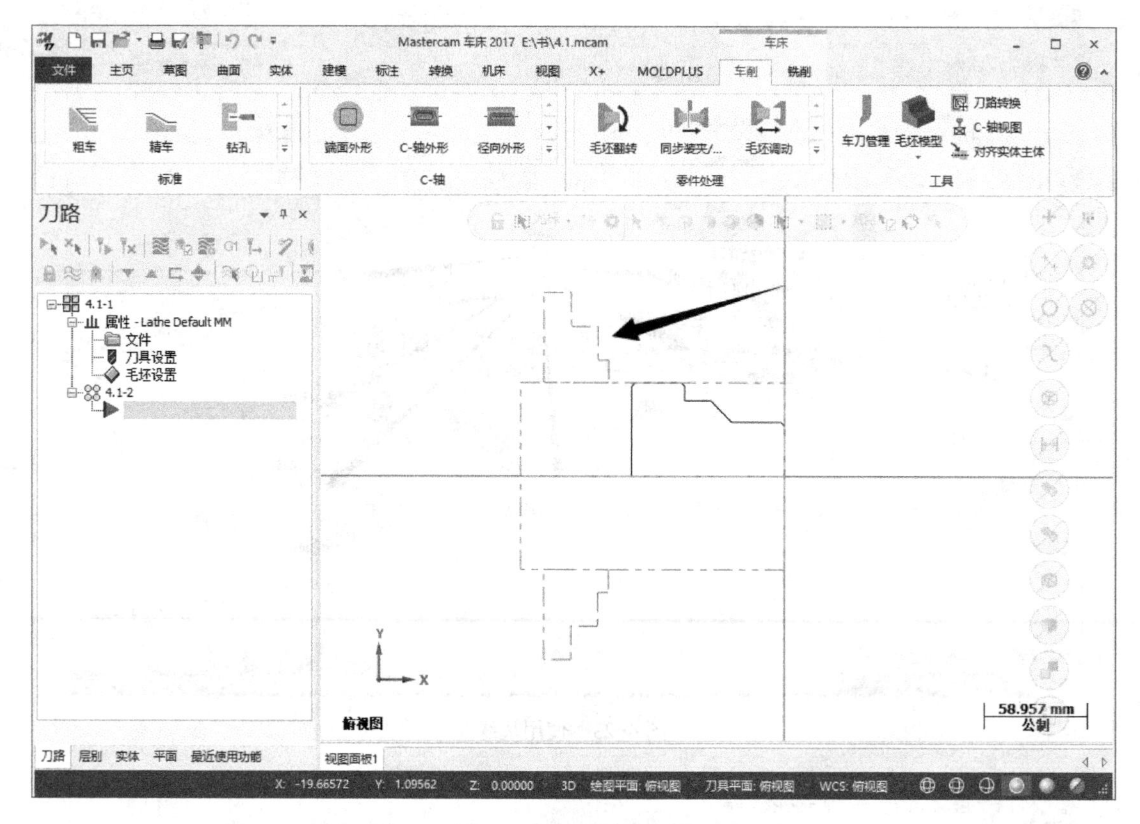

图 4-25　卡爪设置完成

4.4　刀具

Mastercam 2017 刀具库中的刀具还是比较丰富的，基本标准刀具都有，所以可以不用太多设置刀具。可以在新建加工策略时再选择刀具，也可以把要用的刀具提前设置好，然后放置在一个新的刀具库里，方便调用。下面简单介绍一下车刀的自定义，读者可以举一反三建立铣刀刀库。

单击车刀管理，弹出“刀具管理”对话框，分为上下两个部分，上半部分空白处，就是加工群组，由于还没有进行编程，所以目前是空白状态；下半部是默认的车刀刀库，已经涵盖了车加工所需要的标准刀具。可以把编程所需要的刀具从刀具库直接拖放到加工群组，也可以通过右边的上下箭头来进行复制操作，如图 4-26、图 4-27 所示。

当把所需要的刀具都选择好，并放置到加工群组后，编程时就可以直接过滤掉不需要的刀具，快速选择。也可以将这些刀具新建一个刀库，下次编程时快速调用。单击创建新刀库，修改文件名，改为比较容易记住的或者与当前图形相关的名称，然后单击“保存”，就完成了新刀库的创建，如图 4-28、图 4-29 所示。

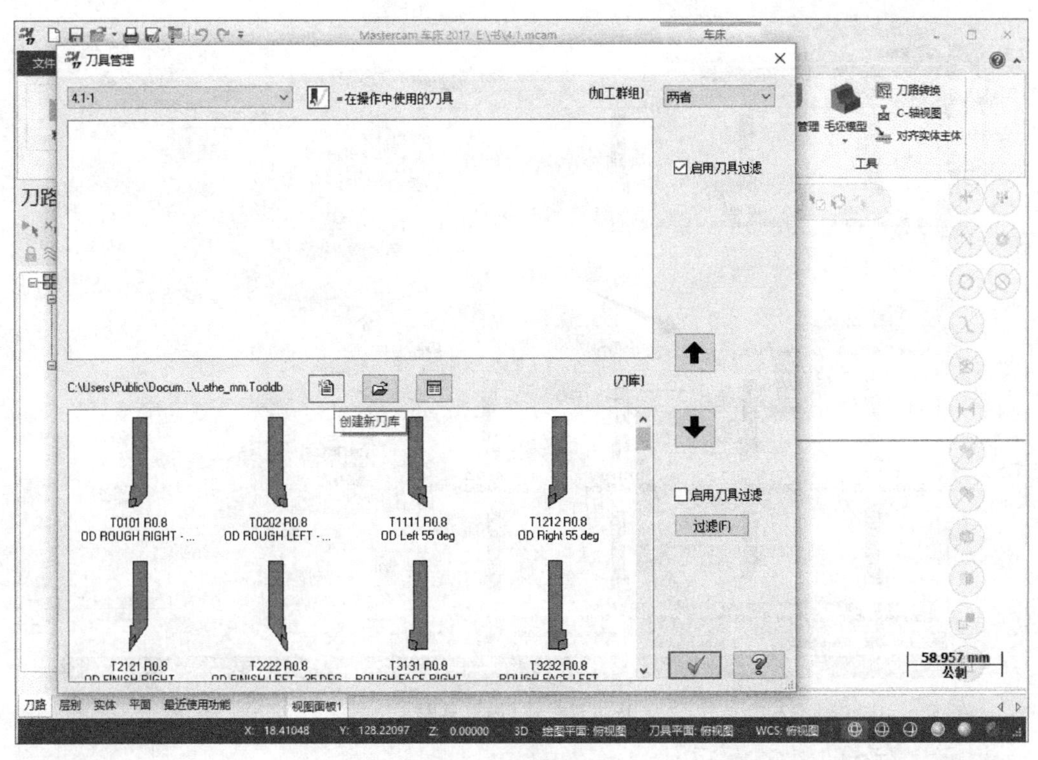

图 4-26　刀具管理

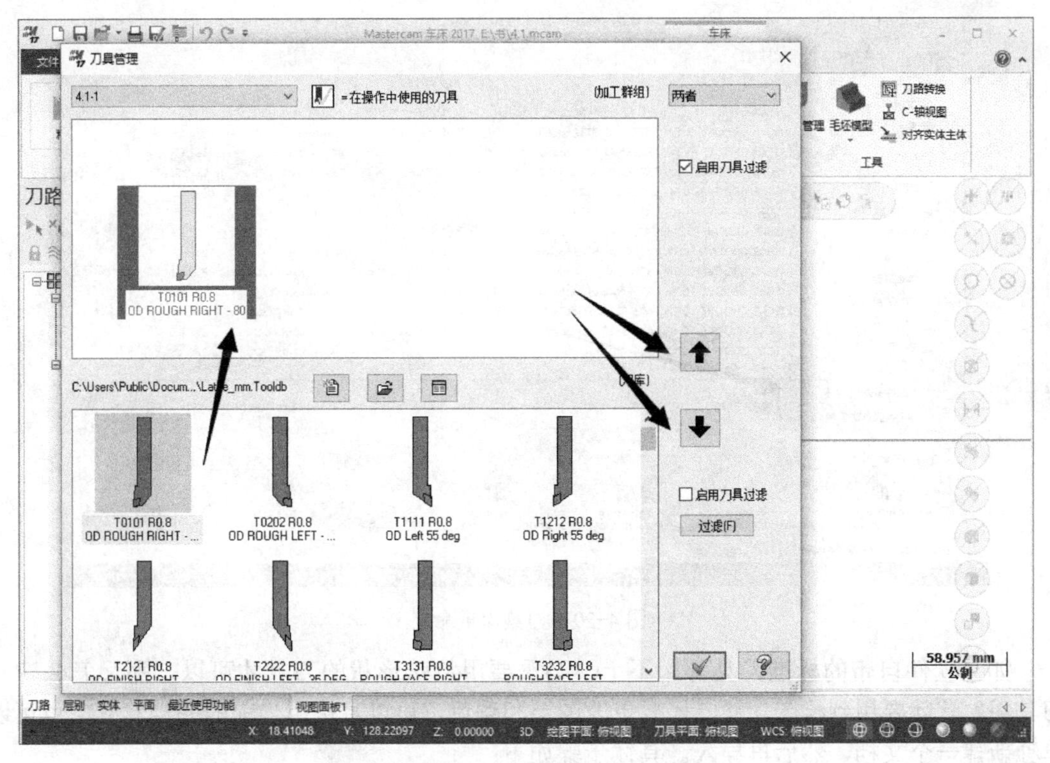

图 4-27　复制刀具

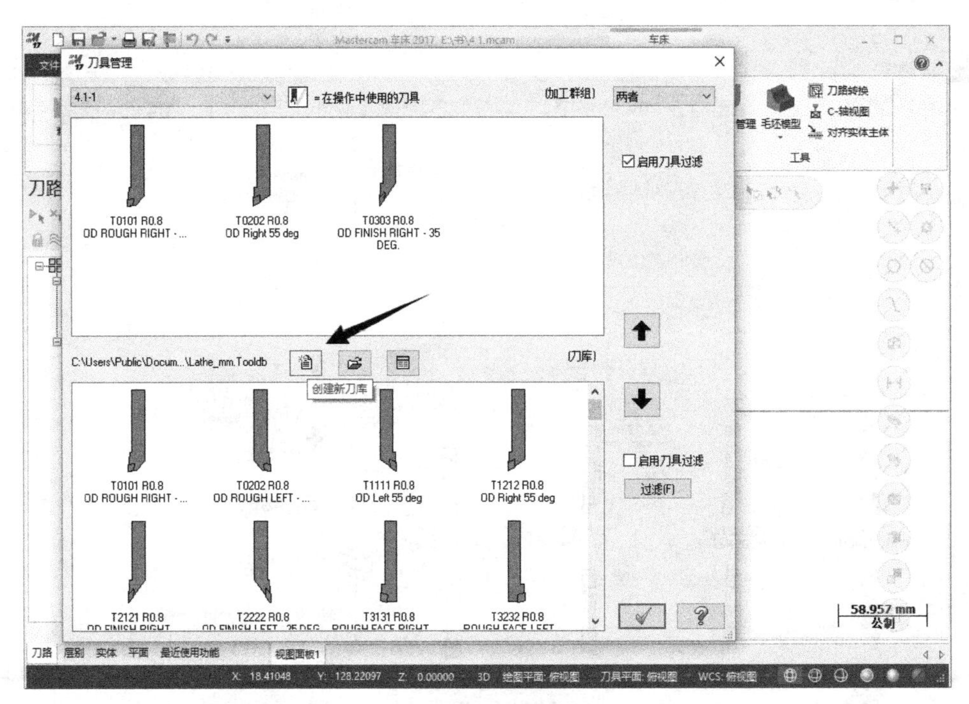

图 4-28　新建刀具库

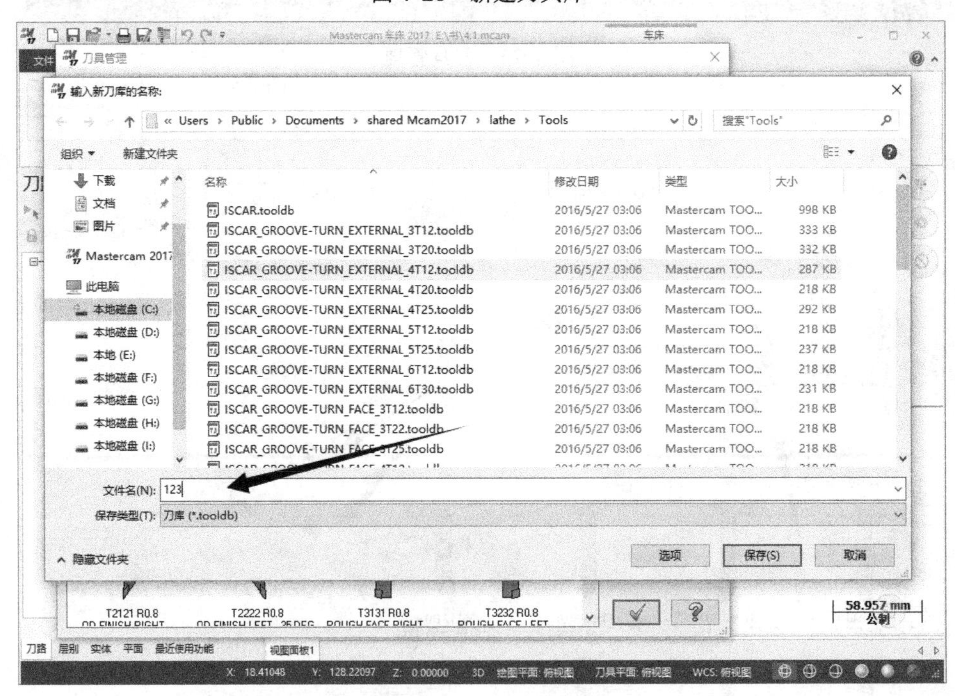

图 4-29　刀具库重命名

如果软件自带的标准刀具都用不上，必须要用特殊形状的刀具才可以，那又怎么建立刀具呢？这就要用到绘图功能，还要更改图层和颜色。可以直接用当前的图档建立，也可以单独新建一个文档，然后再导入。具体步骤如下：

1）新建一个 3 号图层，然后将 3 号图层作为工作图层，关闭 1、2 号图层。如果觉得毛坯碍眼，也可以通过毛坯设置关掉，如图 4-30 所示。

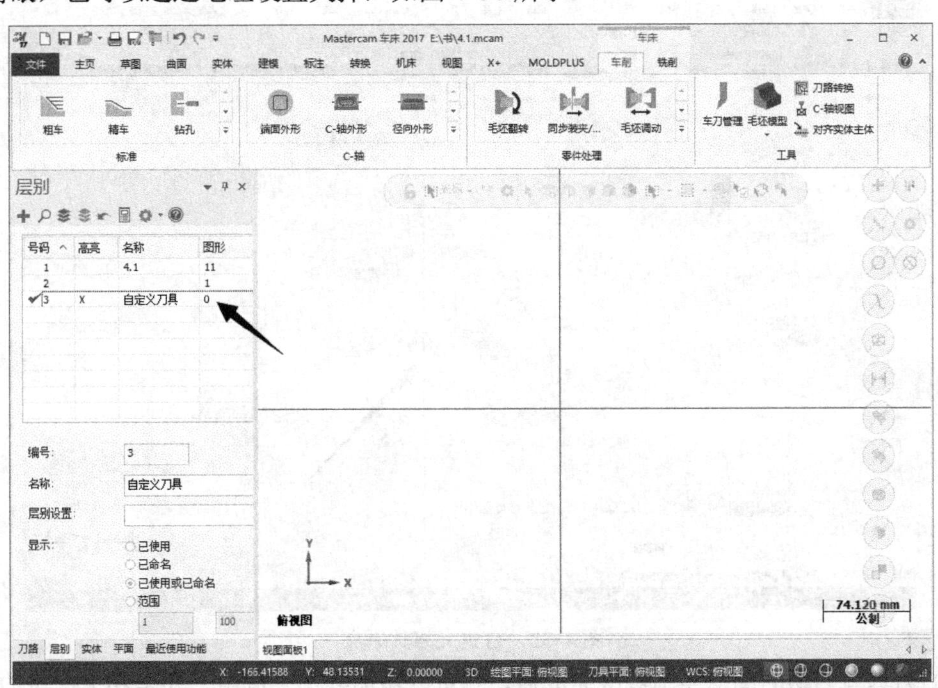

图 4-30　新建图层

2）画出自定义刀具和刀柄的形状，并将刀具和刀柄的颜色设为不同的颜色，自定义刀具和刀柄轮廓必须是各自封闭的，否则软件不能识别。还有更重要的一点，自定义刀具原点必须与加工原点重合，不然导出的程序将不正确，如图 4-31、图 4-32 所示。

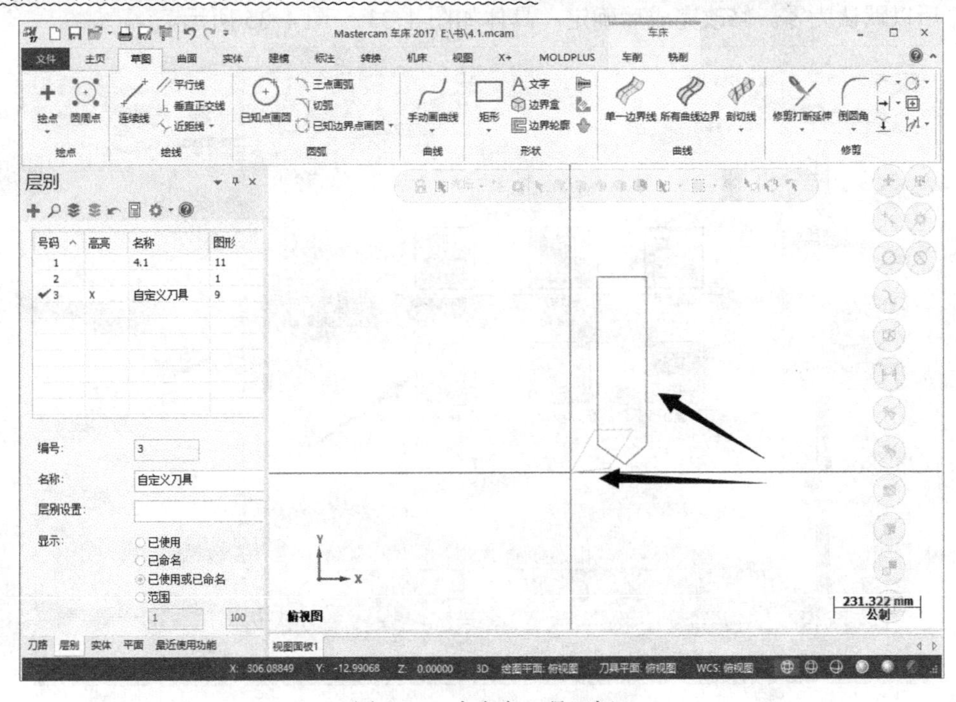

图 4-31　自定义刀具刀柄

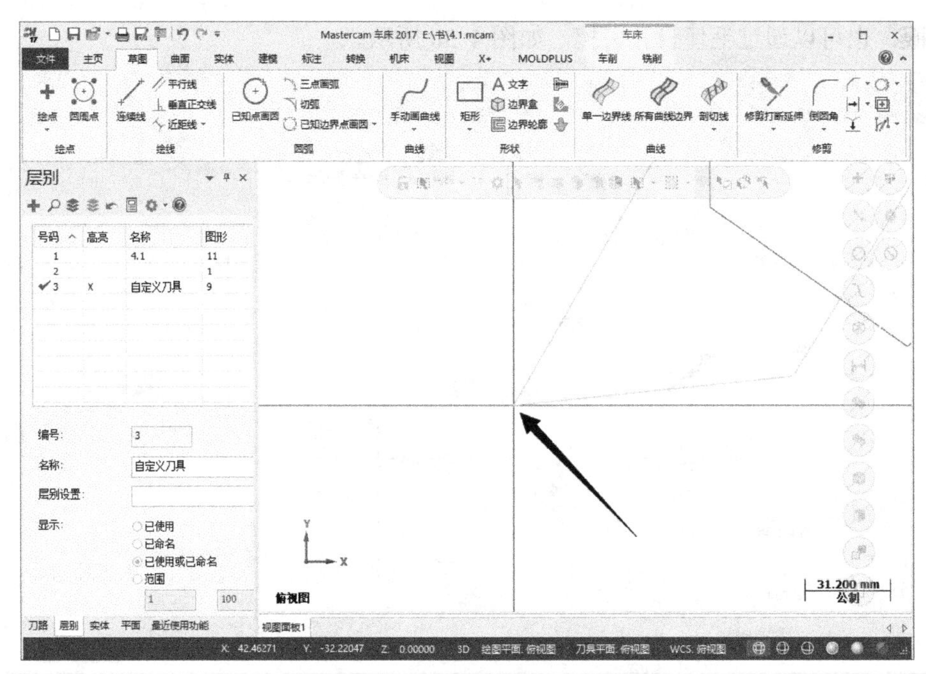

图 4-32　自定义刀具原点

3）刀具与刀柄的图形绘制修改完成后，就可以添加到加工群组。还是和上面讲的一样，单击车刀管理，然后在刀具群组空白处右击，选择“创建新刀具”，弹出定义刀具对话框，选择“自定义”，在“图形”选项卡下设置参数。第一个是层别，这个层别就是刚才绘制自定义刀具的图层，也就是 3 号。第二个是刀具的切削方向和切入方向，上下一致即可，方向的选择图形已经标示得很明确。第三个是刀片的半径和刀具中心，由于刚才绘制的刀具没有圆弧，所以默认为零。修改完成后确定。具体如图 4-33 ～图 4-35 所示。

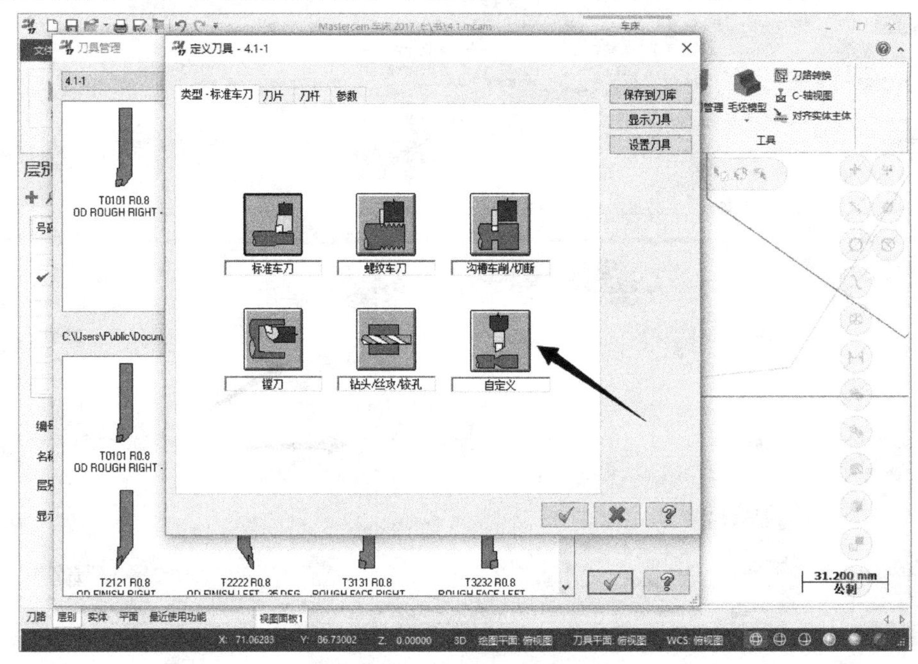

图 4-33　自定义刀具

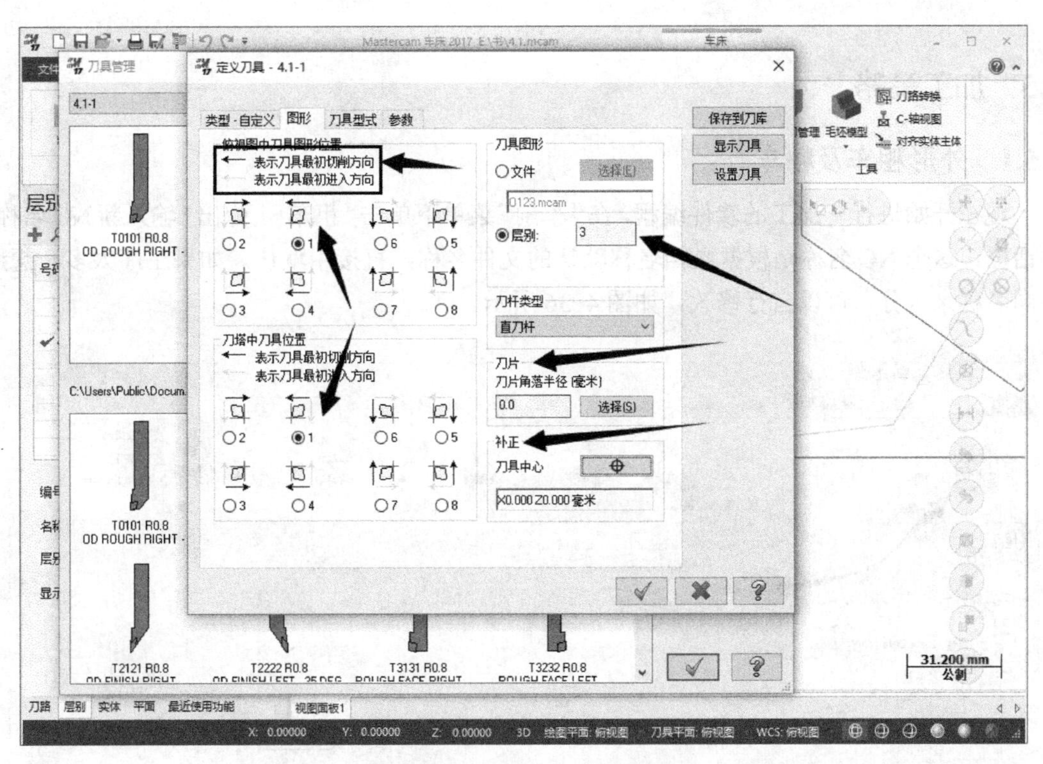

图 4-34　自定义刀具参数设置

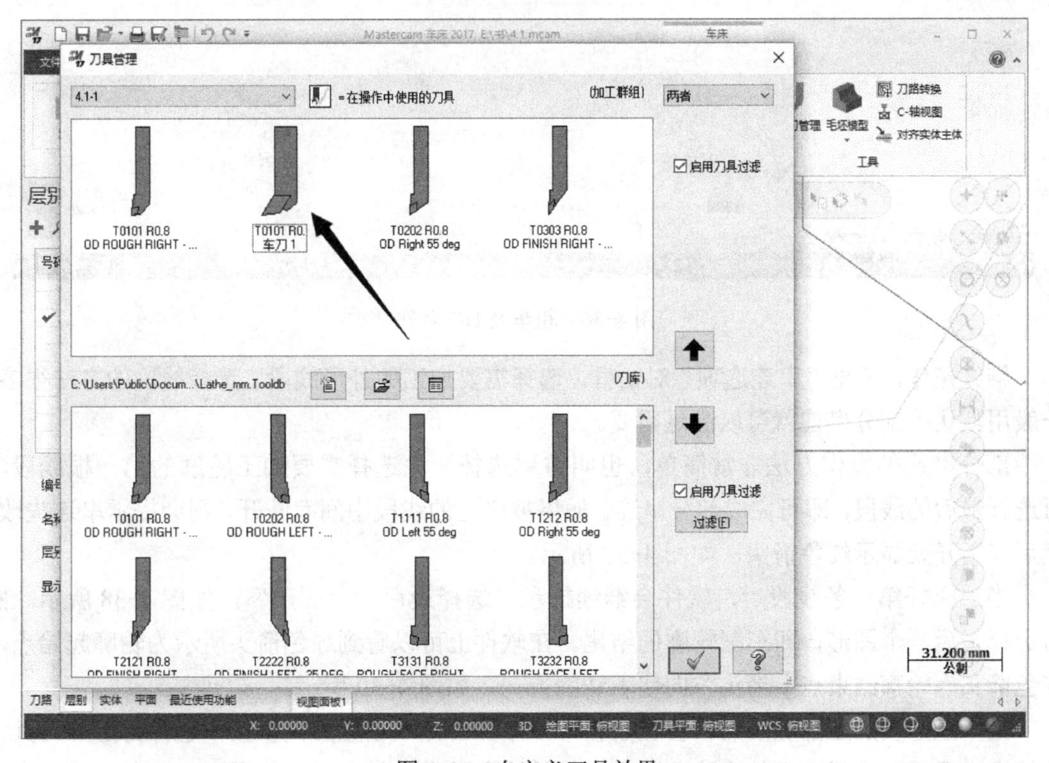

图 4-35　自定义刀具效果

4.5 加工策略

4.5.1 外形粗车及精车

现在开始进行车加工的软件编程，在“车削”菜单下单击“粗车”，弹出“输入新 NC 名称”对话框，这个 NC 名称是根据文档名称默认的文件名称，直接用默认。如果工序太多，想用不同名称来区分，可以自行修改，如图 4-36 所示。

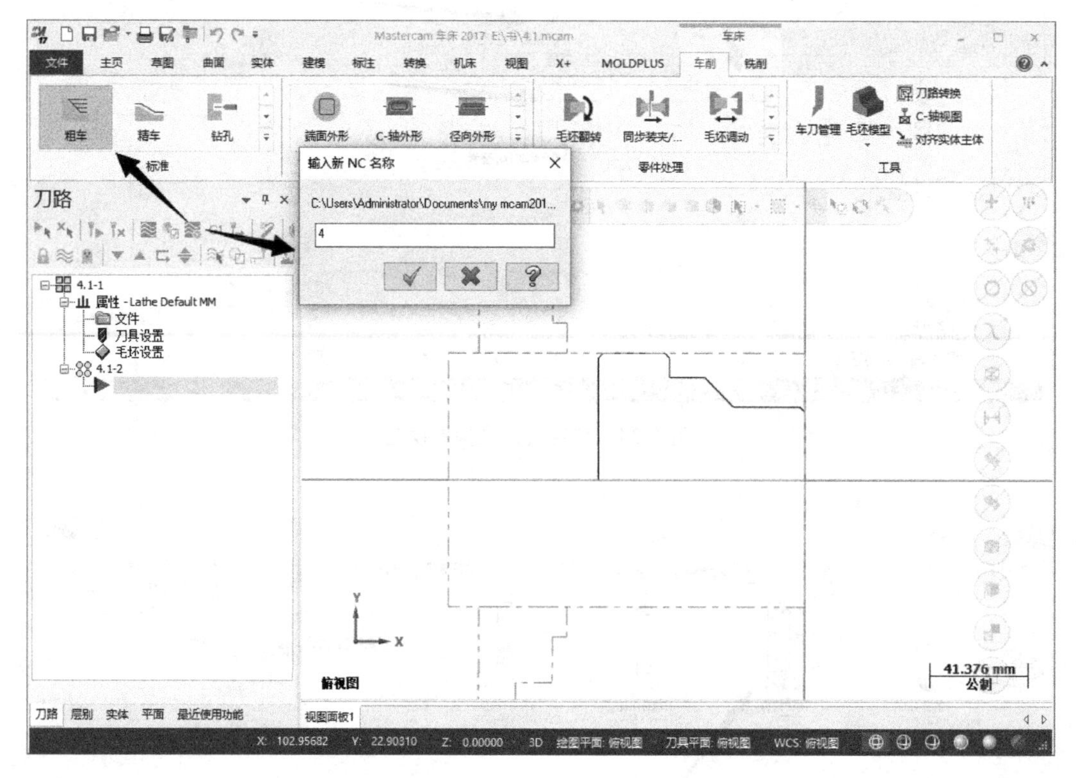

图 4-36 粗车及 NC 名称

继续操作，弹出“串连选项”对话框，选择需要加工的外形线段。选择线段的方法很多，一般用默认的部分串连就可以满足需要。

部分串连的操作方法非常简单，也叫首尾选择，先选择需要加工轮廓的第一根线段，再选择最后的线段，即可完成部分串连。如果被串连的线段中间有断开，则会提示串连失败，然后在断开处显示红色箭头，如图 4-37 所示。

当选择好第一条线段后，软件会继续提示“选择最后一个图形”，如图 4-38 所示。然后选择最后一个图形，即车削轮廓的结尾。在软件上可以看到绿色箭头所示为轮廓起始点，红色箭头为轮廓结束点，箭头方向代表切削方向，如图 4-39 所示。

当串连好要加工的轮廓后，会显示粗车参数。首先是设置刀具参数，选择合适的刀具，并根据实际经验设置合理的进给速率、主轴转速和主轴旋转方式，如图 4-40 所示。

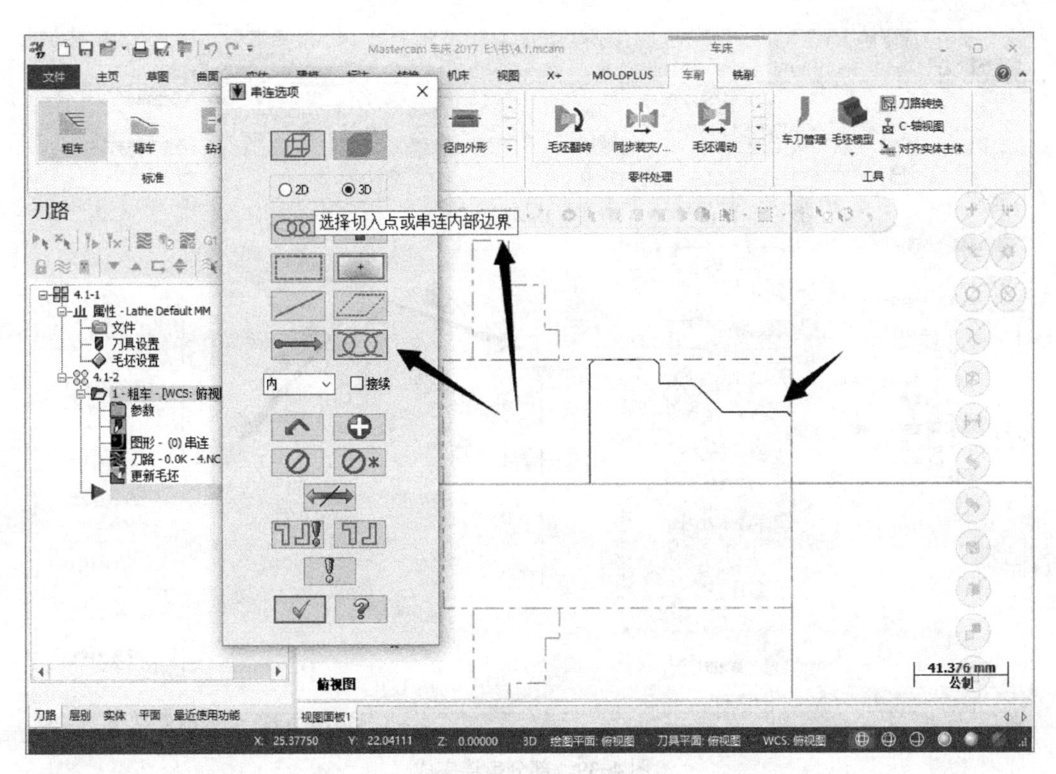

图 4-37　部分串连

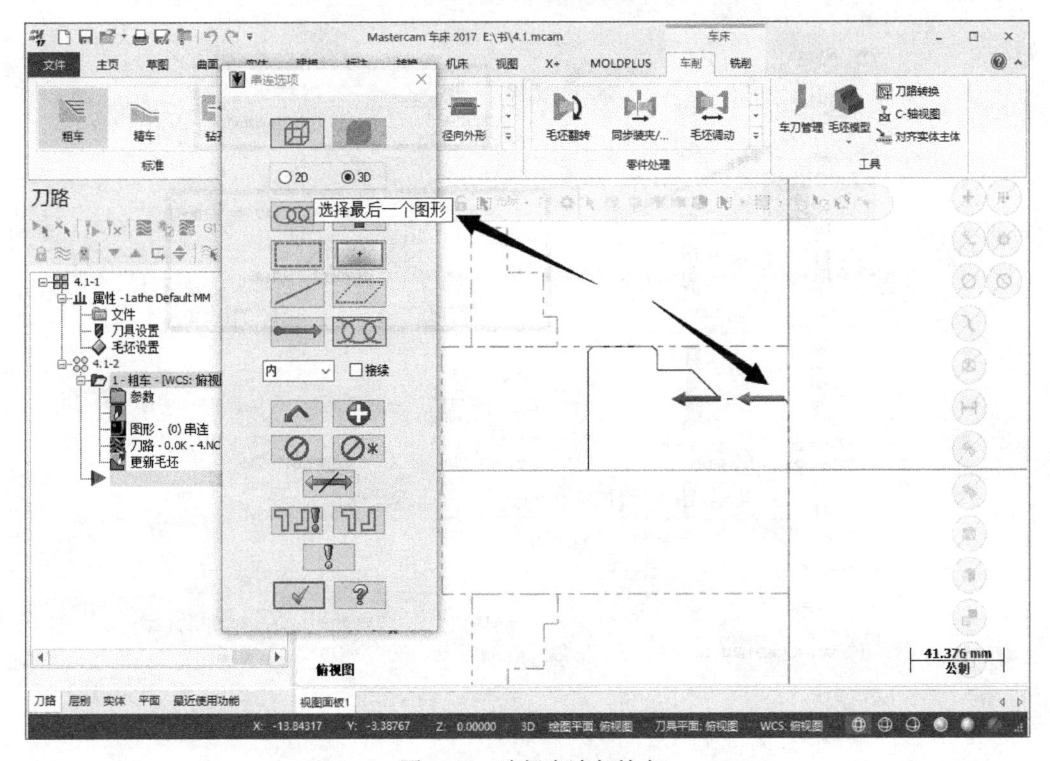

图 4-38　选择串连起始点

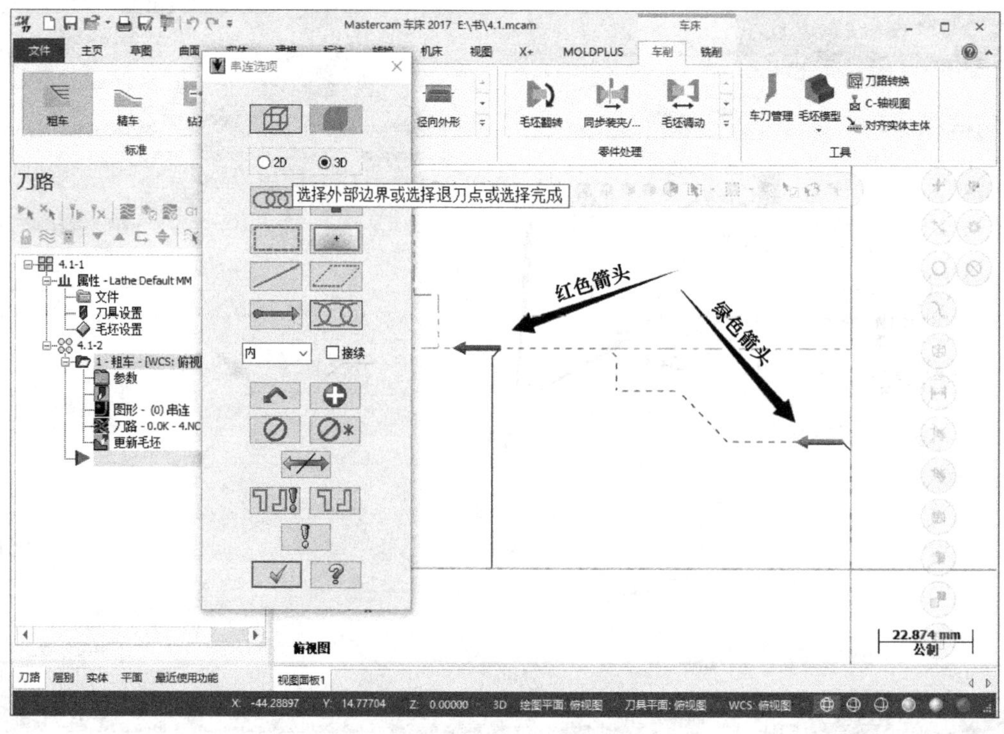

图 4-39　部分串连完成

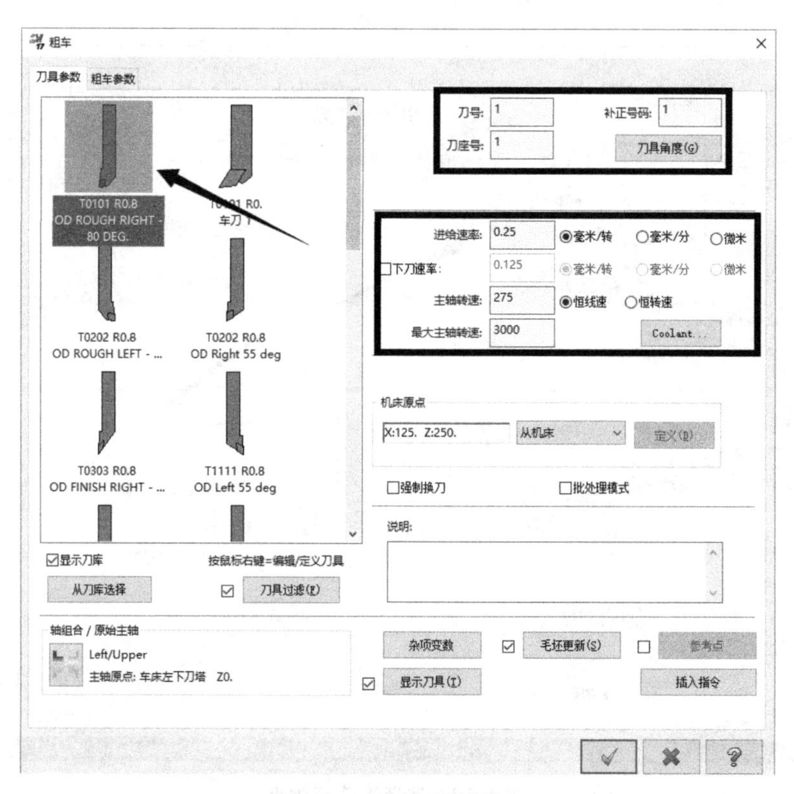

图 4-40　刀具参数设置

设置好刀具参数，接下来就是设置粗车参数。从左往右、从上往下一一设置，首先是重叠量。有过手动编程基础的读者都知道，所谓重叠量，就是刀具沿着轮廓车削一刀后抬刀的距离，这个抬刀是用 G01 来完成的，一般给 0.2mm 即可。最小重叠角度一般不设置，这样可以让软件根据工件轮廓自动设置，如图 4-41 所示。

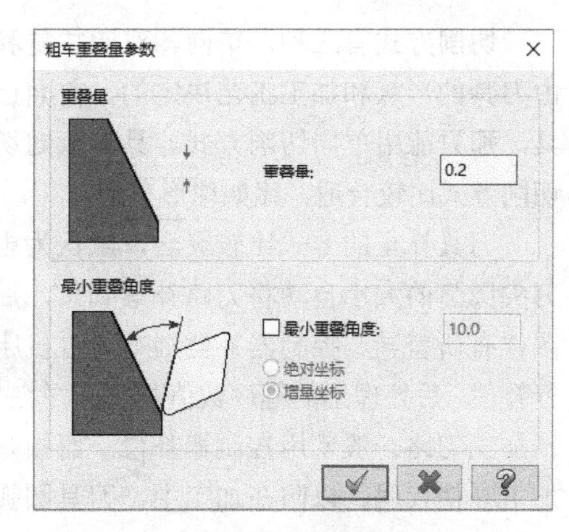

图 4-41　重叠量设置

深度切削也就是常说的吃刀量，有三个模式，自动、等距和增量。如果没有什么特殊要求，用等距就可以了。切削深度指的是半径切削量，棒料切削半径 2.0mm，相当于直径减少了 4.0mm，软件粗车循环切削量，不管给多少，都是半径，而机床自带的粗车循环，有的是半径，有的是直径。比如 FANUC 系统默认是半径，OKUMA 系统默认是直径。在实际使用中，要注意区分。

X 预留量和 Z 预留量比较好理解，也就是常说的为后道工序所留出的余量，应根据其材料性质和加工工序的要求进行设置。比如硬度不高的材料余量可以多给一点，而硬度较高的材料相对余量少一点。这个余量也直接影响精加工刀具的寿命。在软件里，这个 X 预留量也是半径值，而通常在加工中是按直径值所留的余量，所以在软件设置里，如果外径余量想设置为 0.1mm，那么 X 预留量就为 0.05mm。

进入延伸量是为了防止刀具快速进给到毛坯内部而设置的一个安全距离。比如毛坯的长短不一，为了保证刀具安全，会以最长的那个毛坯为准，设置一个进入延伸量，通常为 1 ～ 2mm。退出延伸量就是将刀路结束点延长。因为有些产品可能涉及二次加工，在第一工序时，如果轮廓刚好，那么二次加工时，有可能出现无法切削到位的残留。所以必须在第一工序时，将轮廓多加工一段。还有一种情况是为切断工序做个开粗，因为有些材料外表层在原料生产时硬化了，如果直接用切断刀加工，会影响刀具寿命，所以这里也需要设置一个退出延伸量，数值可以根据切断刀的宽度适当设置，如图 4-42 所示。

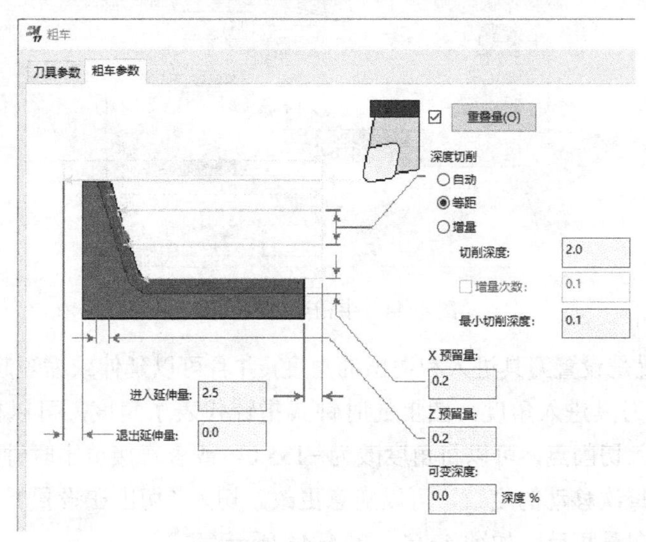

图 4-42　深度切削、预留量和进入 / 退出延伸量设置

切削方式有三种，单向、双向往复和双向斜插。切削方式是由刀具的形状和加工工艺决定的，前面已选择一个单向切削的刀具，那只能用单向切削方式。具有双向切削功能的刀具选择双向切削方式比较合适，比如球形车刀。

刀具补正的方式比较灵活，默认为电脑补偿，即让软件通过刀尖圆弧的大小自动将刀路补偿到位，后处理出的程序数值会和图样有所差异。控制器补偿则是通过机床控制器和补偿代码来进行补偿，后处理出的程序数值与原图样完全一致。为了便于修改，精加工刀路一般都用控制器补偿。磨损是刀路用电脑补偿后，还加上补偿代码，以防在加工中，刀具圆弧磨损后，无法通过手动补偿修正刀路。反向磨损与磨损是相反的，如果磨损是G42右补偿，那么反向便是G41左补偿。在实际编程中，反向磨损用得非常少。还有一个关，就是对刀路不做任何补偿，如图4-43所示。

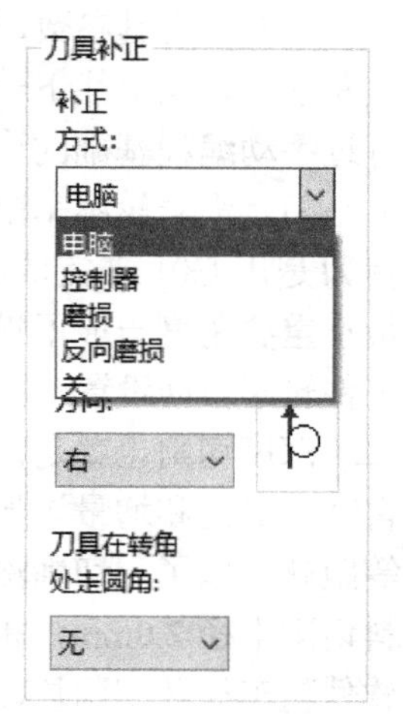

图 4-43 补正方式设置

补正方向非常好理解，即刀具的切削刃方向，刀具从右往左切削就选择右，从左往右切削就选择左。刀具在转角处走圆角，是为了防止工件尖角处太峰利产生毛刺，而自动加上一个圆弧来作为转角过渡。实际加工中，除非有特殊要求，在转角处，都倒一个45° 的直角或1/4圆弧角来去毛刺，所以这个功能一般都会关掉。

半精车参数就是用同一把刀根据所设置的余量，沿着轮廓再走一刀。这样可以让工件最终余量变得更加均匀一致，精车后尺寸更加稳定，如图4-44所示。

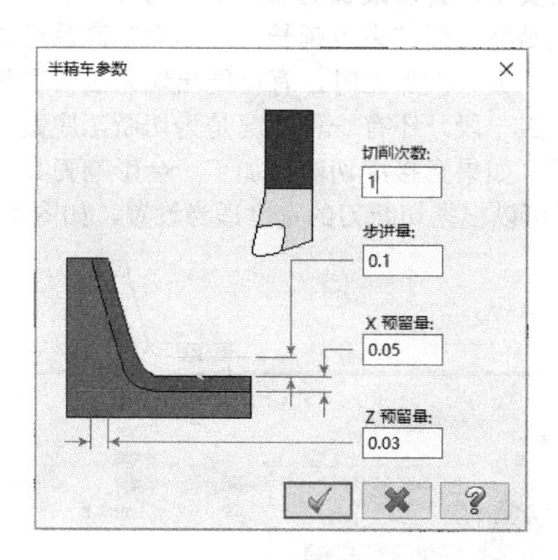

图 4-44 半精车参数设置

切入/切出设置是设置刀具进入和退出的角度，并且可以延伸或缩短起始和结束轮廓线。进入向量就是设置刀具进入角度，图上的时钟式指针代表了角度，可以根据需要调整。比如想让刀具斜线进入切削点，可以将角度改为 -135.0，或者直接单击时钟盘上的刻度标志。旋转倍率可以调整每次移动的度数，可以随意更改。切入/切出在设置界面是完全相同的，只是在切出时退刀向量相反，如图4-45、图4-46所示。

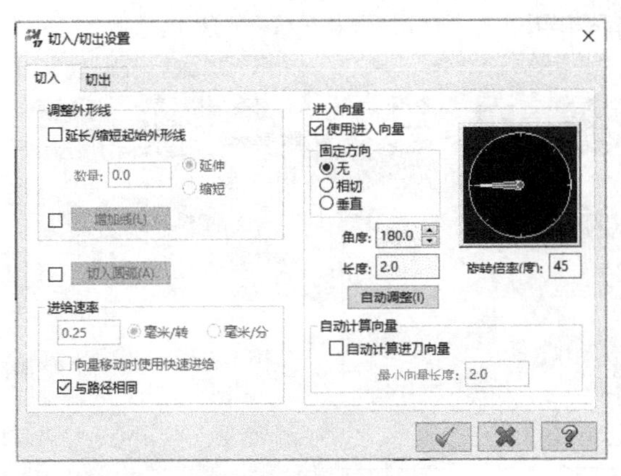

图 4-45　切入设置

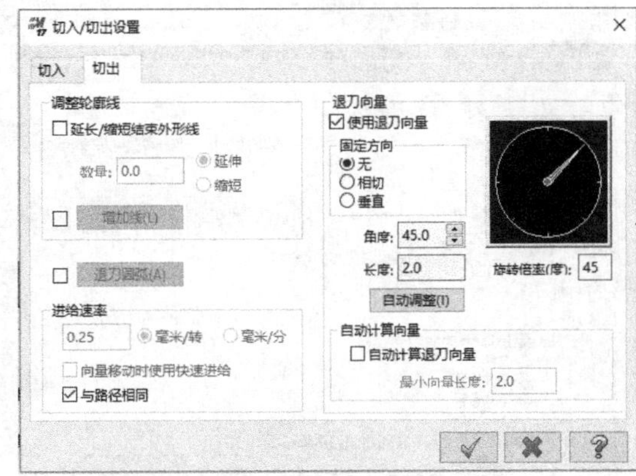

图 4-46　切出设置

车削切入参数是必选项，当工件轮廓有凹槽时，通过切入参数可以设置粗车时是否加工，还是通过其他工序来完成。通过车削切入设置示意图（图 4-47）可以观察出，第一种设置是不加工任何凹槽，第二种设置是加工 X 轴与 Z 轴的凹槽，第三种是只加工 X 轴的凹槽，第四种是加工 Z 轴的凹槽。选择哪种方式取决于工艺和刀具形状。正常情况下选择第一种加工方式粗加工，然后再换一把能够有足够避空量的刀具来加工凹槽；如果凹槽比较浅，也可以在粗加工时直接加工完成。当采用后面三种车削切入设置时，角度间隙参数会开启，这个角度间隙参数是为了给刀具设置一个前后角的增量，以防刀具前后角与工件产生干涉，如图 4-47 所示。

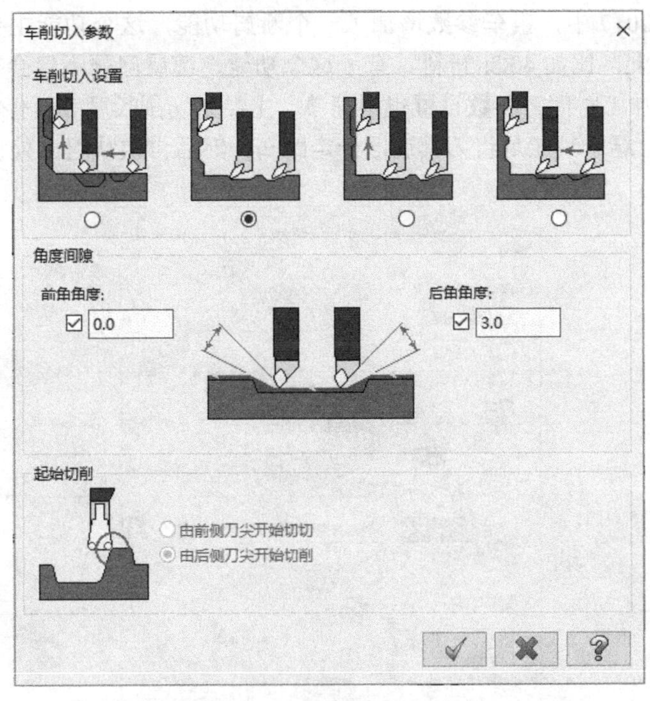

图 4-47　车削切入参数设置

上面的基本参数设置完成后，就可以生成刀路，如图 4-48 所示。

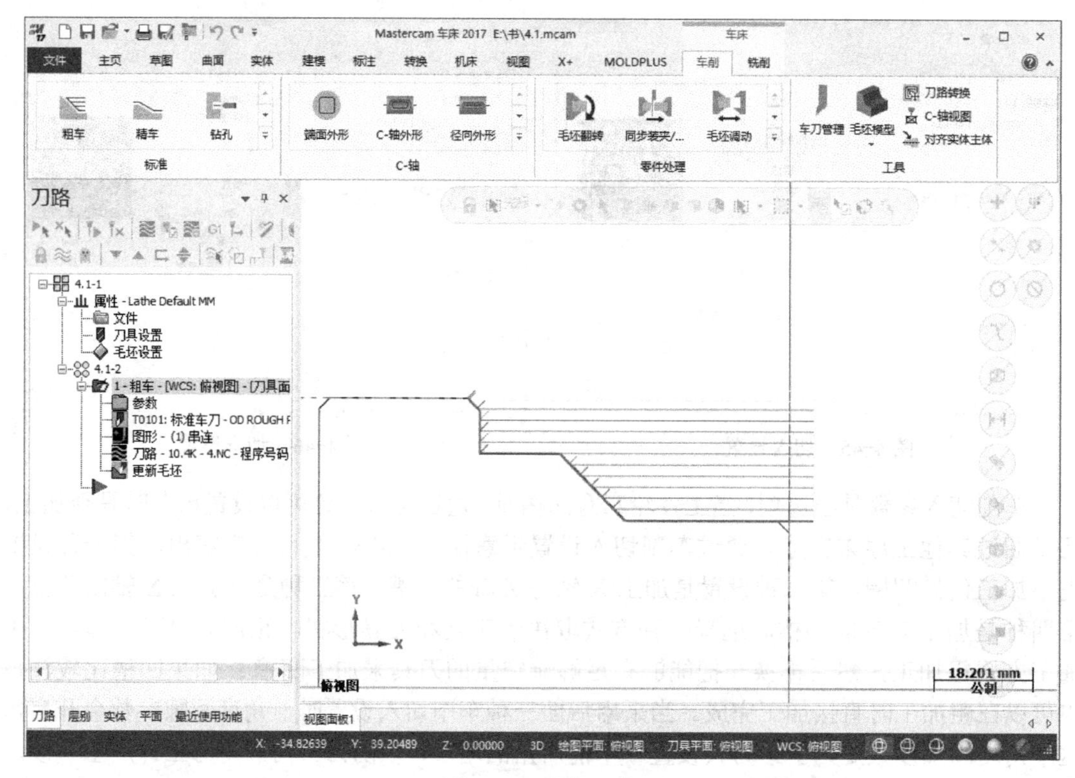

图 4-48 粗车刀路

在 Mastercam 2017 中，粗车参数增加了一个断屑功能，这个功能主要用在加工长料或者容易缠屑的工件上，比如 40Cr 材料。有了这个功能，缠屑问题不仅会得到很好的改善，而且不会过多影响加工时间。参数设置也很简单，主要是切削长度和暂停时间；然后还有一个切入 / 切出距离，这个功能是将刀具退回一定距离，然后再次从退出处切入，如图 4-49、图 4-50 所示。

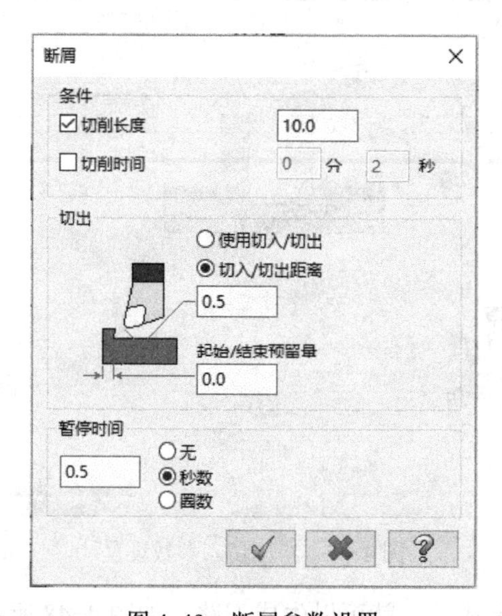

图 4-49 断屑参数设置

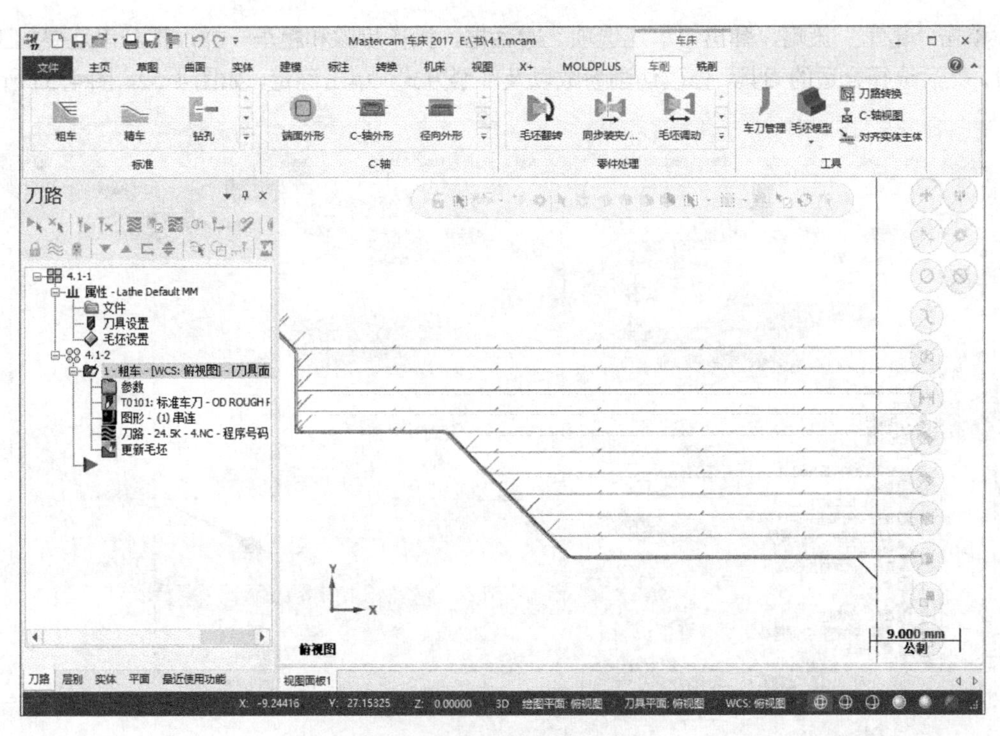

图 4-50　断屑功能开启效果

粗车工序完成后，接下来就是精车。这个工序除了设置刀具参数外，其他参数可以默认。首先把粗车刀路隐藏，单击“刀路”下的切换显示已选择的刀路操作，然后就隐藏了粗车工序的刀路，如图 4-51 所示。

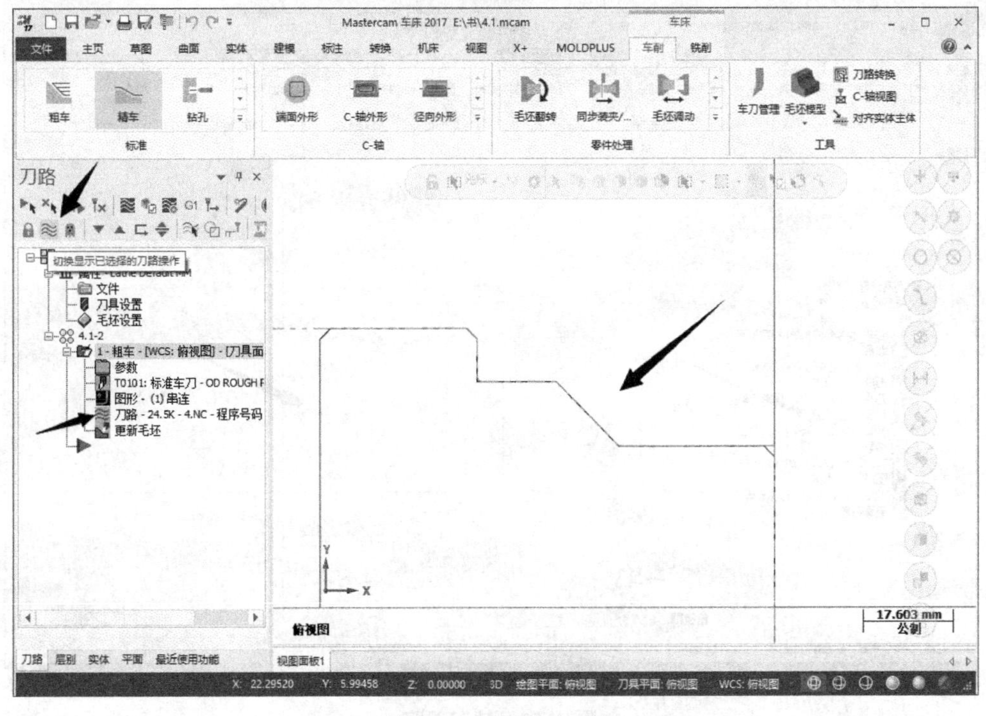

图 4-51　隐藏粗车刀路

单击“精车”策略，弹出“串连选项”对话框，操作步骤和粗车一样，部分串连要加工的线段，然后选择合适的刀具，修改切削参数以及补偿方式，单击确定，如图 4-52、图 4-53 所示。

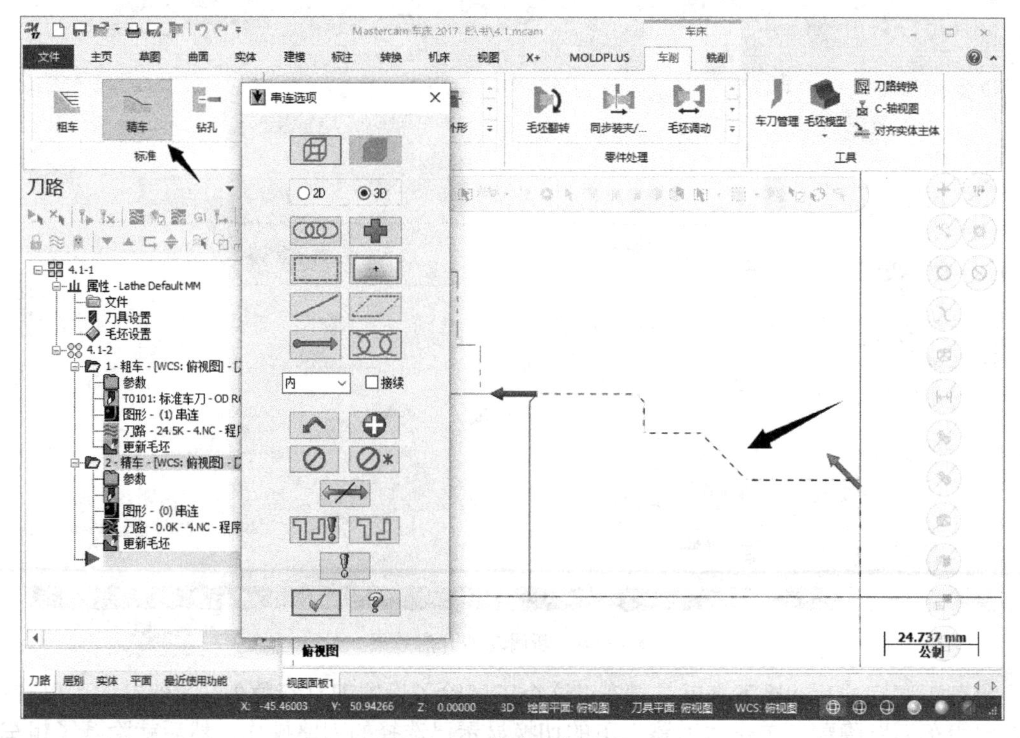

图 4-52　精车选择轮廓

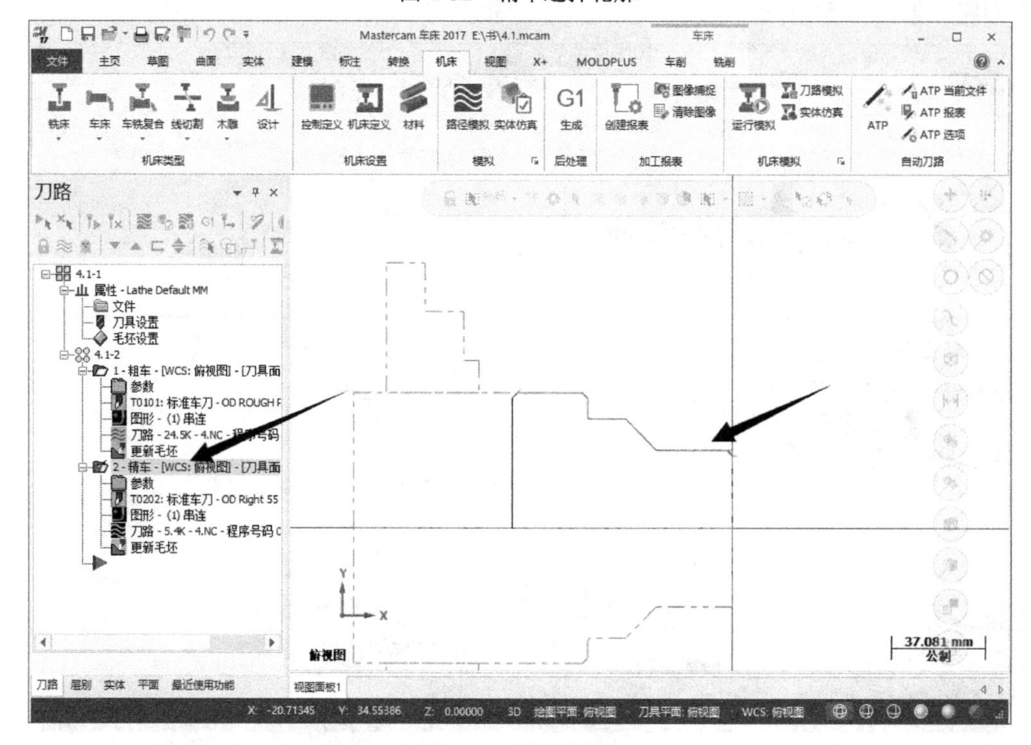

图 4-53　精车刀路

4.5.2　刀路模拟、验证及后处理

通过上面的设置，已经完成了粗精车工序，在后处理之前，需要对这个工序做一个模拟，在“刀路”界面单击模拟已选择的操作按钮，或者单击粗车工序下的刀路，弹出模拟界面，有一些和播放器类似的按钮，只要把鼠标放在按钮上会有相应提示，直接单击播放按钮，模拟完成，如图 4-54、图 4-55 所示。

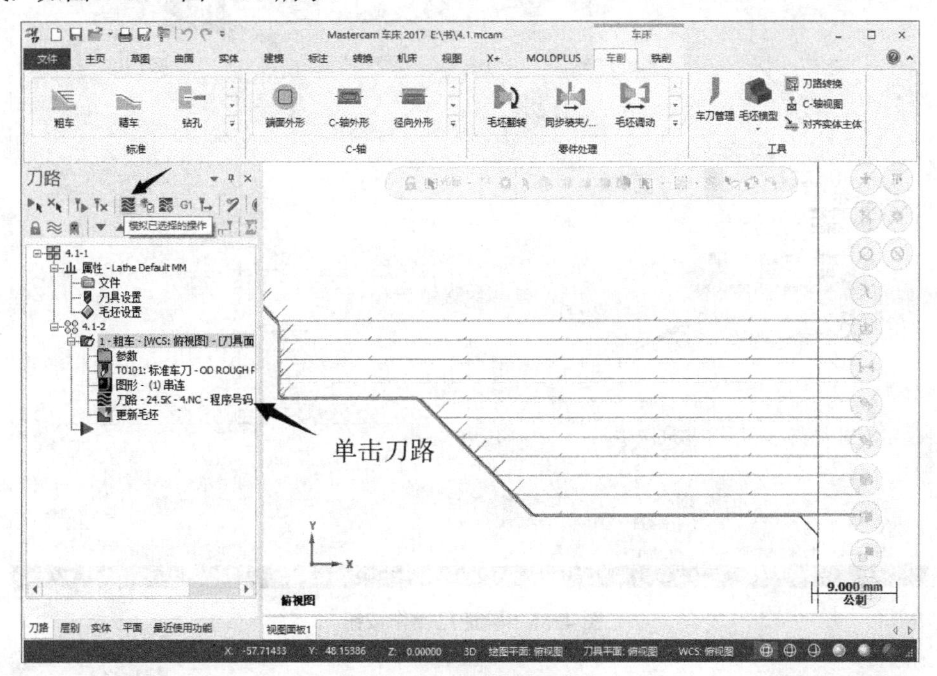

图 4-54　模拟按钮

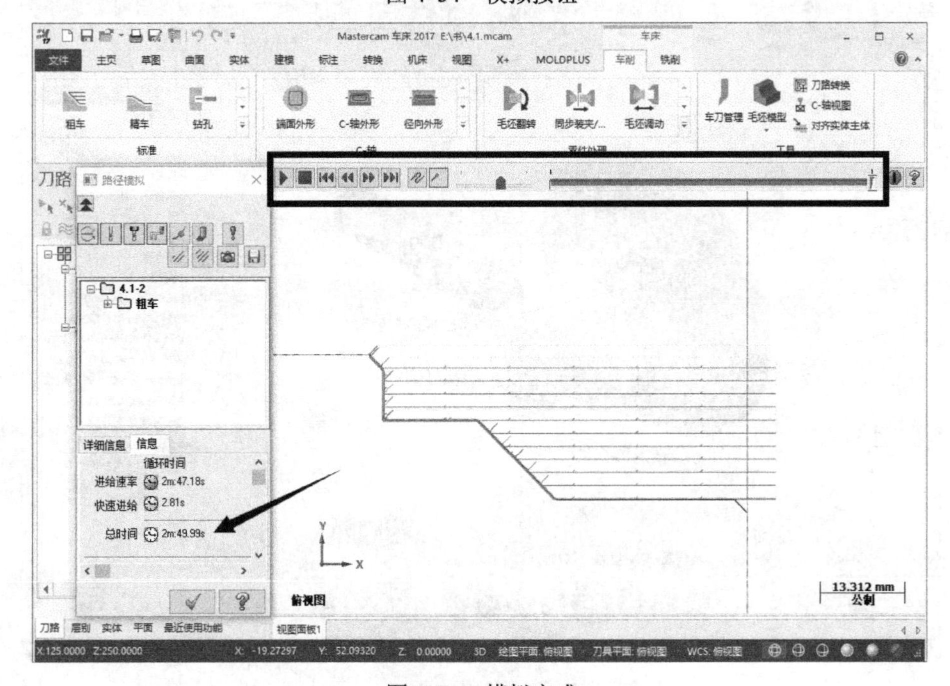

图 4-55　模拟完成

模拟完成后，可以进行实体验证。通过实体验证可以看出工件是否有过切或残留以及刀具碰撞。单击验证已选择的操作或者在粗车工序刀路处右击，弹出实体验证对话框，单击播放按钮，完成验证，如图 4-56、图 4-57 所示。

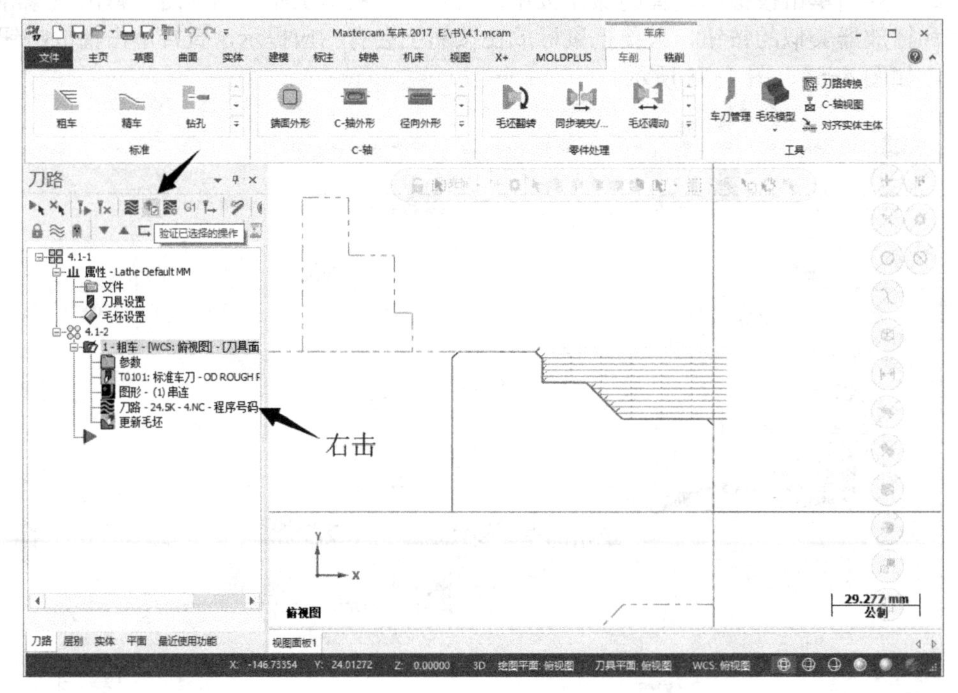

图 4-56　验证已操作按钮

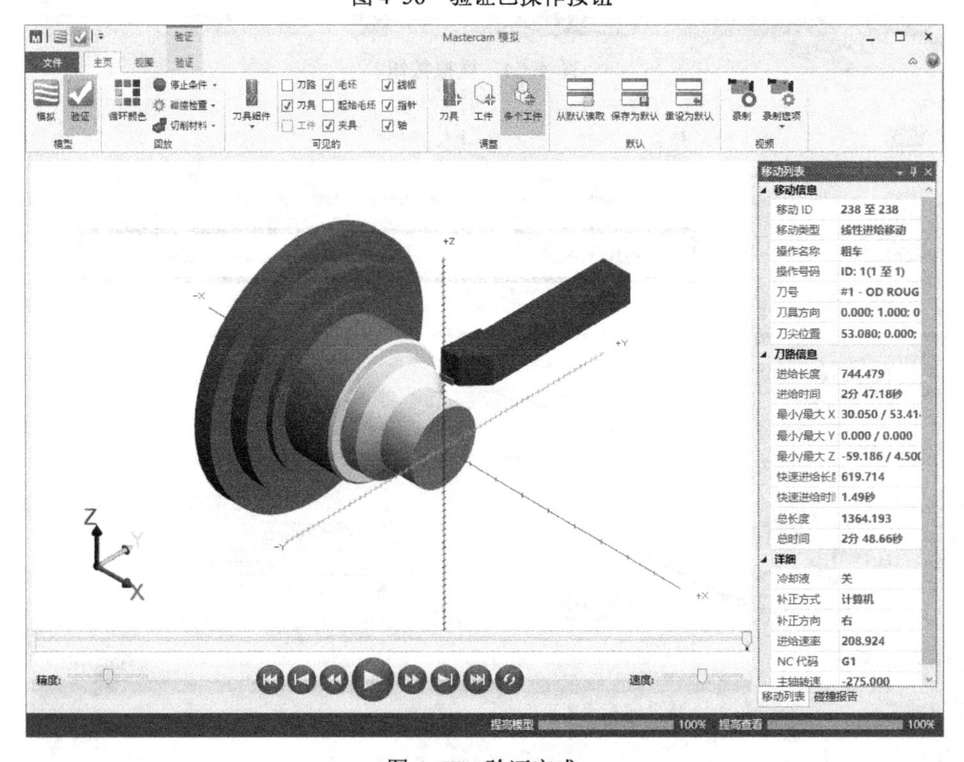

图 4-57　验证完成

然后怎么把上面的粗车工序转换为上机的代码呢？这就需要用到后处理操作了。直接在刀路界面单击 G1 按钮，弹出“后处理程序”对话框，单击确定，提示保存路径，然后确定，后处理完成后自动用记事本打开 NC 文件，如图 4-58 ～图 4-61 所示。

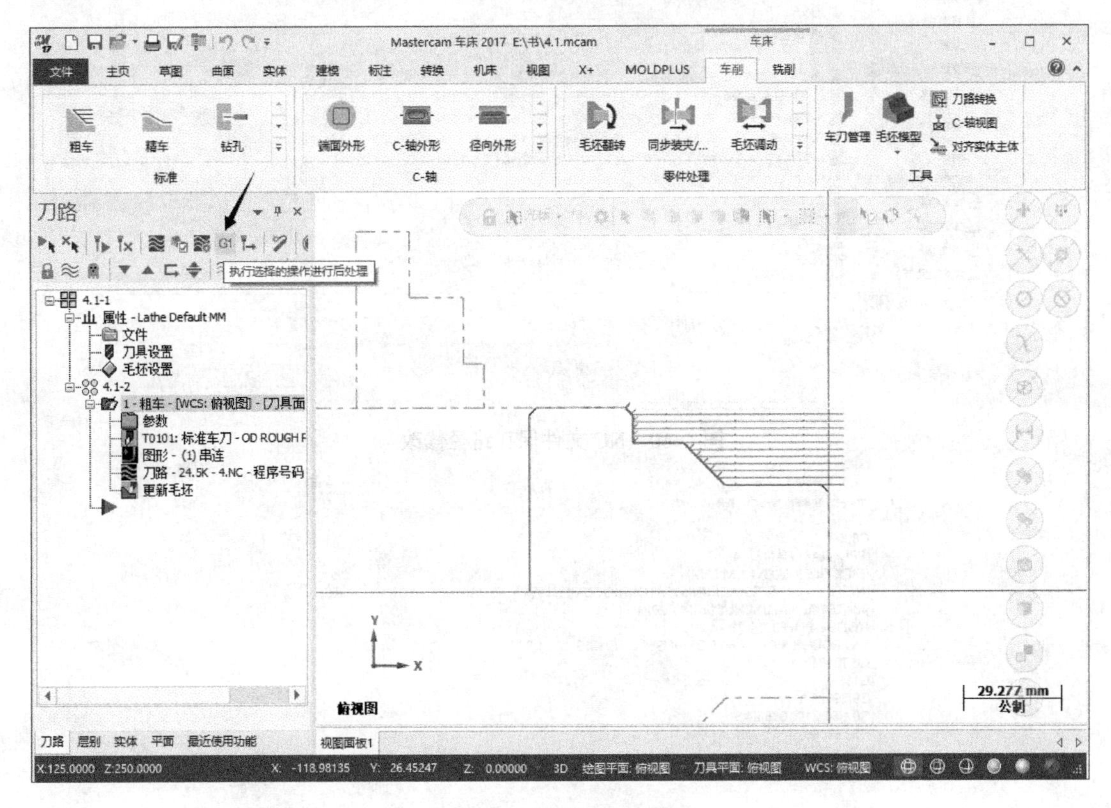

图 4-58　选择执行后处理

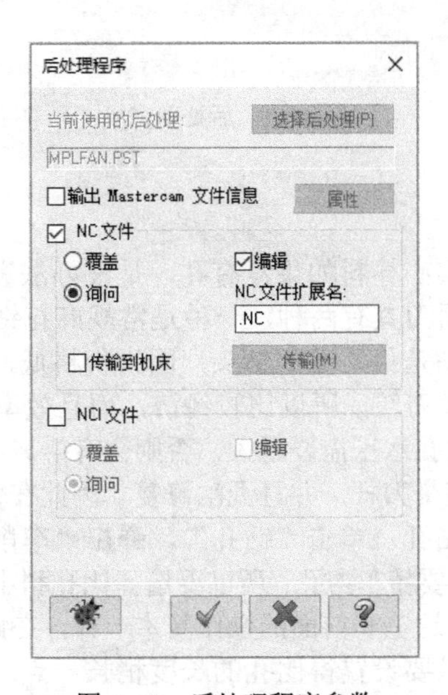

图 4-59　后处理程序参数

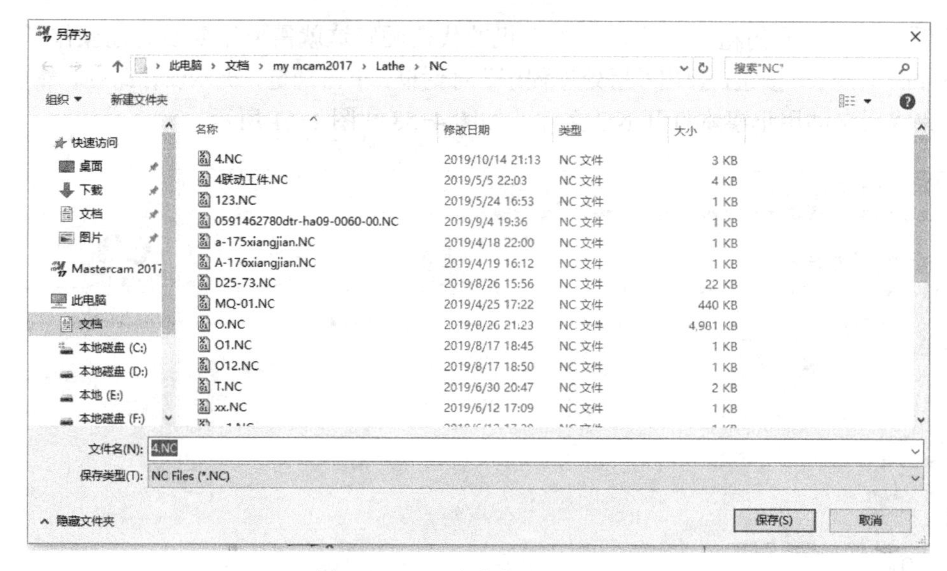

图 4-60　NC 文件保存路径修改

图 4-61　后处理完成

4.5.3　钻孔

接下来的工序是钻孔。实心棒料如果没有孔，是没办法进行内圆粗车和精车的，所以必须做钻孔刀路。目前钻孔用刀具有两种，一种是常规麻花钻头，一种是可换刀粒 U 钻，也就是常说的暴力钻。麻花钻是最常见的钻头，因为价格低，可以反复研磨，所以使用频率比较高。U 钻因为可以更换刀粒，所以比较经济，而且效率也很高，但 U 钻是内出水，且对水压有一定要求，越深的孔水压需要越大，否则会有排屑不畅的隐患，如果积屑太多，会导致刀具卡死，最终损坏整个刀杆，并且无法修复。因此在使用中一定要多加注意。

现在介绍通过软件设置钻孔。单击“钻孔”，弹出“车削钻孔”对话框。根据孔的大小选择合适的钻头，因为还需要精车内孔，所以要选择比孔稍小一点的钻头，然后双击钻头，设置相应的长度及切削参数，这些和前面的操作基本一样，在此不再重复。接着设置钻孔的深度，因为这个是通孔，所以要设置得比孔的长度稍长一点。接下来设置安全高度和参考高度。安全高度就是快速定位，参考高度就是开始切削位置及回退位置。循环也要设置一下，选择深孔啄钻（G83），然后设置首次啄钻深度，这个可根据材料自行设置，一般钢料用 3mm 左右，其余参数可设可不设。具体如图 4-62、图 4-63 所示。

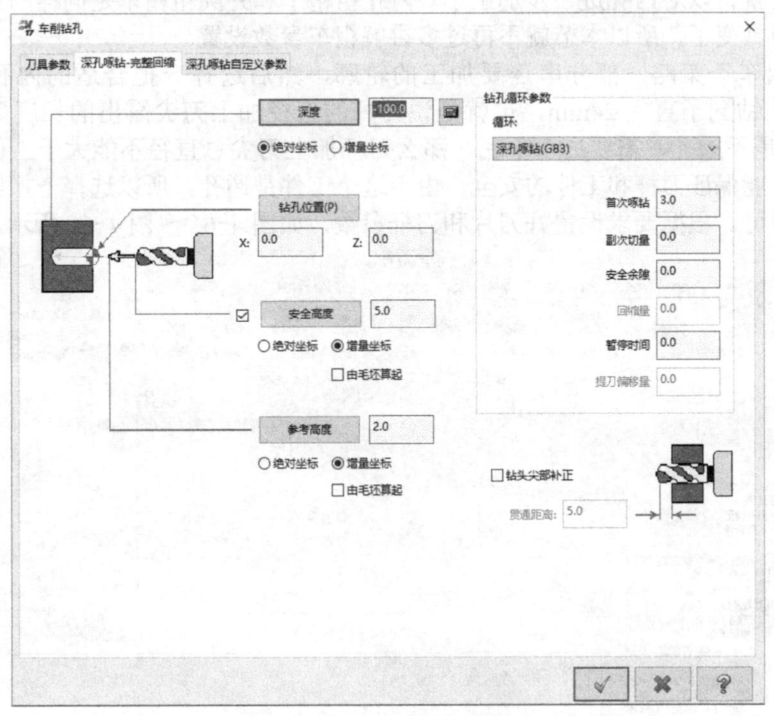

图 4-62　钻孔参数设置

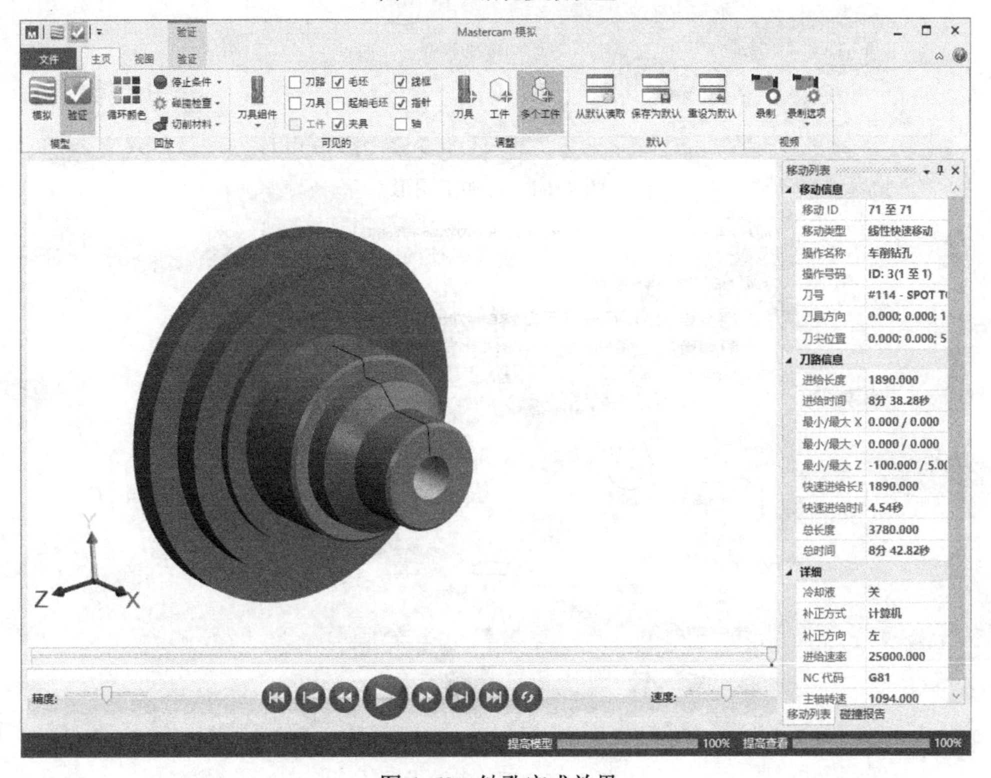

图 4-63　钻孔完成效果

4.5.4 内孔粗车及精车

钻完孔后就可以对内孔进一步加工了。内孔粗精车和外圆粗精车是同样的策略和参数，只是加工的刀具变了，所以本节就不再过多讲解粗车参数设置。

单击“粗车”策略，部分串连要加工的轮廓，然后选择一把合适的内孔刀，上道工序中已经将孔钻到了直径 24mm，也就是说刀杆的直径加上刀尖露出的长度要尽可能小于 24mm；如果是不通孔，需要加工平底，那么刀杆加上刀尖总直径不能大于工件内孔直径的一半，这样才能保证刀杆和工件的安全。由于这个工件是通孔，所以选择一把比钻孔直径略小的内孔刀即可。根据要求设置好刀片和刀杆参数，如图 4-64 ～图 4-66 所示。

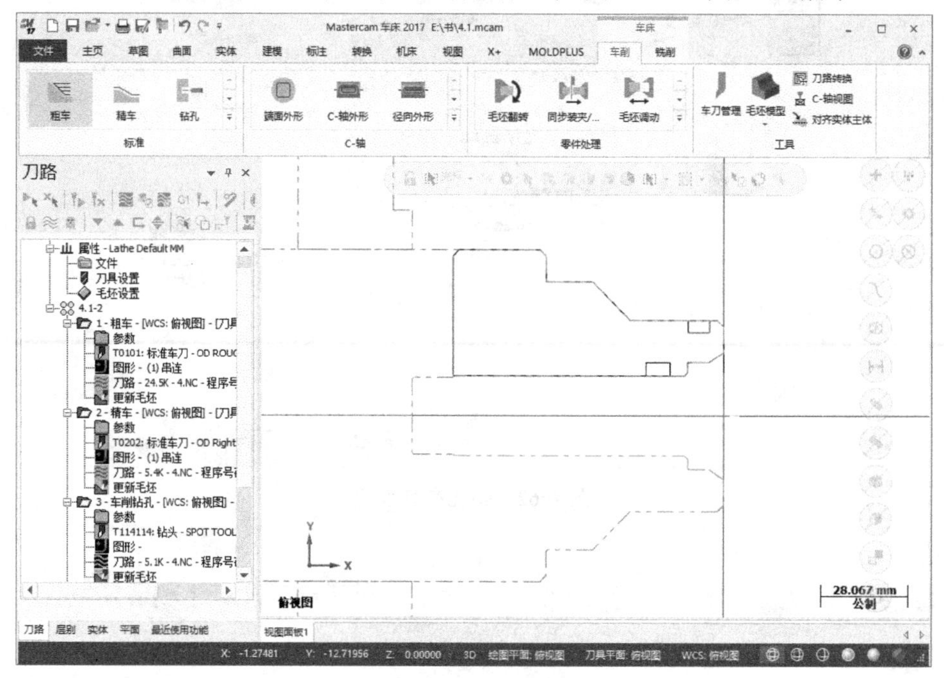

图 4-64 待加工图形

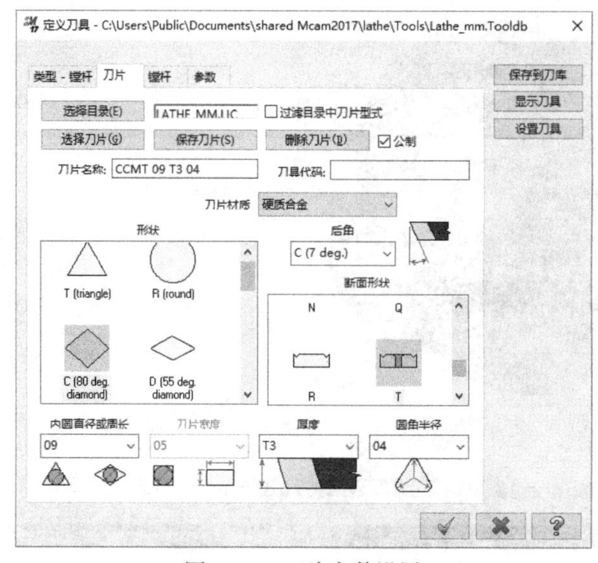

图 4-65 刀片参数设置

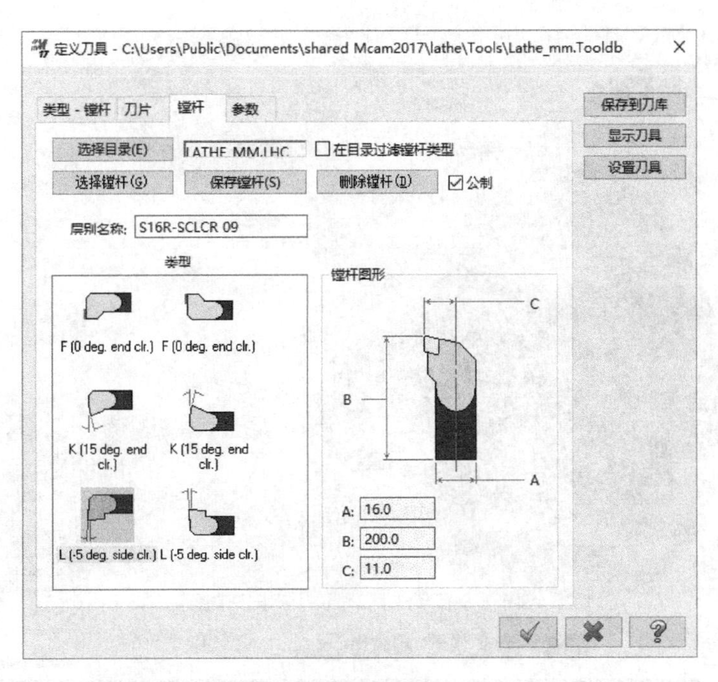

图 4-66　刀杆参数设置

设置好刀具后，再设置粗车参数，基本上和外形粗车一样，需要注意的有两点，一是补正方向，默认补正方向是左；二是切入 / 切出参数切出的方向，当刀具太大时，需要把退刀向量角度改小一点，以免刀杆后角与工件发生干涉，如图 4-67 所示。

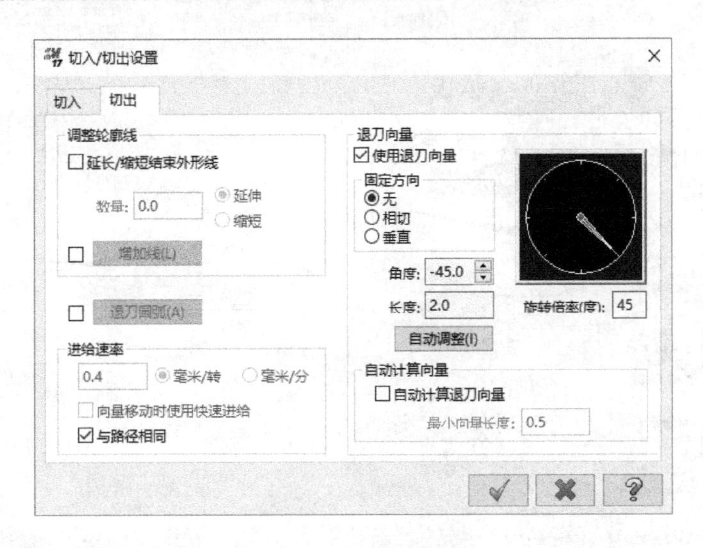

图 4-67　切出退刀向量

设置好上述参数，就完成了内孔的粗车，如图 4-68 所示。

内孔精车也和外圆精车一样，先隐藏粗车刀路，然后单击“精车”策略，选择需要加工的轮廓，在这一步可以偷个懒，直接选择上次的轮廓，也就是粗车的轮廓，如图 4-69 所示。

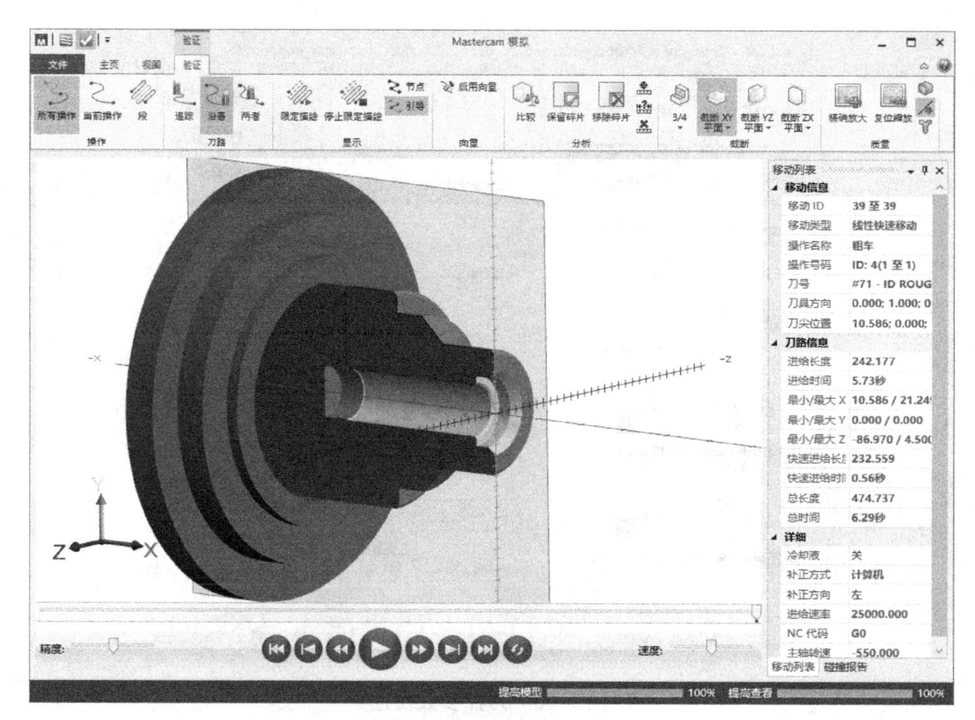

图 4-68　内孔粗车完成效果

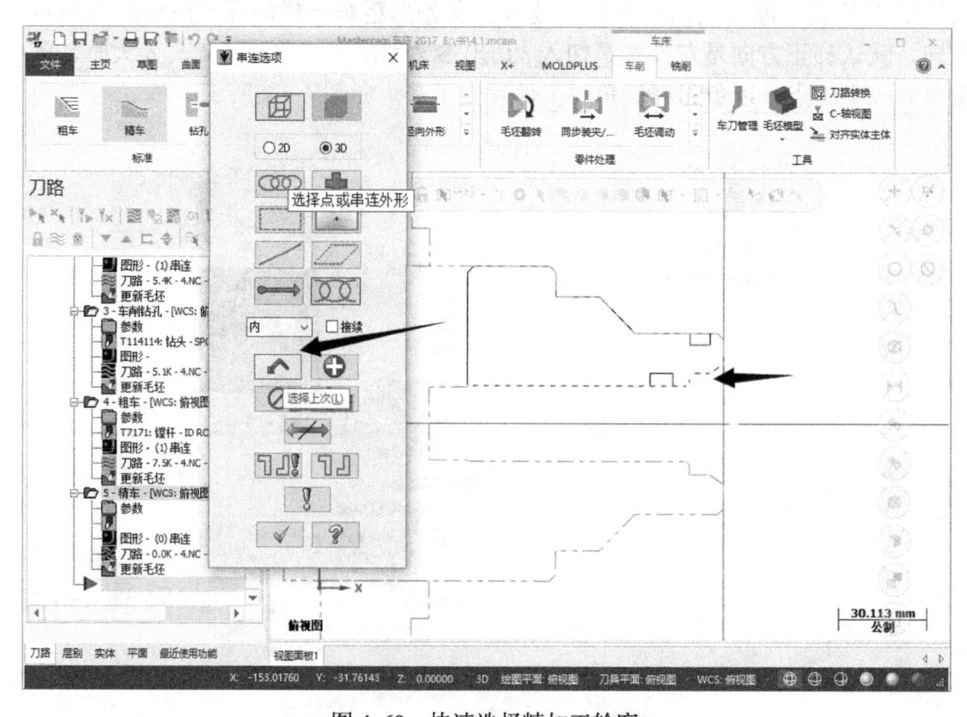

图 4-69　快速选择精加工轮廓

轮廓选择完成，弹出刀具对话框，这时就需要换一个刀具了，粗车用圆弧角 0.8mm，精车可以换一个圆弧角小一点的刀具，注意刀号是否正确。其他参数与外圆精车基本一致。完成后直接确定。如图 4-70 所示。

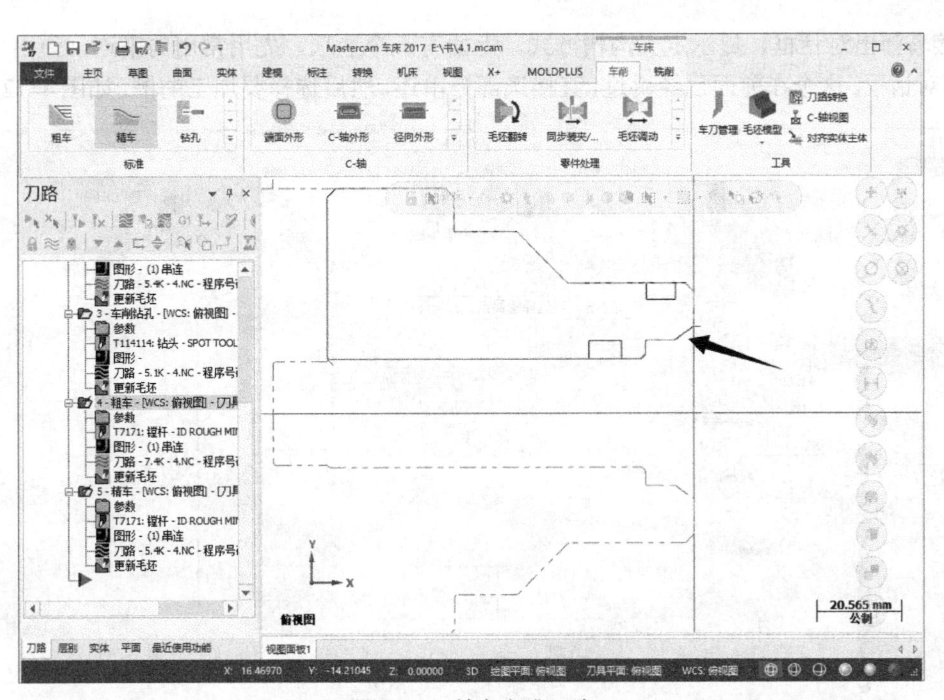

图 4-70　精车完成刀路

4.5.5　内外槽粗车及精车

槽加工在车床中也是比较常见的，比如带轮槽和一些异形槽，用手动编程相当麻烦，效果还不理想。下面先用标准槽来做一个讲解，然后读者可以自行举一反三。

首先加工外圆槽，选择“沟槽”，如图 4-71 所示。

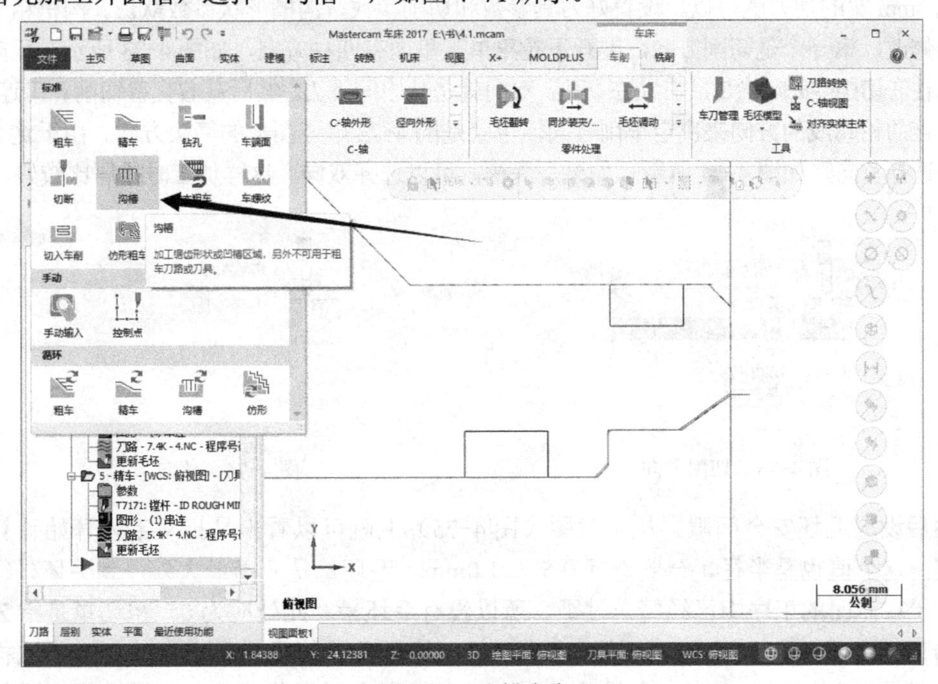

图 4-71　沟槽命令

接着弹出对话框，提示定义沟槽方式，上面有五个选项，先用常用的串连，弹出“串连选项”对话框，这个在前面已经讲过，直接选部分串连，然后选择要加工的槽，如图 4-72 所示。

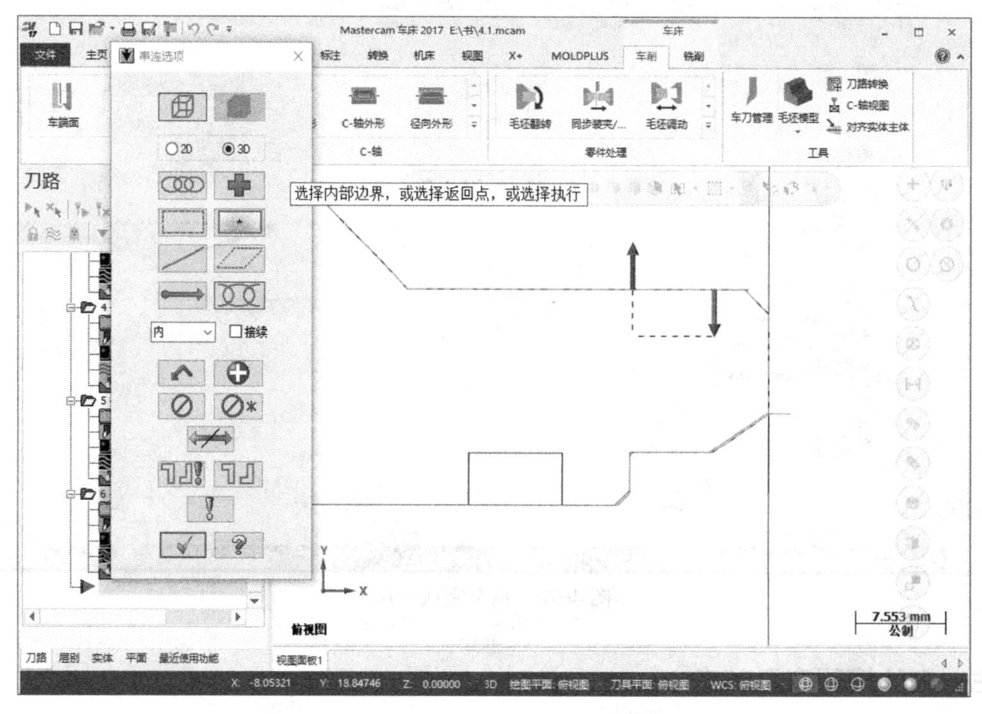

图 4-72　待加工外圆槽

接下来选择一把合适的刀具。直槽加工一般选择切刀，通过测量得知槽宽为 6.818mm，选择一把 3mm 宽的切刀就可以。设置好刀具参数和切削参数，沟槽形状参数默认。沟槽粗车参数要适当修改，第一个是切削方向，展开下拉菜单，里面有四种方向，如图 4-73 所示。正向，就是从左往右切削；负向就是从右往左切削；双向就是从中间下刀，然后左右交替切削；串连方向，是按串连的轮廓线的方向来决定车削方向，也就是图 4-72 串连图形的箭头方向。由于这个槽比较浅，选择负向，如图 4-74 所示。如果是深槽，可以选择双向，这样加工时排屑比较好。

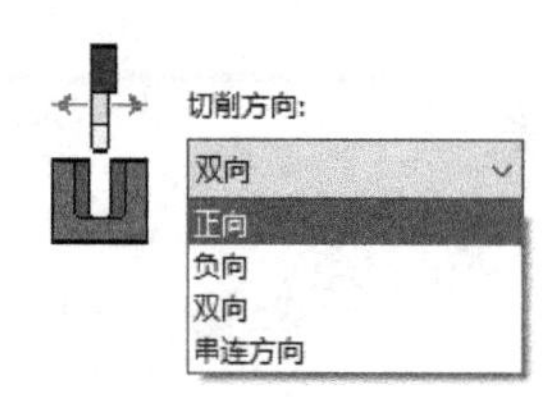

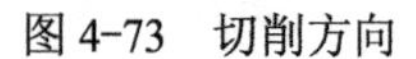

图 4-73　切削方向

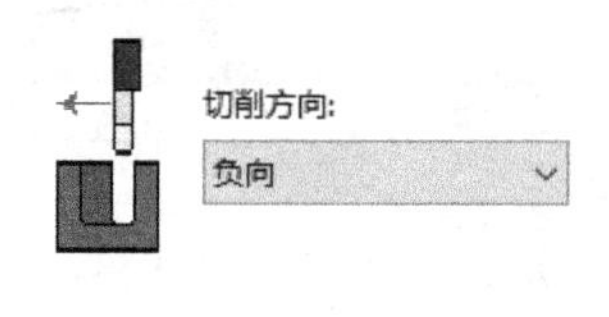

图 4-74　负向

然后设置毛坯安全间隙。从示意图（图 4-75）上就可以看出是指从毛坯开始计算的安全间隙，这个值也是半径，一般选择 0.5 ～ 1.0mm。毛坯量是从槽最大外径到毛坯外径的距离，由于在前面的工序中已经精车过了，所以没有毛坯量，此处应为 0。粗切量是指 Z 轴的一刀的切削量，通常会根据刀具的宽度来选择，比如默认的是刀具宽度的 75%，这样在切削中，刀具 Z 轴切削量会有一个重叠，不会让工件产生 Z 向残留。也可以选择步进量，比如 2mm，相当于刀具宽度的 2/3。这两个方法都一样，可以根据需要来设定。还有一个是切削次数，这个要根据槽宽除以切削步进量得出四舍五入的整数，一般都不用切削次数。X 和 Z 预留量是根据材料和工艺来决定的。退出距离是当刀具切到底部时，斜向退出一定距离，避免直接 Z 方向接触。具体设置如图 4-75 所示。

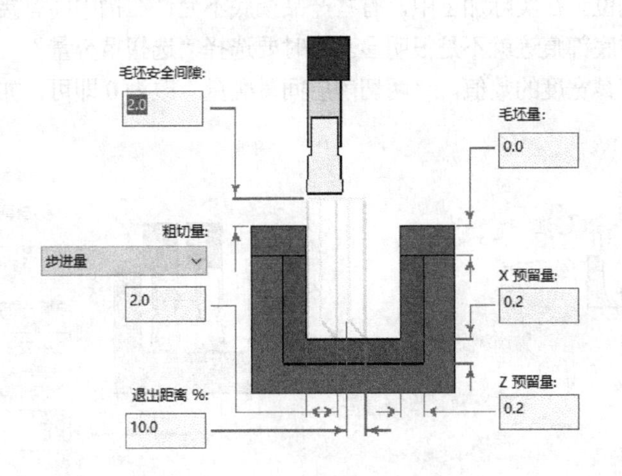

图 4-75　切削参数设置

如果是深槽加工，需要开启两个参数：啄车参数和沟槽分层切削设定。啄车参数是按照切削深度设置进行抬刀，然后再快速进给到之前的切削深度，这样可以实现断屑、排屑顺畅。沟槽分层切深设定是将槽分成若干层，第一层切完，再切第二层，依次类推。一般除了深槽，还有异形槽也会开启这两个参数，如图 4-76、图 4-77 所示。

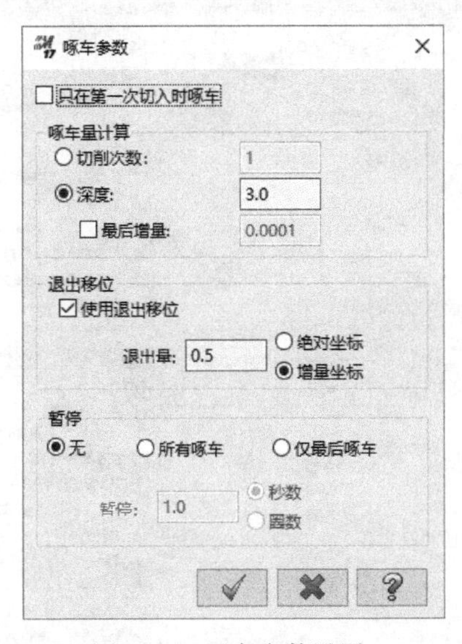

图 4-76　啄车参数设置

图 4-77　沟槽分层切深设定设置

沟槽粗精车集成在一个策略里，设置完粗车，后面就是精车参数。这是因为大部分的槽要求并不是太高，用一把刀具就可以完成。如果需要换一把刀具来进行沟槽精加工，可以把精修关掉，然后将沟槽粗加工刀路复制并粘贴，粘贴位置一定要在沟槽粗车之后。然后更换刀具，并更改刀具进给参数，关闭沟槽粗车，打开沟槽精修。

精修参数的设置非常简单，主要有两个参数。一个是第一刀切削方向，槽有两个壁边，切削方向就是选择哪个壁边作为第一刀的进刀方向，默认的是顺时针，就是从右往左，这也比较符合加工习惯，如图 4-78 所示。另一个是重叠量，这个参数是底部精修时，设置一个数值让刀路重叠，这样可以精修到位。在实际加工中，有些产品槽底不允许在槽中间有接刀痕迹，需要将接刀位置改到壁边。这样底部痕迹就不是很明显。这时要选择“选择重叠量”，设置与第一角落距离，也就是槽宽减去刀具宽度的数值，“两切削层间重叠量”改为 0 即可，如图 4-79 所示。

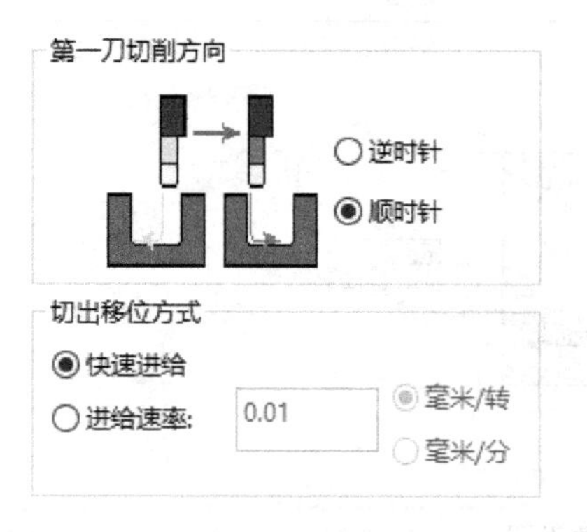

图 4-78　第一刀切削方向设置

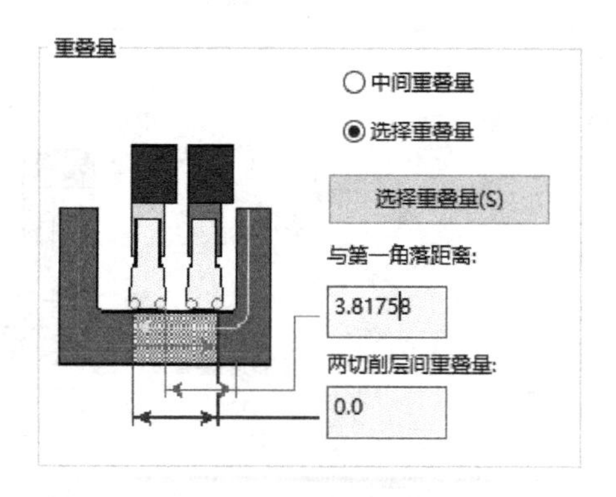

图 4-79　重叠量设置

通过上面的设置完成外圆槽的粗精加工，如图 4-80 所示。

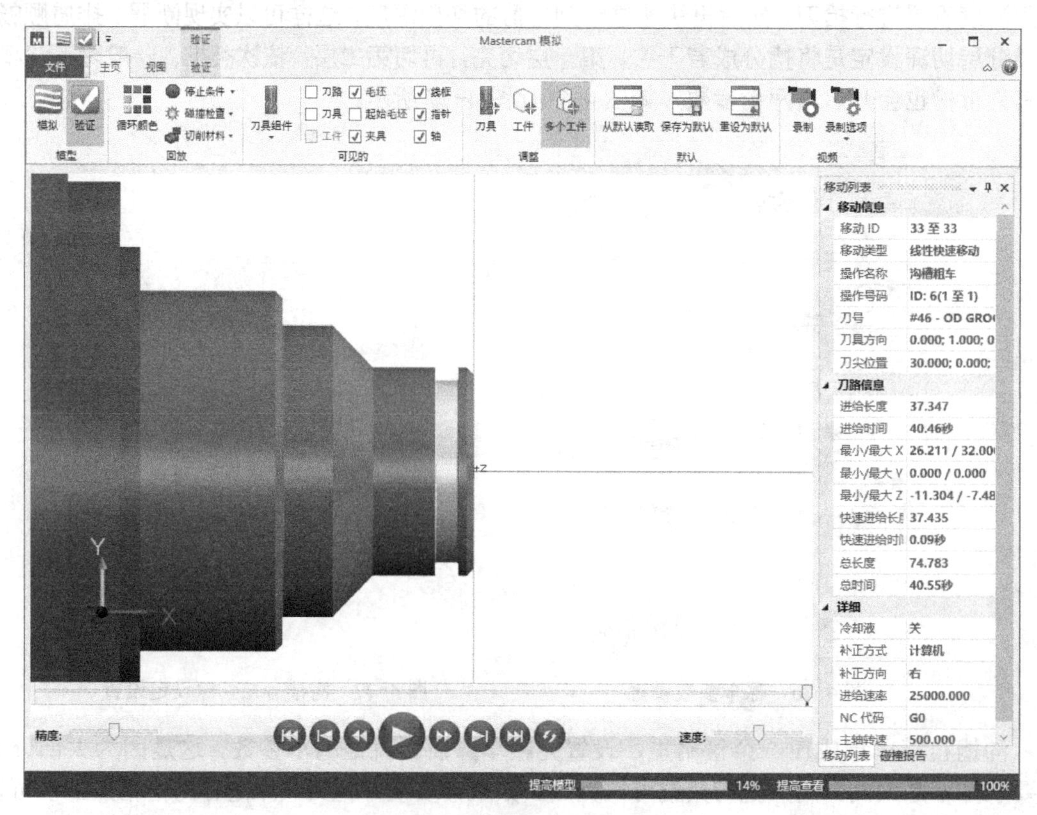

图 4-80　外圆加工完成效果

还是按之前的方法来加工内圆槽，直接将上面的刀路复制粘贴下来。单击沟槽粗车，当刀路前面的文件夹图标打上钩后，先按 Ctrl+C，再按 Ctrl+V，软件会自动将沟槽粗车刀路粘贴到下一步工序，如图 4-81 所示。

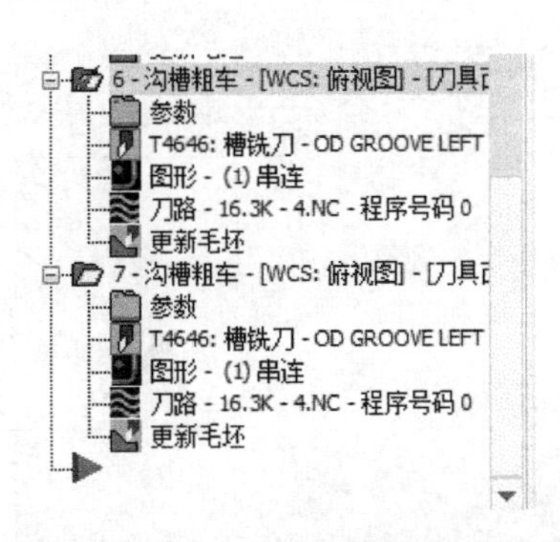

图 4-81　复制完成刀路

复制完成后，就可以修改了。首先是更改刀具，内圆槽刀和外圆槽刀是不一样的，所以要换一把内圆槽刀。单击“参数”，如图 4-82 所示，然后更换一把内槽刀，如图 4-83 所示。沟槽粗精车参数在此就不详述，请参照外圆沟槽粗精车参数。

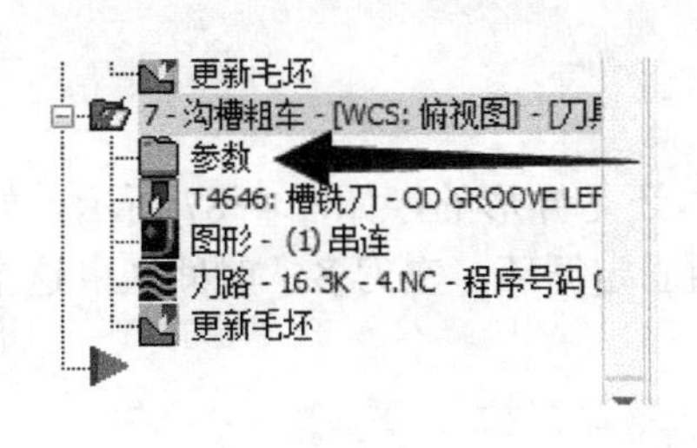

图 4-82　选择参数

T5252 R0.3 W4.
ID GROOVE MIN. 1...

图 4-83　选择内槽刀

完成上面的步骤后，接着更新一下图形。单击图形，弹出“串连管理”对话框，右击，选择“全部重新串连”，如图 4-84、图 4-85 所示。然后部分串连内圆槽线段，单击确定，再单击重建已经全部失效的操作按钮，就完成整个操作，如图 4-86 所示。

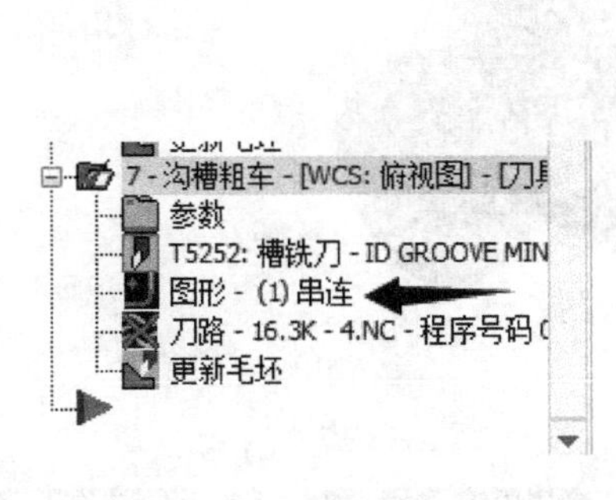

图 4-84　更改图形

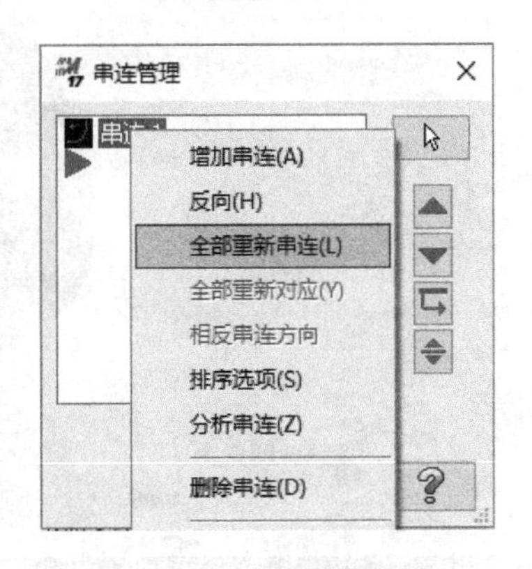

图 4-85　全部重新串连

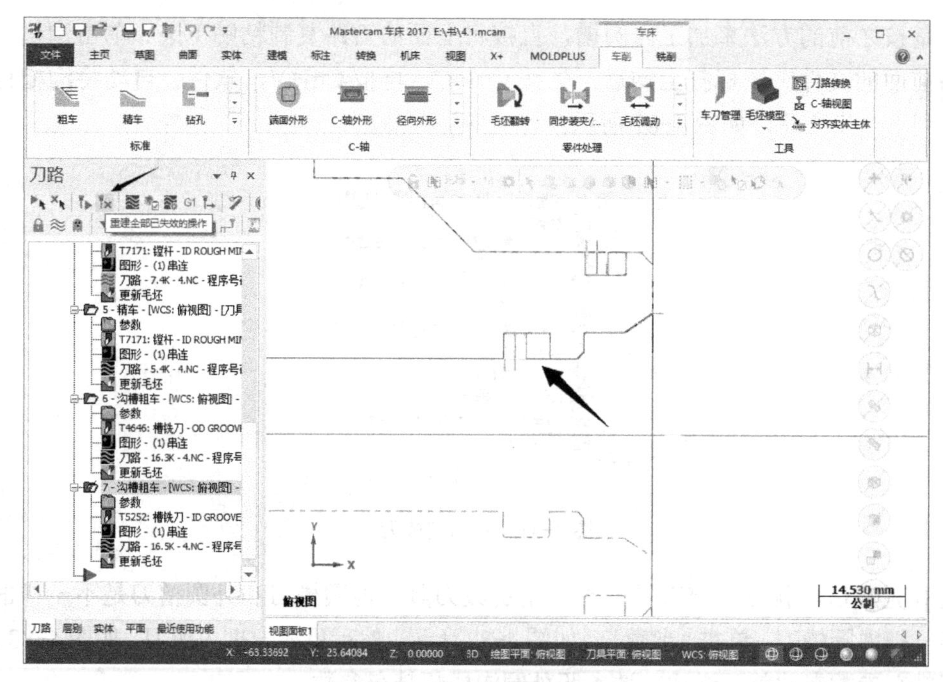

图 4-86　内沟槽粗精车完成

4.5.6　仿形车

在加工中，经常遇到铸造半成品毛坯，有些还是异形的，如图 4-87 所示。如果用手工编程粗加工，工作量太大，还容易出错。如果用固定循环，空刀多，时间久，这个时候就需要用到仿形车了。

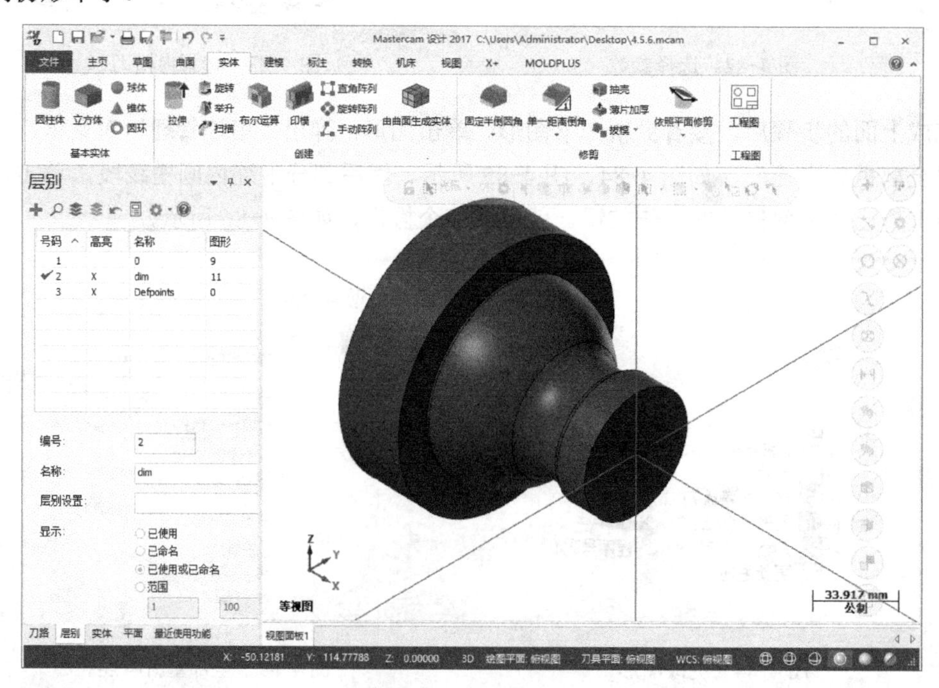

图 4-87　半成品毛坯

把毛坯移动到和需要加工的图形不一样的图层，然后关闭，这样便于选取。在毛坯设置里需要注意了，因为毛坯是半成品，所以不能用棒料，要改用实体，也就是图 4-87 所示的半成品实体图。在毛坯参数里将“图形”改为“实体图形”，然后单击“选择图形”，单击刚才的半成品毛坯，就完成实体毛坯的设置，如图 4-88、图 4-89 所示。

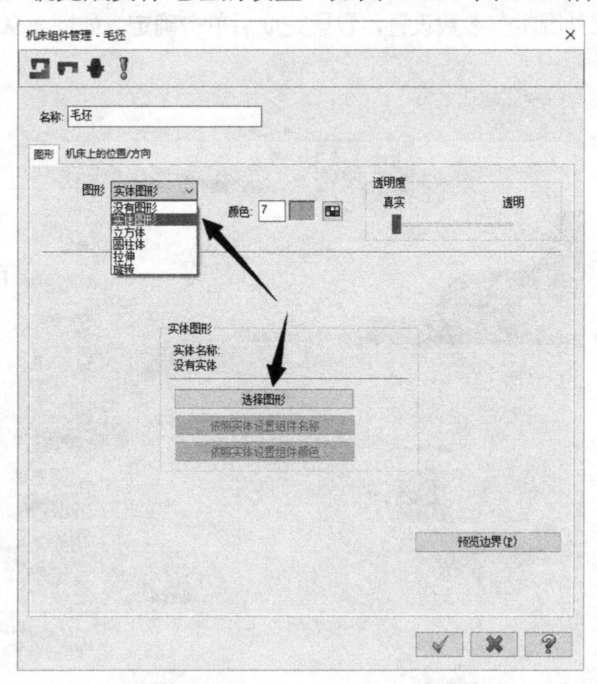

图 4-88　实体图形选择

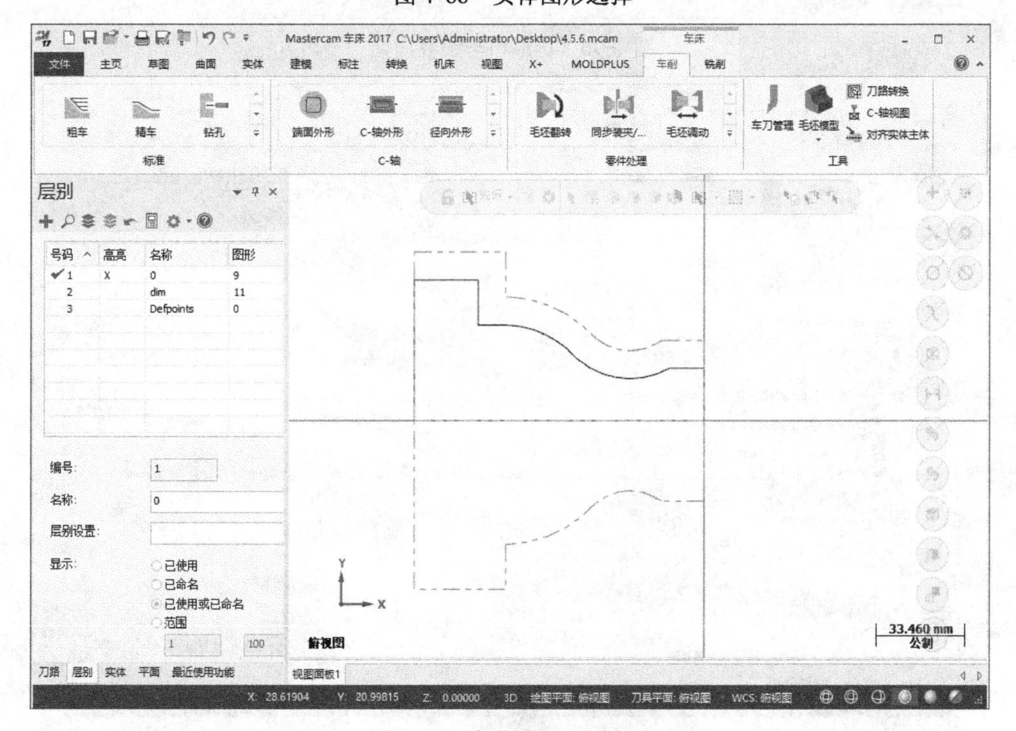

图 4-89　实体毛坯设置完成

毛坯设置完成，选择仿形粗车，部分串连要加工的轮廓，选择一把外圆刀，设置好相应的刀具参数和切削参数。因为这个图形有凹形槽，在选择刀具时，要注意刀具的后角与图形是否会发生干涉。为了保险起见，选择一把 35° R0.8mm 的外圆刀。然后设置仿形粗车参数，这个策略的参数和外圆粗车的参数基本相同，不同的是仿形粗车可以设置两个方向的切削量，也就是XZ补正。其他参数依然可以参照外圆粗车参数设置，设置完成后单击确定。如图 4-90、图 4-91 所示。

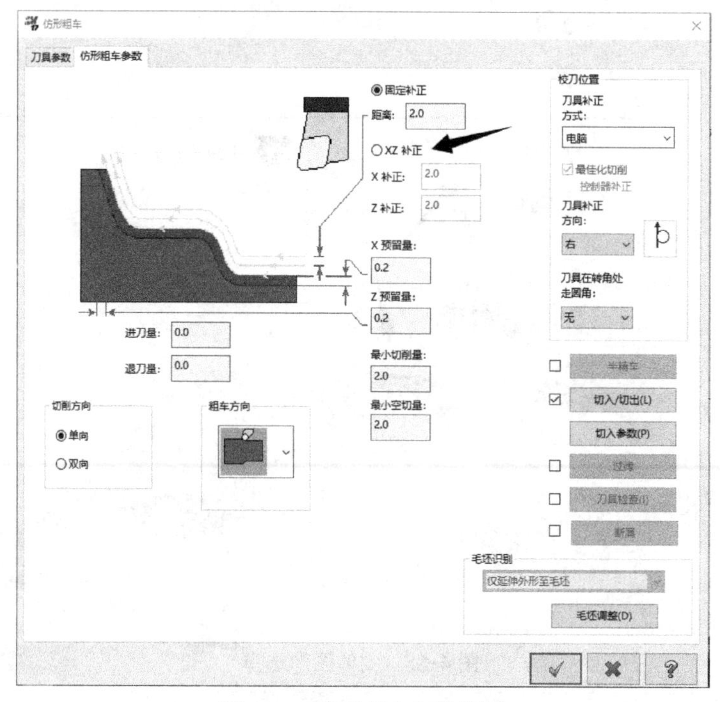

图 4-90　仿形粗车参数设置

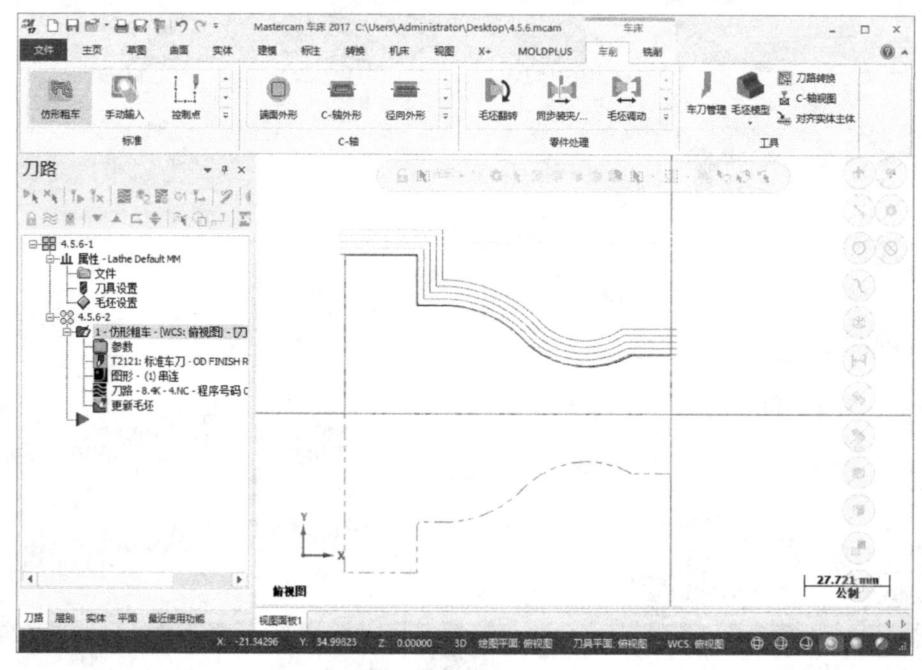

图 4-91　仿形粗车刀路

4.5.7　动态粗车

动态粗车在实际生产中用得并不是特别多，主要是因为刀具和材料的因素。动态粗车对刀具的要求较高，因为动态粗车是双向切削，抬刀少，所以要求刀具有双向切削刃，并且阻力要小，易断屑。有读者肯定会说那不就是球刀吗，有过实操经验的都知道，球刀实际加工中阻力相当大，容易发生振刀现象。动态粗车用刀具，为了能够实现双向切削，必然不能像单向刀具一样，装夹刀具位要比刀具薄，这样刚性必定受影响。还有一种刀具是三角形，也是用在动态粗加工，但必须通过 B 轴来摆角度，以避开槽壁边，所以一般的机床没办法使用。材料也是一个问题，太软不断屑，太硬切不动。所以这个策略看起来高大上，实际用得却不多。

存在即有一定理由，所以这个策略还是要介绍一下。如图 4-92 所示，这是个圆弧槽，如用切槽刀来加工，速度就会慢很多。有合适的刀具，用动态粗车就可以提升效率。

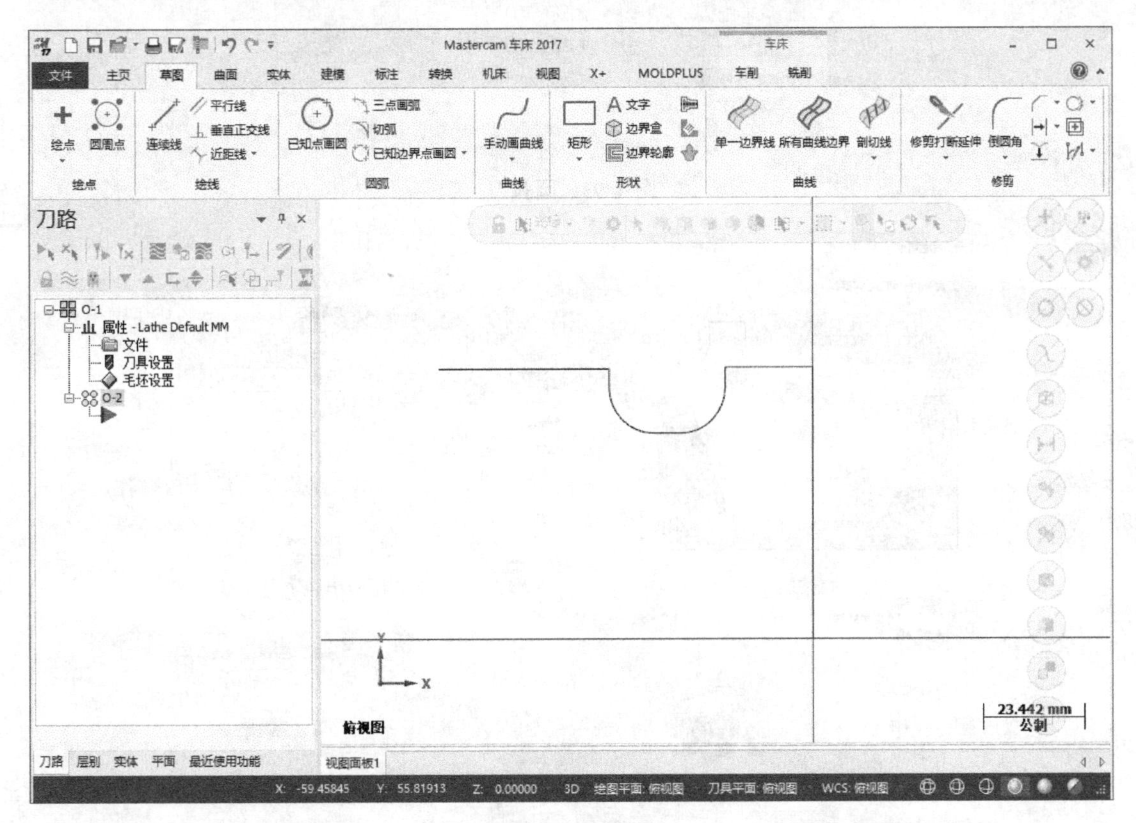

图 4-92　圆弧槽

动态粗车必须先定义毛坯，否则会弹出警告，提示设置毛坯。设置好毛坯后，进入串连选项，用部分串连将需要加工的轮廓串连上，完成后，设置一把适合动态粗车的刀具，如图 4-93 所示。

设置好相应的切削参数，然后设置动态粗车参数。步进量是每次切削的深度，可以用百分比来设置，也可以直接设置深度；刀路半径是抬刀的圆弧半径，这个参数根据需求设置，一般可设置为0，让刀具不离开工件表面往下切削。完成后如图4-94、图4-95所示。

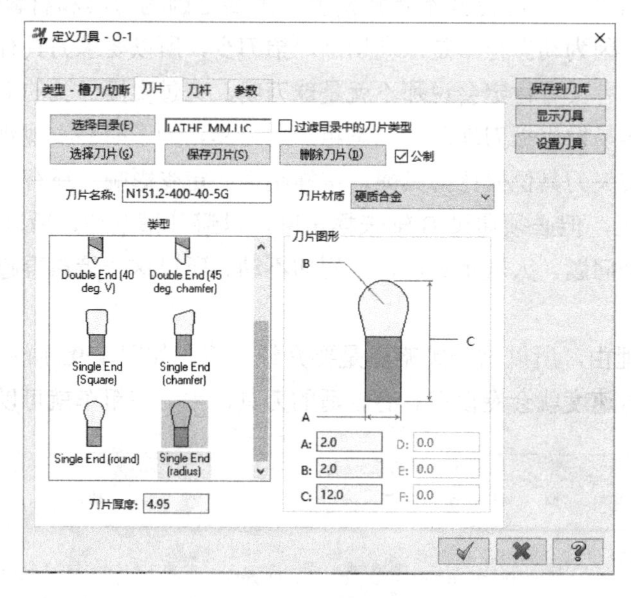

图 4-93 圆弧刀

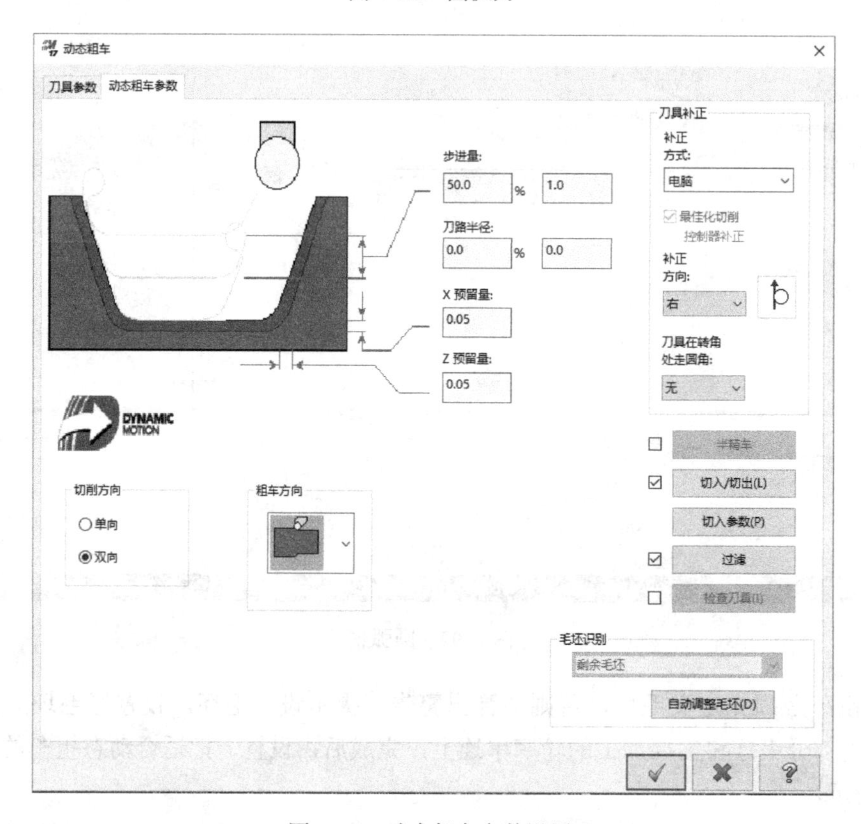

图 4-94 动态粗车参数设置

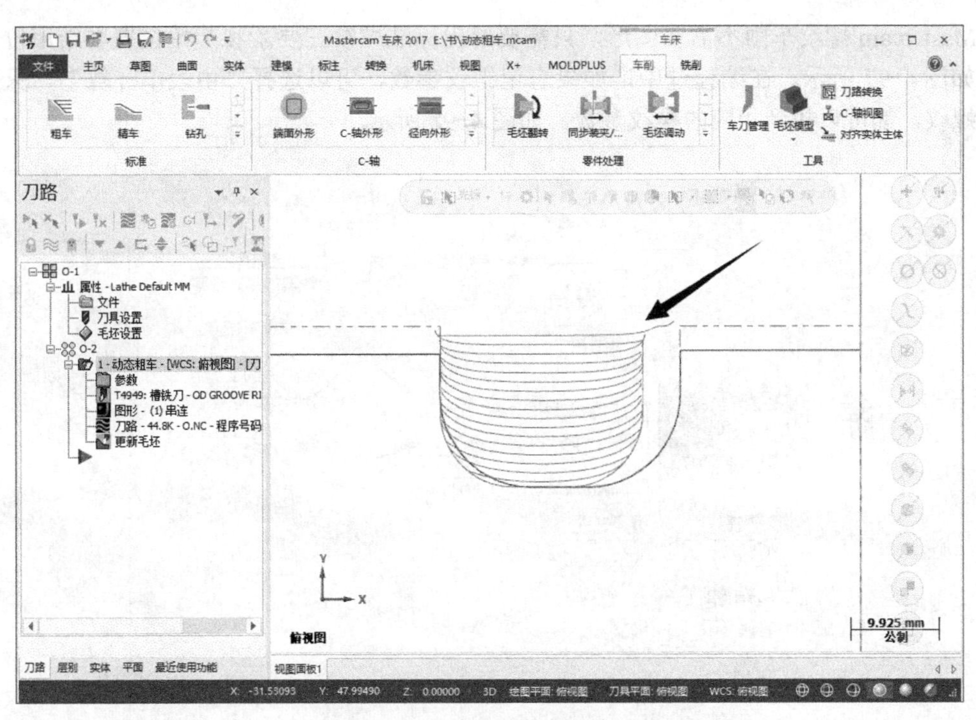

图 4-95　动态粗车完成效果

4.5.8　内外圆螺纹

螺纹编程最主要的参数是螺纹导程，就是常说的螺距，然后是大小径，只要这三个参数正确，一般螺纹做出来就没有太多问题。还有一个牙型角，米制（软件上为公制）的为 60°，寸制（软件上为英制）的为 55°，在选择牙刀时要注意分清楚。再一个是牙刀的高度 C，比如 M10×1.5 的螺纹，牙刀的高度必须大于 0.82mm，一般选择 1.0 ～ 1.5mm 高的牙刀，如图 4-96 所示。

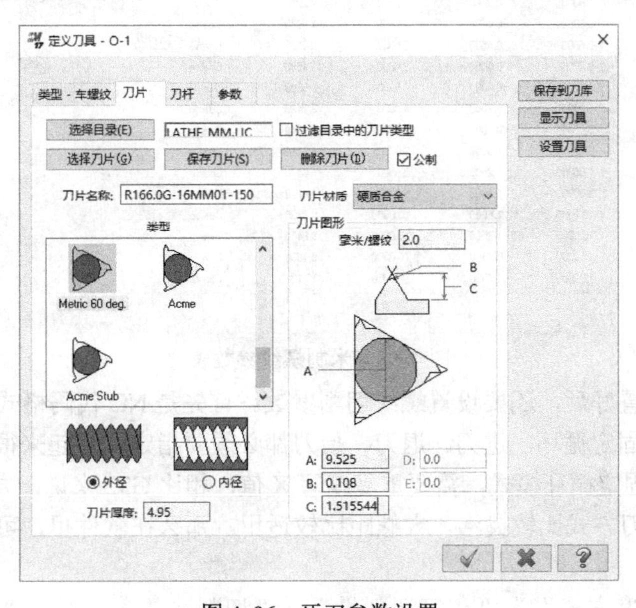

图 4-96　牙刀参数设置

Mastercam 螺纹车削不需要图形，只需要给出标准螺纹三要素和起始位置与结束位置即可，如图 4-97 所示。在编程过中，如果忘记螺纹参数，可以选择“由表单计算”，只要是标准螺纹，都可以找到相应的螺纹参数，如图 4-98 所示。

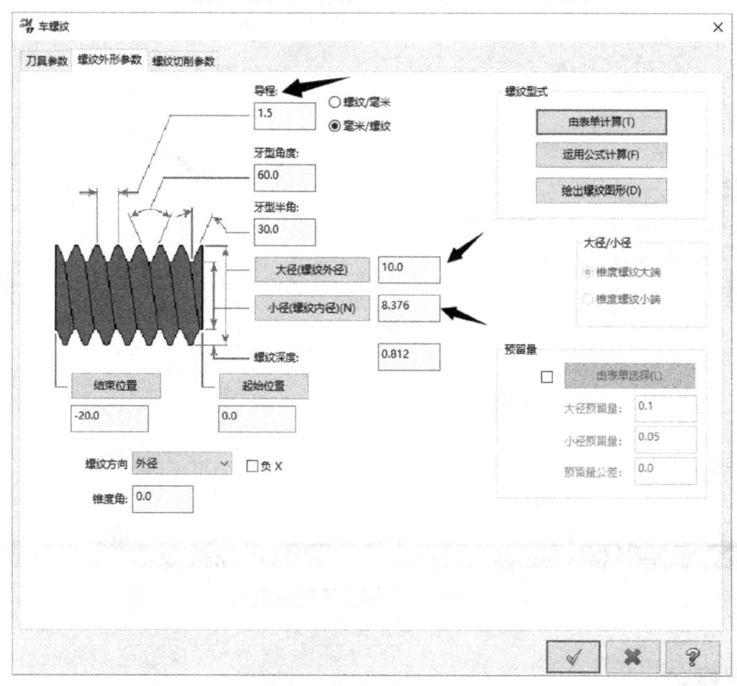

图 4-97　螺纹三要素

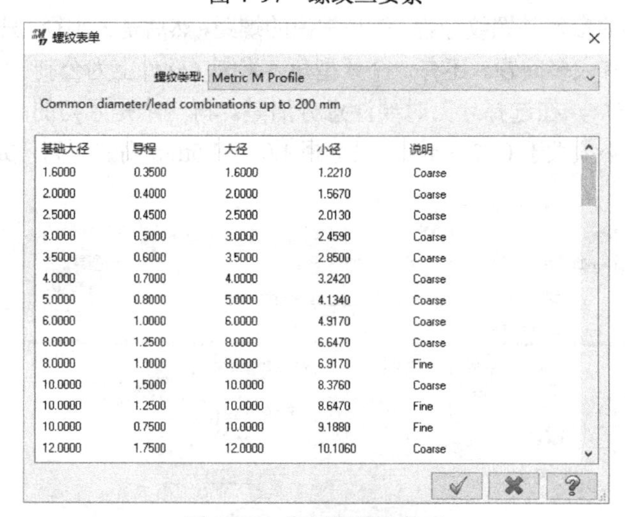

基础大径	导程	大径	小径	说明
1.6000	0.3500	1.6000	1.2210	Coarse
2.0000	0.4000	2.0000	1.5670	Coarse
2.5000	0.4500	2.5000	2.0130	Coarse
3.0000	0.5000	3.0000	2.4590	Coarse
3.5000	0.6000	3.5000	2.8500	Coarse
4.0000	0.7000	4.0000	3.2420	Coarse
5.0000	0.8000	5.0000	4.1340	Coarse
6.0000	1.0000	6.0000	4.9170	Coarse
8.0000	1.2500	8.0000	6.6470	Coarse
8.0000	1.0000	8.0000	6.9170	Fine
10.0000	1.5000	10.0000	8.3760	Coarse
10.0000	1.2500	10.0000	8.6470	Fine
10.0000	0.7500	10.0000	9.1880	Fine
12.0000	1.7500	12.0000	10.1060	Coarse

图 4-98　米制螺纹参数表

上面的参数设置好后，还要设置螺纹切削参数。首先是 NC 代码格式，这个选项有三种模式：G32 是单线固定循环，进刀、退刀、抬刀都必须要指定，写起来很烦琐，在宏程序里非常好用；G92 是固定循环模式，需要重复编写 X 值，相比 G32 来说，方便了很多；G76 是复合循环模式，进刀方式比较灵活，大螺距比较适用。那么在软件里，可以任选一个，比如 G92。

设置“切削深度方式”为“相等切削量”，“切削次数方式”为“第一刀切削量”，可以根据材料的软硬来给值。毛坯安全间隙改为 2.6，从示意图（图 4-99）上可以看出这个是径向的。切入加速间隙设置 5.0，如果机床 Z 轴间隙过大，可适当加大点，其他默认。设置完成后确定。具体如图 4-99、图 4-100 所示。

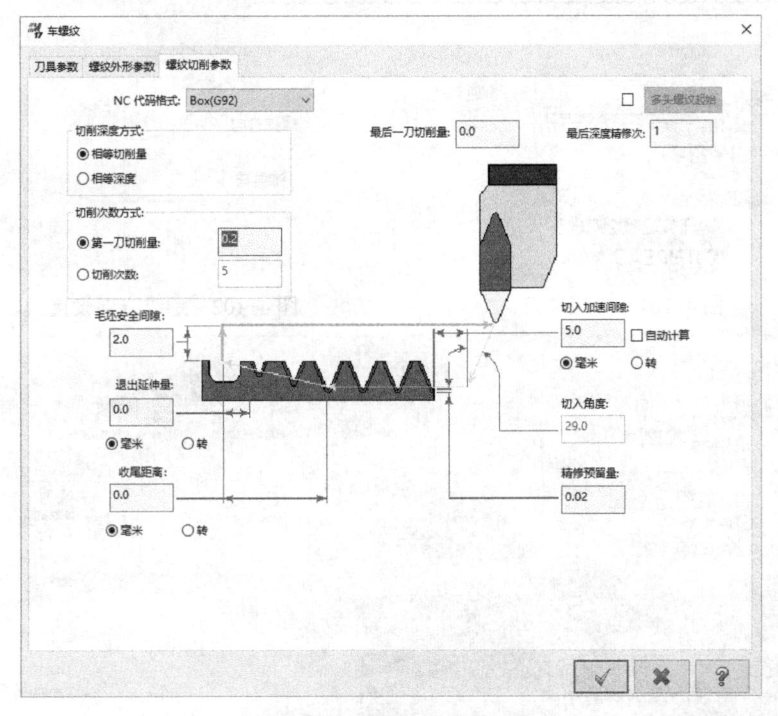

图 4-99　螺纹切削参数设置

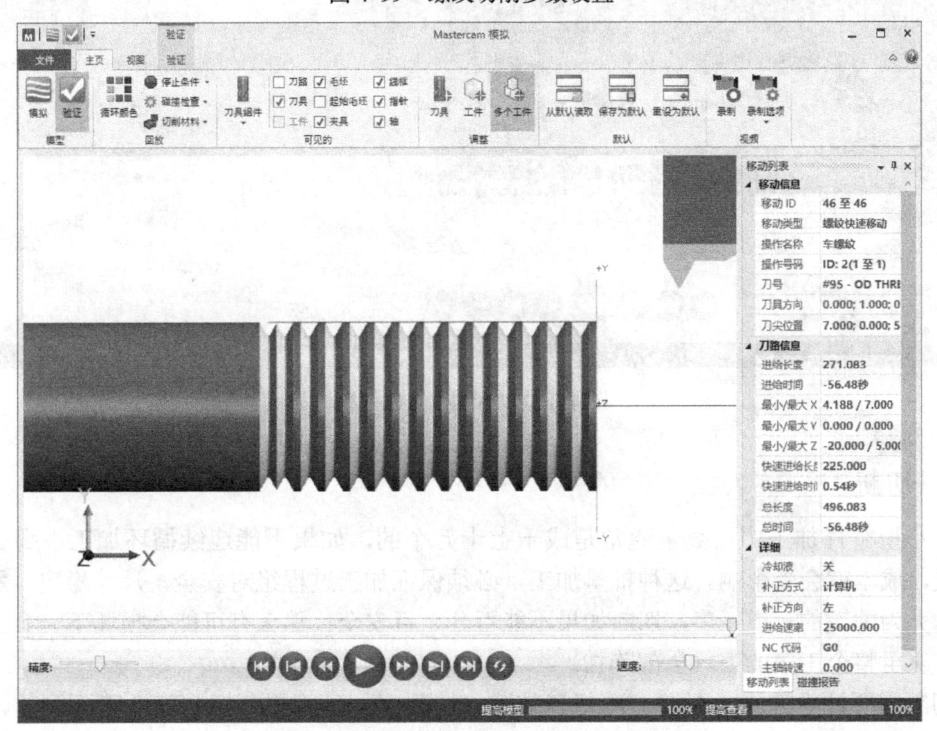

图 4-100　螺纹完成效果

内螺纹和外螺纹加工方法一样，刀具要用内螺纹刀，如图 4-101 所示。“螺纹方向”设置为“内径”，如图 4-102 所示。其他参数参照外螺纹设置。需要注意的是，如果是孔比较小的螺纹，安全间隙不要设置得太大，防止刀具干涉。完成后如图 4-103 所示。

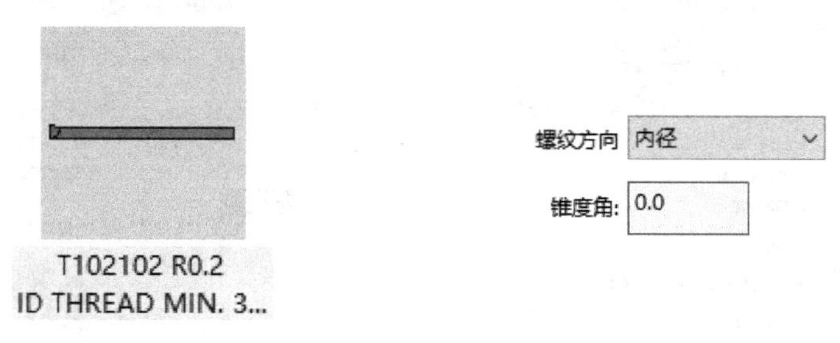

图 4-101　内螺纹刀　　　　图 4-102　螺纹方向设置

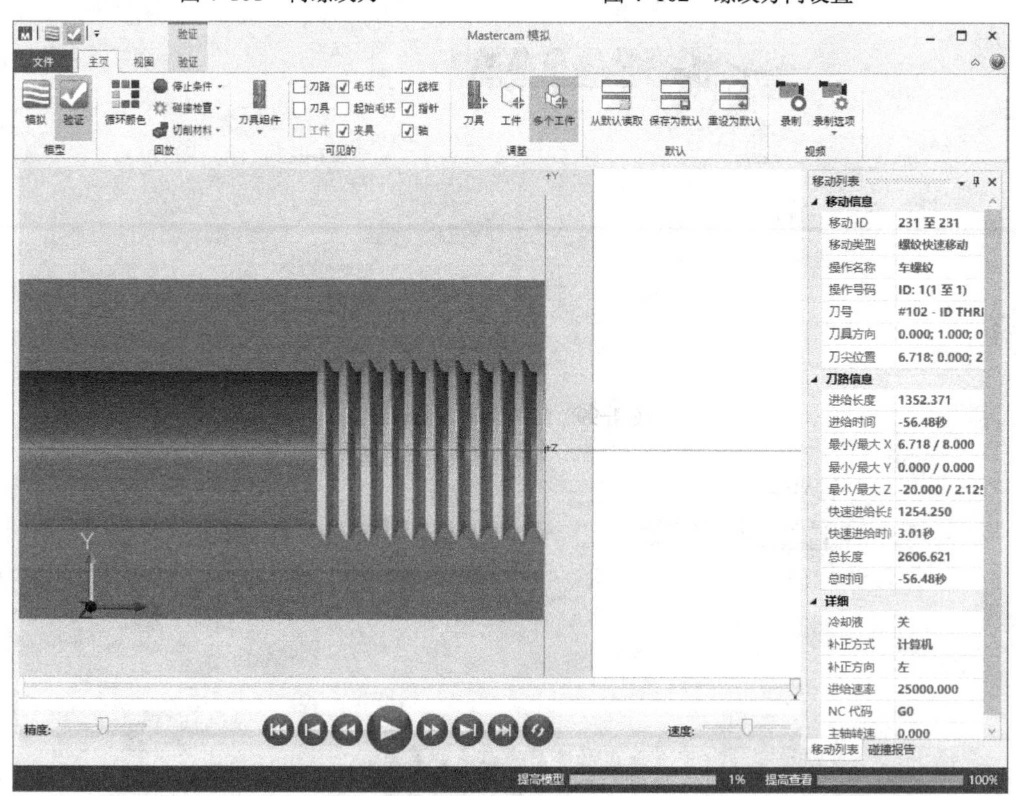

图 4-103　内螺纹完成效果

4.5.9　切断

在小型零件加工中，数量通常是成千上十万个的，如果不能连续循环加工，那么效率就很低，成本就会受影响。这种批量加工，必须保证加工过程绝对安全，尺寸稳定。那么切断就是尤为关键的一道工序，切断如果不能百分之百安全，那么有可能会损坏下一个工序的刀具，甚至整个工序的刀具全部阵亡。

切断需要注意三点：断屑、冷却和减速。切断刀一旦缠屑，切削液会喷不到位，切断刀和工件温度会上升，使刀具寿命减少。要减少缠屑的概率，除了选用合适的刀具外，程序也是关键，既要做到高效率更要做到安全。当工件快切断时，必须把转速和进给降低，否则转速过高，离心力过大，会把工件甩飞，碰撞到机床钣金，工件自然就报废，即使不报废，工件表面也会有损伤。

在软件中选择“切断”策略，提示选择切断边界点，这个点一定要选最大外径的点，否则刀具可能直接快速进给到工件里面，如图 4-104 所示。选择好点后，选择一把合适的切断刀，刀具切削长度一定要大于工件半径，然后确定切断刀杆的左右方向。

刀具参数设置好后，设置切断参数。进入延伸量，是从切断点开始往上给一定距离，让刀具进入工件之前有个安全位置。退出距离有三种，第一种是无，意思是当刀具切到底部时，直接采用快速返回原点或者换刀点的方式，这种方式比较危险，系统会弹出提示“有撞刀的危险”，所以一般不采用；第二种是绝对坐标，绝对坐标是给一个直径数值，让刀具每次退到这个位置；第三种是增量坐标，是从切断点开始计算，比如切断位置直径为 10mm，增量加上 2mm，那么退刀直径就是 14mm，前面讲过，这个增量是半径值。X 相切位置，是当切断的工件为轴向孔时孔的直径，可以输入数值，也可以用自动捕捉获取。毛坯背面是为二次加工所留的余量。前面说到的减速问题，软件有个专门的功能来设置减速，叫作二次进给速度 / 主轴转速。我们来看一下参数：应用新设置半径，是指切断刀切到多少时开始执行减速。这个半径值要根据工件的长度和重量来判断。可以先手动试切一个，看下屏幕上的 X 值在多少时工件会掉下来，然后在这个 X 值上加上 2 ～ 3mm，最后从这个最终值处开始减速。进给速率和主轴转速可以根据实际产品设置，一般直径 30mm 以下的工件进给速率为 0.05mm/min 左右，主轴转速在 500r/min 以下，这样在切断时产品才会因为自身的重力垂直掉下。如果产品太轻，二次减速后把切削液关掉，这样切断时才不会被切削液冲走，才能顺利落在接料盒中，如图 4-105 所示。

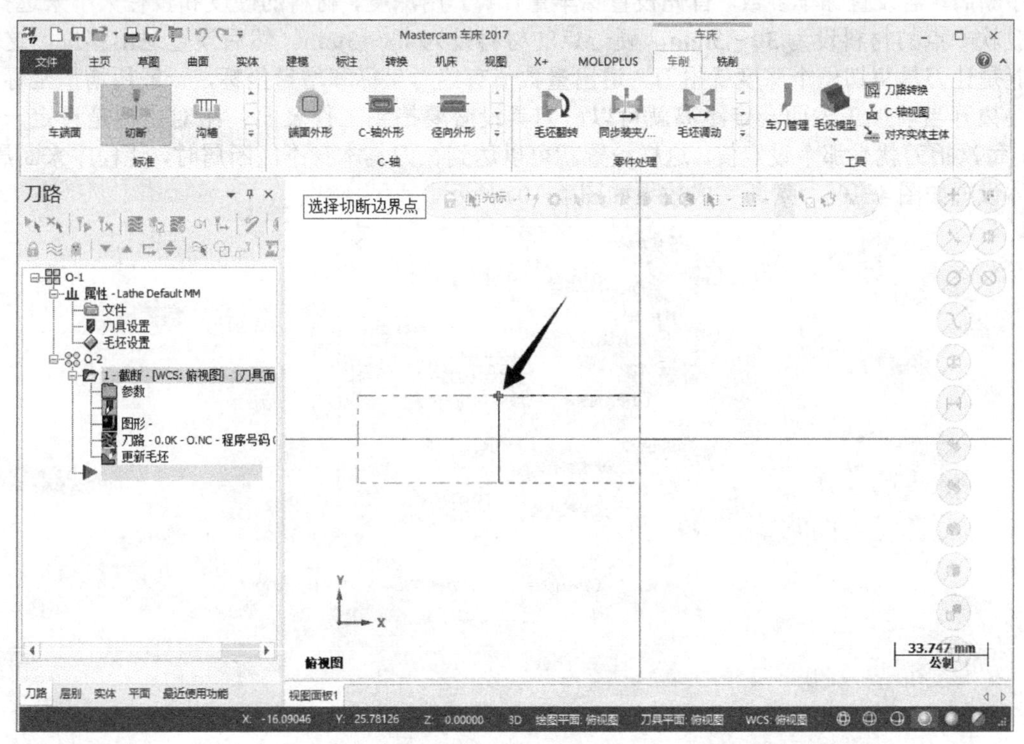

图 4-104　待切断图形

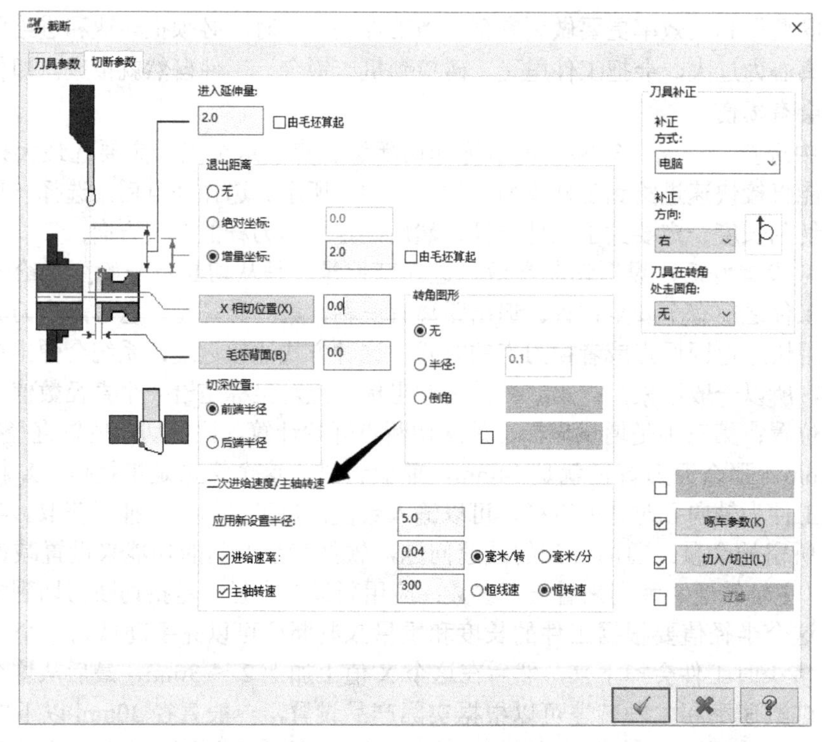

图 4-105 切削参数设置

上面说过要断屑，断屑除了刀具本身具备这个特点外，还要设置程序断屑。一般实现程序断屑，需设置啄车参数。首先设置啄车量计算，用深度、材料的硬度和直径大小来选择。一般软一点的材料设为 3 ～ 5mm，硬一点的材料设为 1 ～ 3mm。然后设置退出移位，这个功能是让刀具每切一个深度就抬刀，退出量数值有绝对坐标和增量坐标，一般用增量坐标，只要离开当前加工表面一定距离就可以，刀具没必要抬到工件表面；绝对坐标是设定一个值，每次抬刀就是那个设定值。这样设置就可以达到在刀具本身不能断屑时，让程序来断屑。具体设置如图 4-106。切断完成效果如图 4-107 所示。

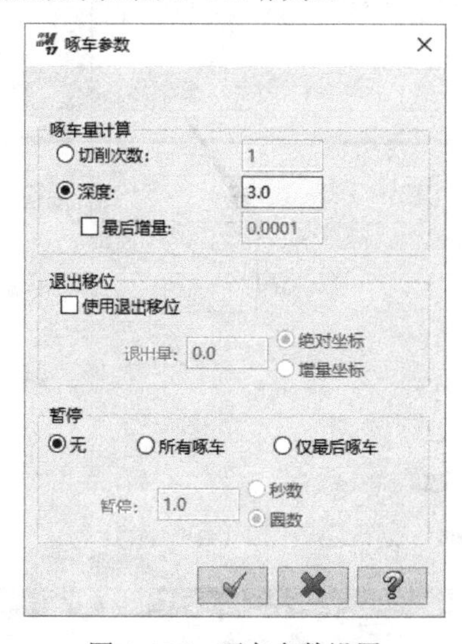

图 4-106 啄车参数设置

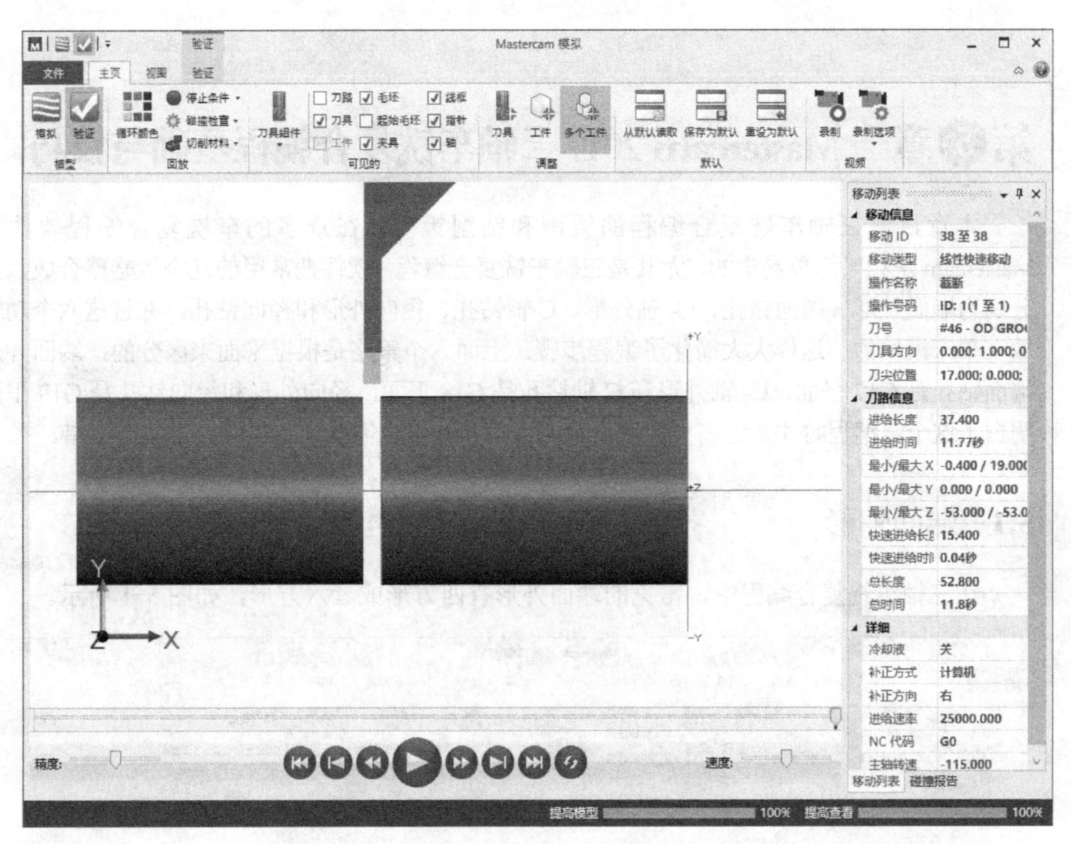

图 4-107　切断完成效果

第❺章 Mastercam 2017 三轴车铣复合编程基础与技巧

本章讲解三轴车铣复合编程的铣削和钻削策略，在众多的车铣复合编程软件中，Mastercam 是相对简单易学的，尤其是三轴车铣复合编程，软件把常用的几个策略整合成六个，分别为端面外形、端面钻孔、C- 轴外形、C 轴钻孔、径向外形和径向钻孔，并且这六个功能是放在车床模块的，这样大大简化了编程步骤。上面六个策略是根据平面来区分的，端面外形和端面钻孔是 G17 平面，C- 轴外形和 C 轴钻孔是 G18 平面，径向外形和径向钻孔是 G19 平面。明白了这个，编程时才知道需要用哪个策略，刀具补偿也需要指定平面，否则会出错。

5.1 端面外形

在三轴车铣复合编程中，常见的端面外形有四方形或者六方形，如图 5-1 所示。

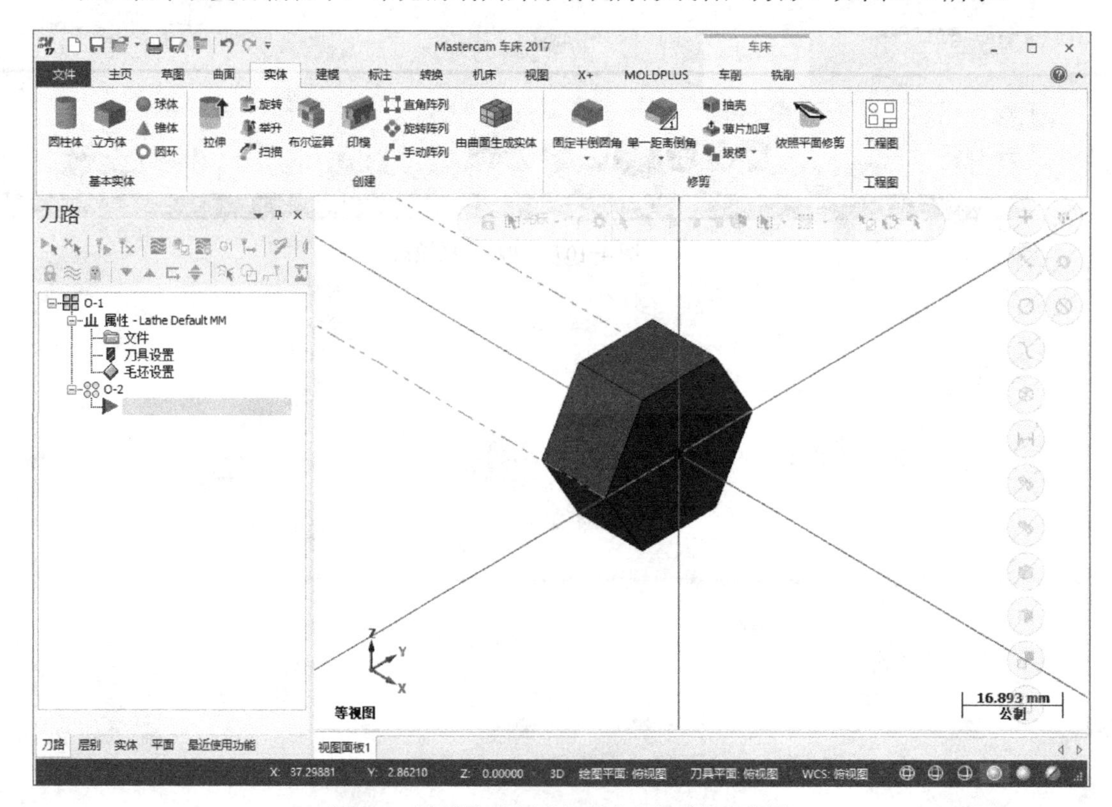

图 5-1　端面外形为四方形或六方形的实体图

加工这个六方体要用到端面外形策略，这个六方体的内切圆半径为 15mm，根据六方体公式，外接圆的半径为 17.321mm，那么毛坯就可以粗加工到直径为 34.642mm。单击“端面外形”按钮，输入新 NC 名称，接着串连图形。由于这个是实体，改用实体来自动捕捉轮廓，在“串连选项”对话框里选择实体（即 3D），如图 5-2 所示。

图 5-2 中 2D 和 3D 选项的区别在于，2D 串连的图形必须在同一个平面，而 3D 则没有这个限制。所以用实体串连轮廓，最好用默认的 3D 选项，以免因为图形的原因串连失败。下面还有实体串连条件选项，这个和二维线框的串连有些区别。一般要用到的只有三个，边界、串连和实体面，如图 5-3 所示。边界是单条线段，每次只能捕捉到一根线段，如果是简单的单线加工，可以只选这一个。串连是把一个面上的线段都串连起来。实体面是选择一个面，让软件自动去串连面的边界。

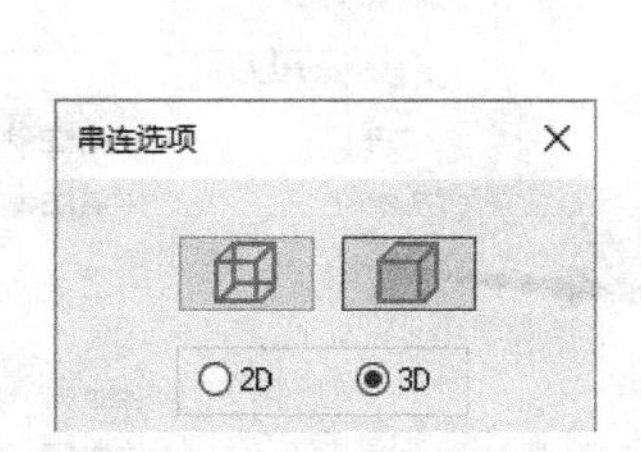

图 5-2　串连实体选项

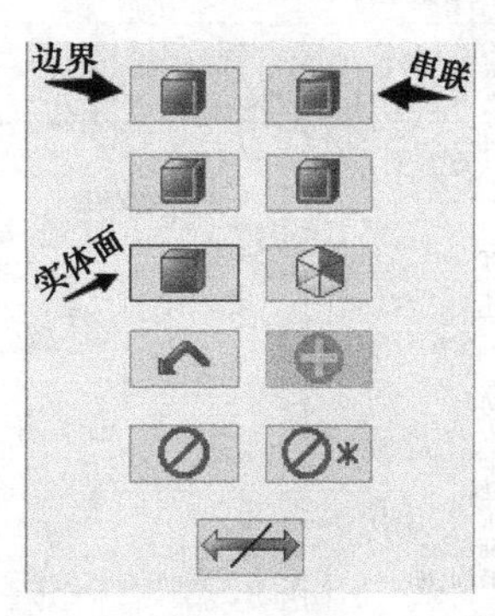

图 5-3　串连条件

要加工六方体的外形，把串连条件选上，然后单击实体边缘，软件自动捕捉出加工轮廓，并且提示选择参考面，如果是对的就直接确定；如果不对，就单击其他面，切换到正确的平面，看箭头的方向判断是否是顺铣，如果不对，切换一下方向。再看下刀的起点位置，如果不是想要的，同样可以通过向前或者向后按钮来调整起点。具体设置如图 5-4 所示。

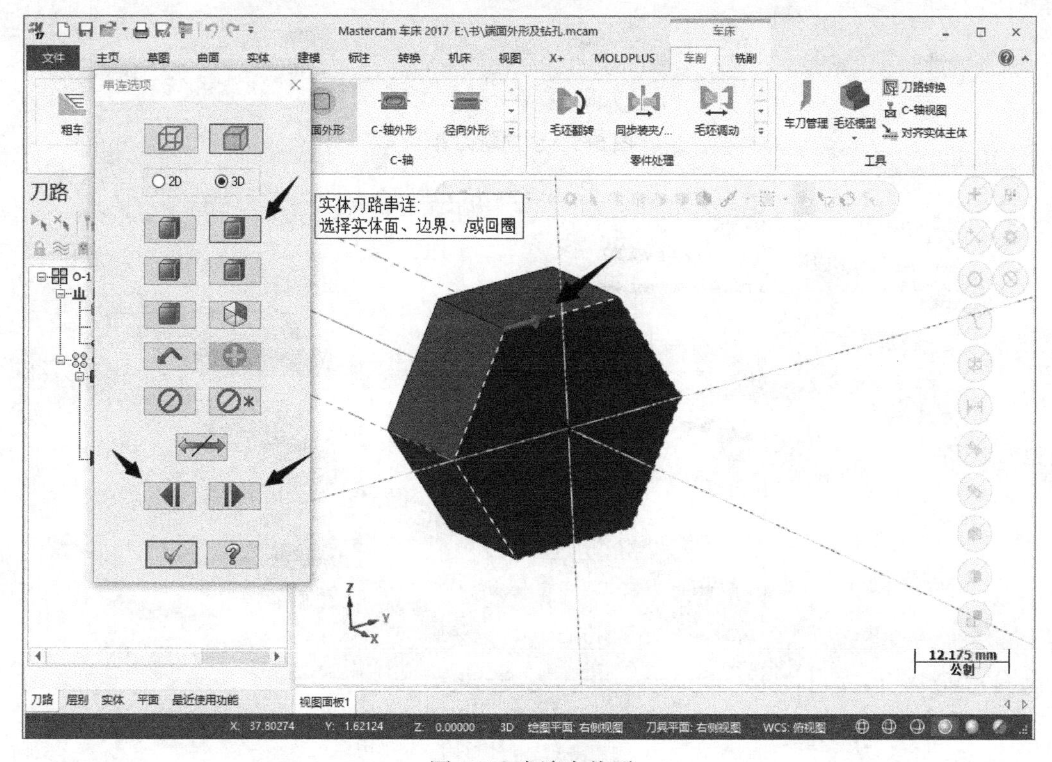

图 5-4　串连实体面

轮廓串连完成后，进入端面外形参数设置。我们从上往下一一设置。刀路类型在选择策略时就已经默认了，是不可更改的。接下来是刀具，铣刀和车刀的设置方法是不一样的，进给方式车刀默认是每转进给，铣刀默认是每分钟进给。在刀具界面右击选择“创建新刀具”，或者从刀库中选择，如图 5-5 所示。然后选择一把平底刀，如图 5-6 所示。紧接着是定义刀具的尺寸，如刀齿直径、总长度和刀齿长度，还有刀肩长度、刀肩直径和刀杆直径，如图 5-7 所示。

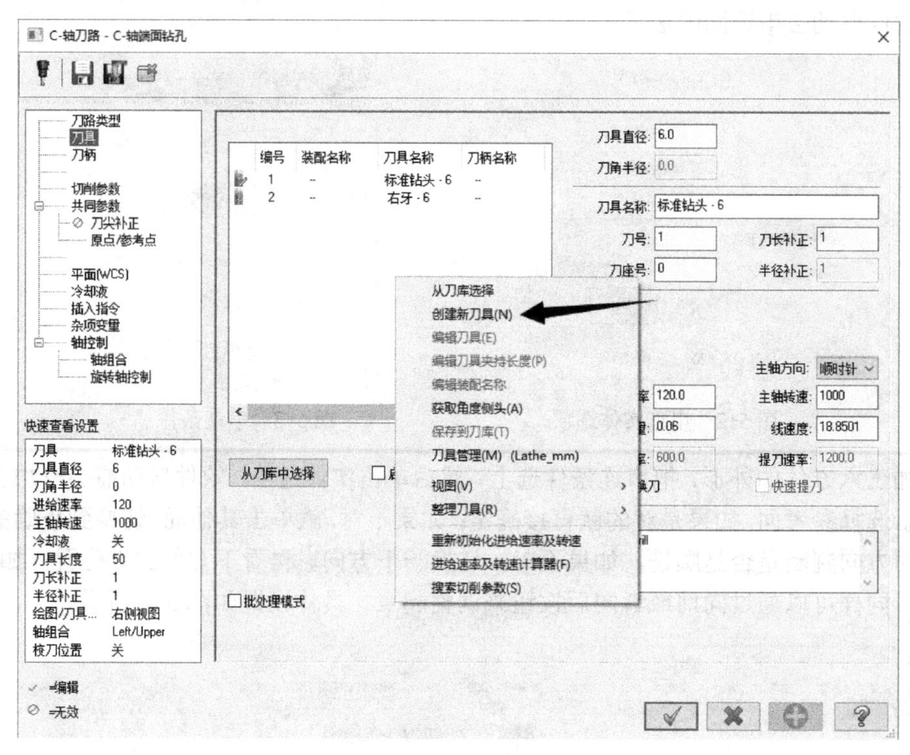

图 5-5　创建新刀具

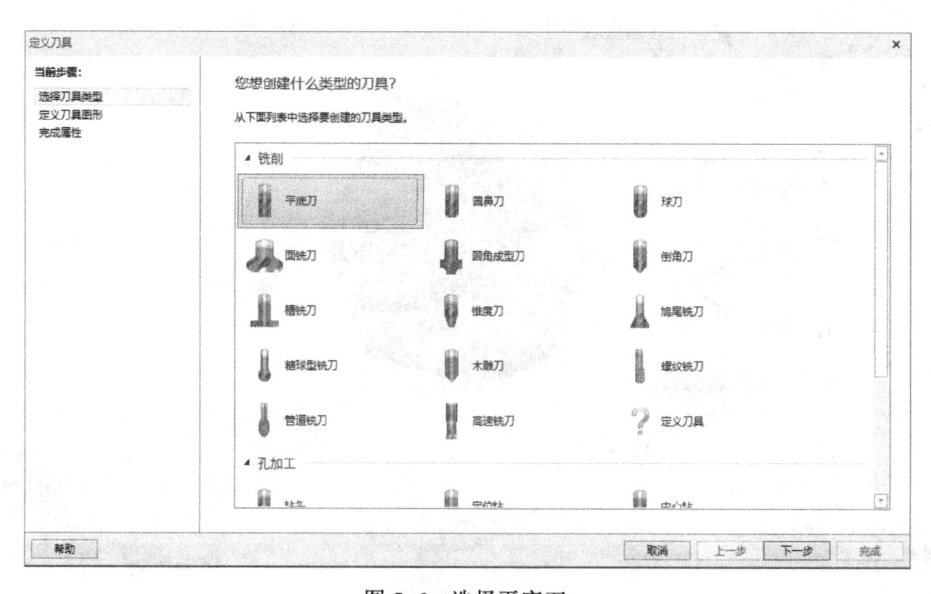

图 5-6　选择平底刀

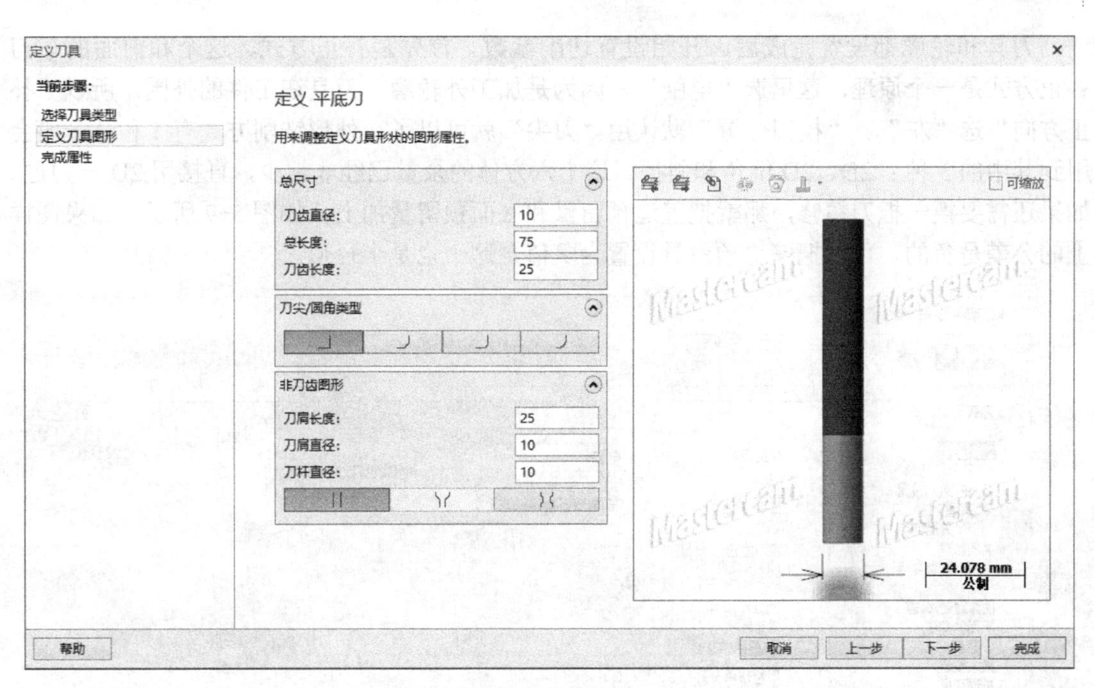

图 5-7　定义刀具

然后设置刀具切削参数。刀号、刀长补正、半径补正数值尽可能一样，便于机床设置。线速度输入 100，下面的主轴转速会自动根据线速度公式得出相应数值。每齿进刀量设置为 0.1，然后进给速率会按照公式得出，因为这个刀具是 4 齿的，所以进给速率是 318.3×4。假如不知道怎么设置刀具参数，可以参照刀具厂商给出的参数，给一个保守的数值，试切后不断优化。主轴方向默认顺时针即可，还要记得把切削液（软件上为冷却液）打开，如图 5-8 所示。

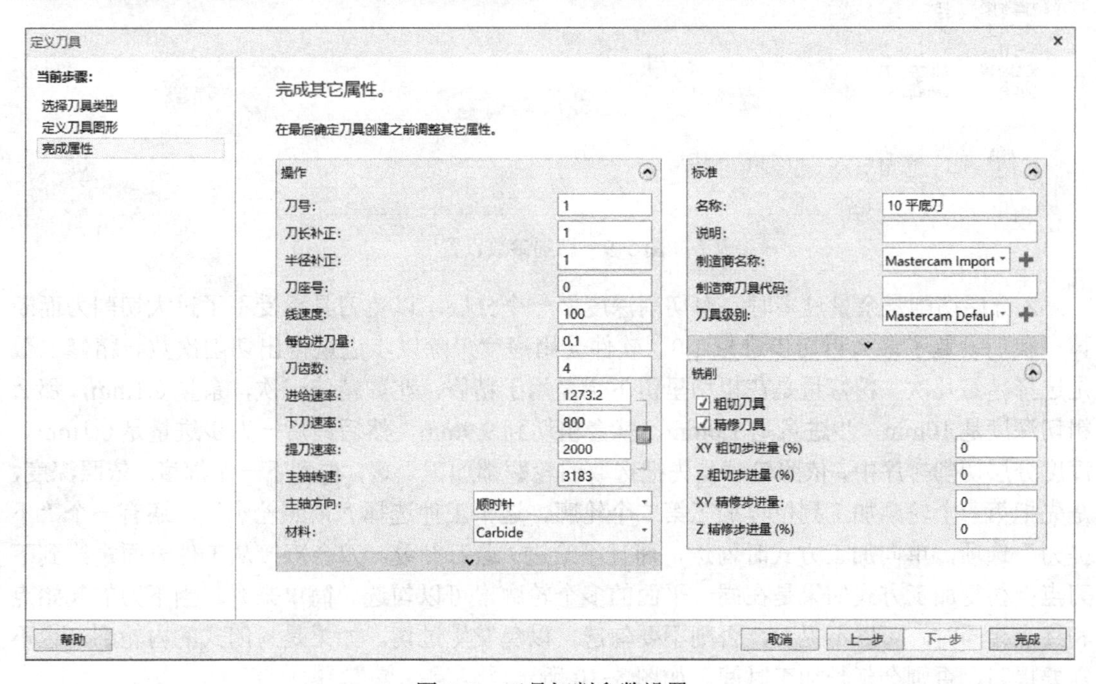

图 5-8　刀具切削参数设置

刀具和轮廓都设置完成后，开始设置切削参数。首先是补正方式，这个和前面的车刀补正方式是一个原理，这里选“电脑”，因为是加工外轮廓，刀具在工件的外围，所以“补正方向”选“左”。“校刀位置”默认用“刀尖”就可以了。外形铣削方式有 5 种，一般会用到其中的 3 种：2D、2D 倒角和斜插。这个六方体的余量已经非常少，直接用 2D 一刀过。如果还需要换一把刀精修，那就把壁边预留量和底面预留量加上，如图 5-9 所示。如果图样上的公差是负的，可以把壁边预留量设置为负值，这个也是半径值。

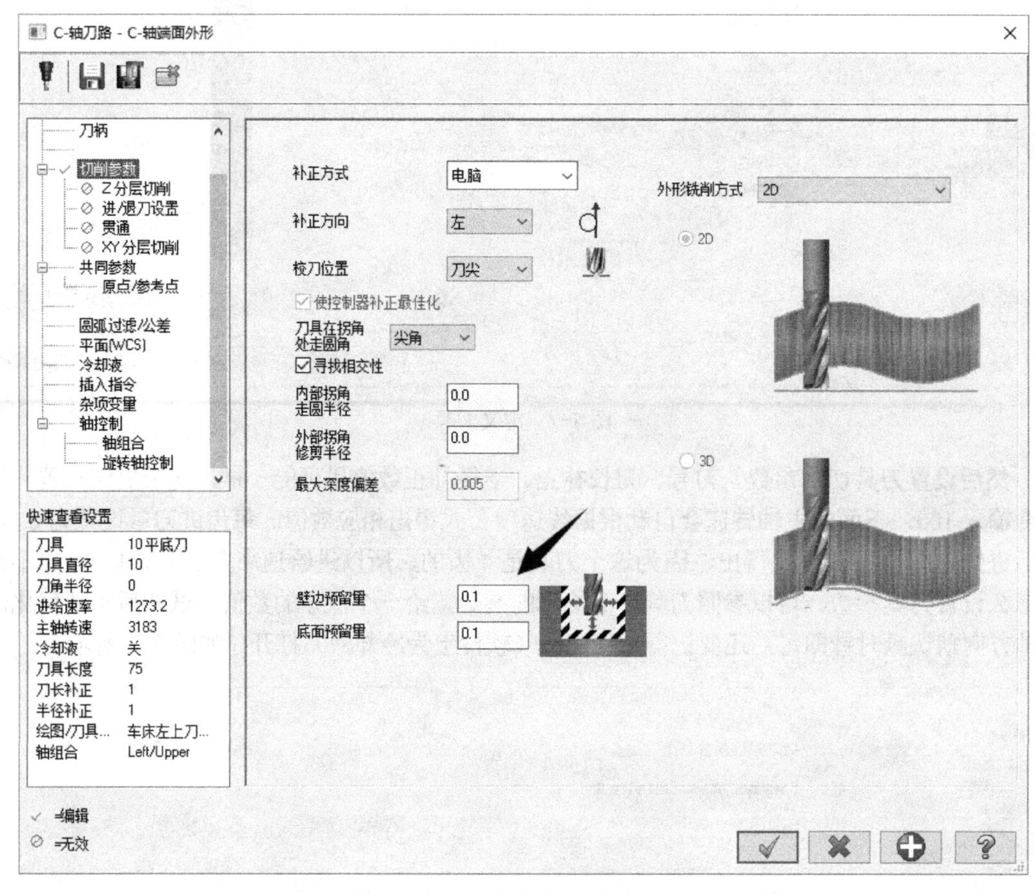

图 5-9 切削参数设置

Z 分层切削是余量过多时，对切削深度做一个分层，以免刀具承受不了过大切削力而断掉。我们设置了最大粗切步进量 1.0，软件会用深度来除以步进量得出切削次数。精修次数是选择精修几次。精修量是在粗切里留下余量用于精修，比如精修一次，余量 0.1mm，那么粗切深度是 10mm，步进量是 1.0mm，就会粗切到 9.9mm，然后最后一刀步进量是 0.1mm。深度分层切削排序中，依照轮廓是先把选取的轮廓都加工一遍，再到下一个深度；依照深度，是先把第一个轮廓加工到位再加工第二个轮廓，这个工件选择“依照轮廓”。还有一个“不提刀”选项，单向加工方式时勾选，而且不给进 / 退刀参数，刀会直接从工件表面进给到下刀点；往复加工方式如果是在同一平面的多个轮廓，可以勾选。简单来讲，当下刀的起始点和终点相同时，可以不提刀，否则不要勾选，以免发生过切。如果是封闭式的内轮廓，也不需要提刀，否则会延长加工时间。如图 5-10 所示。

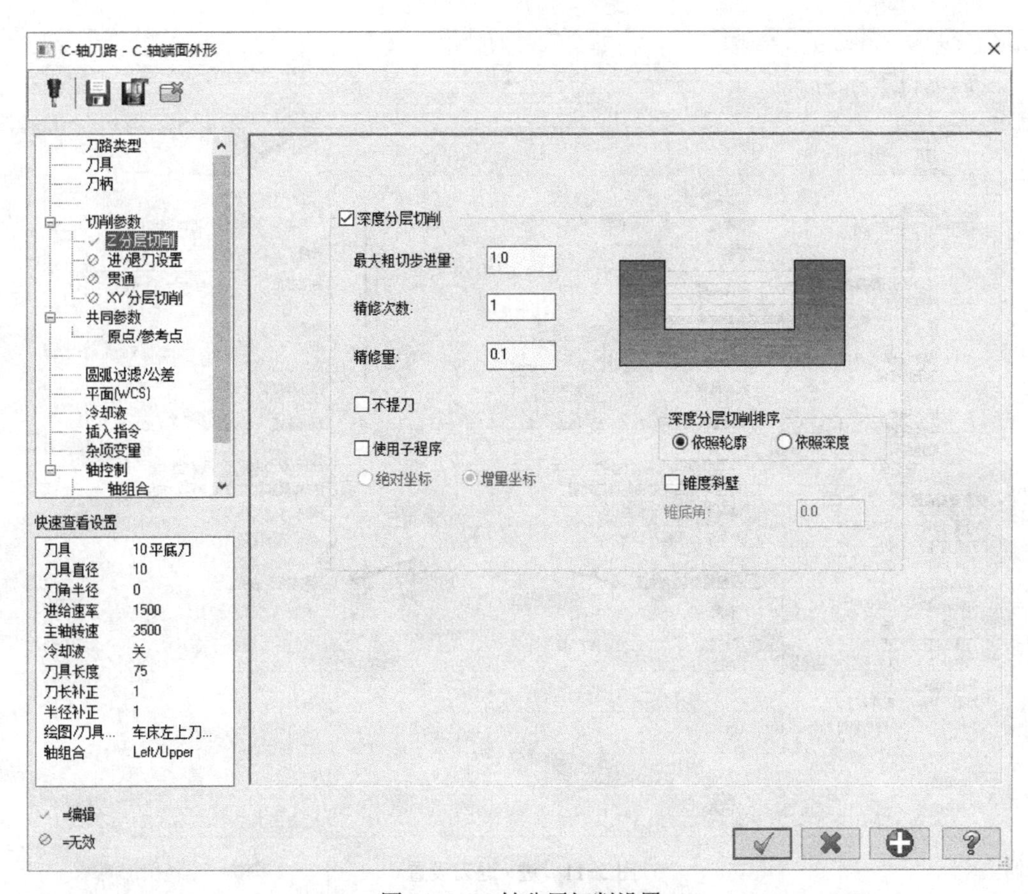

图 5-10　Z 轴分层切削设置

进 / 退刀设置是必须要设置的，这是因为刀具在进刀时，不能直接快速进给到工件表面，否则容易损坏刀具，俗称扎刀。所以要设置一个距离，用 G1 进给的方式到工件表面，这样才能保证刀具的安全。

首先勾选“进 / 退刀设置”，进刀直线可以按刀具的百分比来设置，也可以按数值来设置。比如 10mm 的刀，设置为 55%，那就是 5.5mm，这样刀具在进刀时，离毛坯表面就有 10.5mm 的距离，因为前面电脑补正已经帮我们偏移 5mm。所以在设置进刀时，距离不要设置得过长或过短，太长浪费时间，太短又起不到作用，一般设为 1 ～ 2mm 再加上电脑补正距离就差不多，既快速又安全。进刀圆弧可以根据实际情况来决定是否设置，如果轮廓是直线，可设置也可不设置；如果轮廓是圆弧，那就需要设置一个相切的圆弧进刀，这样刀具不会在工件表面产生很明显的刀痕。在设置圆弧进刀时，还需要注意圆弧设置是否合理，会不会产生过切，封闭式内圆弧要特别注意。

退刀可以和进刀一样设置，唯一要注意的就是重叠量，这个是为了保证封闭式轮廓工件表面不会因为刀具而产生残留。有了重叠量，刀具就会根据所设置的数值继续向前切削一段距离，这样就不会有残留了。如果是单一线段轮廓，可以直接调整轮廓起始位置，而不用对图形做修改，比如键槽，提取了中线加工轮廓，还要去掉一个刀具的半径，键槽长 20mm、宽 8mm，用 8mm 的平铣刀来加工，需要去掉进刀的刀具半径和退刀的刀具半径，也就是说实际加工轮廓长度是 12mm，直接在调整轮廓起始位置和结束位置分别缩短 4mm 即可，如图 5-11、图 5-12 所示。

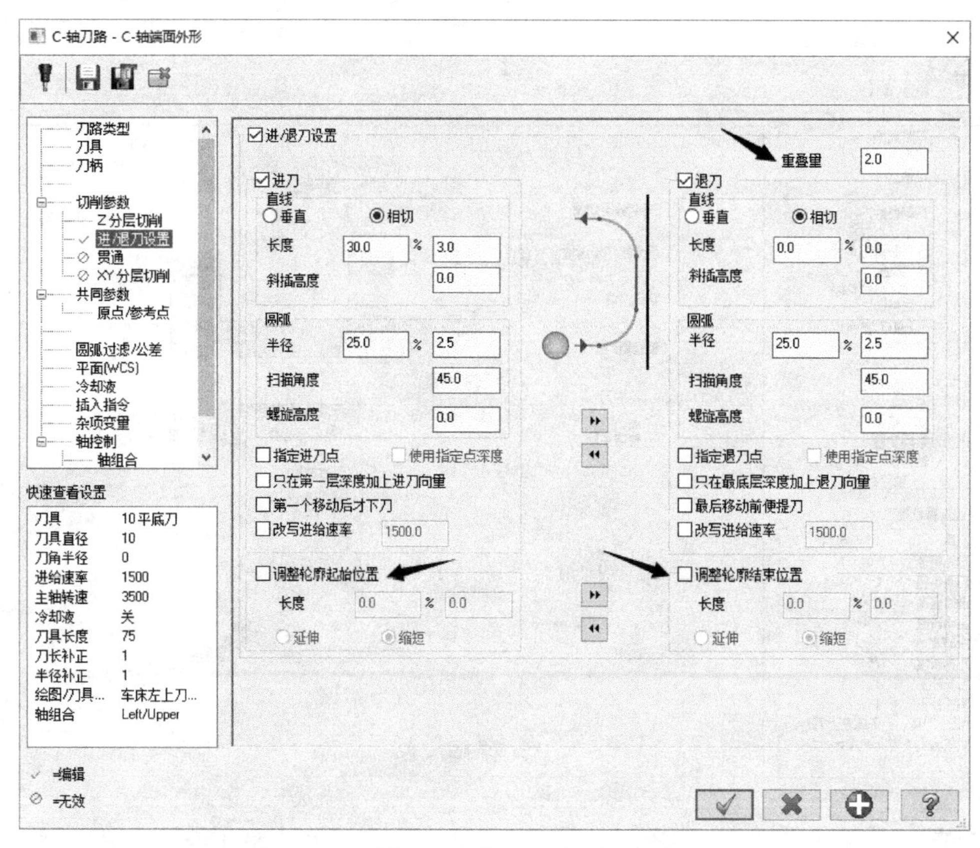

图 5-11 进 / 退刀设置

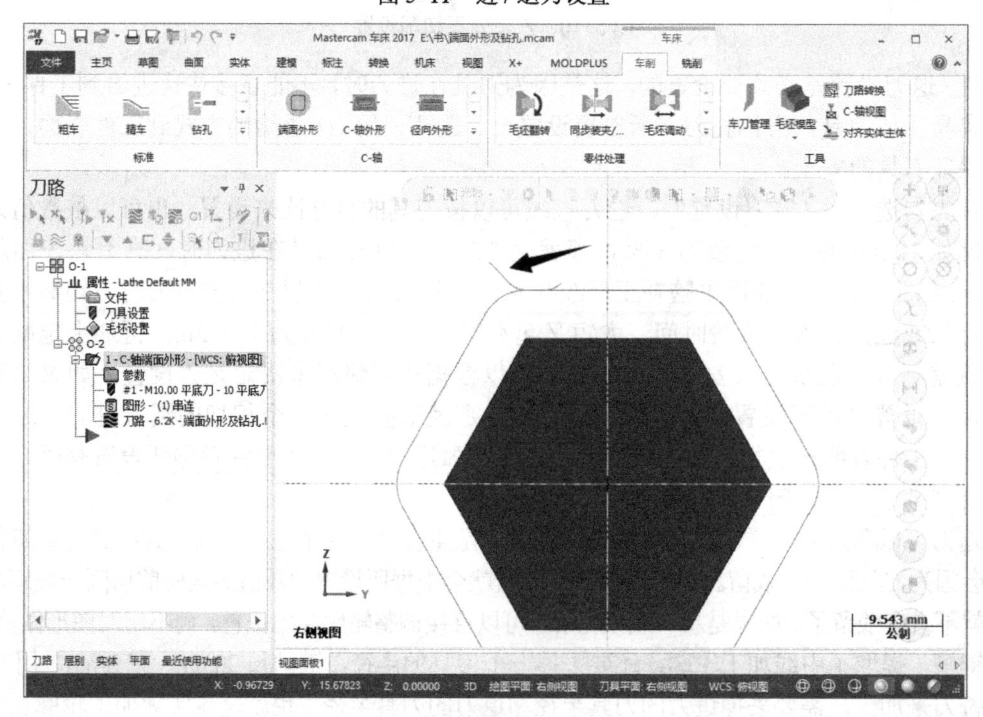

图 5-12 进 / 退刀效果

设置好进 / 退刀设置参数，接下来是 XY 分层切削，这个也是用在余量比较大时，将 XY 方向设置为多层切削，设置也比较简单，只有一个次数（软件上为次）和间距，比如有 10mm 的余量，刀具是 10mm，那不可能一刀就加工到位，必须要分层，根据材料的硬度来计算分层的次数和步进量，可以一次切削 1mm，需要 10 次才能切削到位。精修次直接给一次，间距（余量）0.1mm 即可。改写进给速率是给最后精修用的，有些工件表面质量要求不是特别高，用一把刀可以完成粗铣精修，为了让表面质量达到最低要求，可以更改进给速率和主轴转速。如果需要可以换一把刀来精修，这里就没必要精修，直接将精修次设置为 0。下面的“执行精修时”有个条件选择，最后深度是将所有的余量切削完后再精修，所有深度是每粗切一次，精修一次，所以一般都用最后深度。这里的“不提刀”默认是勾上的，XY 分层一般不用提刀，因为下刀的起点就是抬刀终点，如图 5-13 所示。

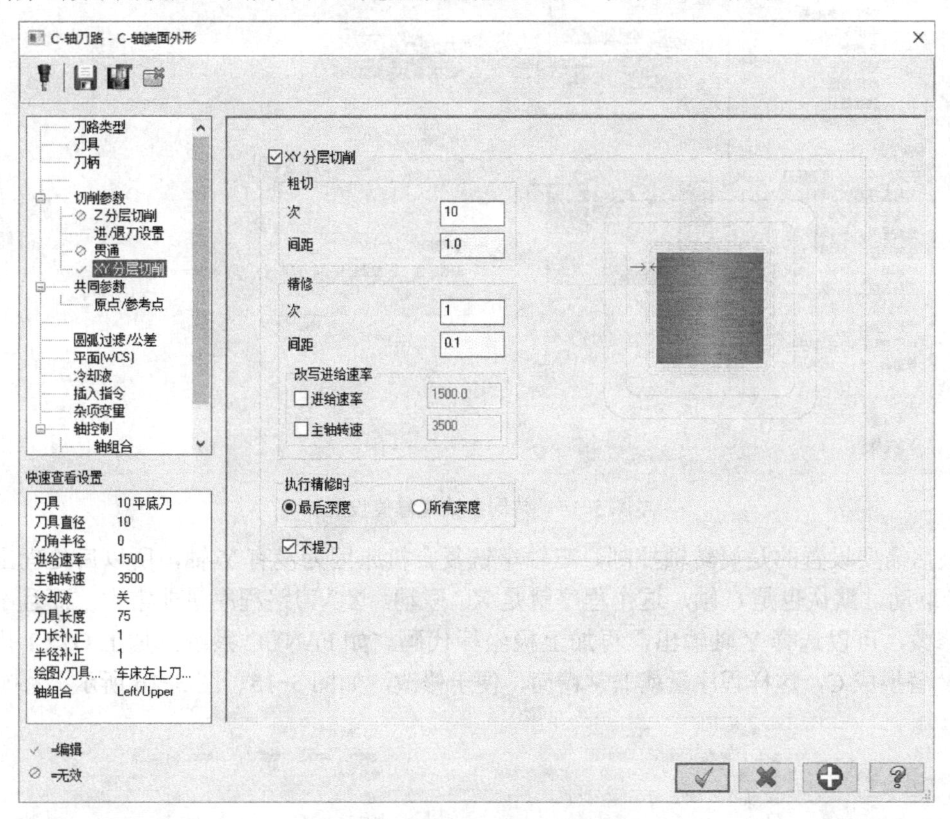

图 5-13　XY 分层切削参数设置

共同参数的设置有两种：增量坐标和绝对坐标。这两者的区别取决于图形的位置，当图形的位置都在一个平面上，也就是零点上，用增量值和绝对值是没有区别的。如果是从实体上抽取的线段，那增量值和绝对值就不一样。从实体抽出来的线段，深度已经到位，如果用增量值，那就是 0，而工作表面就要加上从零点到深度的位置，比如深度是 0，从底部到表面是 10mm，那么工件表面就是 10mm；如果用绝对值，那么工件表面是 0，而深度则是 -10mm，所以这点一定要区分开来，否则容易产生失误。界面中的下刀位置、参考高度和安全高度也是一样，根据示意图就知道如何设置。下刀位置是在工件表面的基础上再抬高一定距离，参考高度是抬刀时的距离，而安全高度是快速进刀和退刀的距离。不管是用增量值还是用绝对值，一定要依据图形的位置来判断。如果图形是二维图，也就是说所有的线段都在一个平面上，深度是用俯视图来表达，可以用绝对值来设置，这样更简单方便。共同参数增量值设定如图 5-14 所示。

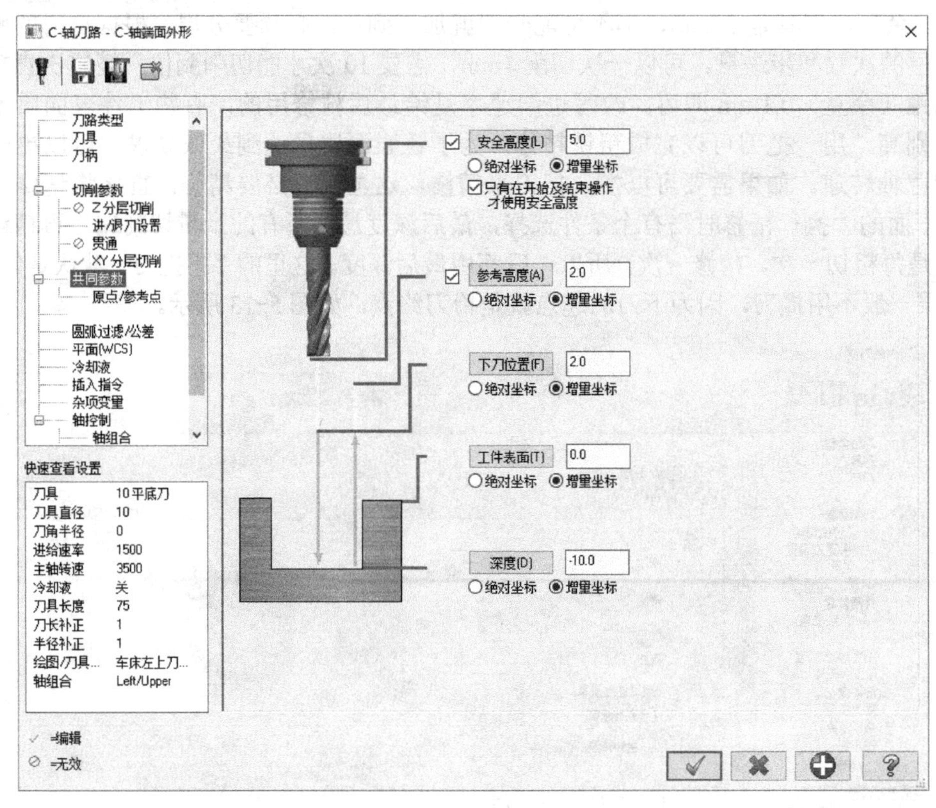

图 5-14 共同参数增量值设置

最后需要设置的是旋转轴控制。三轴车铣复合机床因为没有 Y 轴，所以后处理出来只有 XC 联动，默认也是 C 轴，这个程序就是 XC 联动。XC 刀路程序量非常大，而且不便于手工修改，可以选择 Y 轴输出，再加上极坐标代码。如 FANUC 系统，加上 G12.1 代码，再把 Y 替换成 C，这样程序量就非常精简，便于修改，如图 5-15、图 5-16 所示。

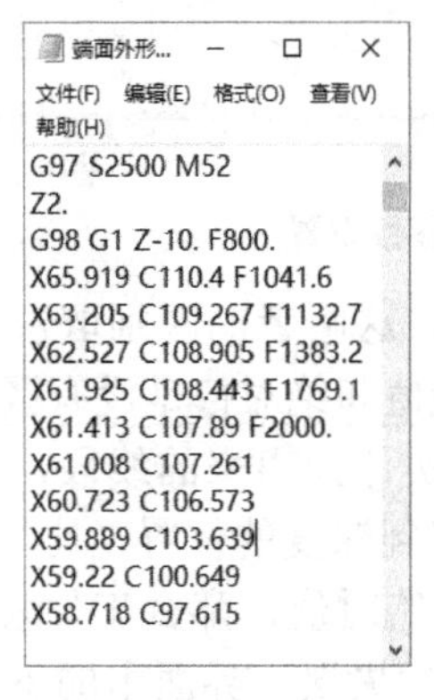

图 5-15 C 轴旋转输出

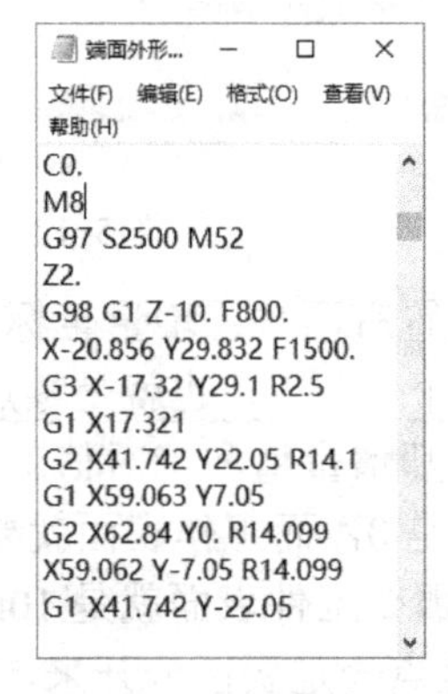

图 5-16 Y 轴旋转输出

切削参数全部设置完成后单击确定，运算生成刀路，然后通过实体验证，如图 5-17、图 5-18 所示。

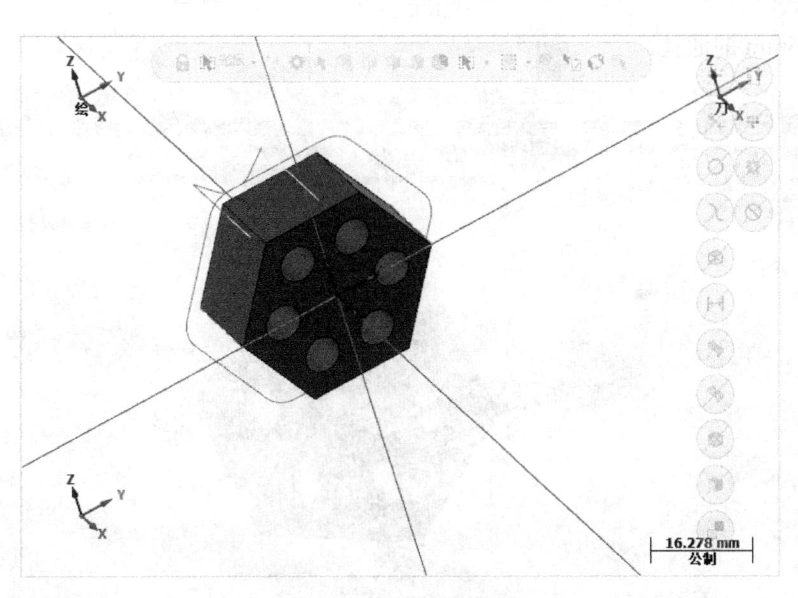

图 5-17　端面外形刀路

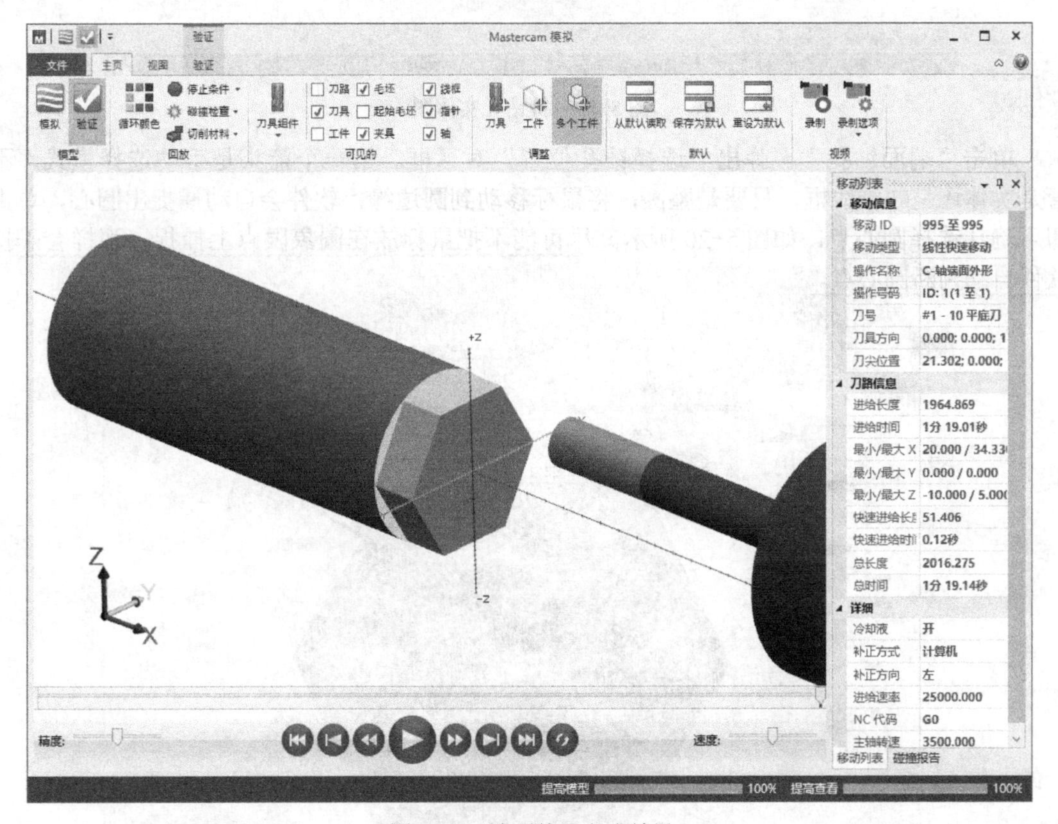

图 5-18　端面外形完成效果

5.2　端面钻孔

端面钻孔既可以钻中心孔，也可以钻偏心孔（建议尽量用主轴旋转的方式钻中心孔）。

图 5-19 为 ϕ6mm 的通孔。

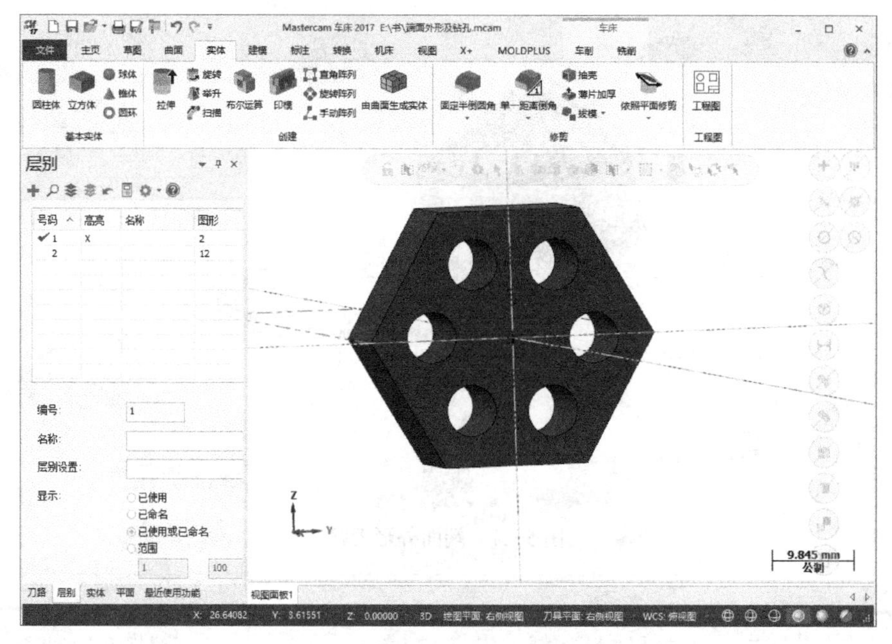

图 5-19　待钻孔实体图

单击“端面钻孔”，弹出“选择钻孔位置”对话框。第一个箭头是手动选择模式，不管是实体还是二维线框，只要是整圆，将鼠标移动到圆边缘，软件会自动捕捉出圆心，单击即可确认选择圆心点，如图 5-20 所示。尽可能不把鼠标放在圆象限点上捕捉，那样会干扰软件自动判断圆心点。

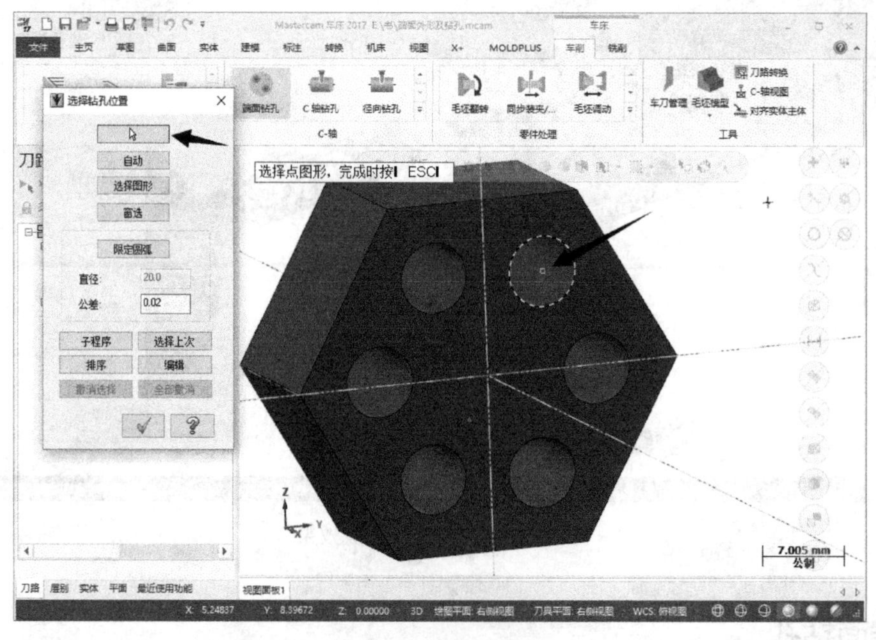

图 5-20　捕捉圆心点

第二个是自动，这个需要点已经存在，不能通过实体来捕捉。这个功能主要用在多个孔上，软件会根据第一个点、第二个点和最后一点来自动选择所有需要钻孔的点，并自动形成一个加工顺序。图 5-21 为六个已经存在的点。

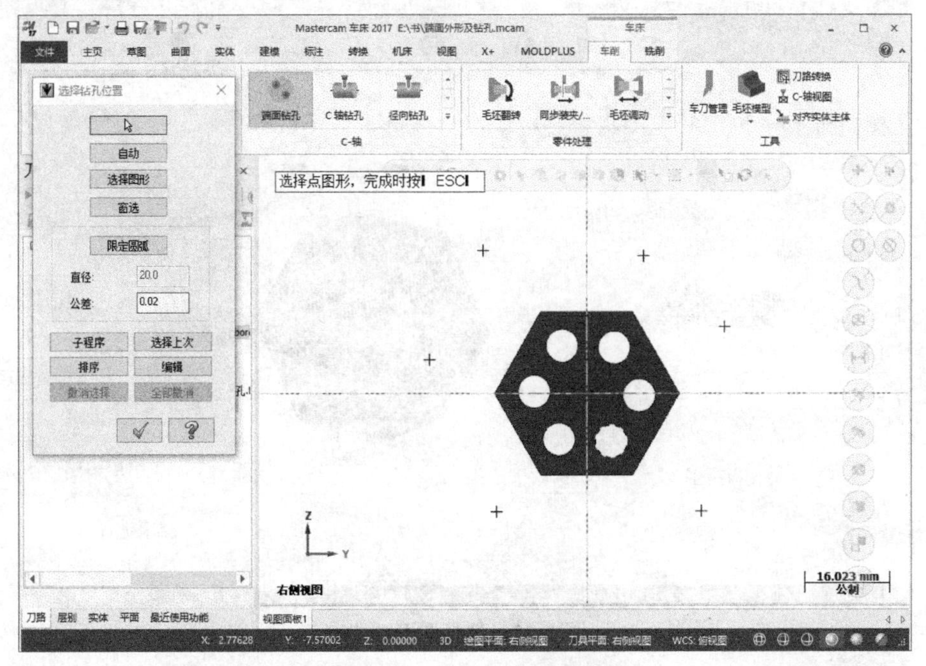

图 5-21　待加工的孔点位

我们选择“自动”，提示“选择第一点”，也就是起始点，然后选择第二点，最后选择最后一点，这样就自动将所存在的点都选上，并且还做了排序，如图 5-22 所示。

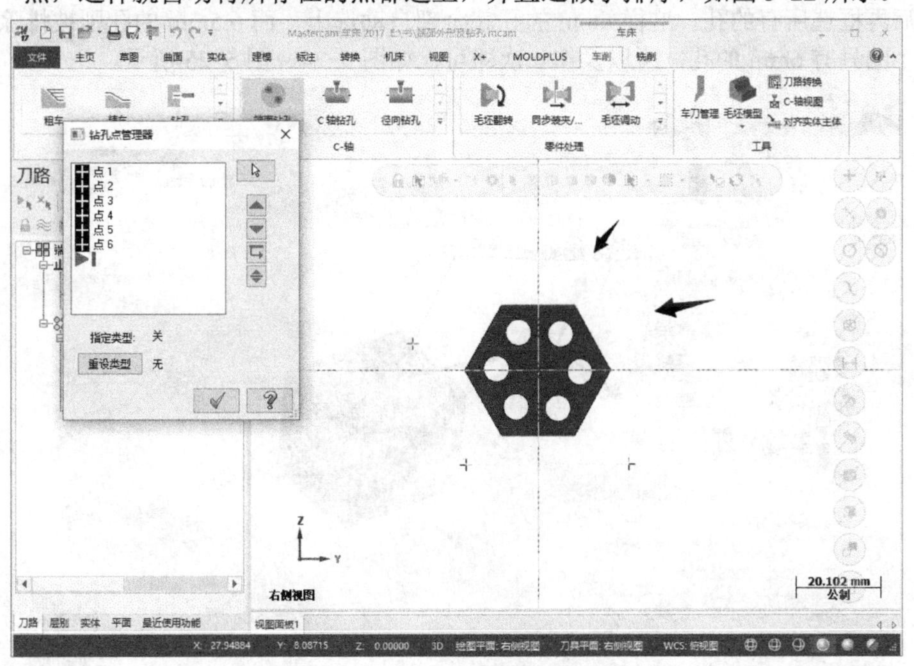

图 5-22　自动串连钻孔点

第三个是选择图形，这个和第一个箭头有点相似，但选择图形不用捕捉圆心点，只需选择圆就可以，选择完成后，软件会自动判断钻孔点，如图 5-23 所示。

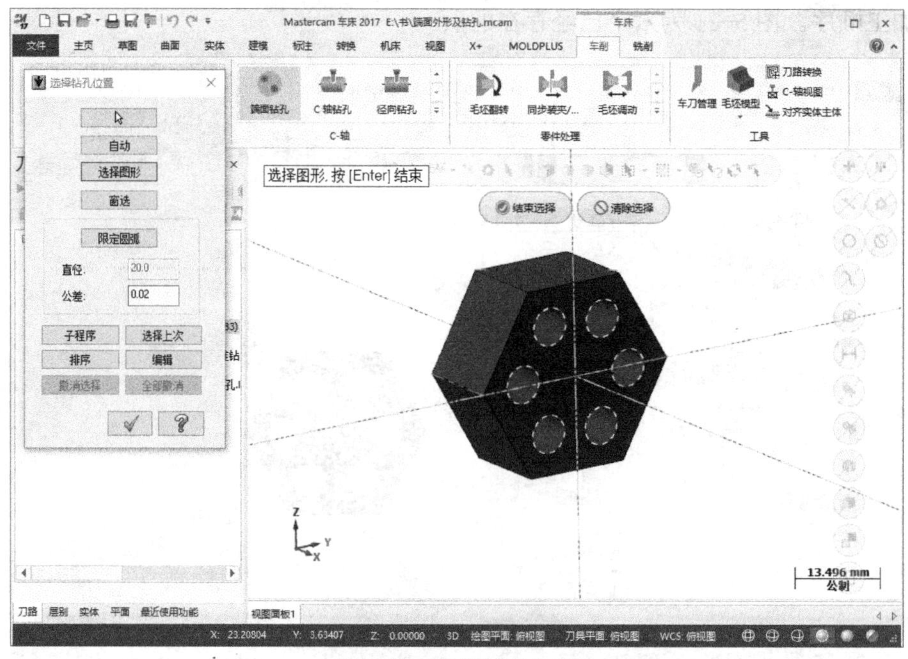

图 5-23　选择图形方式

限定圆弧，用在多个不同大小的孔时比较方便，比如既有五个 6mm 的孔又有五个 6.5mm 的孔，如果不测量，根本不知道哪个是 6mm 的孔或者 6.5mm 的孔，一个一个去测量所有的孔不太现实，这时可以用限定圆弧。选择其中一个圆弧，在选择之前要测量出孔的大小，然后再框选所有的孔，这样 6mm 的孔就全部自动选上，而 6.5mm 的孔则被排除在外。因为这个图只有 6mm 的孔，所以操作一次即可，如图 5-24、图 5-25 所示。

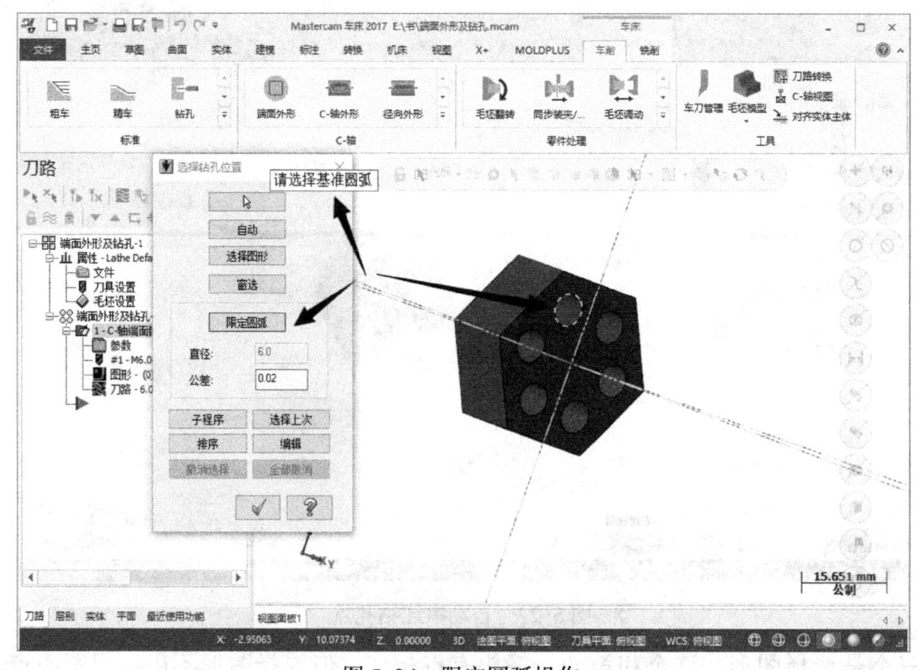

图 5-24　限定圆弧操作

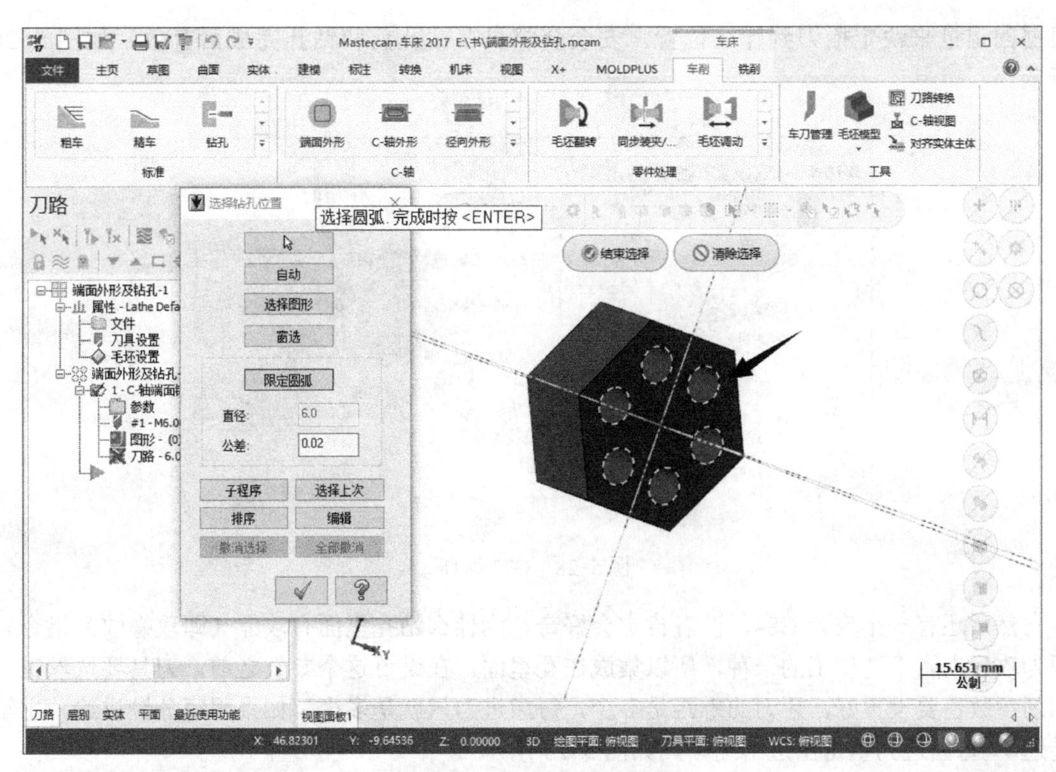

图 5-25　限定圆弧自动捕捉

选择完钻孔点，就可以开始钻孔。单击确定，弹出刀路参数对话框，先选择一把 6mm 的钻头，如果还需要镗孔，那么就要选择小一点的钻头，给镗孔留余量。设置好钻孔速度和进给速率。普通麻花钻头的线速度一般设置为 15 ～ 30mm，进给速率看材料的软硬，一般设置为 0.06 ～ 0.1mm。

切削参数很简单，主要有循环方式，浅孔可以用第一个“Drill/Counterbore”，这个其实是 G81，是一钻到底，不抬刀，除了一个暂停时间，没有多余的参数，如图 5-26 所示。G83 是深孔琢钻循环，这个比较常用，大部分钻头没有内喷水，钻削深度超过 3 倍直径以上，钻头无法及时冷却，容易因为高温烧掉，所以需要抬刀到工件外面，有一个冷却的过程，如图 5-27 所示。

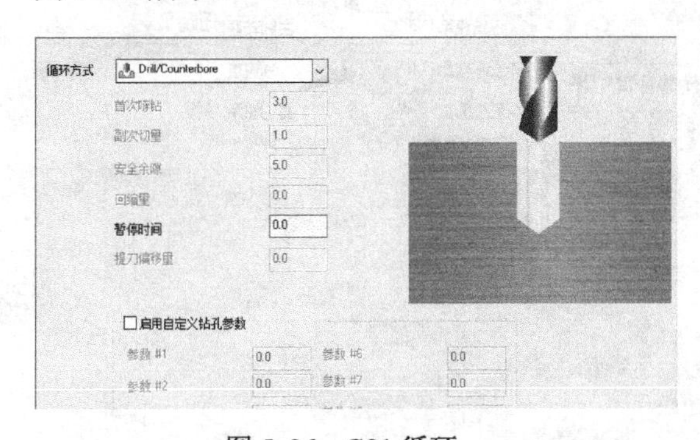

图 5-26　G81 循环

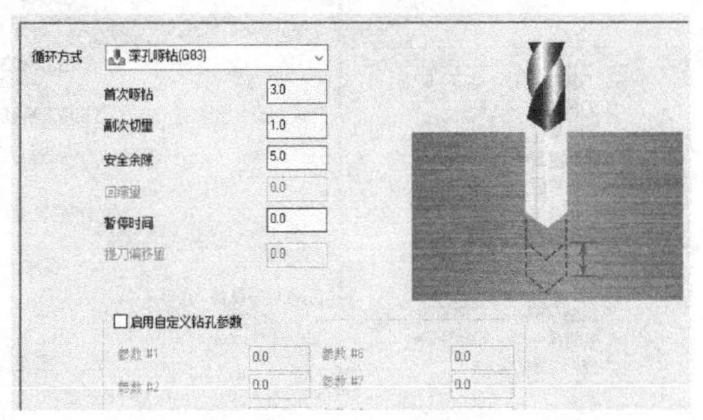

图 5-27　G83 循环

断屑式（G73）和深孔琢钻（G83）有相似之处，但断屑式是不退刀到工件表面，根据回退量来决定抬刀到什么位置，安全余隙只在钻孔前和钻孔完成后有效。如图 5-28 所示。

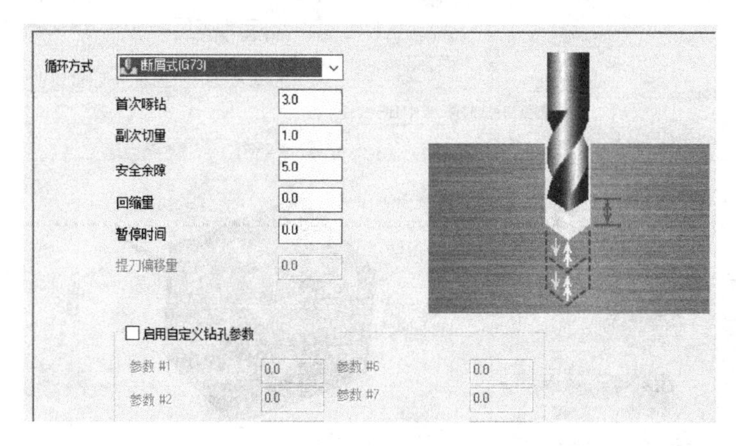

图 5-28 G73 循环

然后还有一个攻牙 G84，读者肯定会好奇，为什么钻孔里面有攻牙（即攻螺纹）指令？因为攻牙也属于孔加工的一种，所以集成在孔里面。在设置这个参数之前，刀具要选丝锥，切削参数也要设置好，牙刀的螺距是多少，每齿进刀量就是多少，如果用每分钟进给，主轴转速 × 每齿进刀量得出进给速率，如图 5-29 所示。

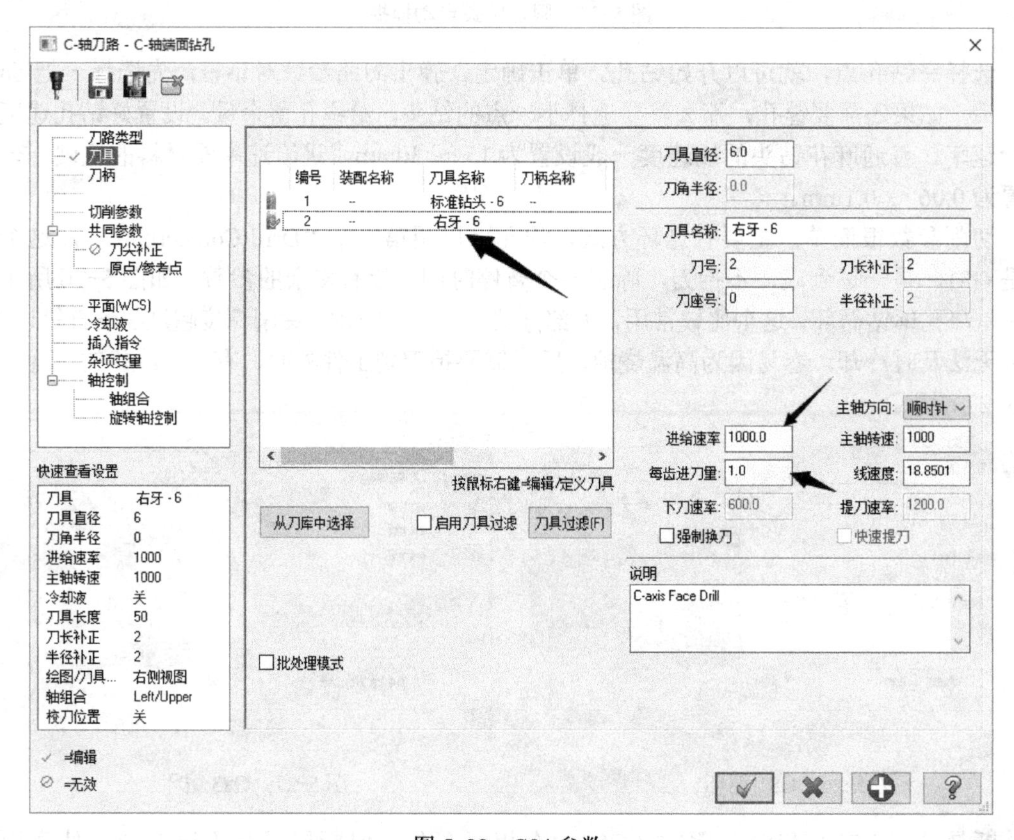

图 5-29 G84 参数

把“循环方式”设置为 G83，然后设置好相应循环参数、共同参数的孔的深度，旋转轴用 C 轴，运算生成刀路并实体验证，如图 5-30 所示。

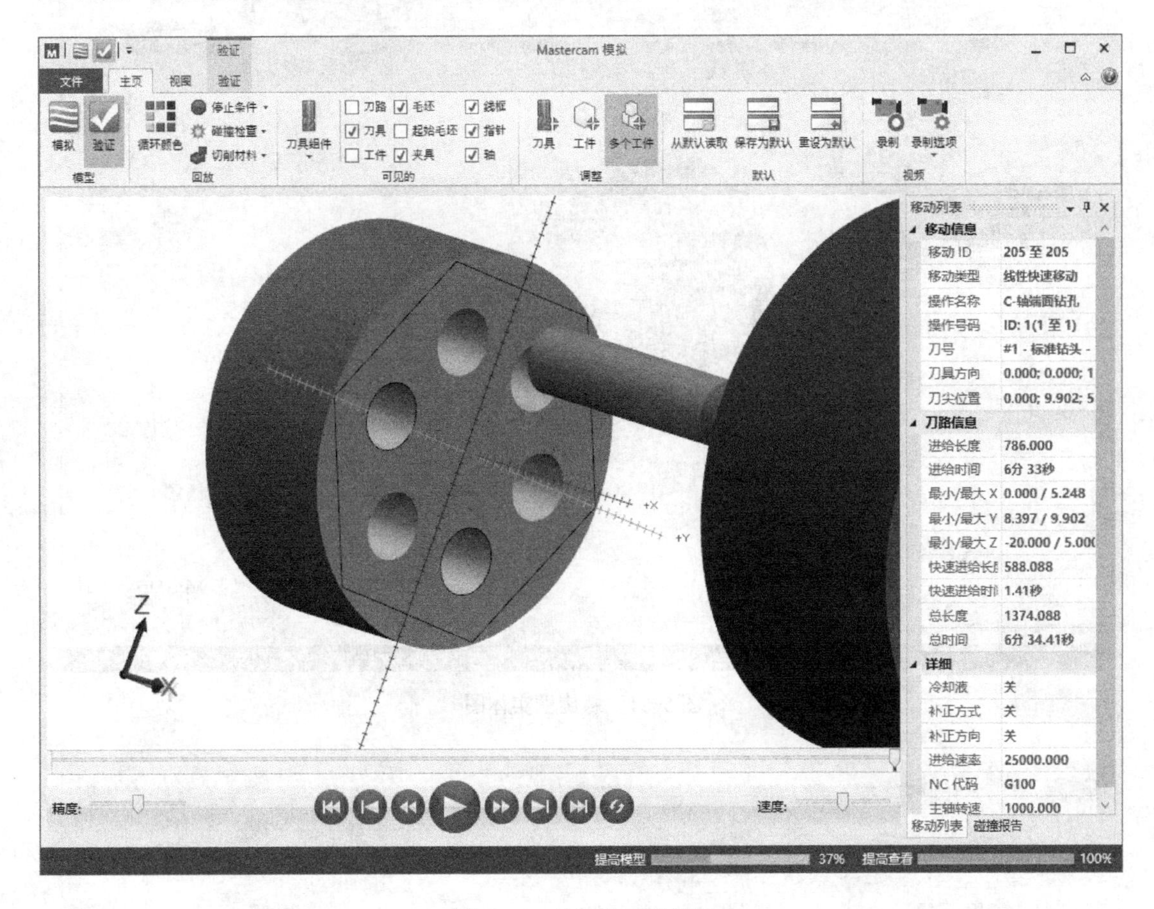

图 5-30　钻孔完成效果图

5.3　C- 轴外形

C- 轴外形是在圆柱体上加工外形，比如缠绕的槽、字体、单线体等，这个加工策略有个特点是刀轴永远垂直于圆心点，不管怎么加工，都是要围绕着圆柱面。

下面用一个简单的螺旋槽来讲解 C- 轴外形策略，如图 5-31 所示。

单击“C- 轴外形”策略，选择串连，这个是实体，切换到实体选项，图形方式为 3D，串连方式为串连，串连时槽内轮廓方向要逆时针，完成后确定，如图 5-32 所示。

接着弹出 C- 轴外形对话框，先选择一把刀具，在选择刀具时要知道槽的宽度，刀具直径不能大于槽宽，否则刀路创建会失败或者过切。如果槽的要求不高，可以用直径等于槽宽的刀具，走单线轮廓，如图 5-33 所示。

设置切削参数，“补正方式”设为“电脑”，方向根据串连方向选择左，外形铣削方式默认 3D 即可。如果需要精修，就在壁边和底面预留量设置预留量，如图 5-34 所示。

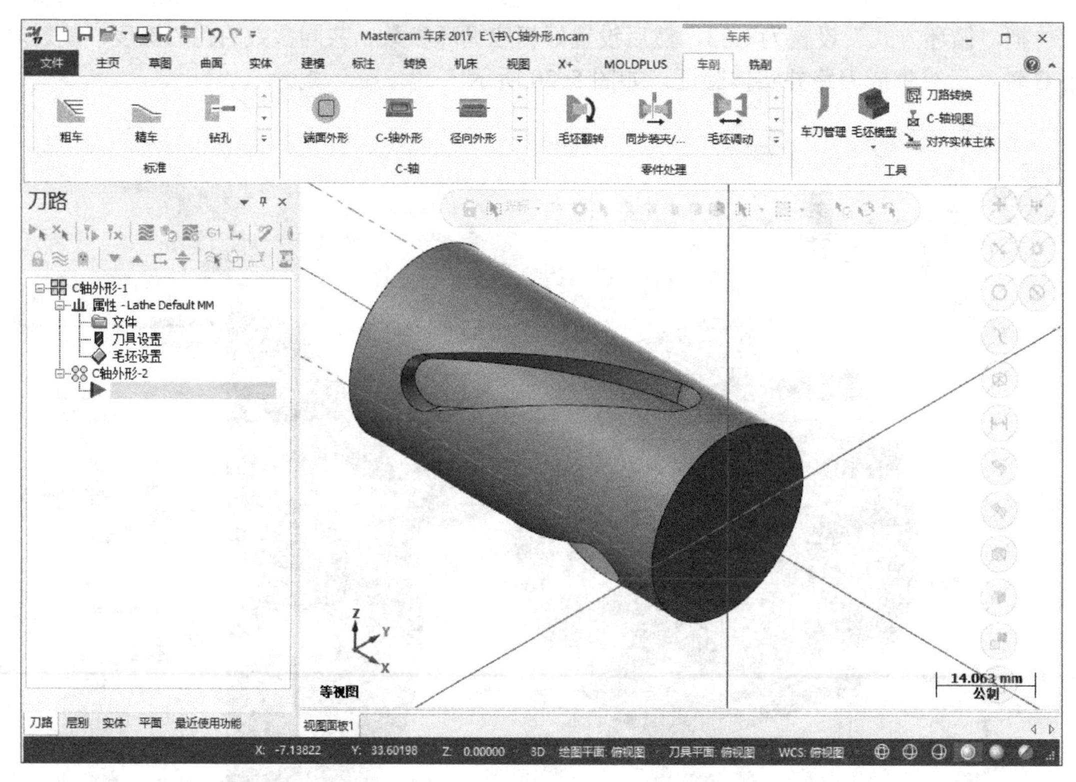

图 5-31　螺旋槽实体图

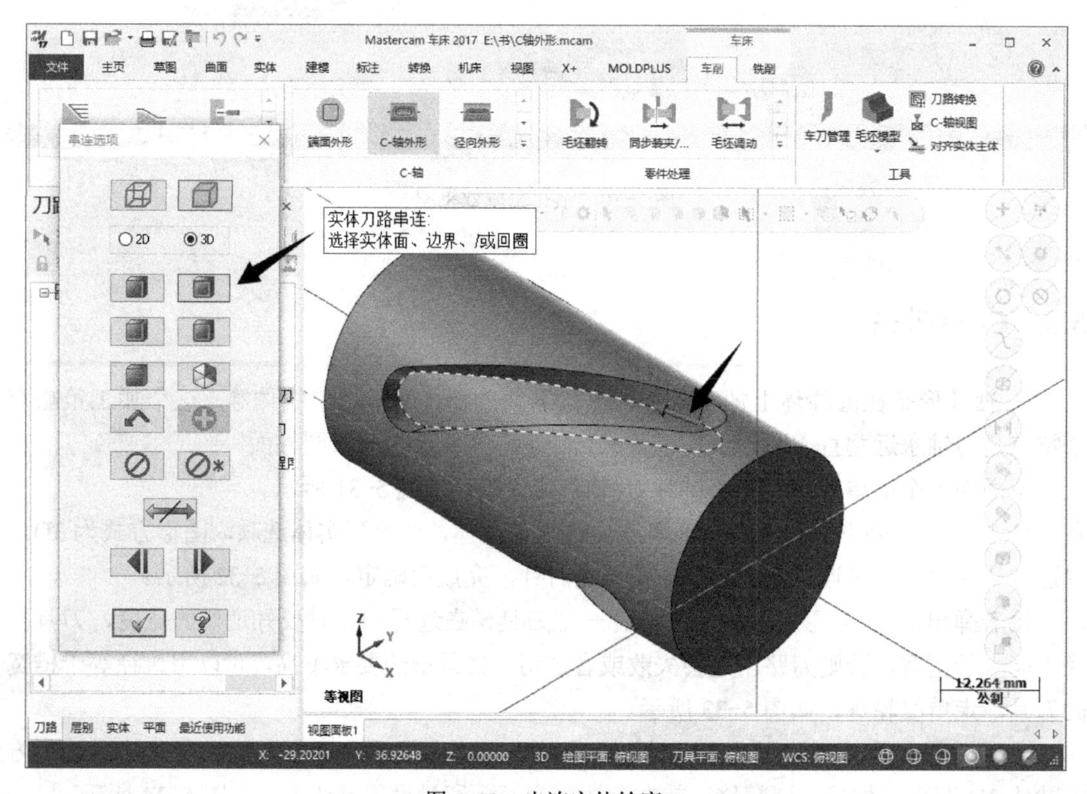

图 5-32　串连实体轮廓

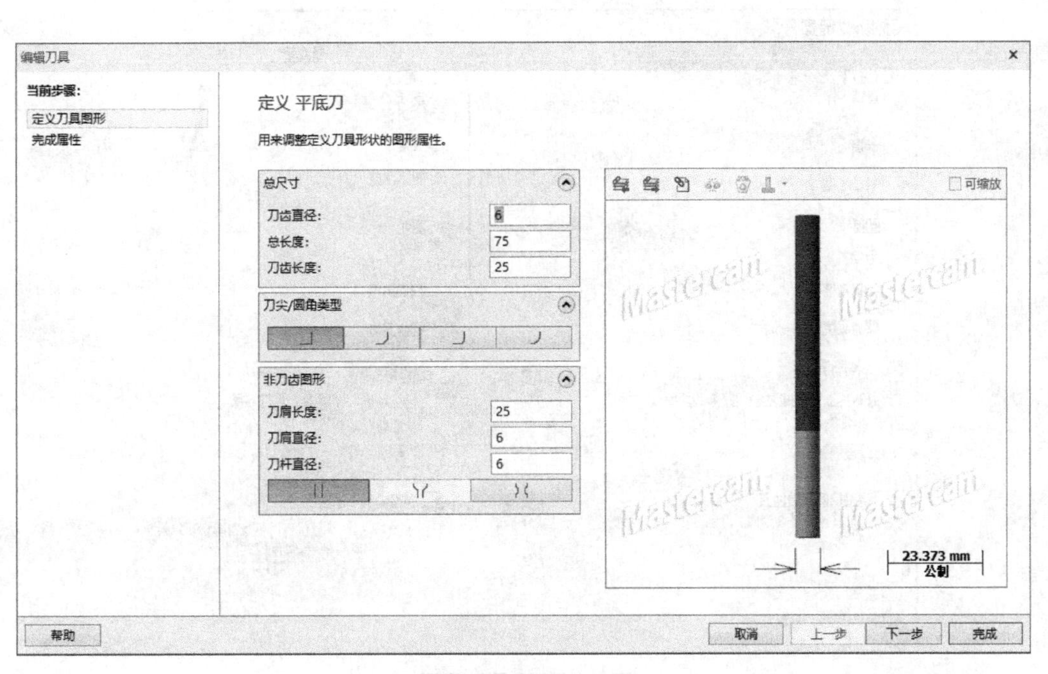

图 5-33　新建刀具

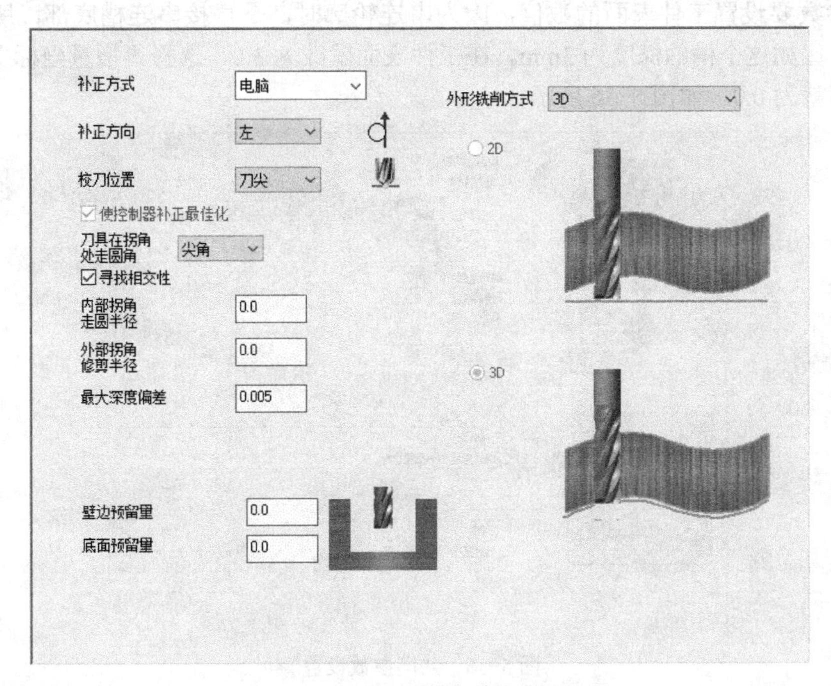

图 5-34　切削参数设置

Z 分层切削可以根据刀具和材料及槽的深度来合理设置。

进 / 退刀设置，如果是封闭式的轮廓，只需设置重叠量即可，其他参数关掉。未封闭的单线轮廓，如果没有刀具补偿，需要设置调整轮廓起始位置和结束位置，如图 5-35 所示。

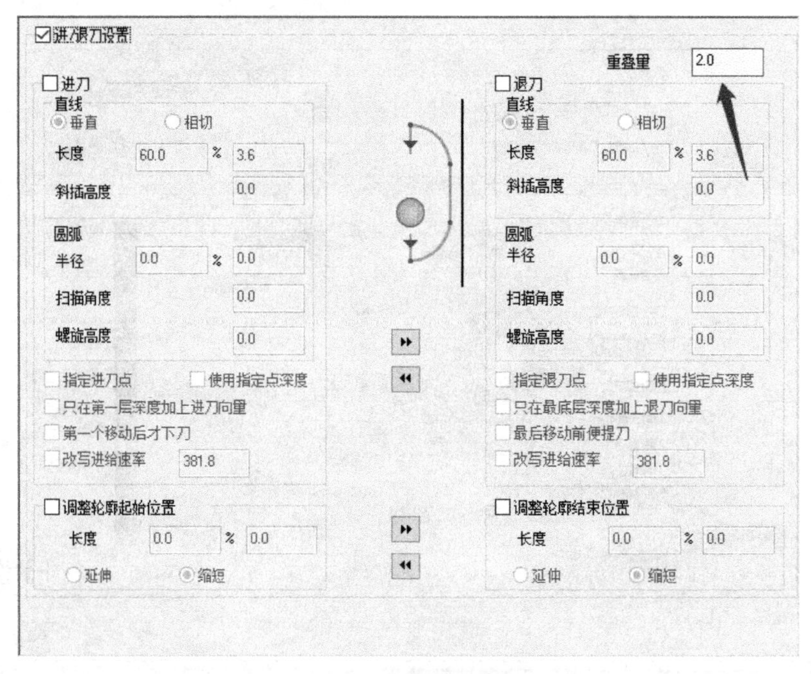

图 5-35　重叠量设置

共同参数要设置工件表面的数值，因为串连轮廓时，是直接串连槽底部，所以要加上槽的深度。比如这个槽的深度为 3mm，在工件表面就改为 3.0，选择“增量坐标”，那么下面的槽深度就为 0.0，如图 5-36 所示。

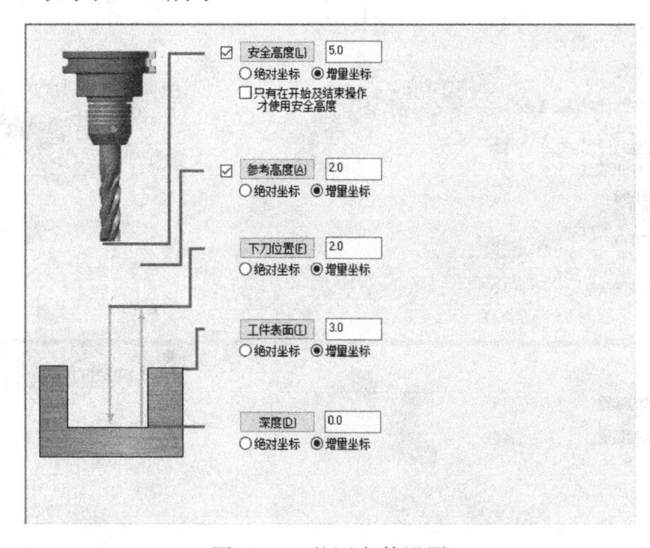

图 5-36　共同参数设置

如果细心点的话会发现，下面的深度默认是绝对坐标，并且增量坐标即使选上，也会自动变成绝对坐标。如果按照前面的讲解，绝对坐标为零，那刀具岂不是要铣到圆柱中心去了。这个刀路还有一个参数没有设置，就是旋转轴控制里的旋转直径，这个数值才是最关键的。旋转直径是槽底的直径，外圆直径是 30mm，槽深为 3mm，那很显然槽底直径是 24mm，所以在“旋转直径”里输入 24.0。上面的顺时针和逆时针主要设置旋转方向，这个和后处理有关。选用“顺时针”，因为机床的 C 轴正方向也是顺时针。下面的“展开”一定要勾上，因为选择的是 3D 缠绕轮廓线，不展开的话，刀路就无法正确生成，“展开公差”默认即可，如图 5-37 所示。

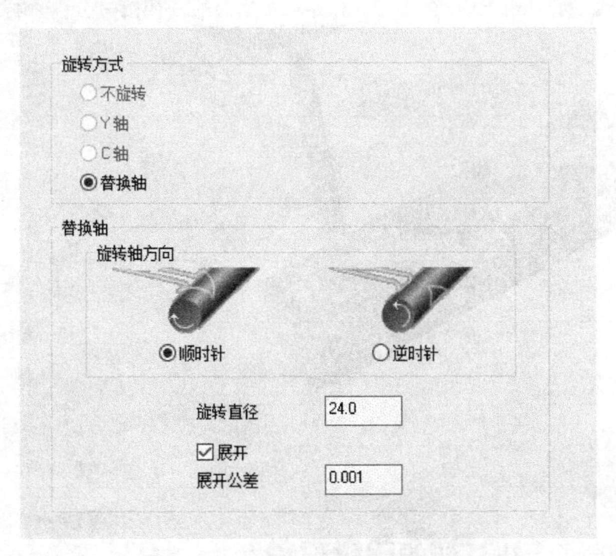

图 5-37　旋转轴控制参数设置

参数设置完成单击确定，运算并生成刀路，然后验证，如图 5-38、图 5-39 所示。

因为这个螺旋槽有三个，可以将剩下的两个轮廓添加到图形里，如图 5-40 所示。也可以用路径转换来复制，但需要注意的是，不可以用旋转，只能用平移，平移的距离就是第一个螺旋槽到第二个螺旋槽的间距，这个间距是周长，展开后就是两个图形之间的直线距离。

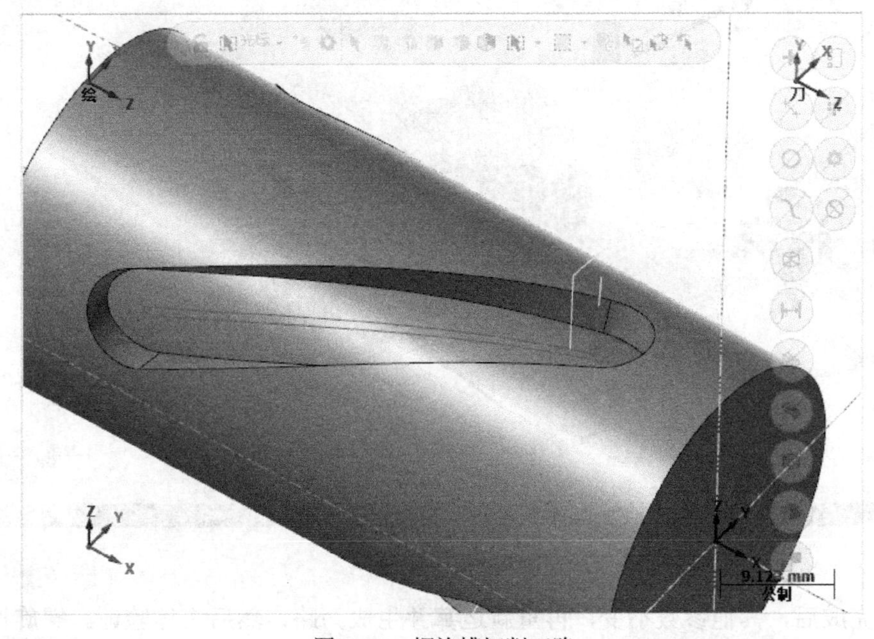

图 5-38　螺旋槽切削刀路

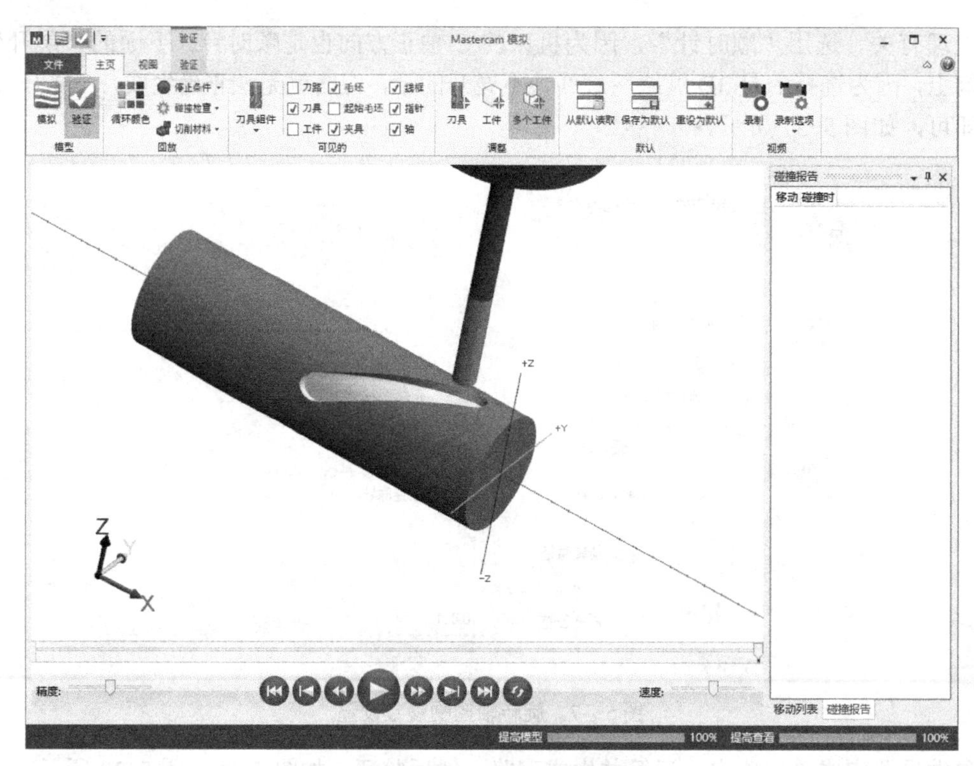

图 5-39　螺旋槽切削效果

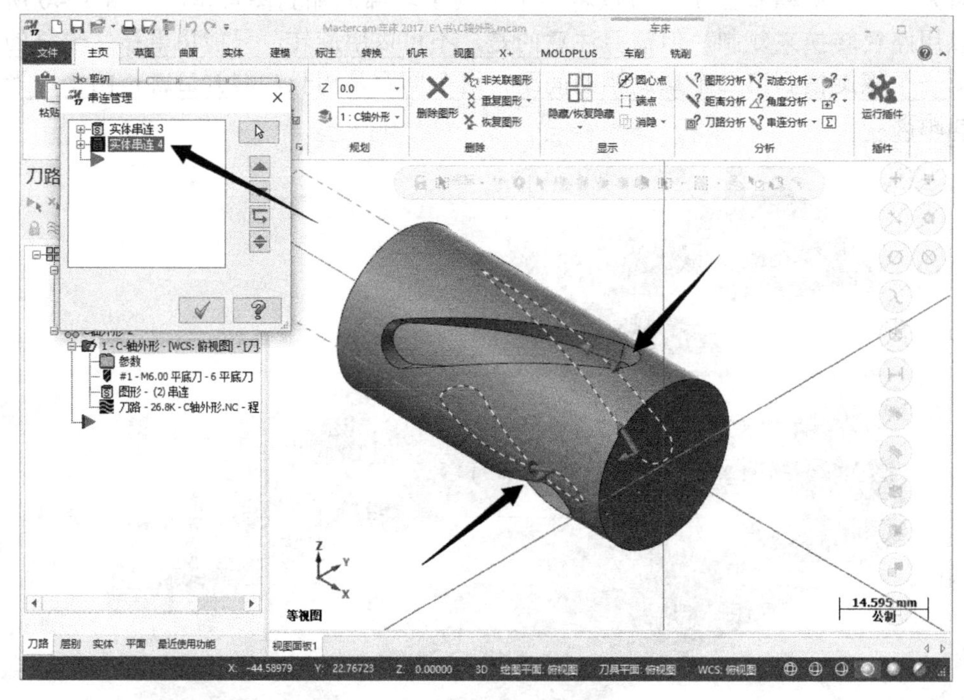

图 5-40　增加串连

选择完成后，其他参数不变，再重新运算并生成刀路，然后实体验证。螺旋槽实体验证效果如图 5-41 所示。

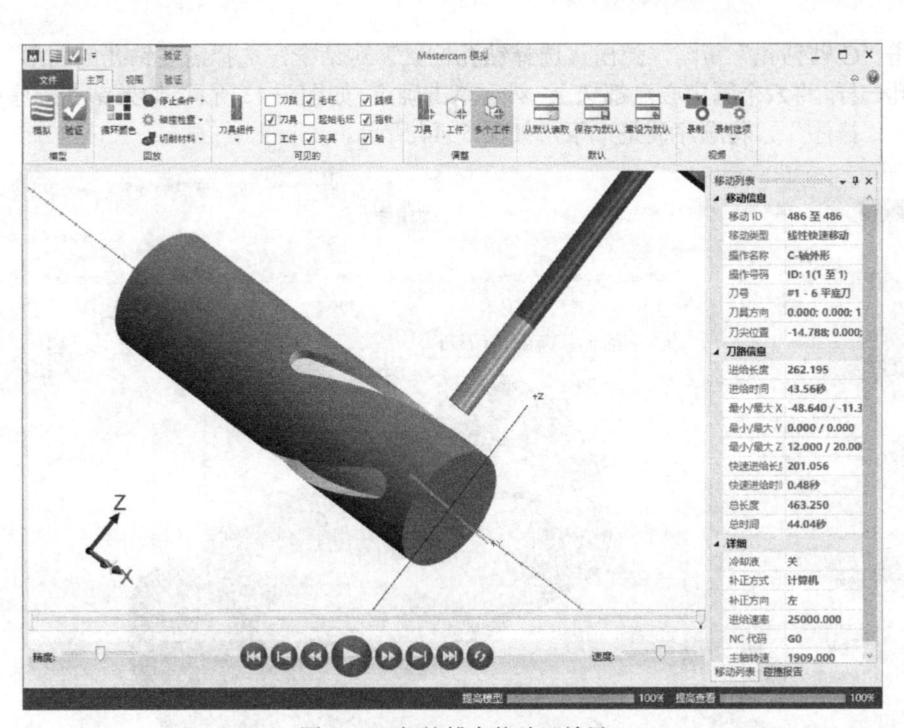

图 5-41　螺旋槽实体验证效果

5.4　C 轴钻孔

C 轴钻孔是在 X 向钻孔，刀具垂直于零件主轴，即 G18 平面。在三轴车铣复合编程中，C 轴钻孔一般用来加工销孔、螺纹孔，以及其他类型的垂直于零件主轴的孔。其参数设置和端面钻孔设置基本一样，只是后处理出来的循环代码不一样。图 5-42 为需要钻孔的图形。

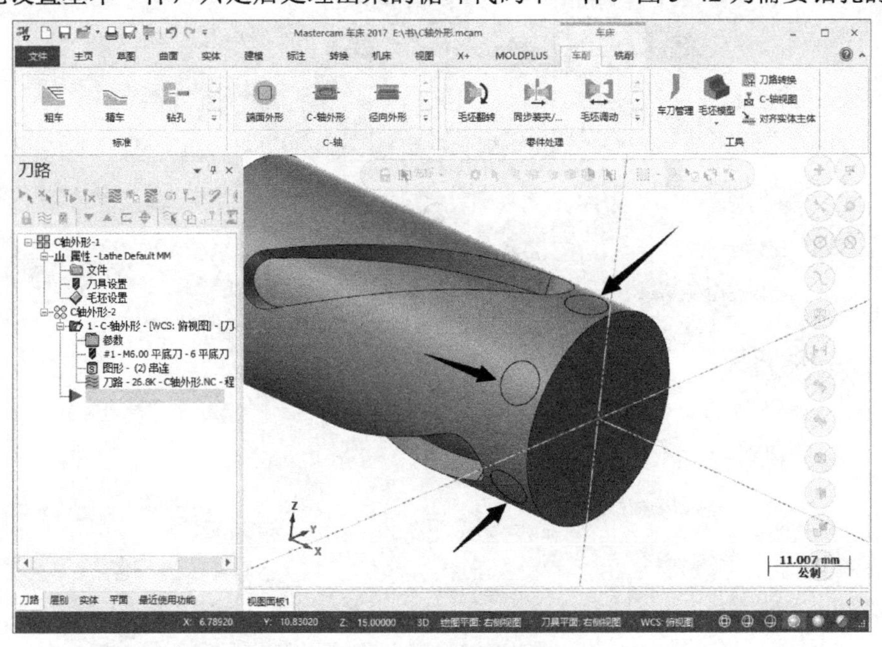

图 5-42　待钻孔图形

单击“C 轴钻孔”策略，弹出“选择钻孔位置”对话框，选择需要钻孔的图形，方法和端面钻孔一样，将六个圆中心点都选上，然后单击确定，如图 5-43 所示。如果钻孔顺序有点乱，可以单击“排序”，将顺序调整一下，如图 5-44 所示。

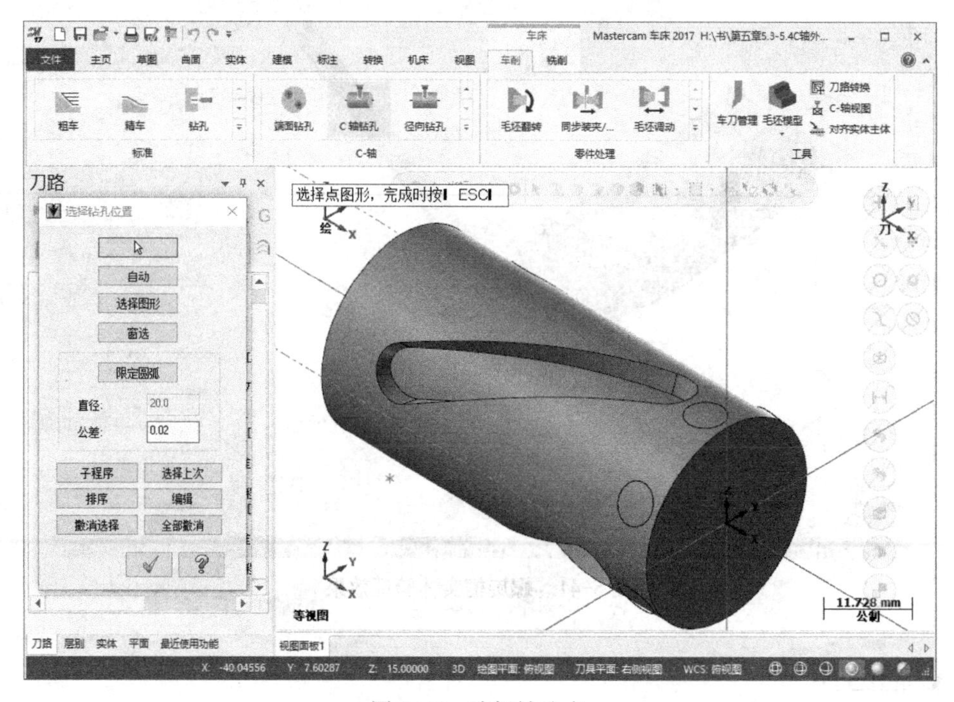

图 5-43　选择钻孔点

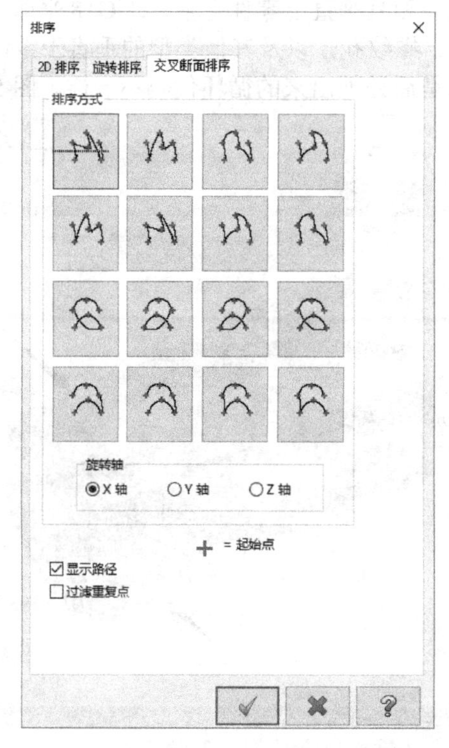

图 5-44　钻孔点排序

然后添加一把 ϕ6mm 的钻头，接着设置主轴转速和进给速率，如图 5-45、图 5-46 所示。

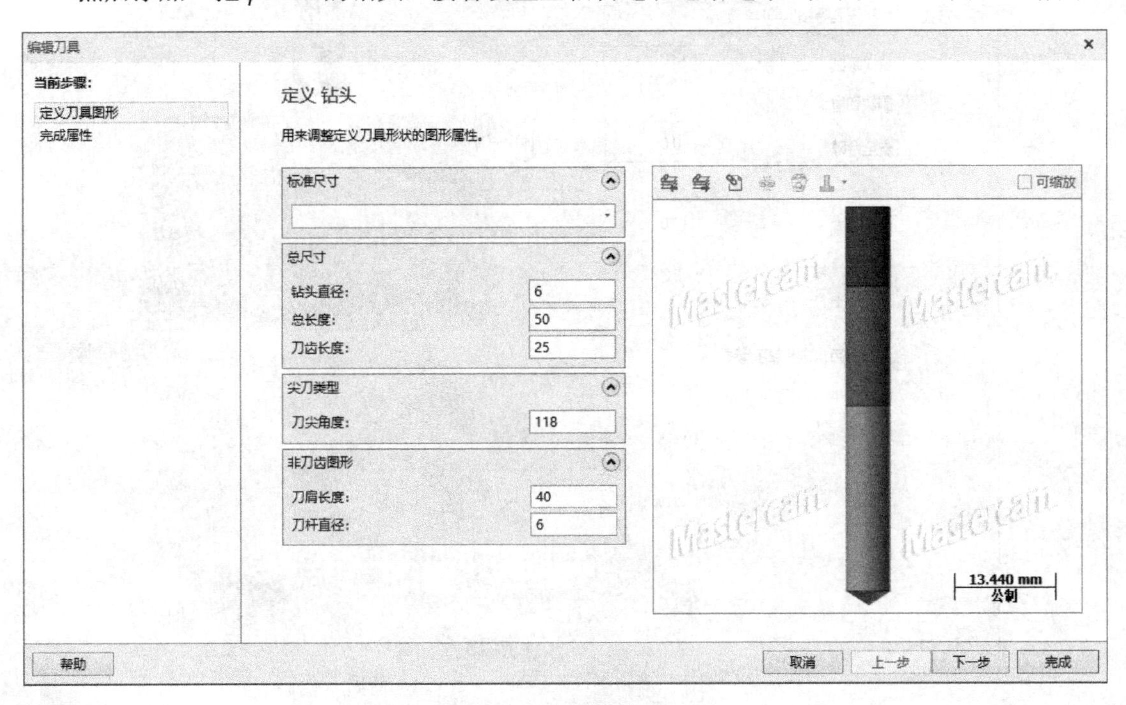

图 5-45　新建钻头

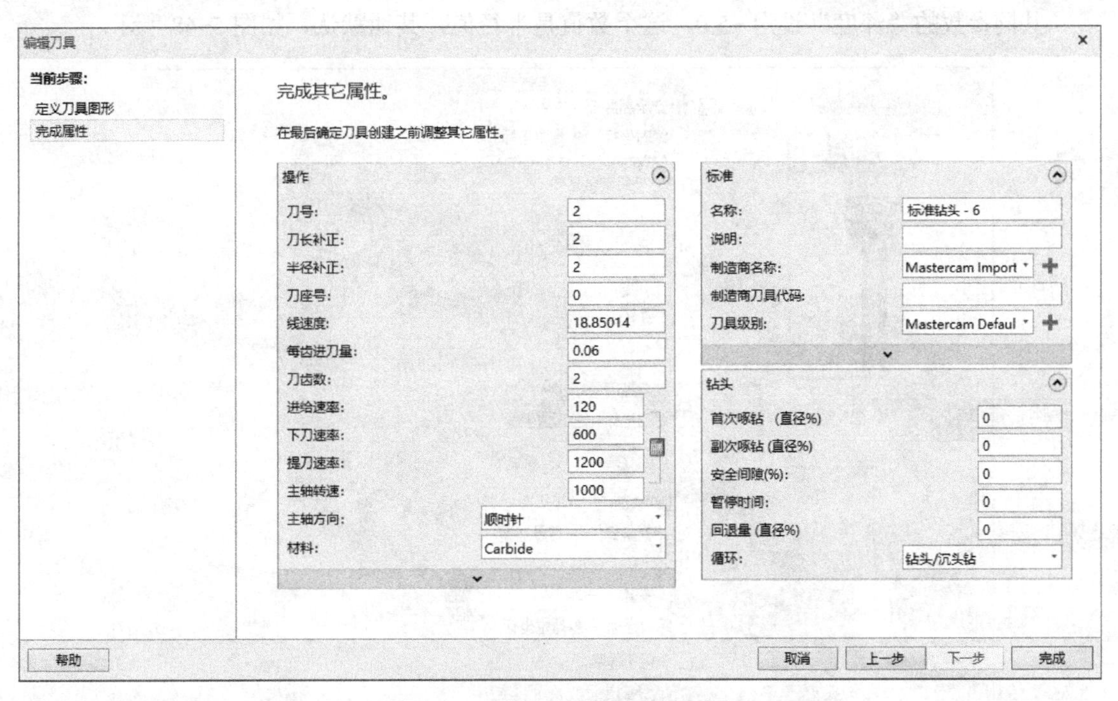

图 5-46　设置主轴转速与进给速率

切削参数中的“循环方式”设为“深孔啄钻（G83）”，“首次啄钻”设为 3.0，其他不用设置，如图 5-47 所示。

循环方式 深孔啄钻(G83)

首次啄钻 3.0

副次切量 0.0

安全余隙 0.0

回缩量 0.0

暂停时间 0.0

提刀偏移量 0.0

启用自定义钻孔参数

参数 #1	0.0	参数 #6	0.0
参数 #2	0.0	参数 #7	0.0
参数 #3	0.0	参数 #8	0.0
参数 #4	0.0	参数 #9	0.0
参数 #5	0.0	参数 #10	0.0

图 5-47　切削参数设置

共同参数的“深度”设为 -5.0，这个数值是半径值，其他默认，如图 5-48 所示。

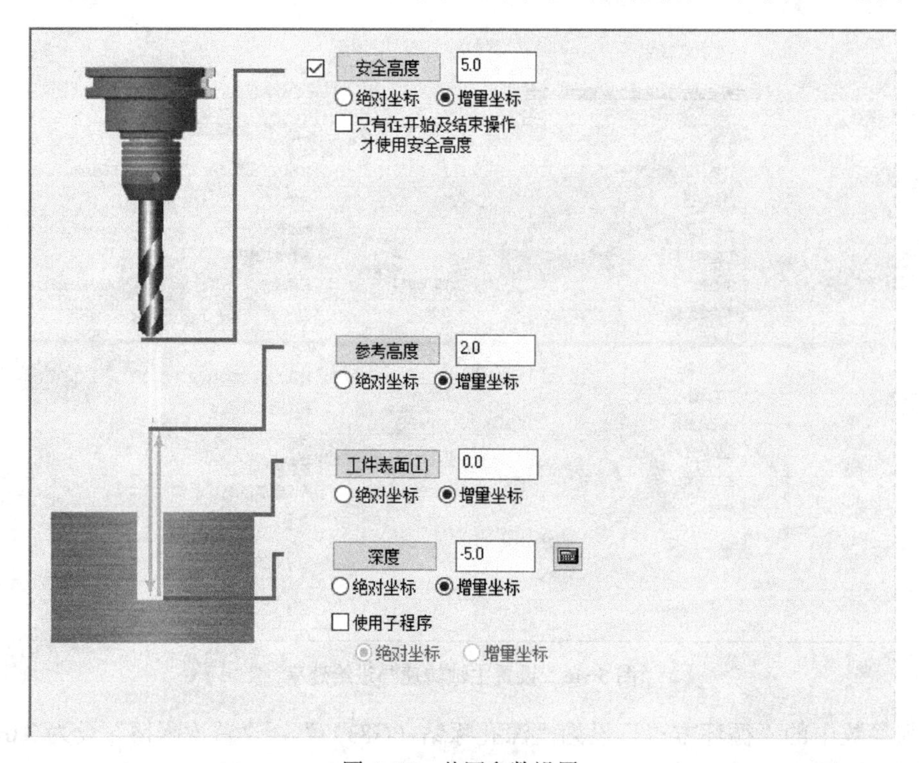

图 5-48　共同参数设置

冷却液（即切削液）设置为 ON，然后设置旋转轴控制，“旋转直径”为 30.0，“旋转轴方向”为“顺时针”，“展开”一定要勾选，如图 5-49 所示。

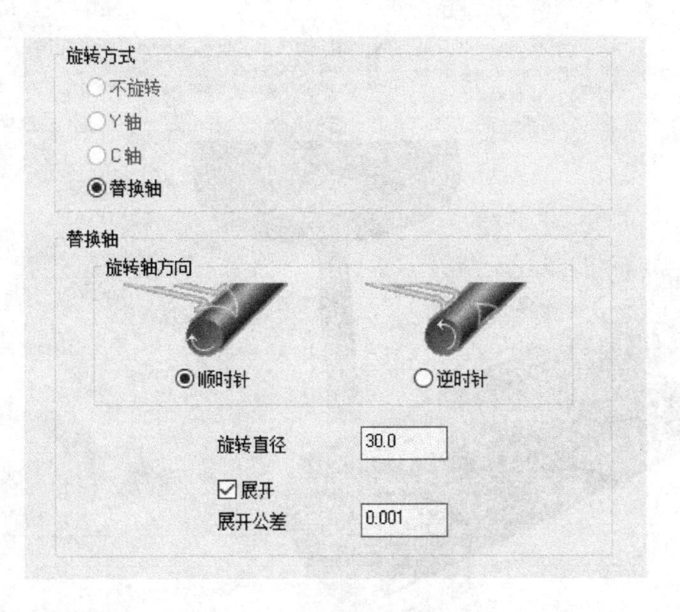

图 5-49　旋转轴控制设置

设置完成后单击确定，运算并生成刀路，然后实体验证，如图 5-50、图 5-51 所示。

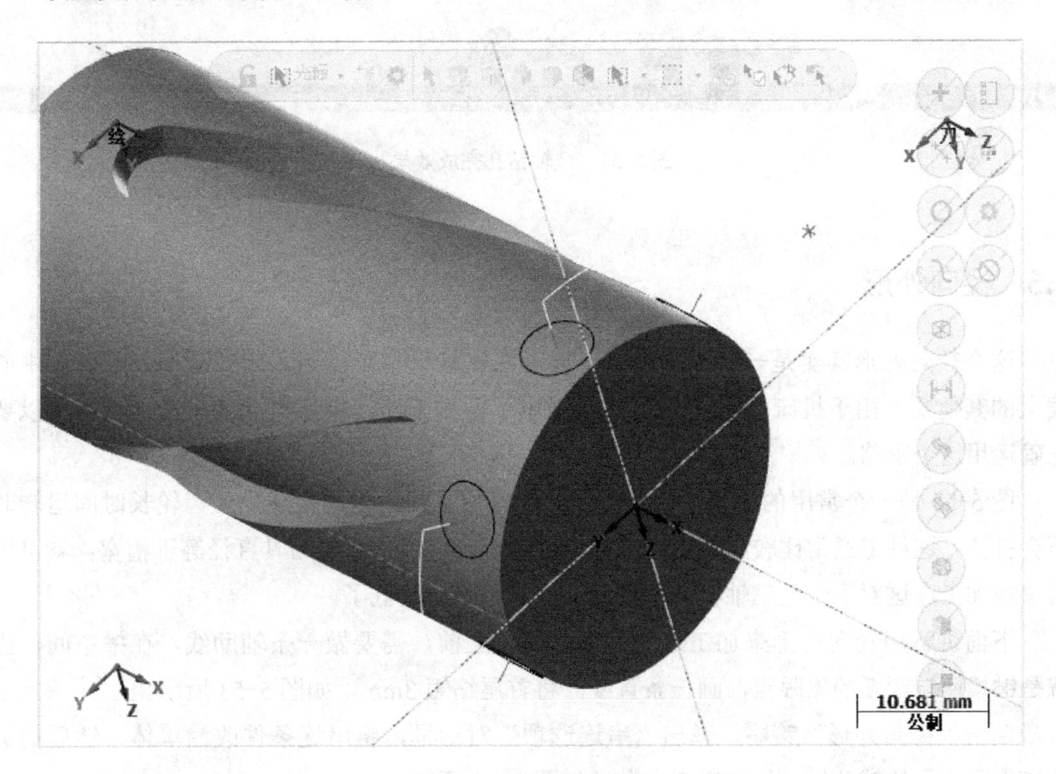

图 5-50　C 轴钻孔刀路

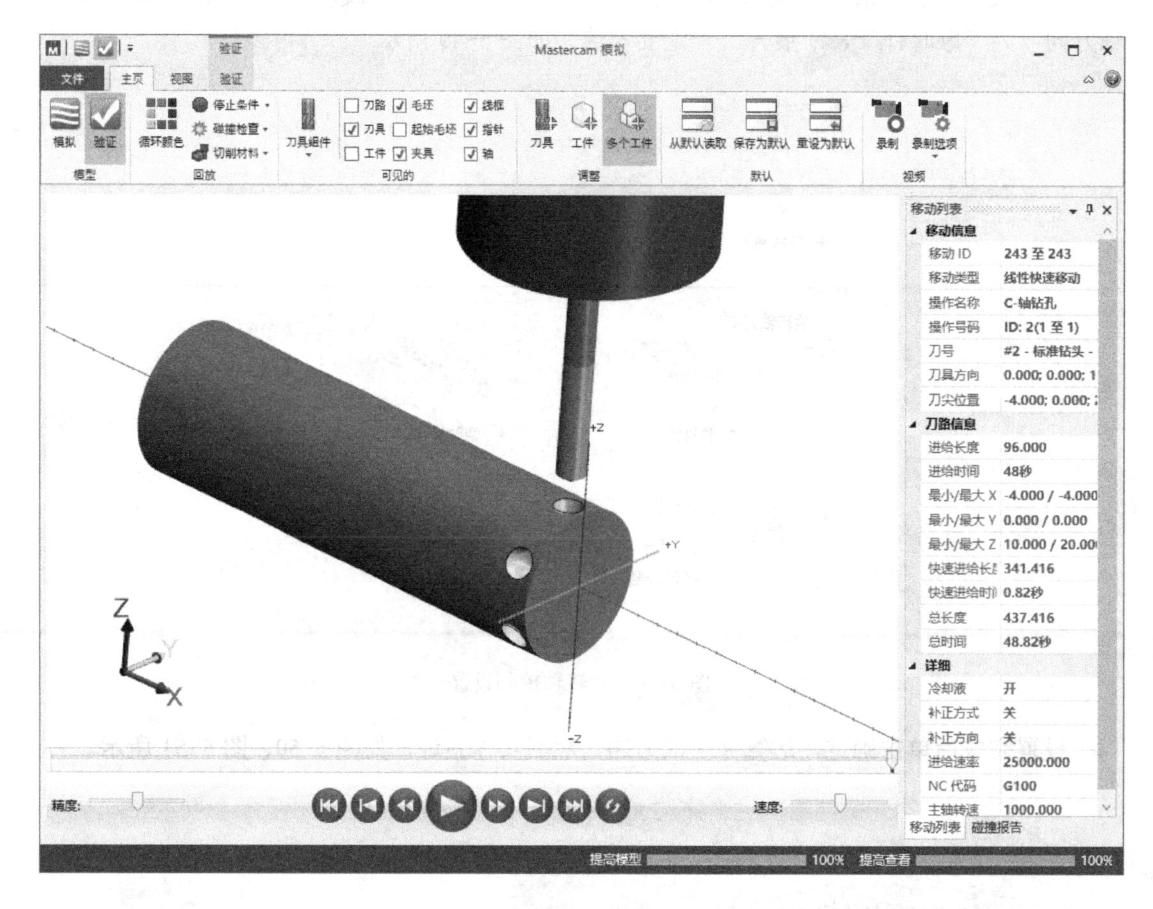

图 5-51　C 轴钻孔完成效果

5.5　径向外形

这个径向外形其实是一个四轴策略，但是在三轴里也可以用，比如键槽、刚好在中心线上的其他槽，由于机床没有 Y 轴，即使做出了四轴刀路，机床也无法正确运行，所以要正确运用这个策略。

图 5-52 是一个常用的键槽，用于装配齿轮时将齿轮角度固定住，使齿轮长时间运转时不会打滑。这种槽通常比较好加工，因为是平行于中心线，只要刀具直径等于槽宽，就可以用单线加工，这对于一些三轴机床来说，加工成本就比较低了。

下面讲解用径向外形来加工这个键槽。编程之前，需要做一条辅助线，在槽中间，也就是键槽两端圆弧的象限点，画一条直线，将首尾缩短 3mm，如图 5-53 所示。

单击“径向外形”策略，弹出“串连选项”对话框，将串连条件改为单体，然后捕捉键槽上刚才画的辅助线，注意串连方向，如图 5-54 所示。

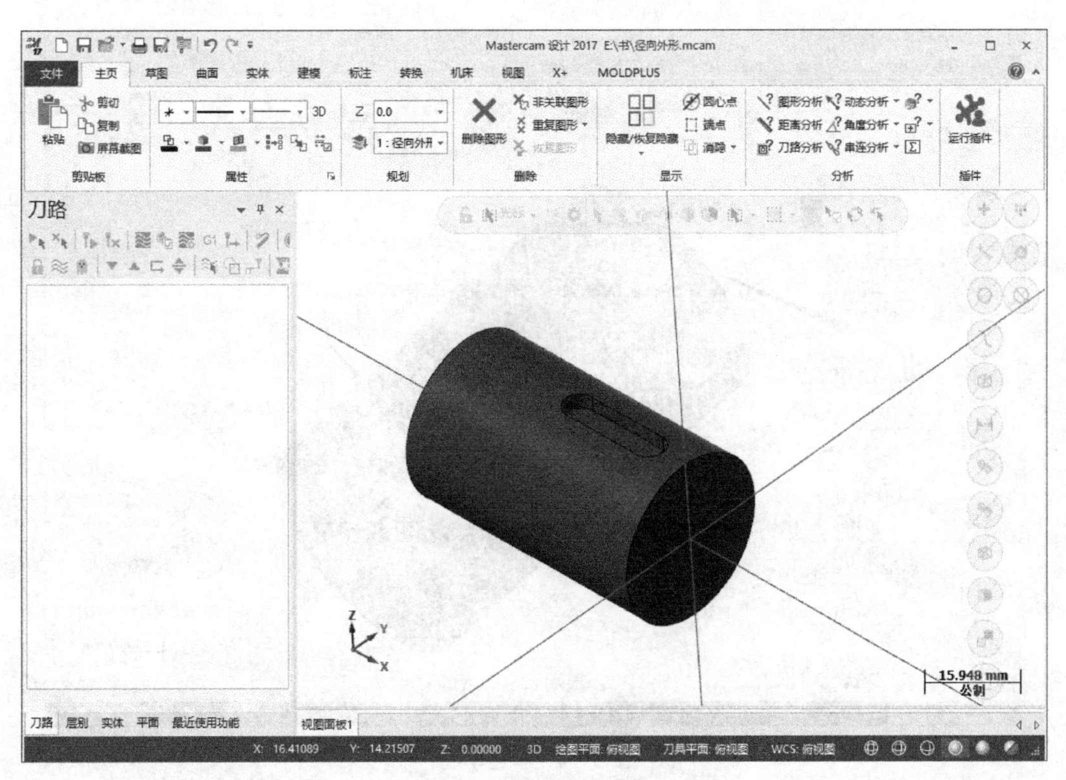

图 5-52　键槽实体图

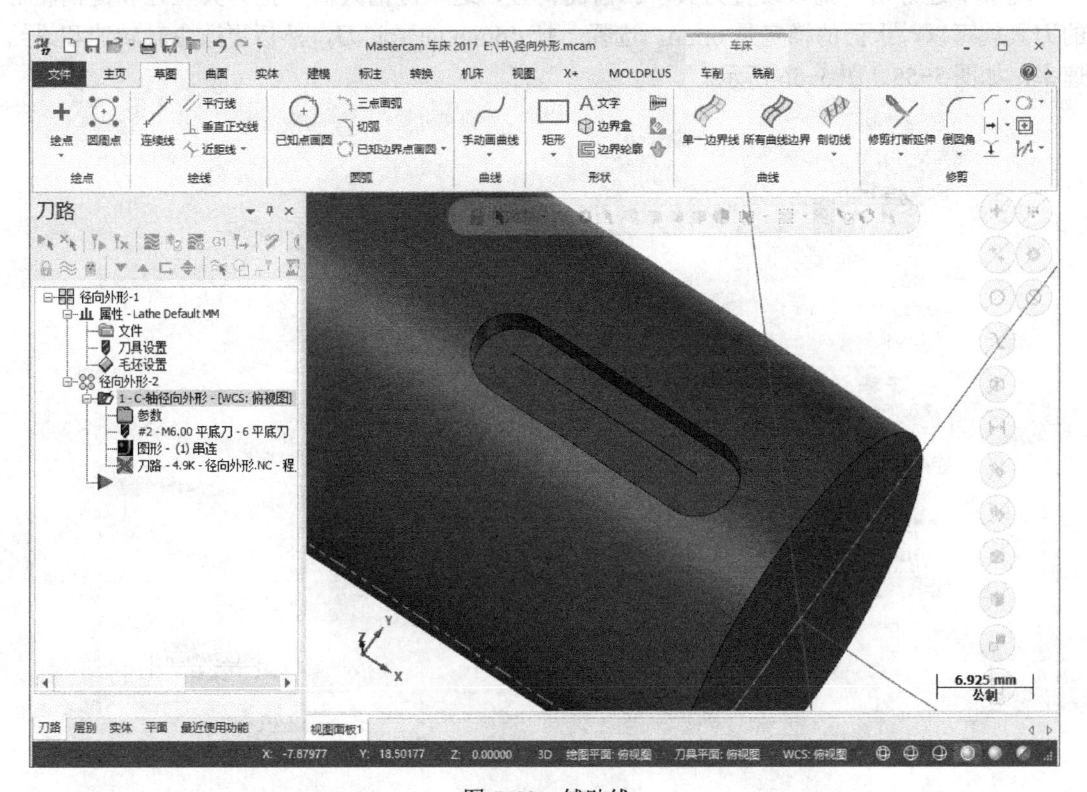

图 5-53　辅助线

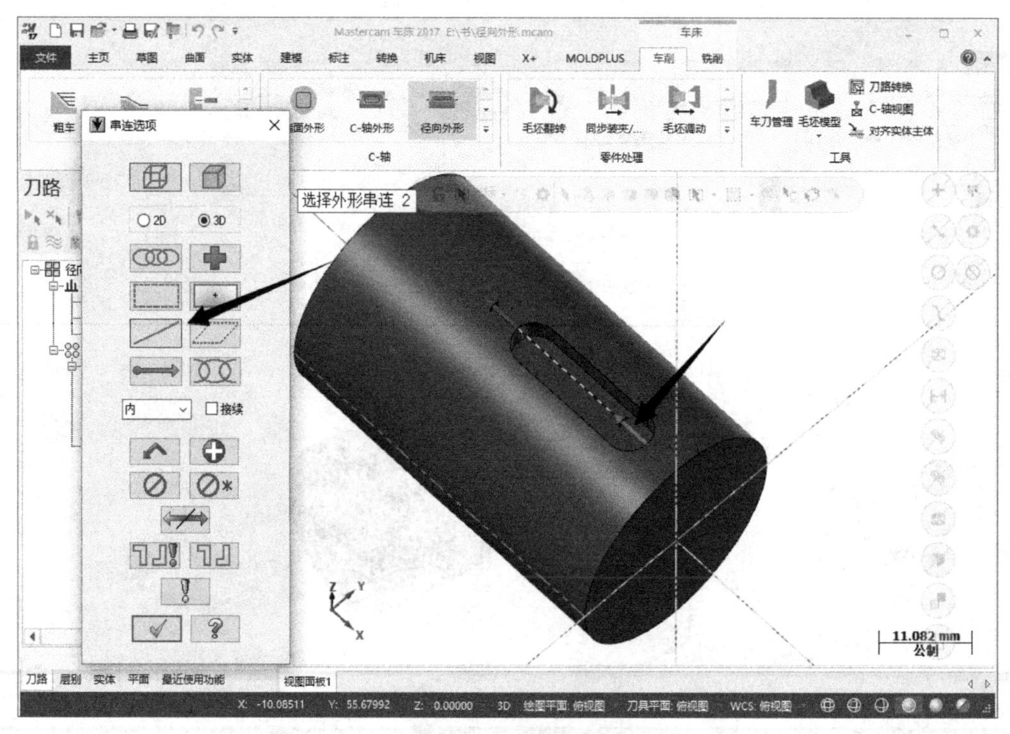

图 5-54　串连单线

轮廓串连好后，就该设置刀具了。前面讲过，这个键槽只需一把刀具直径和键槽相等的刀具就可以，上面的槽宽是 6mm，选择一把 ϕ6mm 的平底刀，然后更改主轴转速和进给速率，如图 5-55、图 5-56 所示。

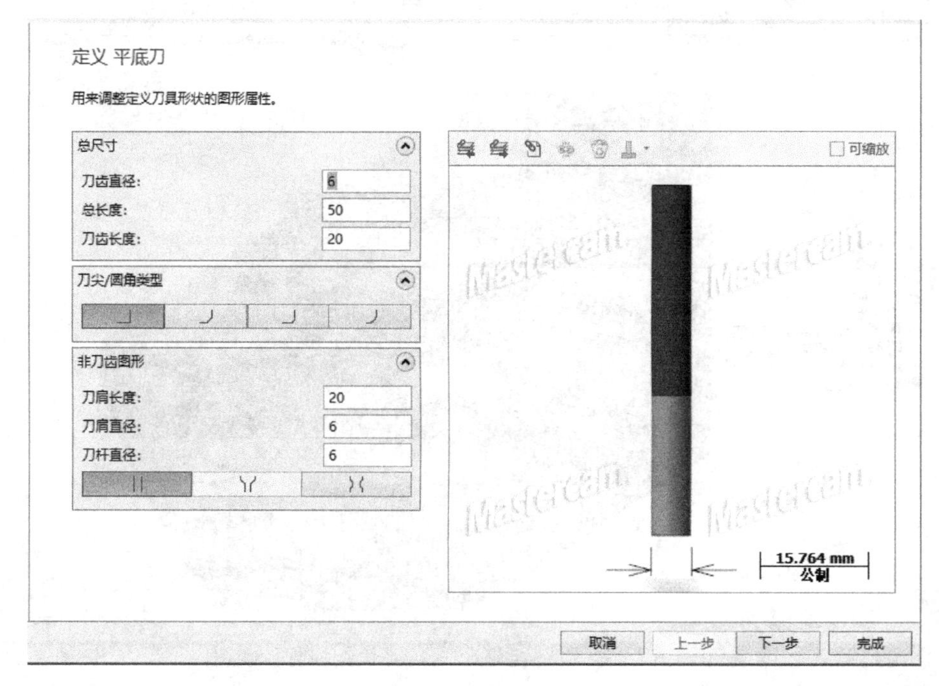

图 5-55　新建刀具

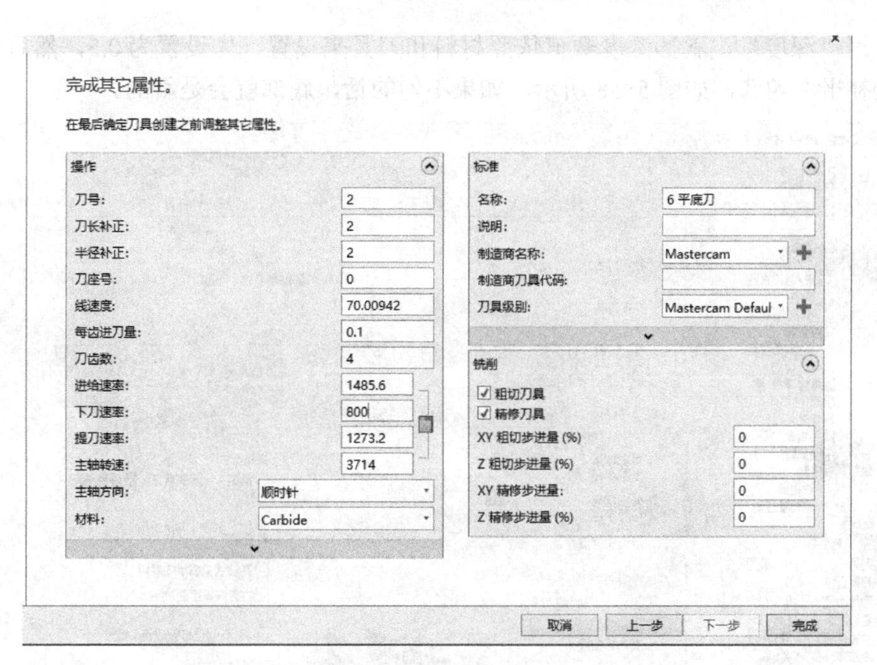

图 5-56　刀具参数设置

如果发现主轴转速和进给速率总是自动还原，那就是刀具设置不对，如图 5-57 所示，“进给速率设置”要选择“依照刀具”，这样后处理出来的主轴转速和进给速率就会和设置的一样。

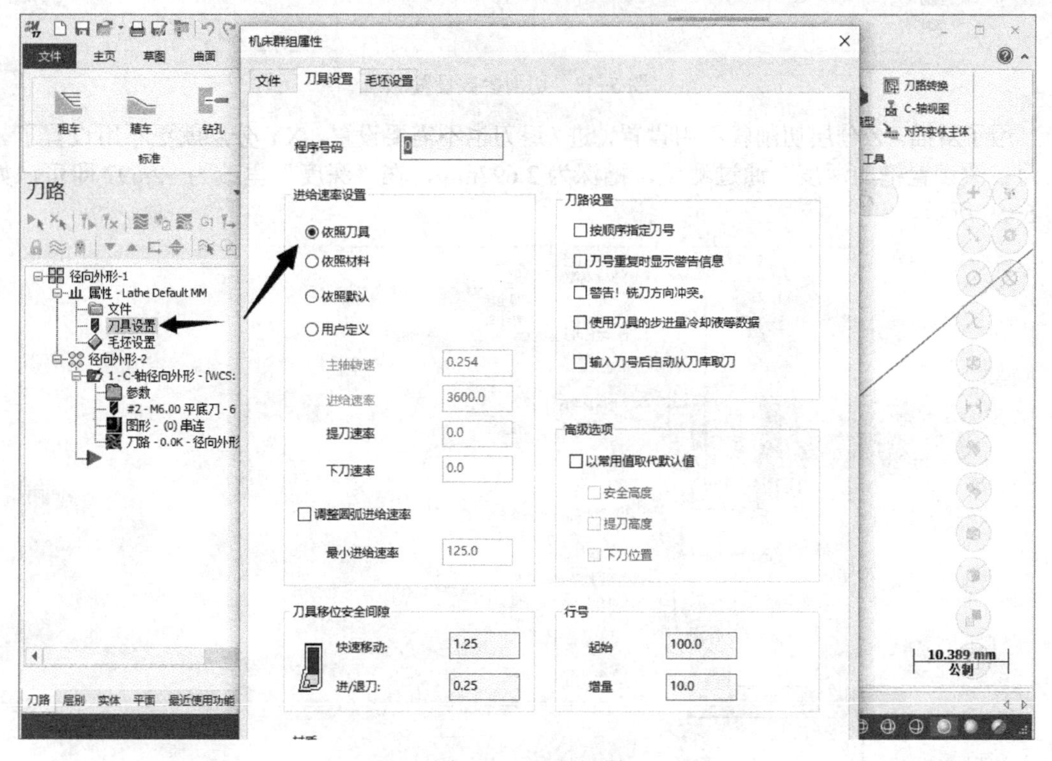

图 5-57　刀具设置

设置好刀具，再设置切削参数，补正方式要关掉，“外形铣削方式”用“斜插”，“斜插方式”用“深度”，斜插深度数值依照材料和刀具来设置，先设置为 0.5，然后把“在最终深度处补平”勾选，如图 5-58 所示。如果不勾的话，底部就会是斜的。

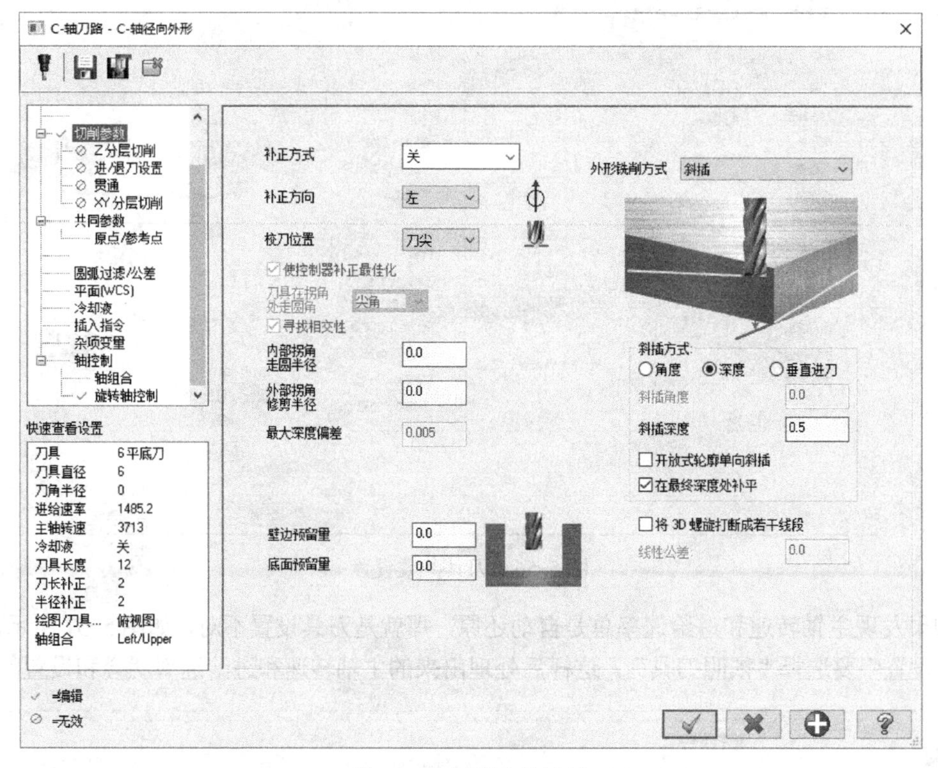

图 5-58　切削参数设置

用了斜插，Z 分层切削就不用设置，进 / 退刀也不需要设置，XY 分层就更不用设置了。共同参数设置槽的深度，通过测量，槽深为 2.697mm，在“深度”里改为 −2.697 即可，如图 5-59 所示。

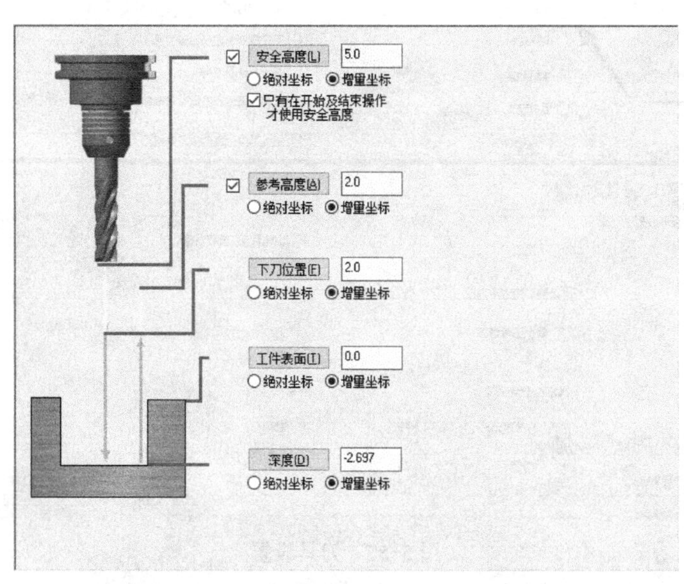

图 5-59　共同参数设置

最后在旋转轴里将“旋转方式”改为“Y 轴”，虽然三轴车铣复合机床没有 Y 轴，但在这里将旋转轴设置为 Y，后处理出来比较好修改，毕竟这是软件自带的后处理，要求不能太高，如图 5-60 所示。

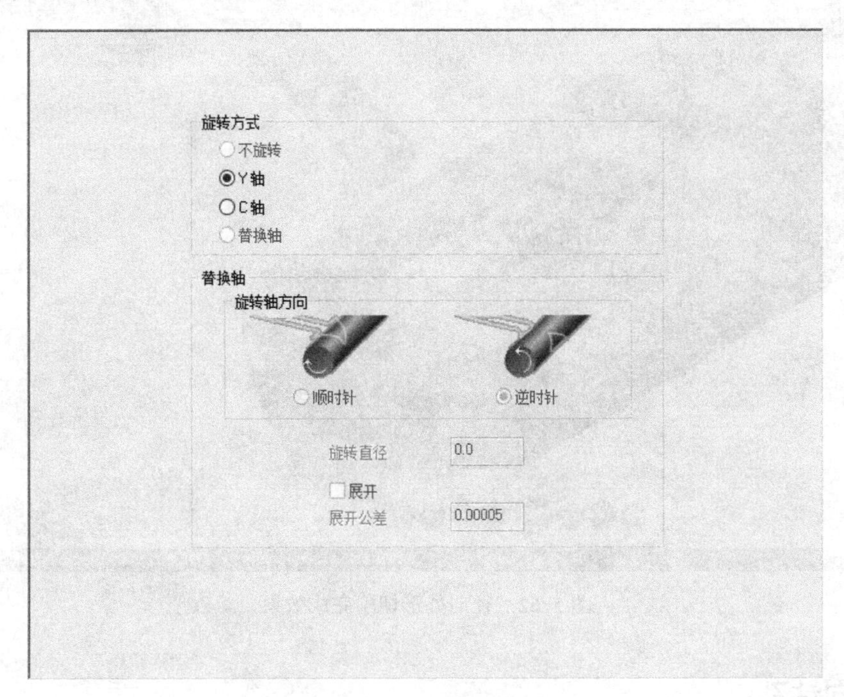

图 5-60　旋转轴控制设置

设置完成后单击确定，运算生成刀路，然后实体验证，如图 5-61、图 5-62 所示。

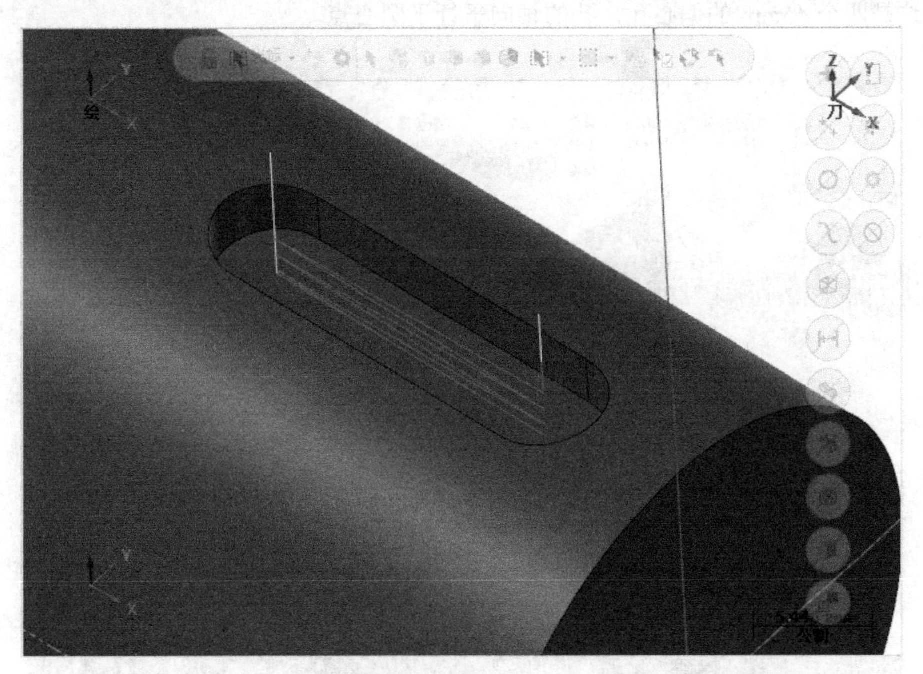

图 5-61　径向外形刀路

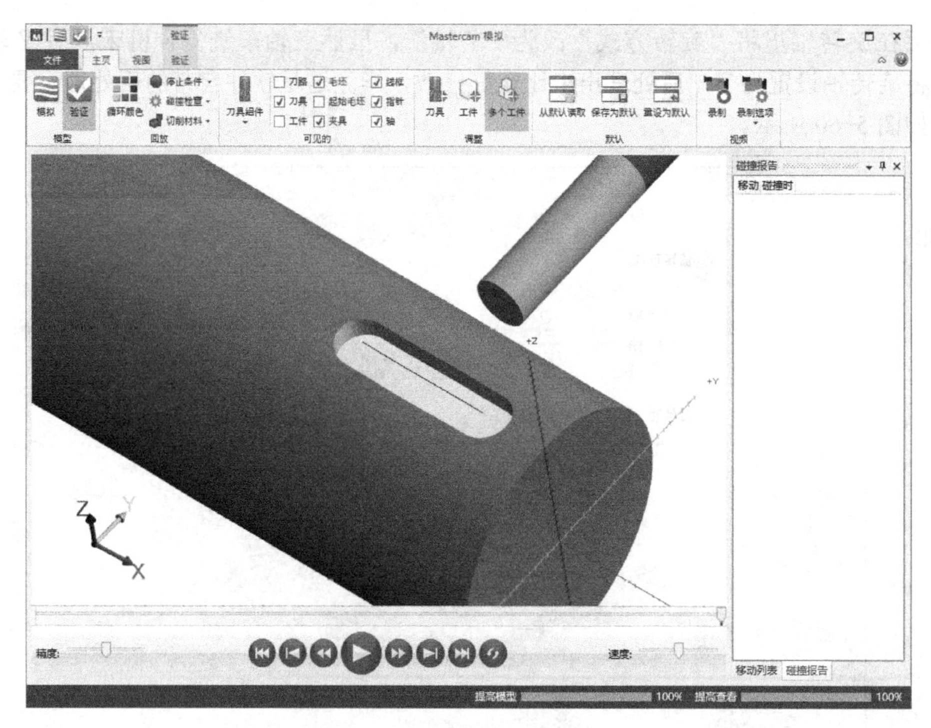

图 5-62　径向外形切削完成效果

5.6　径向钻孔

径向钻孔和径向外形一样，也是一个四轴策略，主要用在径向的偏心孔上。如图 5-63 所示，这是四个 ϕ5mm 的偏心孔，孔的轴向平行于圆心点。

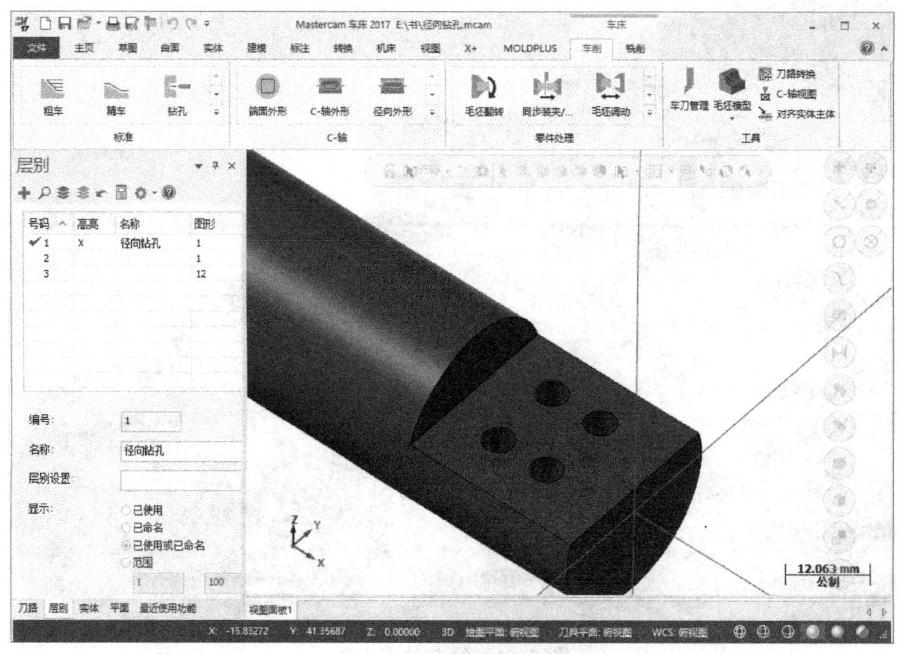

图 5-63　径向孔实体

为了更好地模拟径向钻孔，先用径向外形把平面铣出来，用单线轮廓加工，如图 5-64 所示。

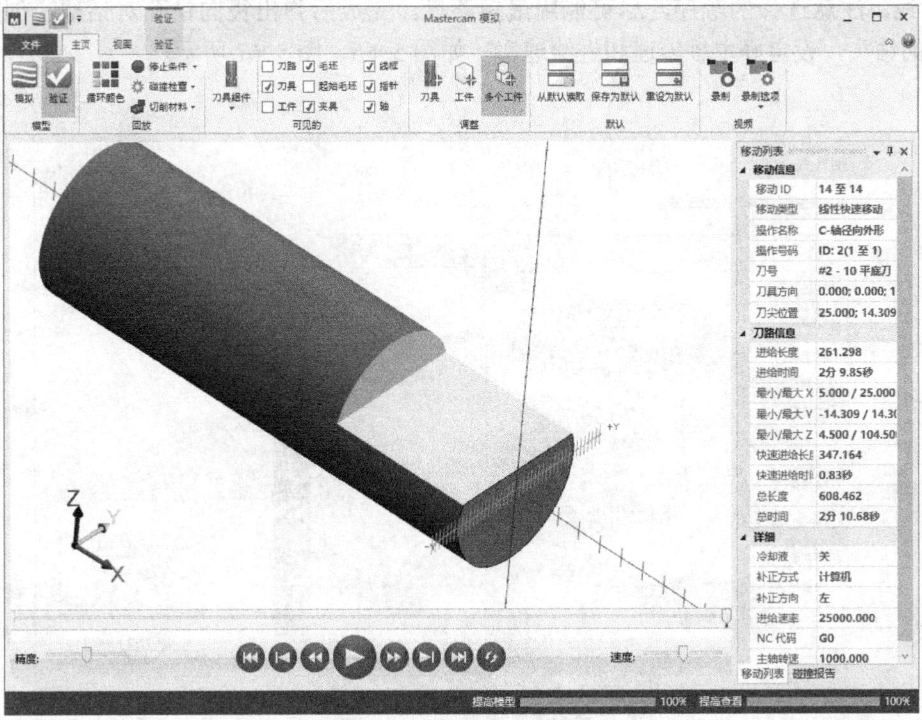

图 5-64　平面加工后效果

然后用单一边界将孔的边线提取出来，并且隐藏实体，以防实体在选择时产生不必要的干涉，如图 5-65 所示。

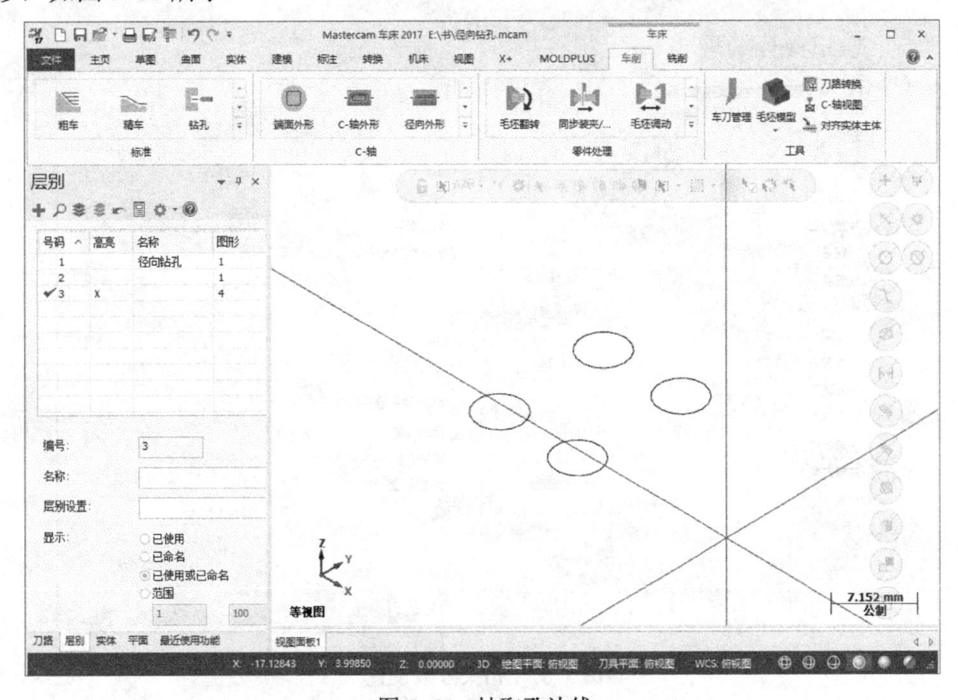

图 5-65　抽取孔边线

上述准备工作做好以后，进入径向钻孔策略，钻孔位置直接选择图形，选择刚才抽取的孔边线，注意选择的顺序，尽可能用最短路径。完成后弹出径向钻孔对话框，创建一把 ϕ5mm 的钻头，设定好主轴转速和进给速率，如图 5-66、图 5-67 所示。

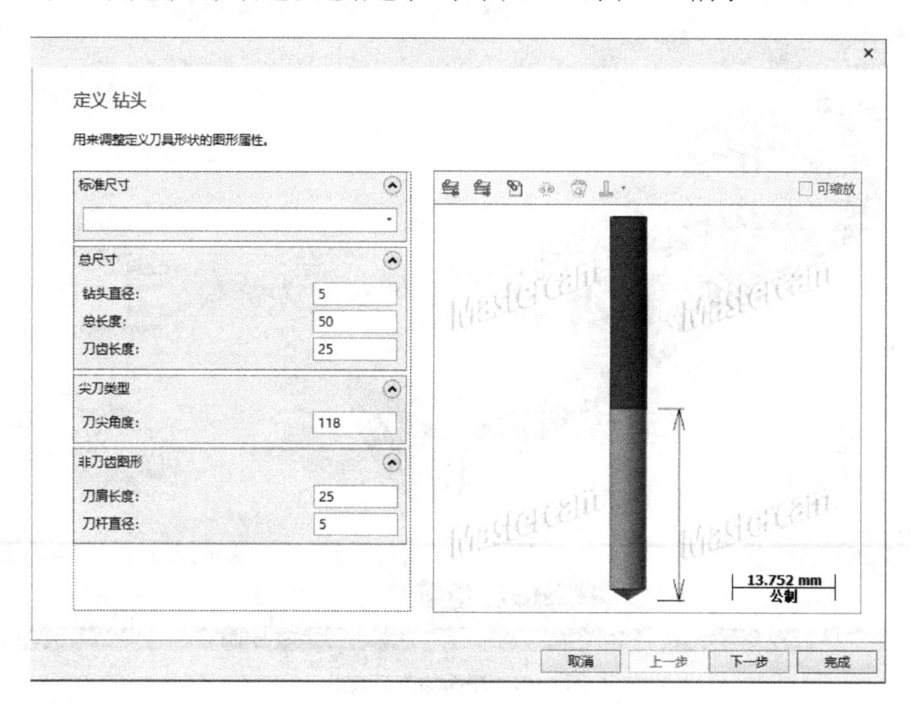

图 5-66　新建钻头

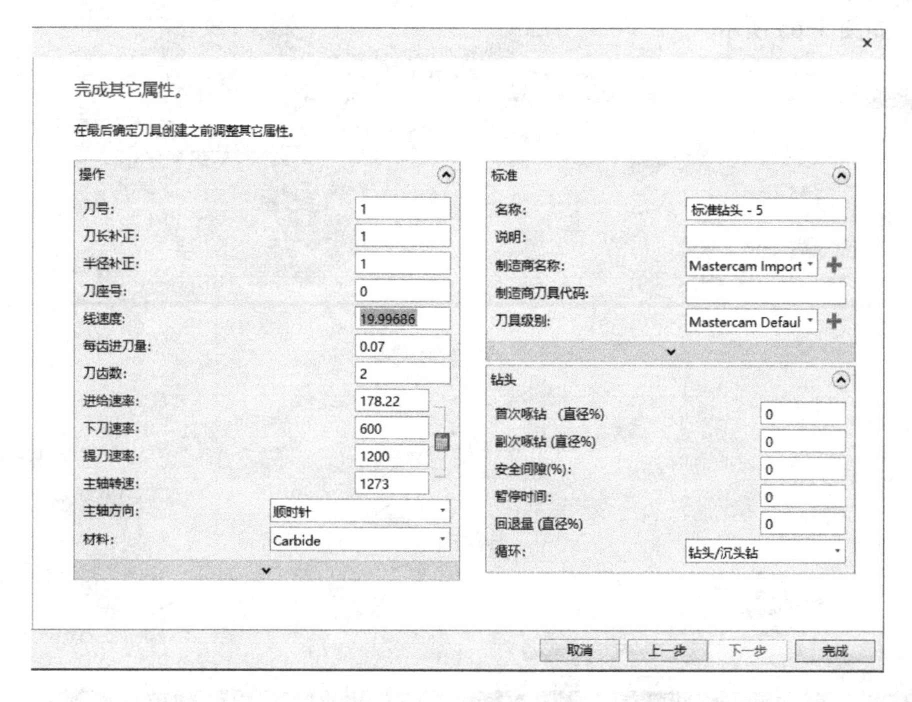

图 5-67　钻头参数设置

切削参数的“循环方式”还是用 G83，“首次啄钻”设为 3.0，其余不用设置，如图 5-68 所示。读者可能会有疑问，G83 不是端面钻孔代码吗，为什么径向钻孔也用这个代码？这是因为后处理会根据刀路类型自动处理出 G87 代码，所以无须纠结。

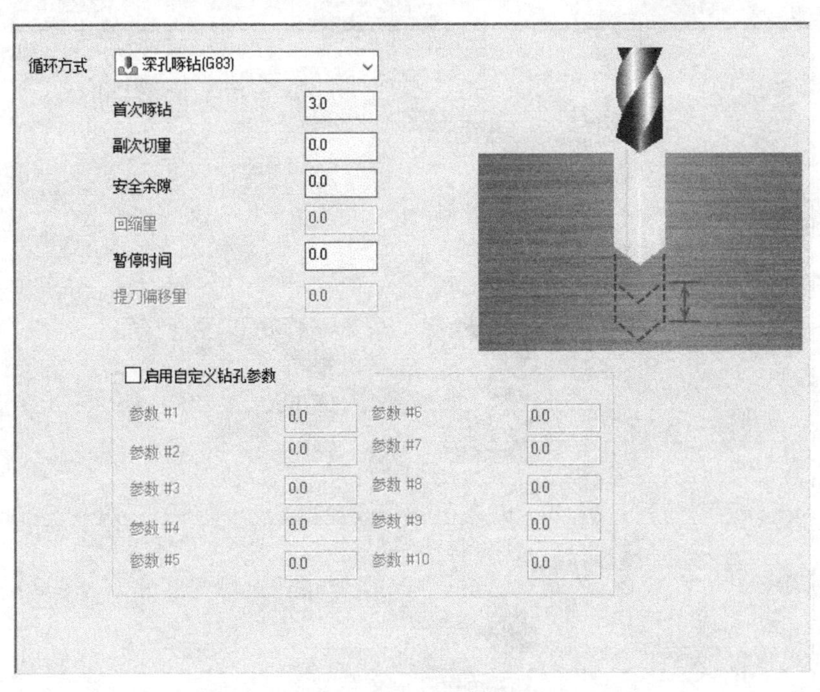

图 5-68　切削参数设置

共同参数设置深度，因为这四个孔是通孔，深度要有补正量，除了钻头的刀尖距离，还要再加上一个长度，以保证完全钻通。具体设置如图 5-69 所示。

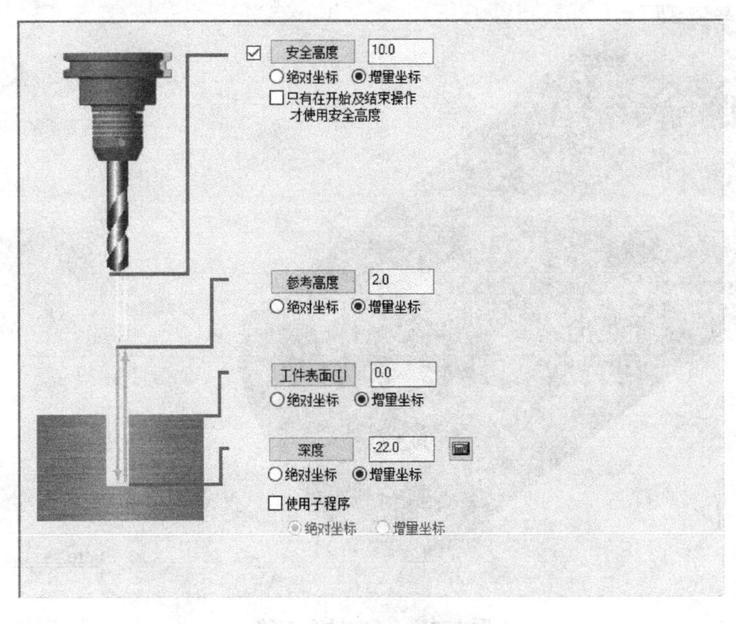

图 5-69　共同参数设置

在选择钻头时，还要注意切削刃的长度是否够长，防止刀柄与毛坯甚至与三爪发生碰撞，还有切削液也别忘了开启。最后设置旋转轴控制，这里一定要选 Y 轴，否则刀轴会垂直于圆心点，那钻出来就不符合图样要求了，如图 5-70 所示。

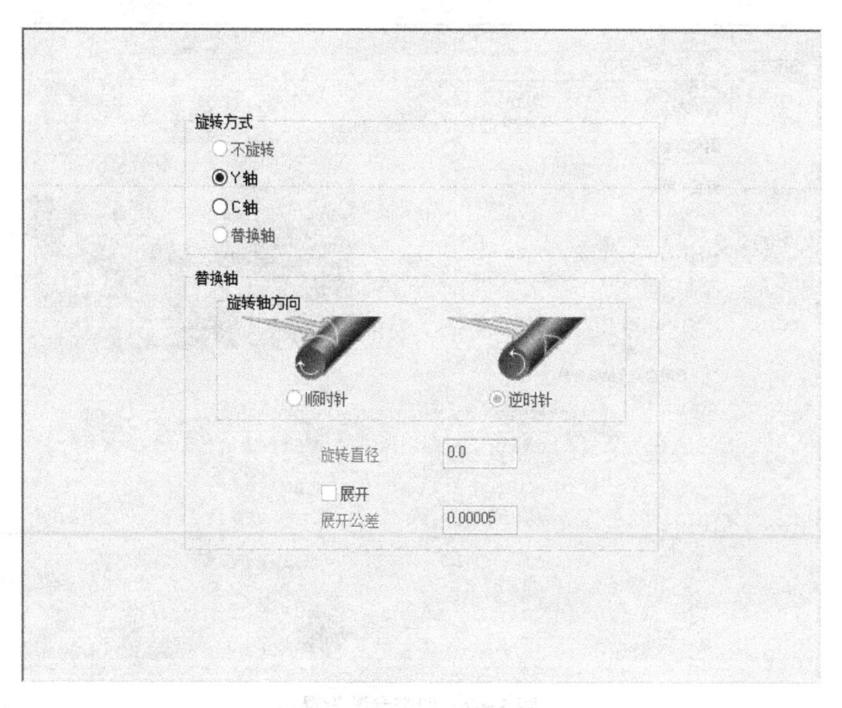

图 5-70　旋转轴控制设置

参数设置完成后单击确定，运算生成刀路，然后实体验证，如图 5-71、图 5-72 所示。

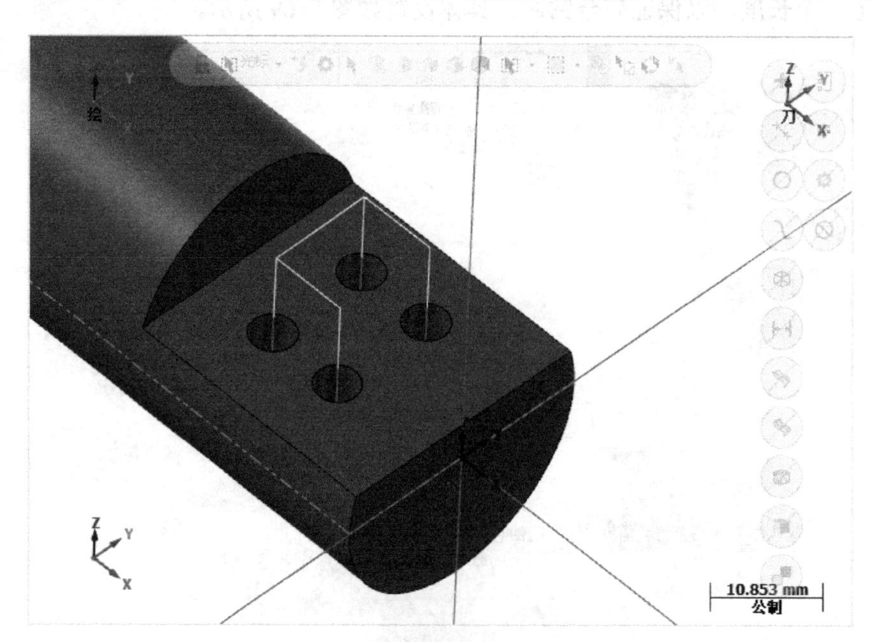

图 5-71　径向钻孔刀路

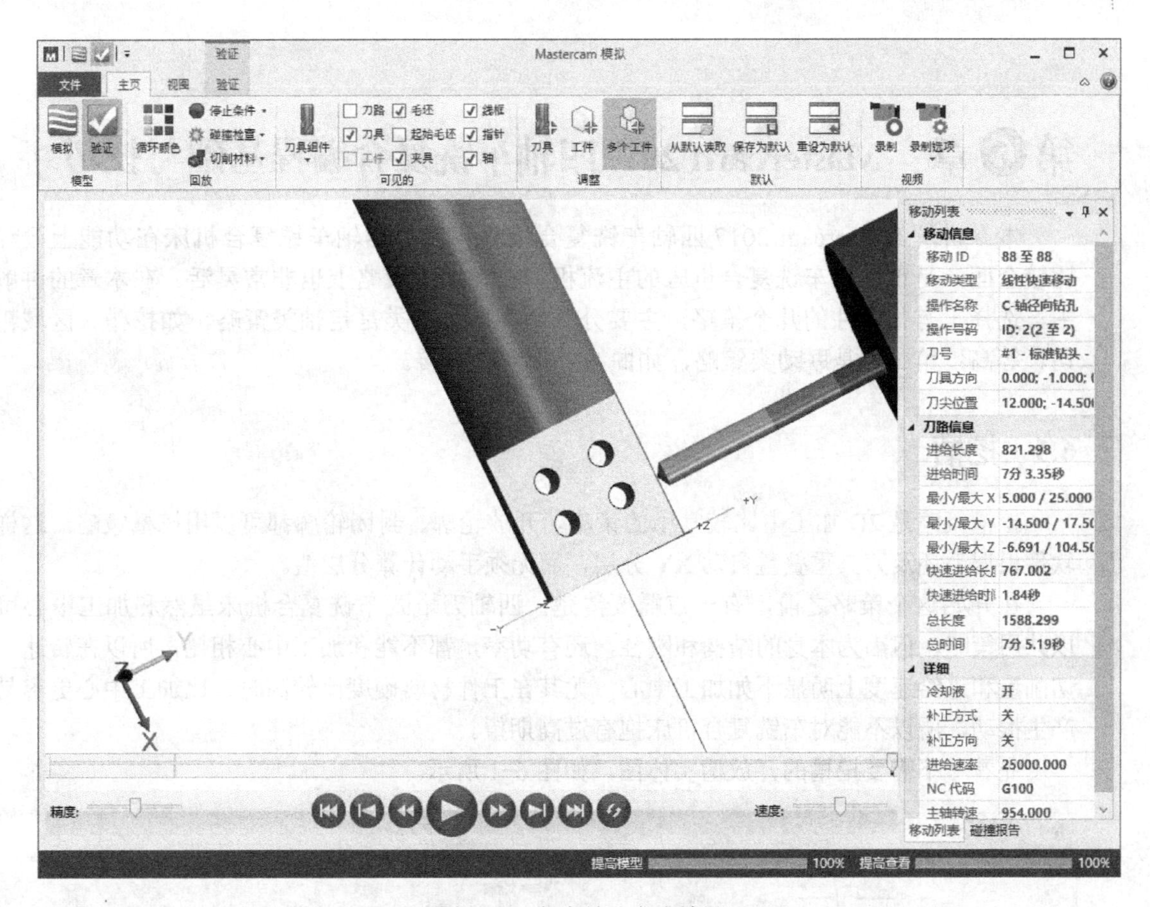

图 5-72　径向钻孔完成效果

在本章结尾，做个小总结。这章是从车床编程正式进入车铣复合编程，虽然策略简单，却是必经之路，凡事都是从简单到难，再到高深，如果想在车铣复合软件编程上走得更远更稳，那么这些基础必须打牢。车床的策略还能用手工编程偶尔来代替，但铣削编程大部分是无法用手工编程替代的。随着产品要求的提高和时代的进步，完全靠手工编程的时代已经过去了。

第❻章 Mastercam 2017四轴车铣复合编程基础与技巧

本章讲解 Mastercam 2017 四轴车铣复合编程。目前四轴车铣复合机床在功能上已经比较全面，是市场上车铣复合机床的主流机型。在编程策略上也非常灵活。在本章的讲解中，选择了有代表性的几个策略，主要分为两类，第一类是定轴类策略，如挖槽、区域粗切、等高；第二类是联动类策略，如曲线、渐变、旋转。

6.1 挖槽

挖槽策略是 2D 加工中比较常用的策略，开放轮廓、封闭轮廓都可以用挖槽策略，这样软件根据毛坯及刀具重叠量自动 XY 分层，而无须手动计算分层值。

在开始这个策略之前，有一点需要清楚：四轴刀塔式车铣复合机床虽然和加工中心可以共用策略，但因为本身的结构和刚性，还有功率，都不能和加工中心相比，所以在转速、切削量和进给速度上明显不如加工中心，尤其在工件材料硬度比较高时，比加工中心更容易产生振动，所以不能对车铣复合机床抱有过高期望。

先看一下需要挖槽的开放槽实体图，如图 6-1 所示。

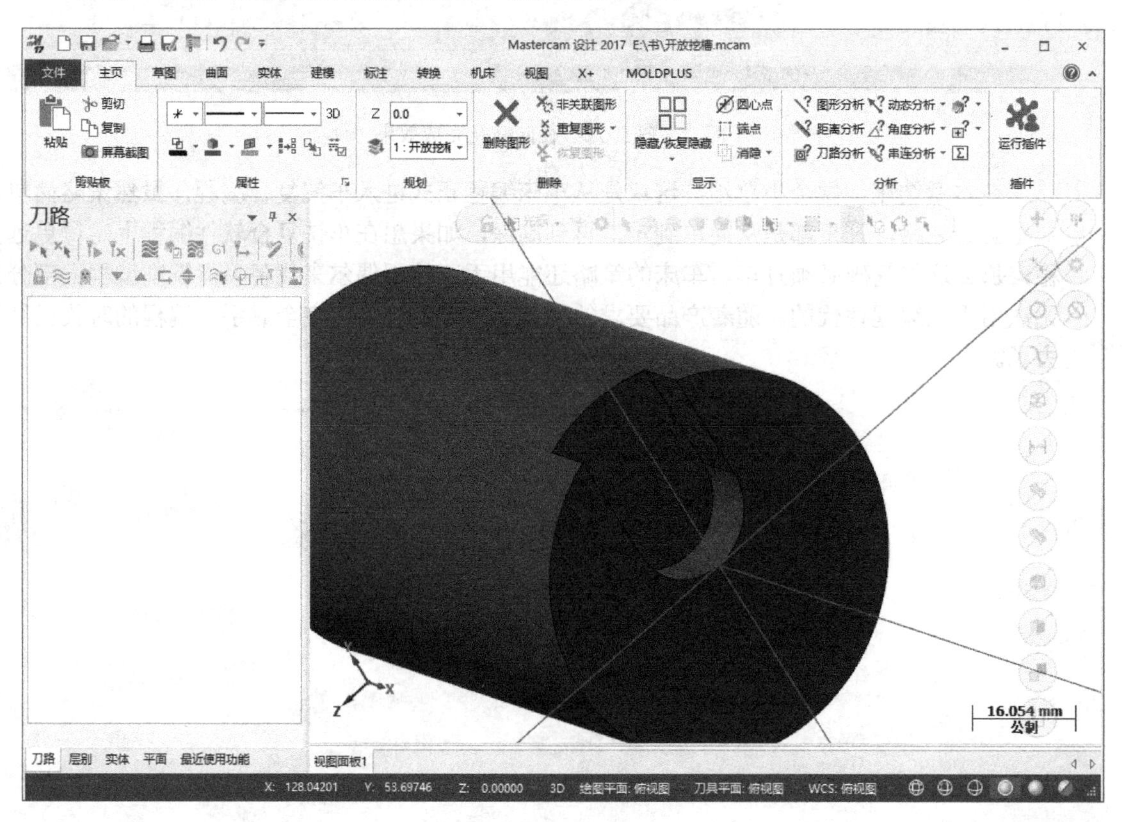

图 6-1　挖槽实体图

图 6-1 是一个宽度为 20mm 的开放槽，用 8mm 的平铣刀来加工。下面介绍这个策略怎么设置。选择好机床后，先设置实体毛坯，选择“毛坯设置”，在左侧主轴单击“参数”，将“图形”改为“实体图形”，并选择实体毛坯（这个实体毛坯是事先画好的，也可以通过线框模式来设置，这个看具体需要），如图 6-2 ～图 6-4 所示。

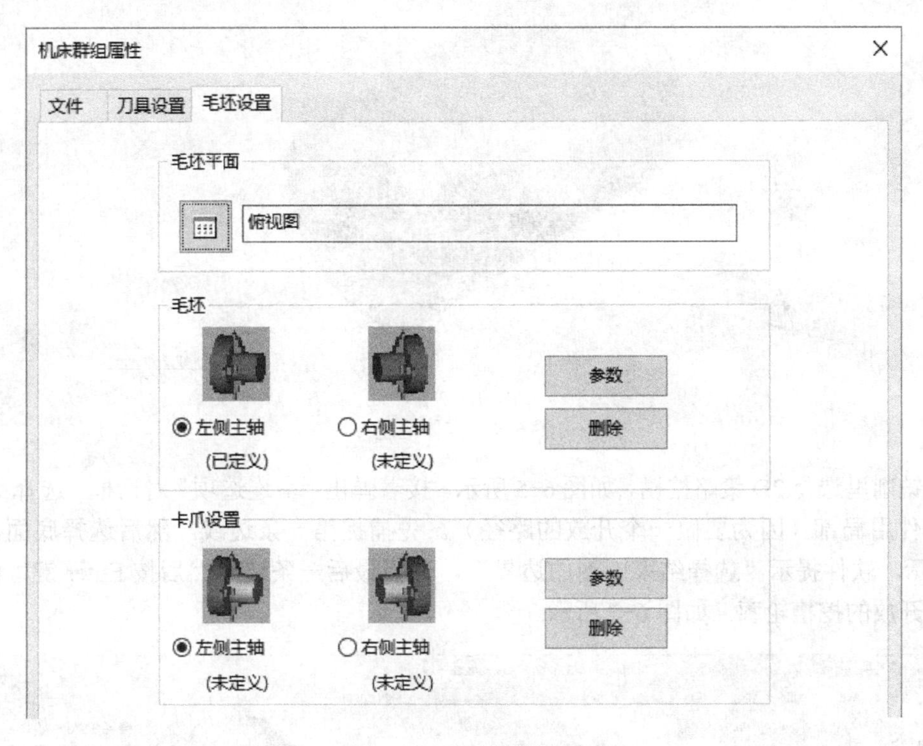

图 6-2　毛坯设置界面

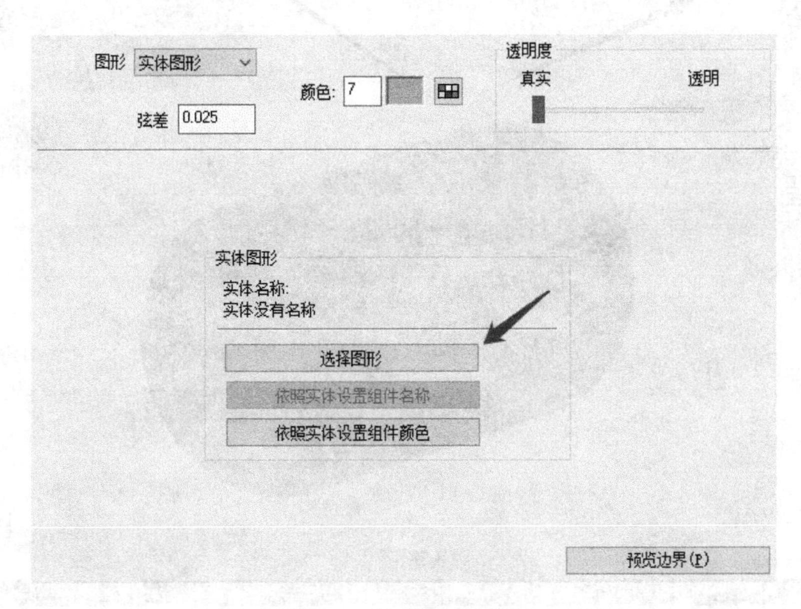

图 6-3　选择图形界面

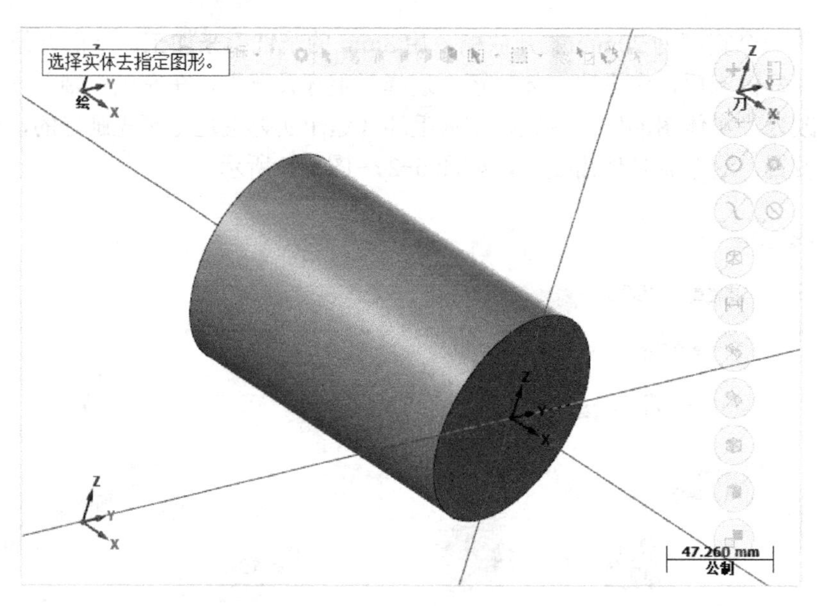

图 6-4　实体毛坯

在铣削里选择 2D 策略挖槽，如图 6-5 所示。接着弹出“串连选项”对话框，选择“3D”，串连条件用局部（因为要做一个开放的路径）。先捕捉第一条边线，然后选择底面，如图 6-6 所示。软件提示“选择结束圆圈的边界”，选择最后一条边，然后按 Enter 键，即串连出一个开放的挖槽轮廓，如图 6-7 所示。

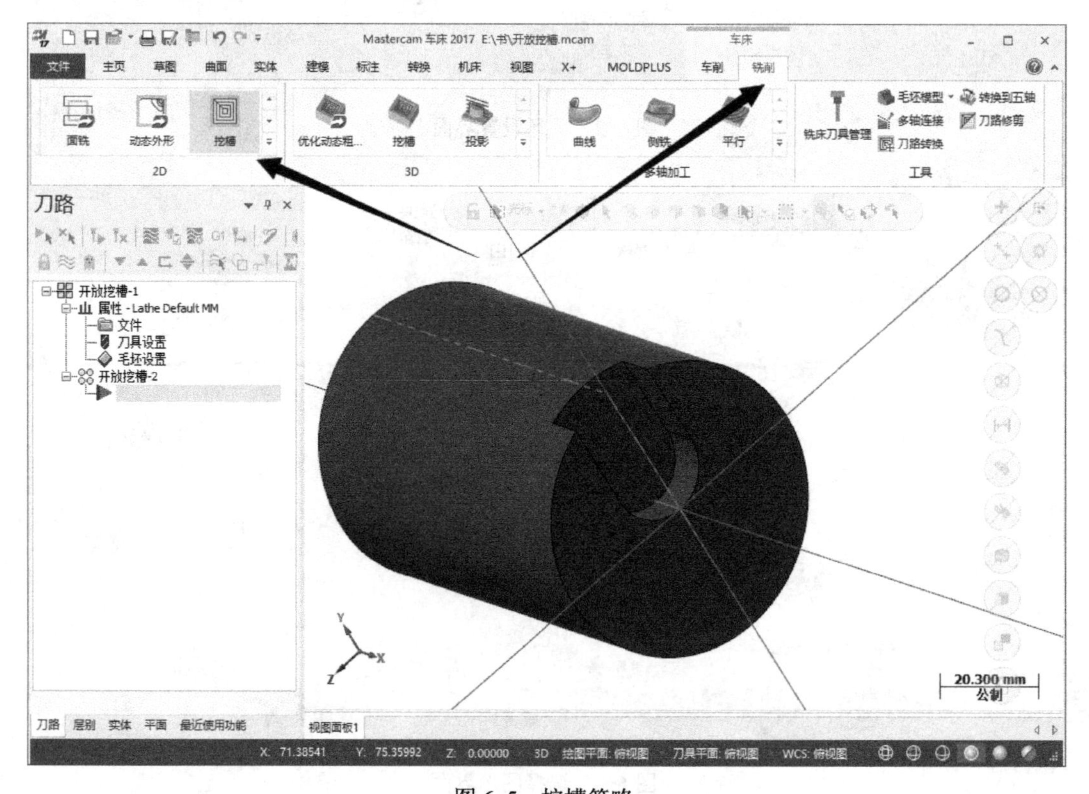

图 6-5　挖槽策略

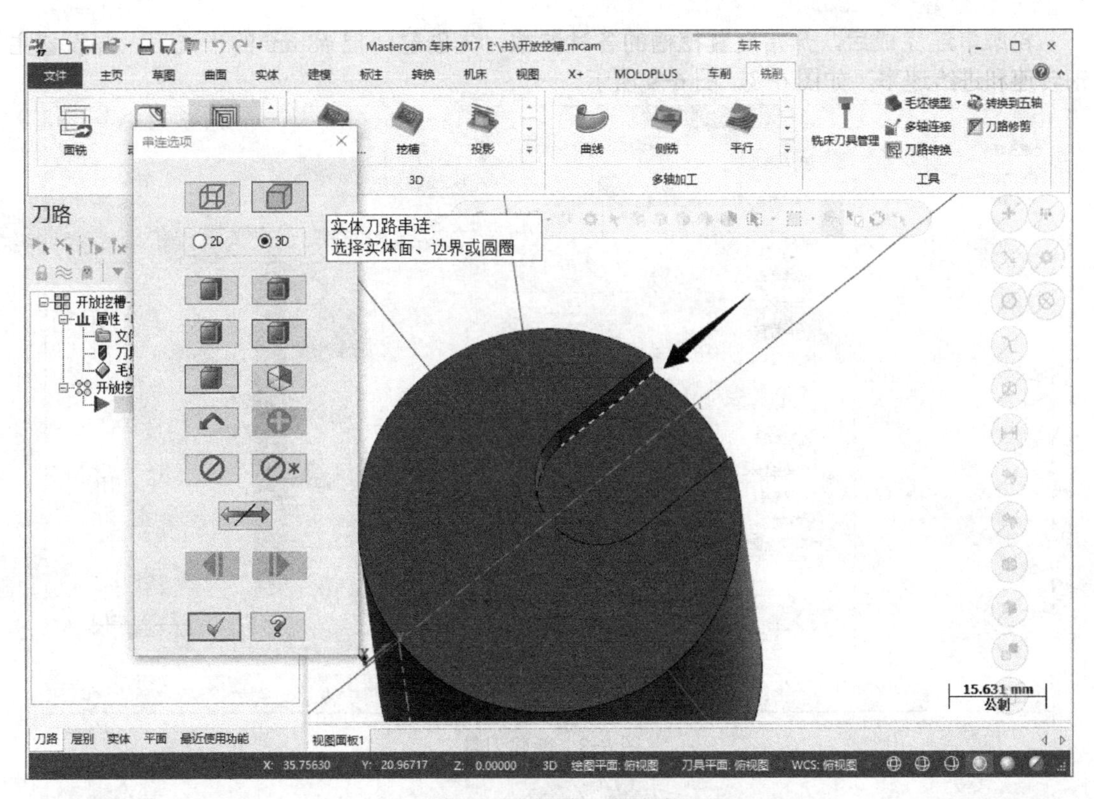

图 6-6　串连第一条边线

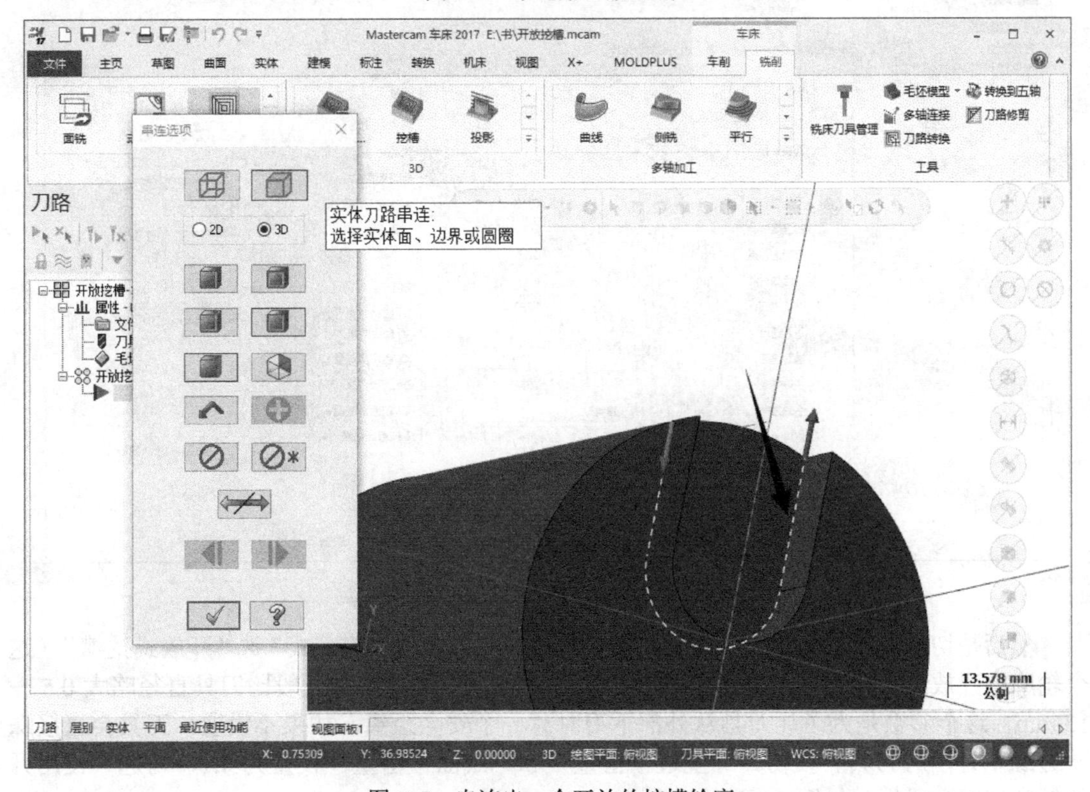

图 6-7　串连出一个开放的挖槽轮廓

轮廓串连完成后，开始设置挖槽的各种参数，先创建一把 ϕ8mm 的平铣刀，并设置主轴转速和进给速率，如图 6-8、图 6-9 所示。

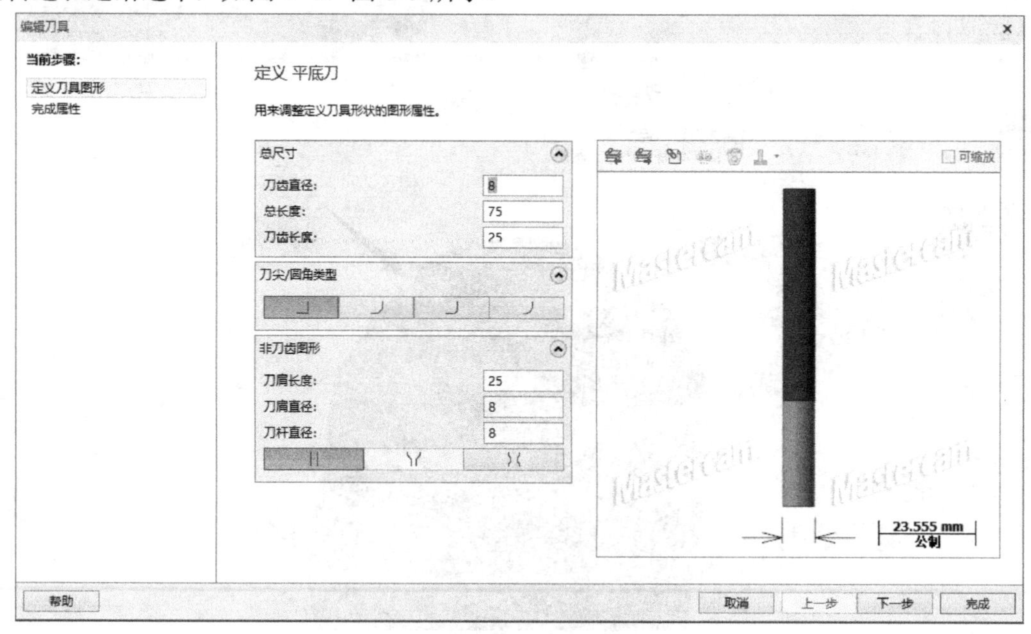

图 6-8　新建刀具

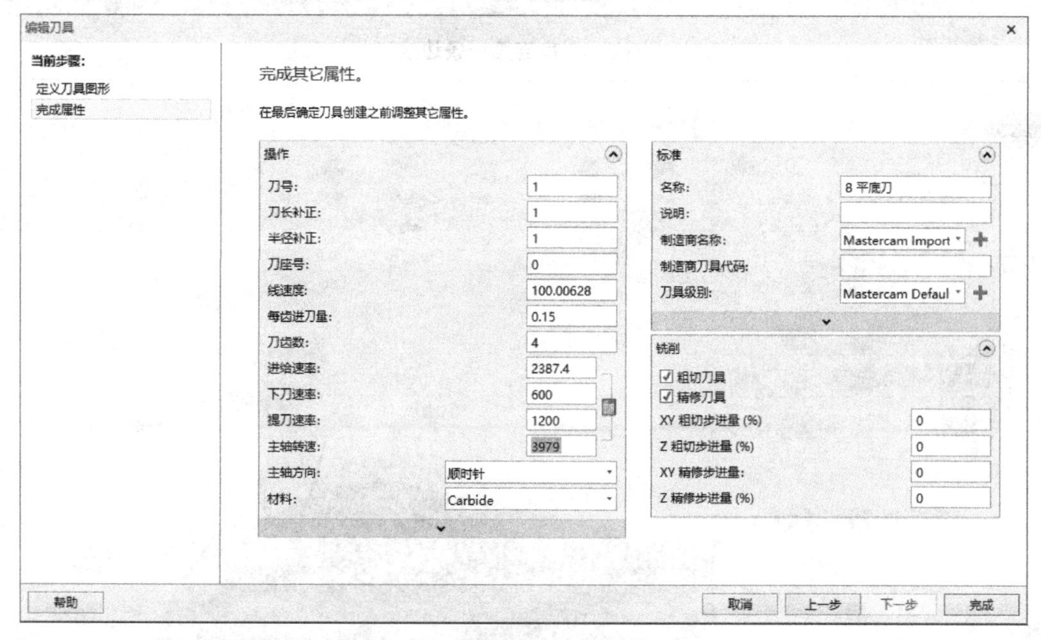

图 6-9　主轴转速与进给速率设置

然后是切削参数设置，“加工方向”选“顺铣”，“挖槽加工方式”选“开放式挖槽”（这个轮廓是开放式的，需要从毛坯外部下刀）。重叠量也要设置，一般比刀具直径略大 0.5 ～ 1.0mm，这个参数是为了让刀具从外部下刀时有一个安全距离，如果不设置，刀具会直接踩着边缘下刀，对刀具有损伤。“壁边预留量”和“底面预留量”设置为 0.1，勾选“使用开放轮廓切削方式”，如图 6-10 所示。

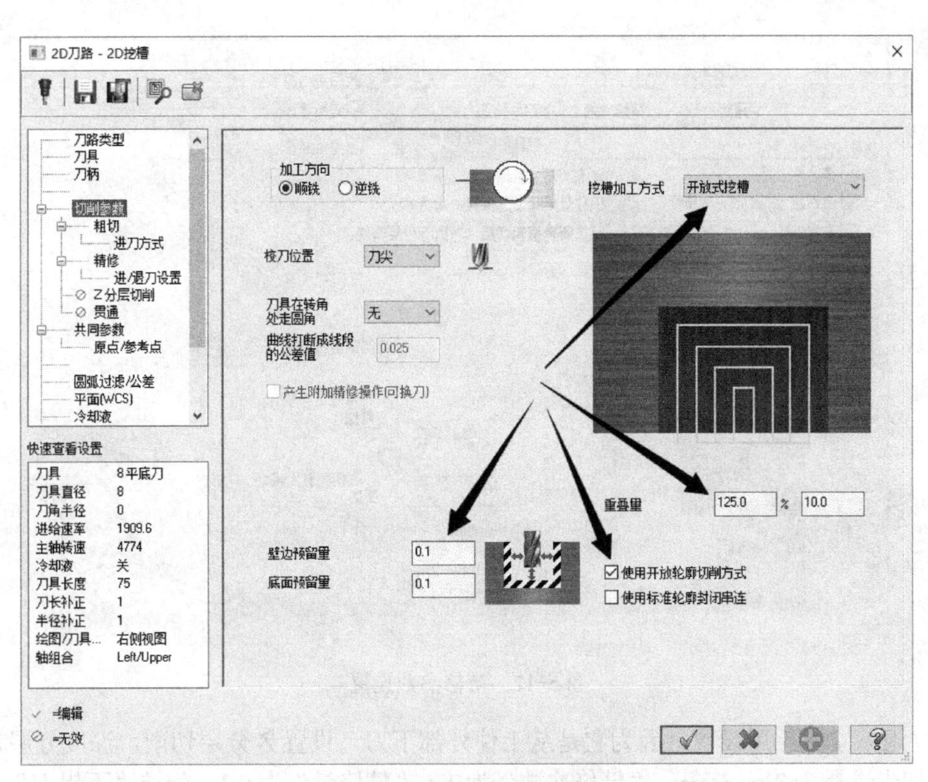

图 6-10　切削参数设置

粗切参数需要设定切削间距，一般为刀具的 75% 以下，工件硬度比较高的可以适当降低。进刀方式，因为是在外部下刀，直接关掉就可以，如图 6-11 所示。产品质量要求高的一般会换一把刀再精修，如果要求不高，可以粗精一把刀。在精修里设置参数，次数为 1，“间距”为 0.1，“刀具补正方式”为“磨损”，这是为了方便刀具磨损后在控制器进行补偿。“改写进给速率”选项下，精加工可以把进给速率降低一点，这样加工效果会更好。勾选“不提刀”“只在最后深度才执行一次精修”，如图 6-12 所示。

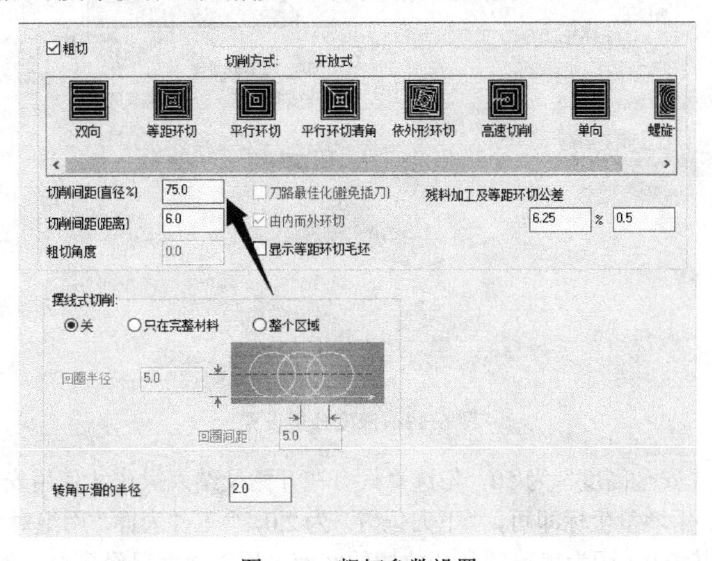

图 6-11　粗切参数设置

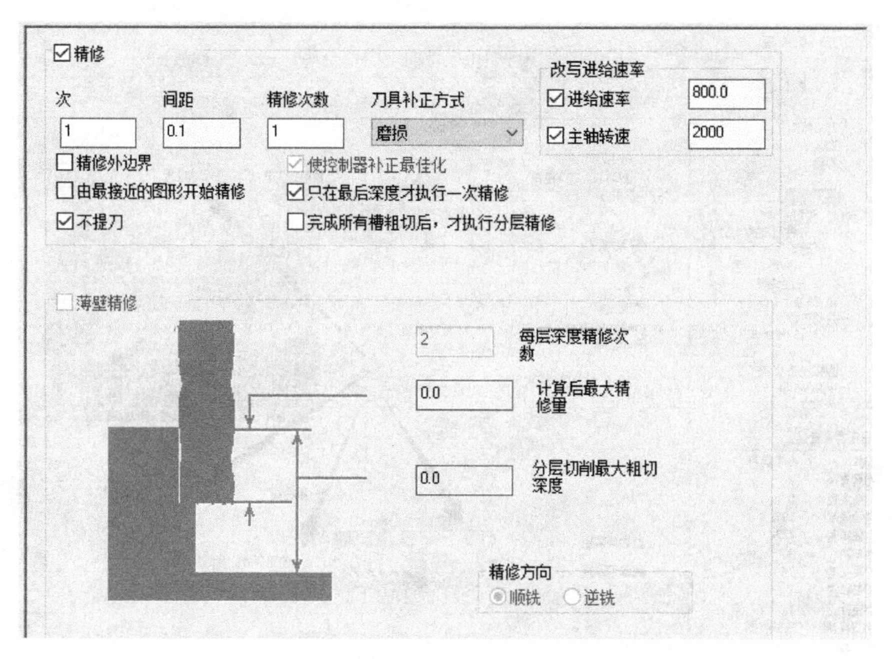

图 6-12　精修参数设置

进 / 退刀参数不用设置，因为它是从工件外部下刀。设置 Z 分层切削，深度分层切削的最大粗切步进量为 2 ～ 3mm，“精修次数”为 1，“精修量”为 0.1，勾选“不提刀”，“深度分层切削排序”选择“依照区域”，如图 6-13 所示。

深度分层切削
最大粗切步进量: 2.0
精修次数: 1
精修量: 0.1
不提刀
使用岛屿深度
使用子程序
绝对坐标　增量坐标
深度分层切削排序
依照区域　依照深度
锥度斜壁
锥度角 3.0
岛屿的锥度角 3.0

图 6-13　深度分层设置

共同参数的“安全高度”为 50，勾选“只有在开始及结束操作才使用安全高度”。“参考高度”为 25.0，用增量坐标即可，“下刀位置”为 2.0，“工件表面”用绝对坐标为 0.2，“深度”用增量坐标为 0.0，因为串连的是开放槽的底部，所以深度已经到位，如图 6-14 所示。

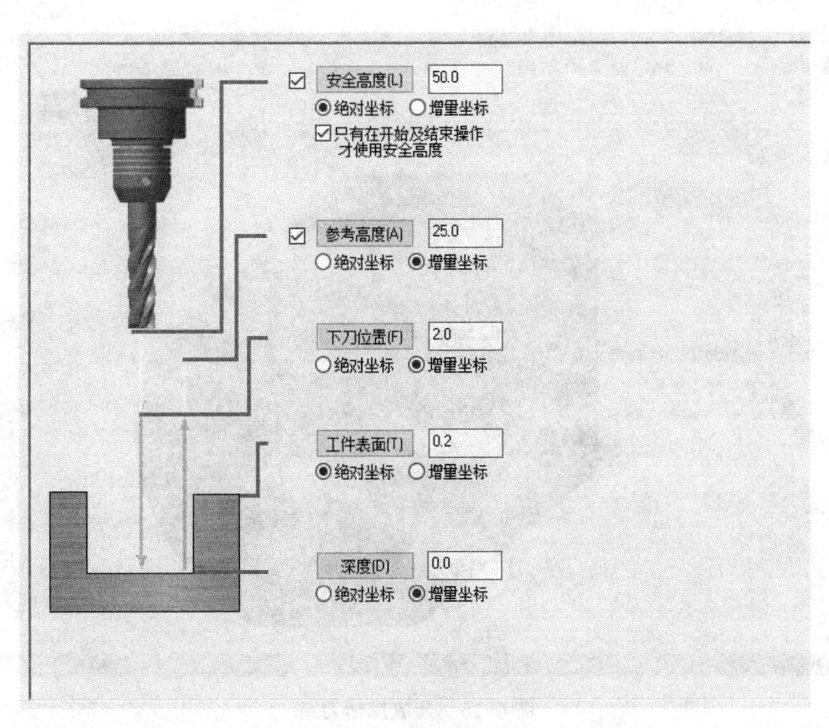

图 6-14　共同参数设置

设置好共同参数后，有一个非常重要的参数要设置，那就是平面。如果不指定刀具平面和绘图面，刀路就不会正确生成。在三轴策略里，平面已经由策略指定，所以无须设置。因是在右侧视图（即右视图）里加工这个开放槽，所以除了工作坐标系，刀具平面和绘图面都要改成右侧视图。同理，如果是在其他视图，刀具平面和绘图面改成相应视图，如图 6-15 所示。

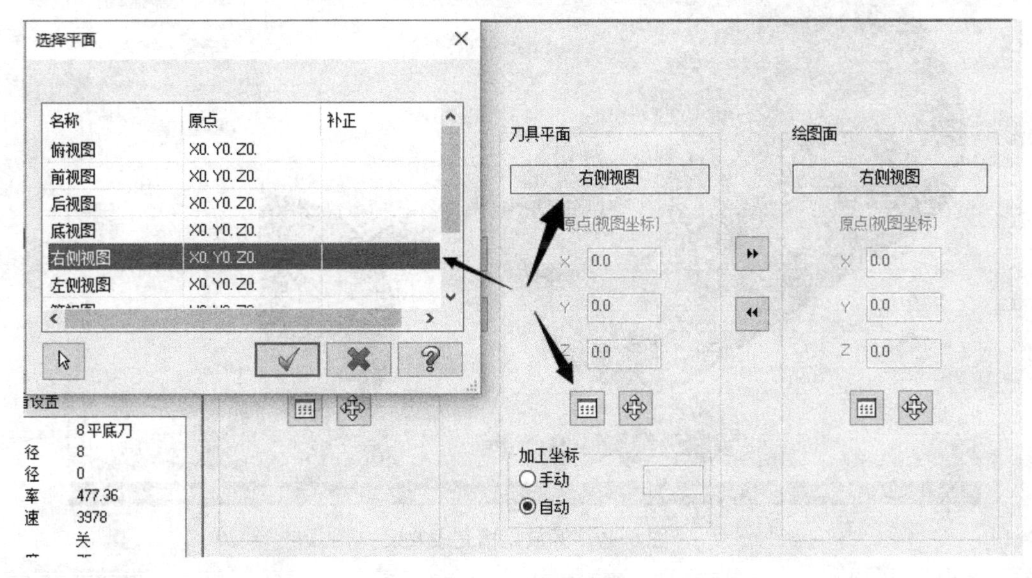

图 6-15　平面设置

冷却液记得打开，旋转轴控制改为 Y 轴，设置完成后单击确定，运算生成刀路，然后实体验证，如图 6-16、图 6-17 所示。

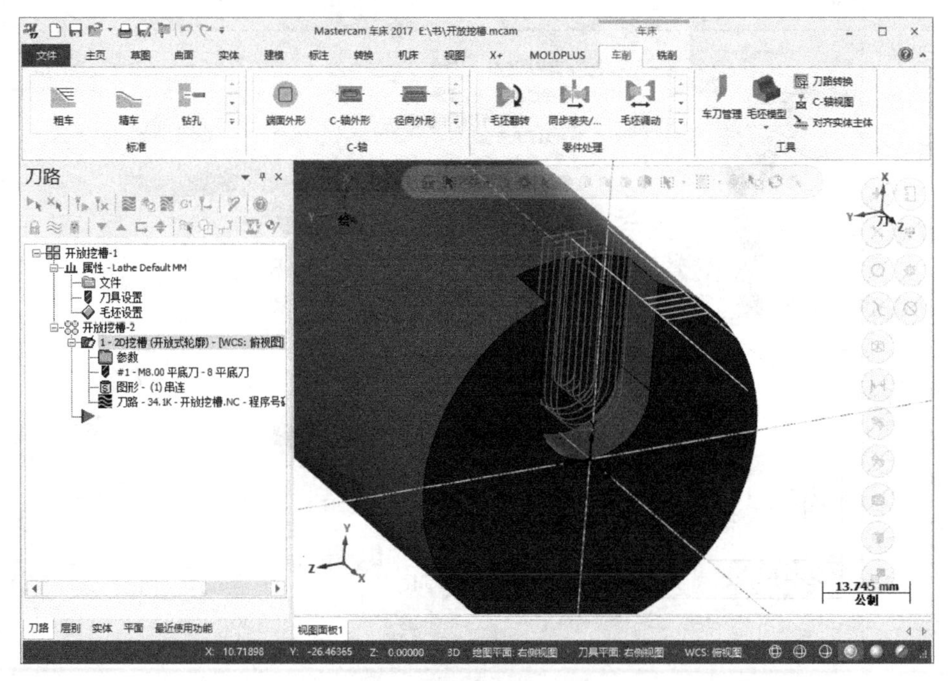

图 6-16 开放挖槽刀路

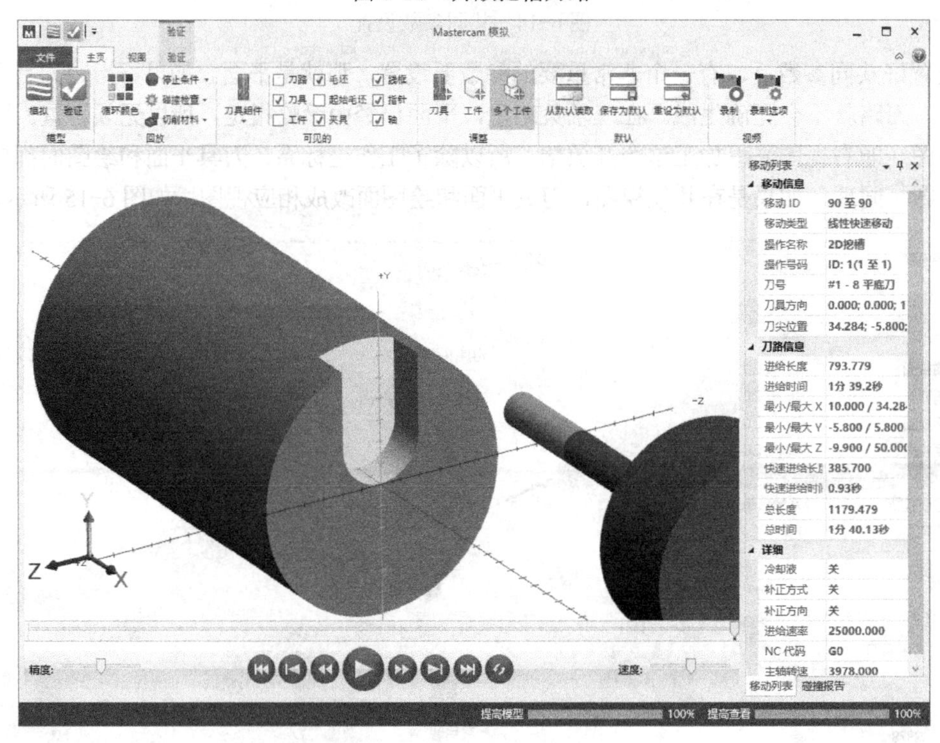

图 6-17 开放挖槽完成效果

6.2 区域粗切

区域粗切是一个 3D 策略，这个策略主要用于加工一些带有斜面侧壁的工件、圆弧底面及侧壁。

图 6-18 所示是一个带有拔模的 3D 图，其中封闭槽两个，开放槽两个。下面就用这个图来讲解区域粗切策略。

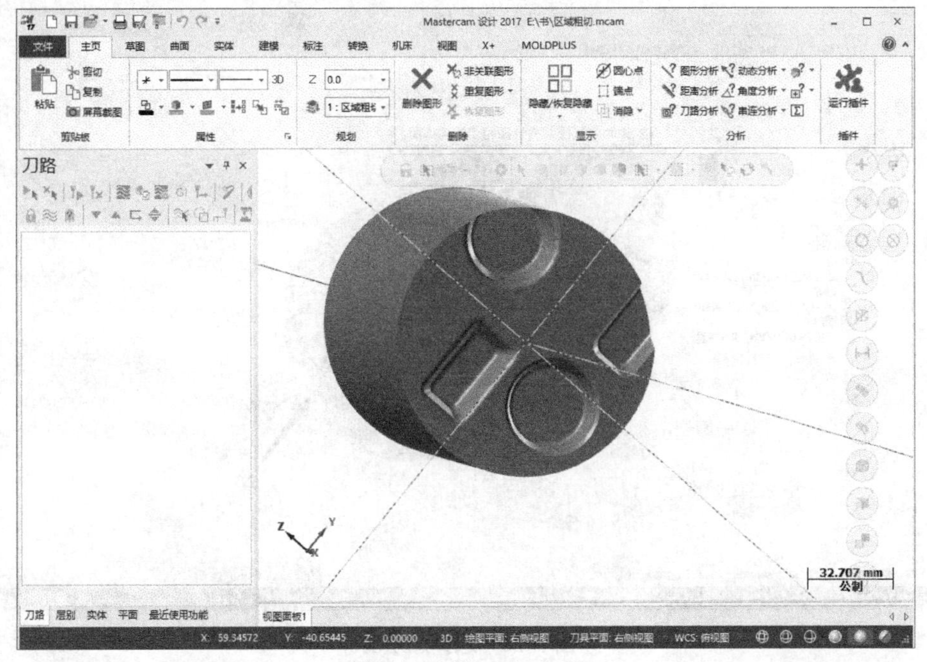

图 6-18　待加工 3D 图

首先在铣削 3D 策略里选择“区域粗切”，提示“选择加工曲面”，这里选择单个曲面。在选择曲面之前，先把选择实体开关打开，然后单击选择实体面按钮，如图 6-19 所示。如果容易选上整个实体，就把选择实体开关关上。

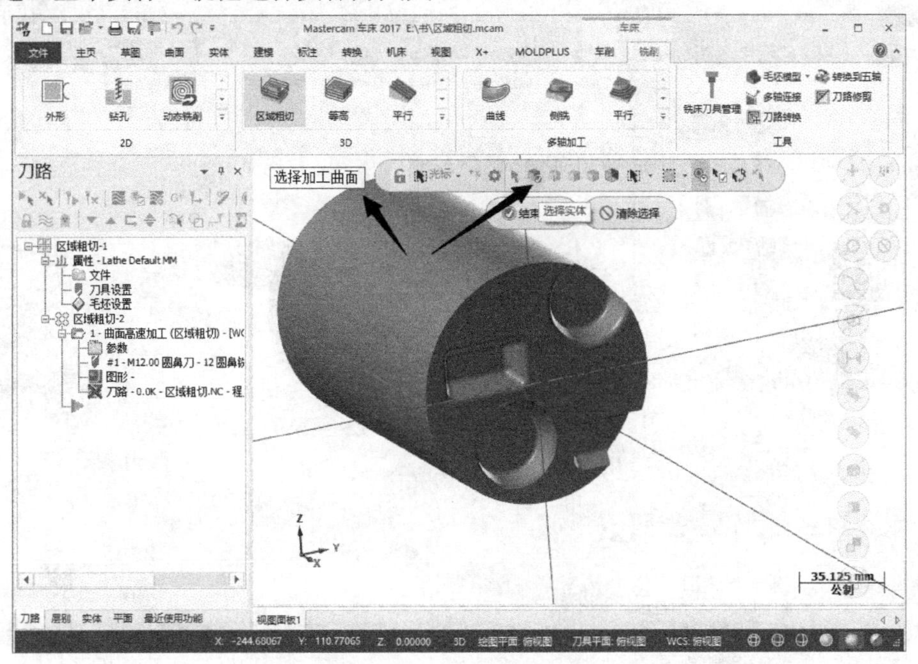

图 6-19　打开选择实体开关

选择单个曲面时按住 Shift 键，可以把所选实体面的相切面都选上，如图 6-20 所示。

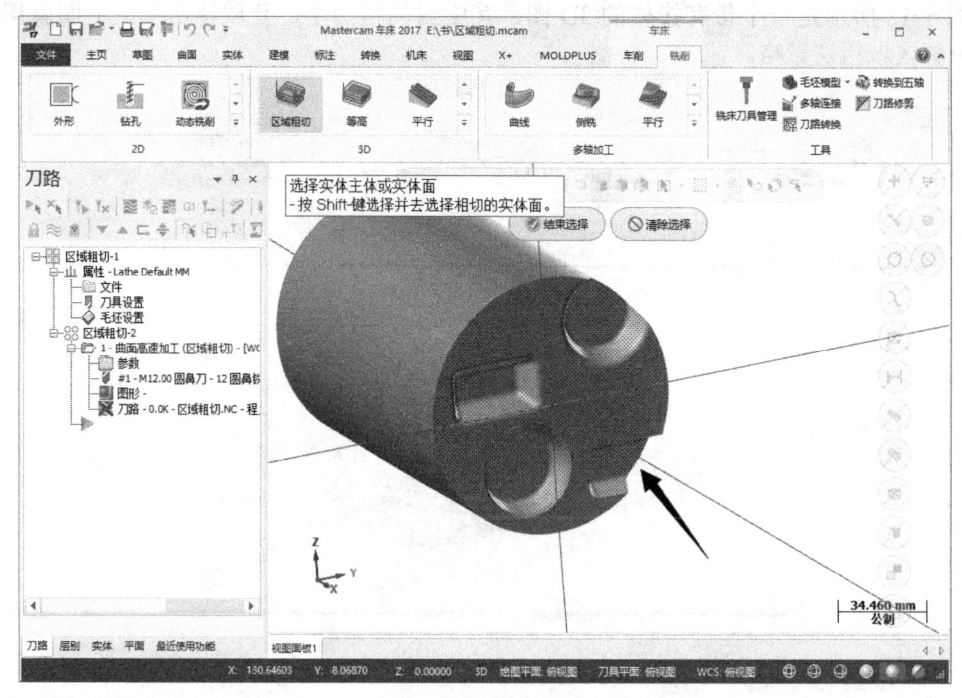

图 6-20　选择加工面

选择完加工面，单击结束选择，然后选择加工范围。工件是圆柱体，加工范围就是圆柱的最大外径，用实体模式来选择这个工件的最大外径，加工范围选择开放，如图 6-21 所示。

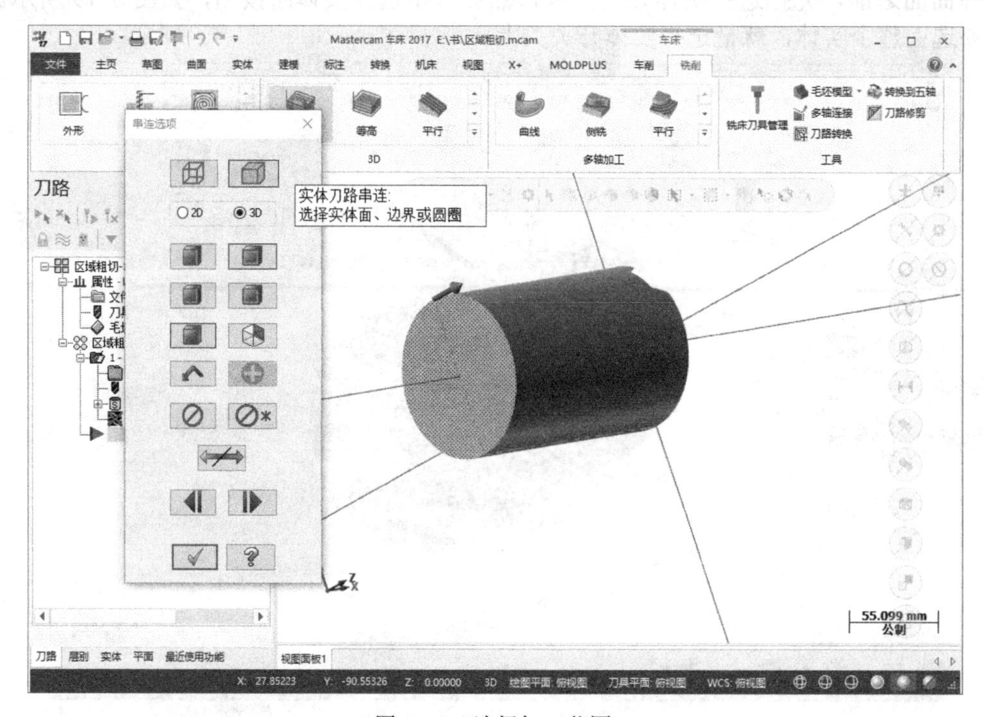

图 6-21　选择加工范围

加工范围选择完后，弹出“区域粗切”对话框，可以注意到这个策略是可以更改的，粗切下面有个精修选项，只要勾选相应的策略就会自动出现，这里保持不变。

然后新建一把ϕ12R3 圆鼻刀，如图 6-22 所示。设置刀具的“线速度”为 120，“进给速率”为 1909.8，“下刀速率”为 800，“提刀速率”为 2000，如图 6-23 所示。

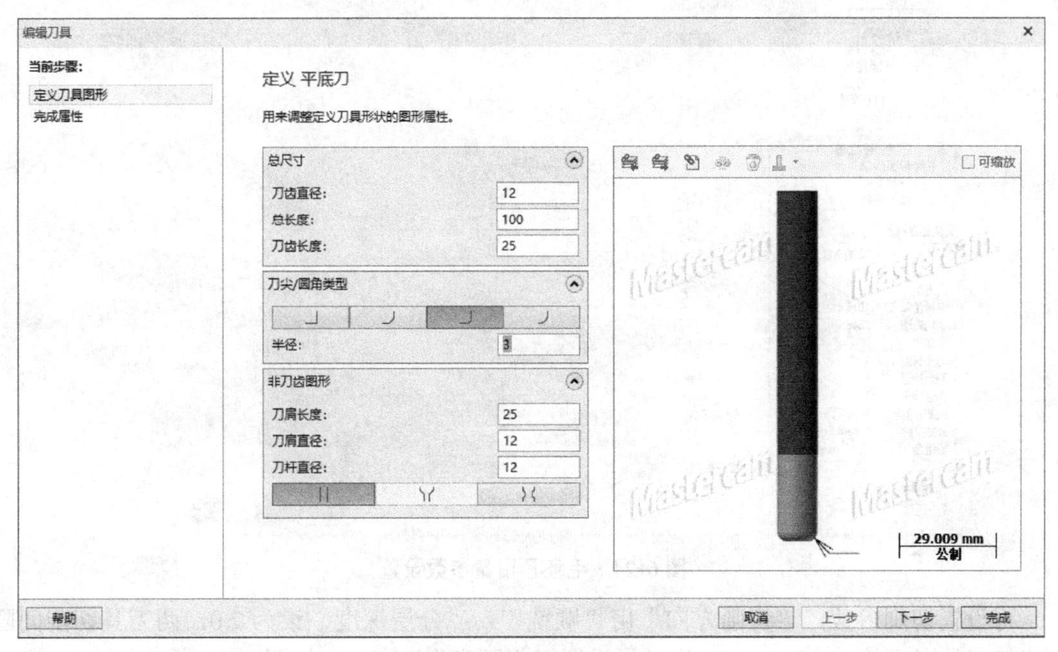

图 6-22　ϕ12R3 圆鼻刀

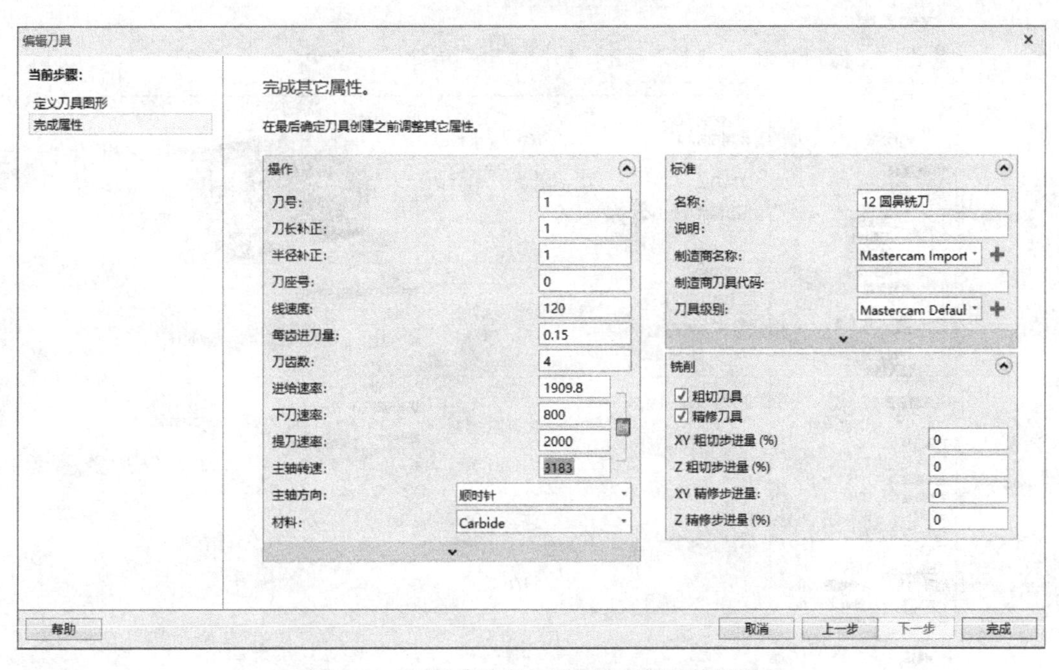

图 6-23　刀具线速度与进给速率等参数设置

毛坯预留量的壁边和底面预留量都设为 0.2，如图 6-24 所示。

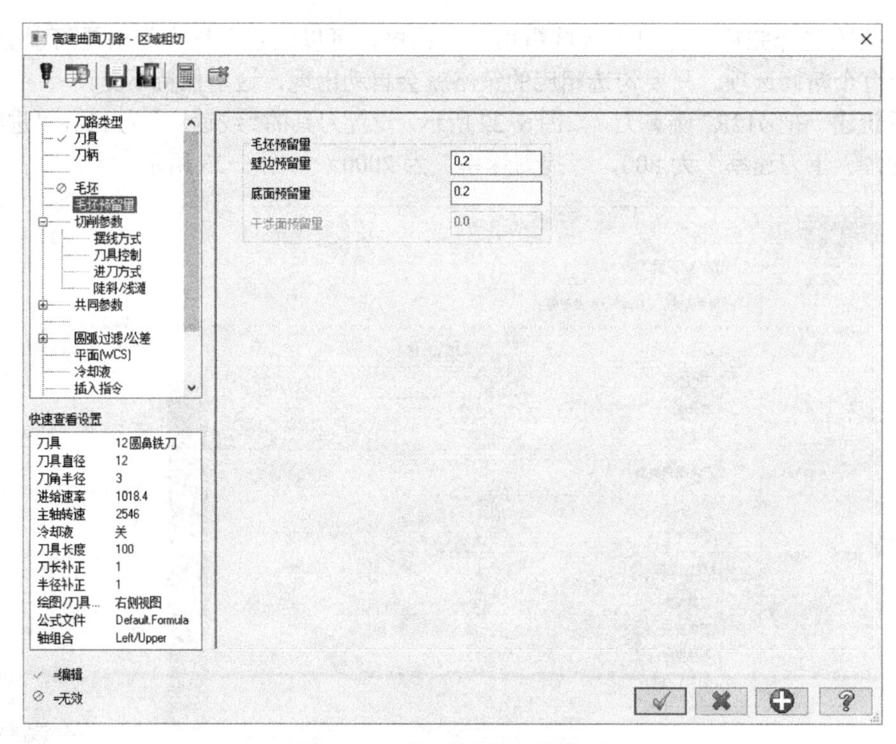

图 6-24　毛坯预留量参数设置

再设置切削参数，“切削方向”用“顺铣”，“分层深度”设为 2.0，两刀具切削间隙保持在刀具直径的 300.0%，XY 步进量设置切削距离为 60.0%。如图 6-25 所示。

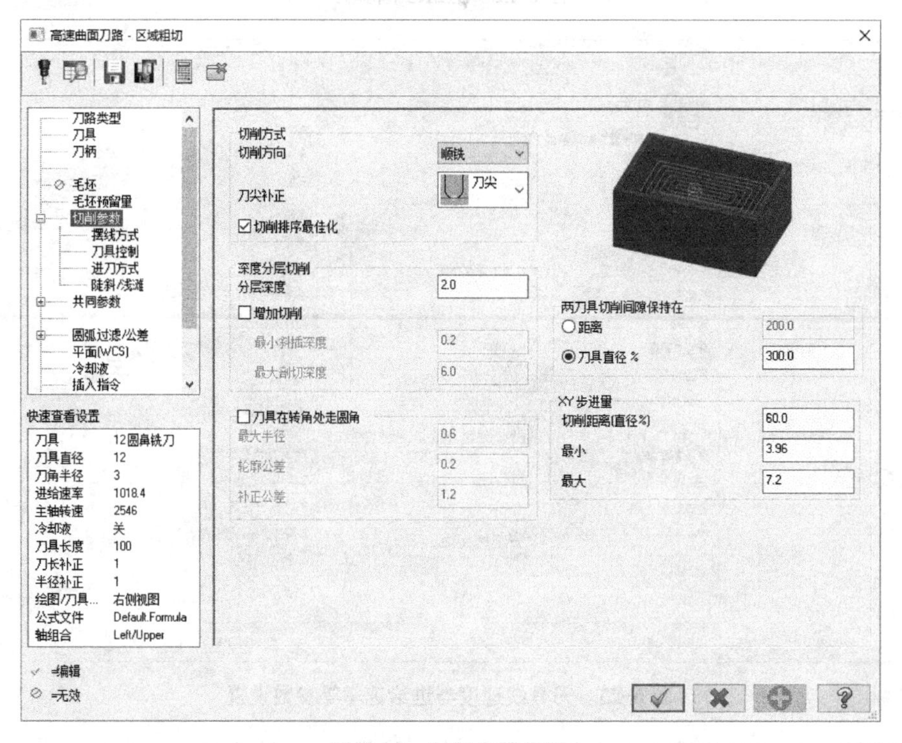

图 6-25　切削参数设置

工件材料不是特别硬时，可把摆线方式关掉，刀具控制补正默认为中心。进刀方式用螺旋进刀，因为有封闭区域，如果无法螺旋下刀，软件会自动调整为斜插进刀。螺旋半径一般为刀具的半径，“进刀使用进给”用“下刀速率”。斜插的参数也要设置，“Z 高度”设为 0.3，进刀角度设为 1.0。角度越大，刀具受力越大；角度越小，加工时间增加。第一外形长度比刀具略大一点，设为 14.0，“忽略区域小于”也设置为 14.0，如图 6-26 所示。

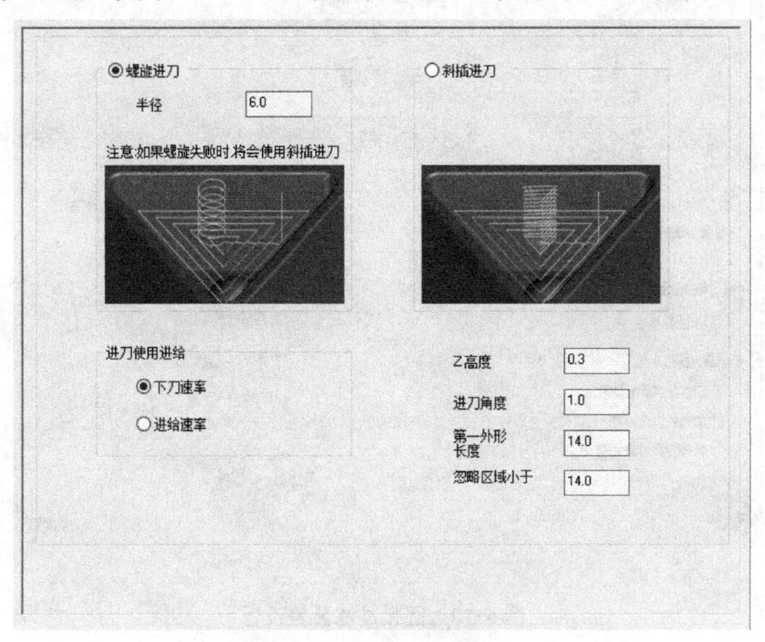

图 6-26　进刀方式参数设置

共同参数设置安全高度绝对坐标为 20.0，表面高度为 2.0，提刀用最短距离。进 / 退刀只用直线进刀 / 退刀，距离设置为 3.0。如图 6-27 所示。

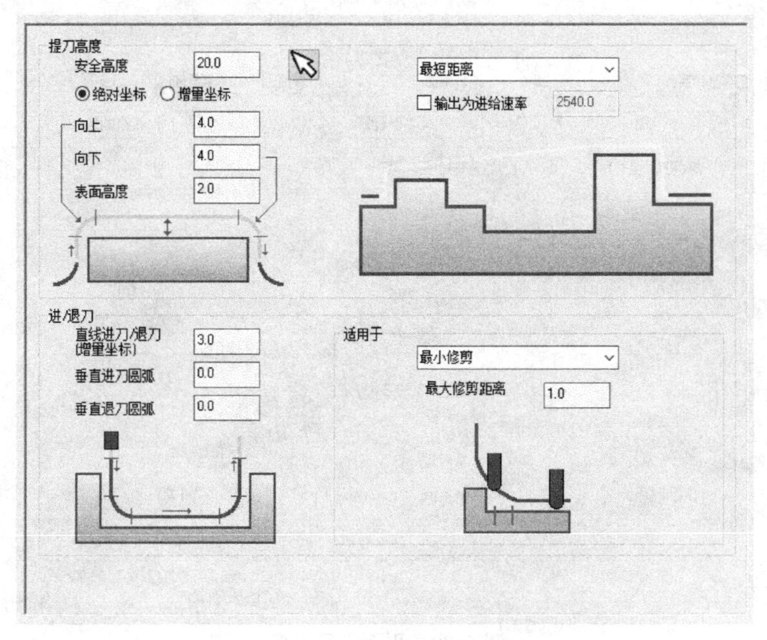

图 6-27　共同参数设置

共同参数设置完后，把圆弧过滤公差打开，“总公差”为 0.05，切削公差和线 / 圆弧公差各 50.0%，线 / 圆弧过滤设置用 XY（G17）平面，然后点选“两者使用最大公差值”，如图 6-28 所示。

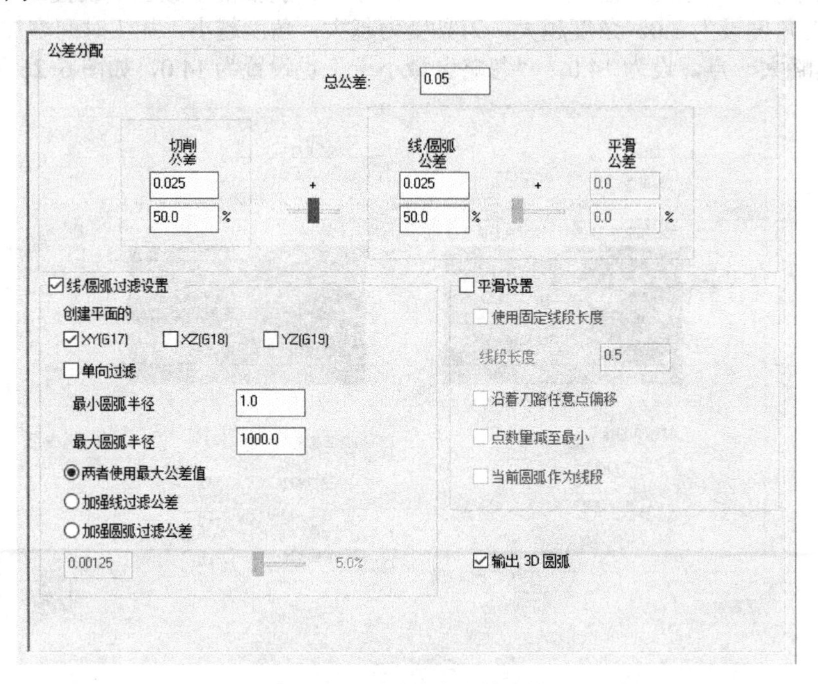

图 6-28 圆弧过滤公差设置

设置平面（WCS）参数，刀具平面和绘图面改为右侧视图，工作坐标系默认俯视图，如图 6-29 所示。

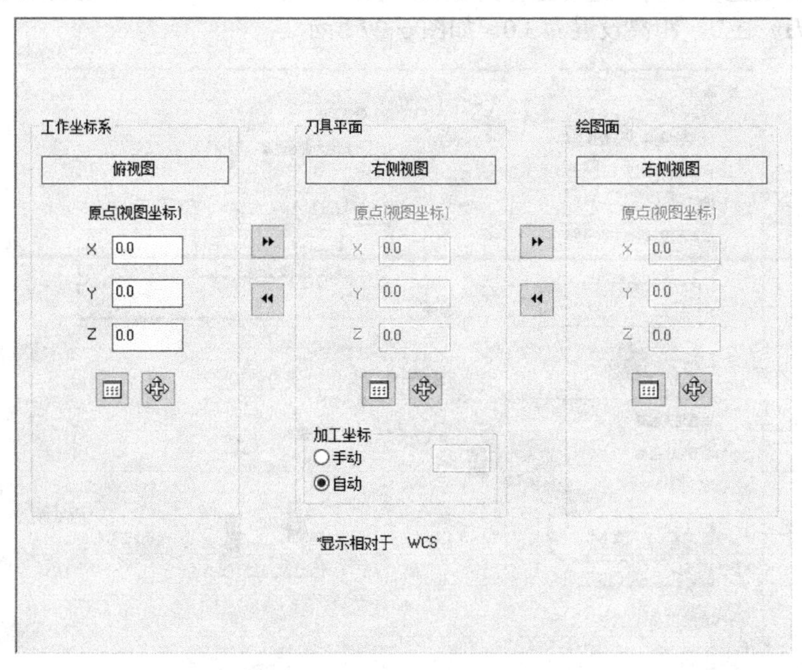

图 6-29 平面参数设置

最后把旋转轴控制改为 Y 轴，如图 6-30 所示。只要 Y 轴的行程足够，就不要使用 C 轴，因为 C 轴后处理出来的程序量相当大。

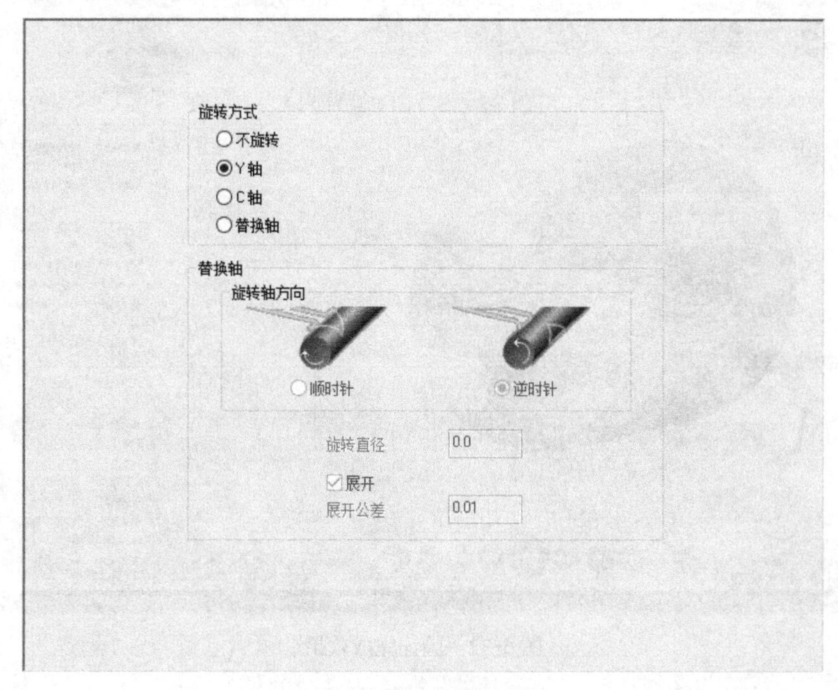

图 6-30　旋转轴控制设置

设置完成后单击确定，运算生成刀路，然后实体验证，如图 6-31、图 6-32 所示。

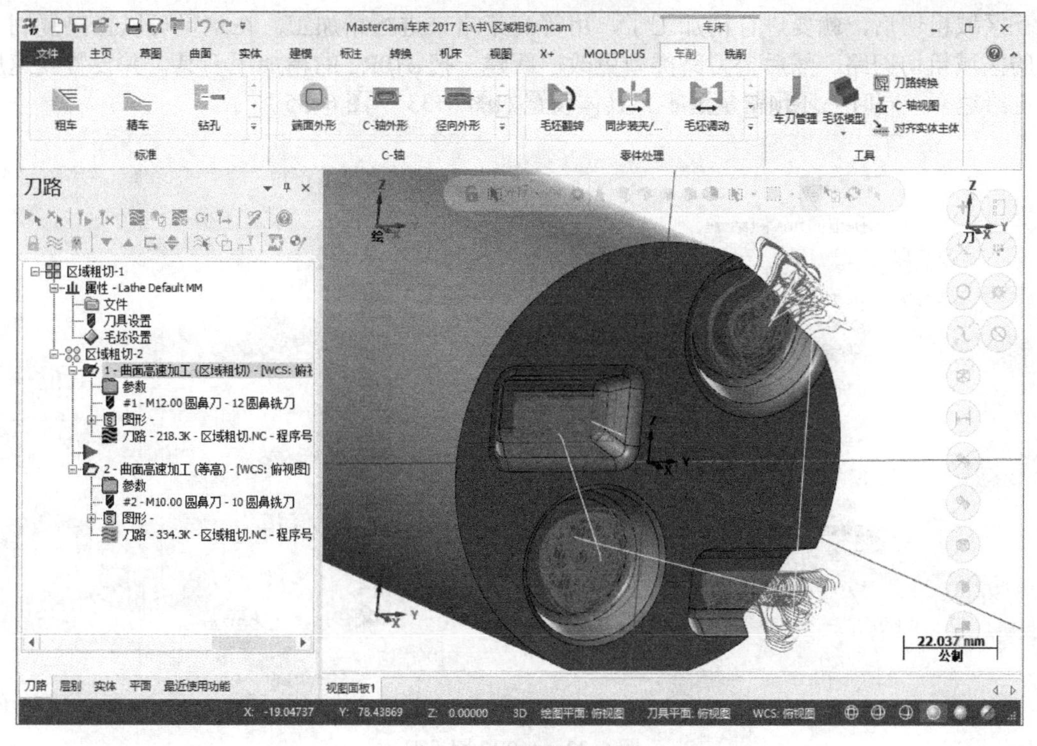

图 6-31　区域粗切刀路

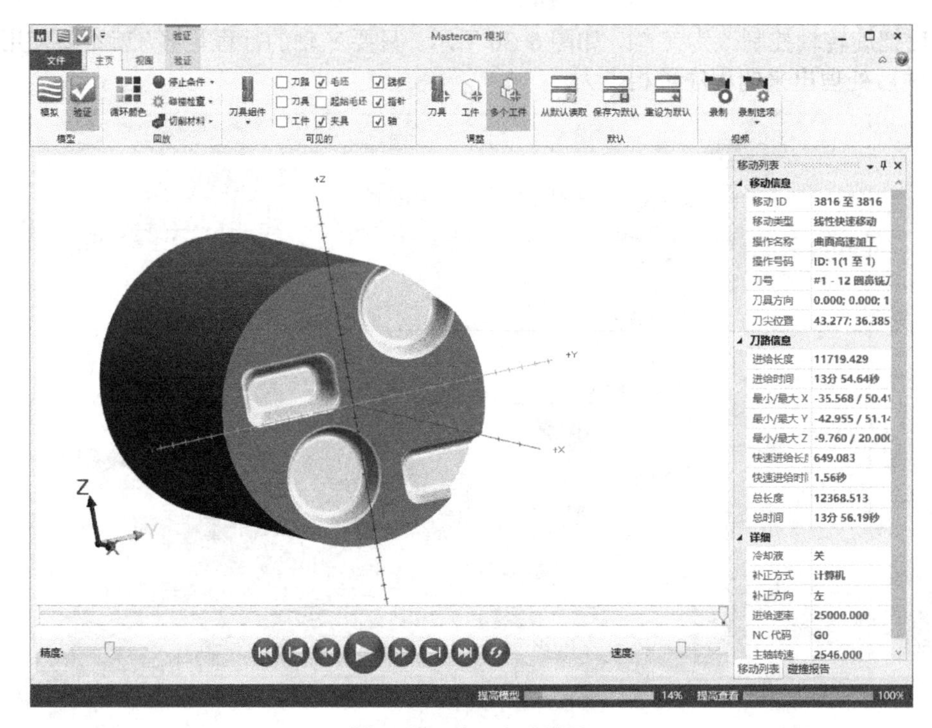

图 6-32　验证完成效果

6.3　等高

区域粗切后，就要进行精加工了，用等高策略来进行精加工。在这里可以直接复制上面的区域粗切刀路，然后把刀路类型更改，新建一把 ϕ10R2 的精加工刀具，并设置线速度及进给速率，同时毛坯预留量清零。具体设置如图 6-33 ～图 6-35 所示。

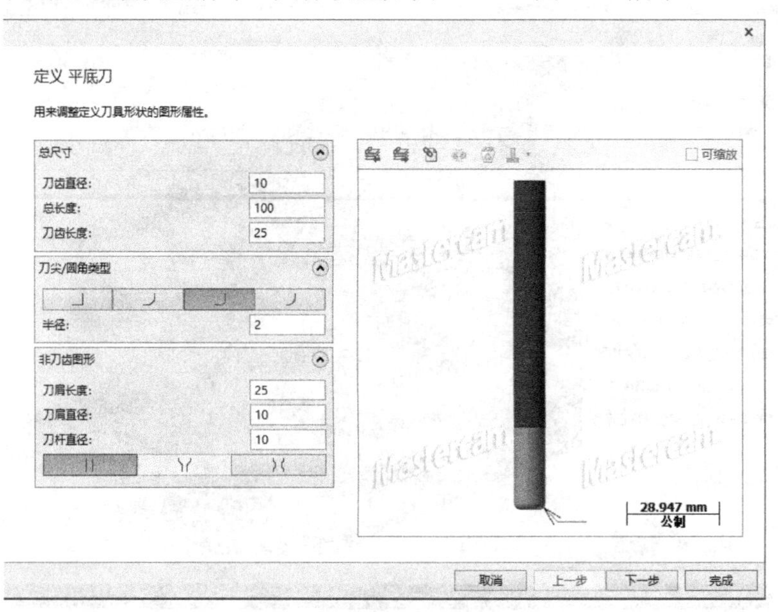

图 6-33　ϕ10R2 圆鼻刀

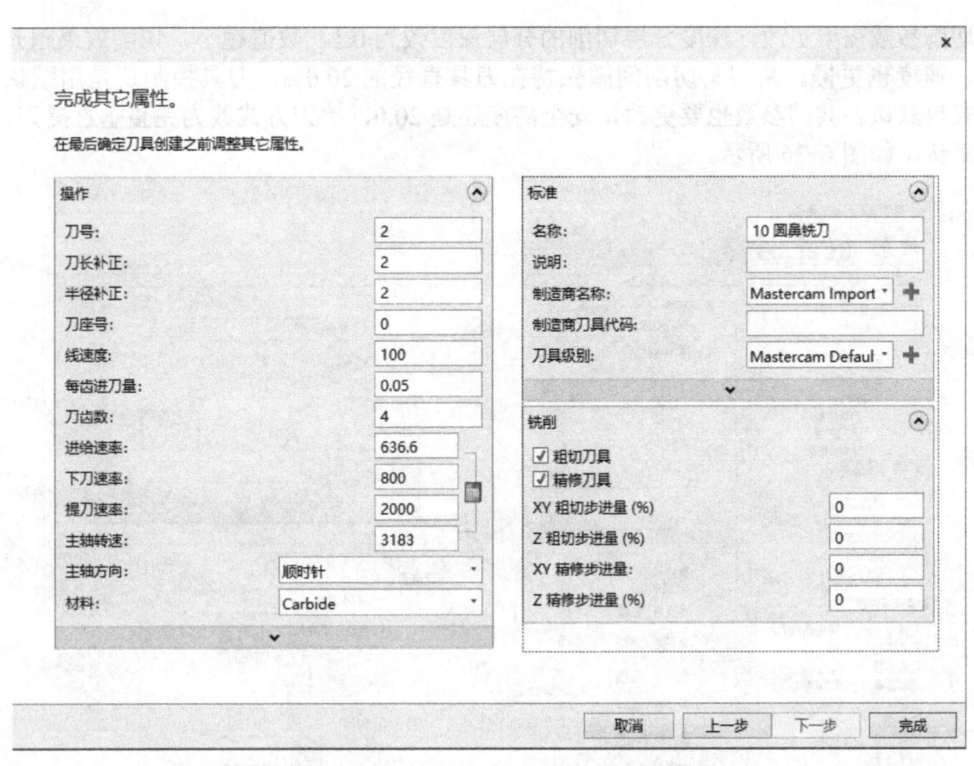

图 6-34　刀具线速度及进给速率设置

图 6-35　等高策略

切削参数需要更改，深度分层切削的分层深度改为 0.1，数值越小，切削效果越光滑，当然，速度也更慢。两刀具切削间隙保持在刀具直径的 20.0%，刀具控制还是用默认，进刀方式也默认。共同参数也要更改，安全高度还是 20.0，抬刀方式改为完整垂直提刀，进 / 退刀默认，如图 6-36 所示。

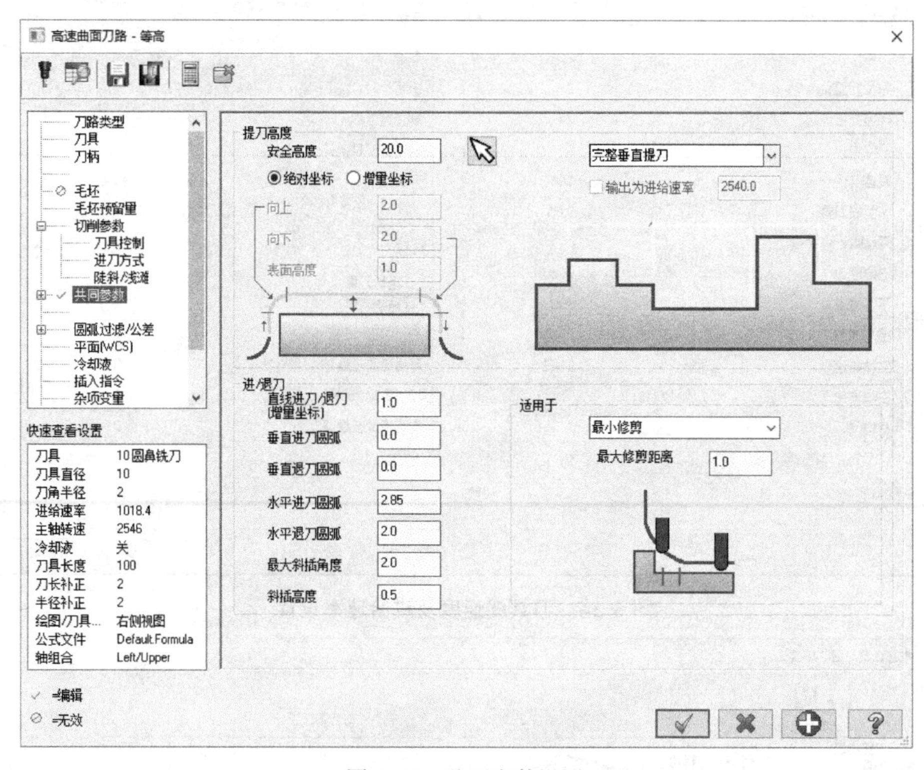

图 6-36　共同参数设置

其余设置全部参考区域粗切参数，然后单击确定，运算生成刀路，并且进行实体验证，如图 6-37、图 6-38 所示。

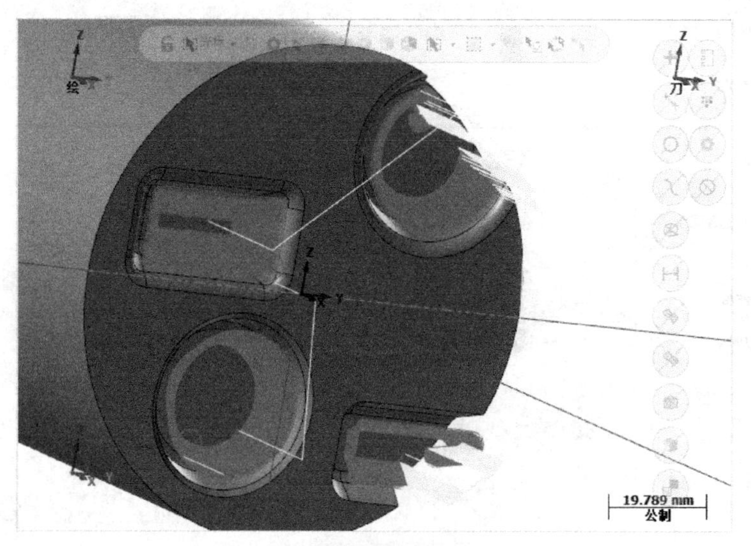

图 6-37　等高刀路

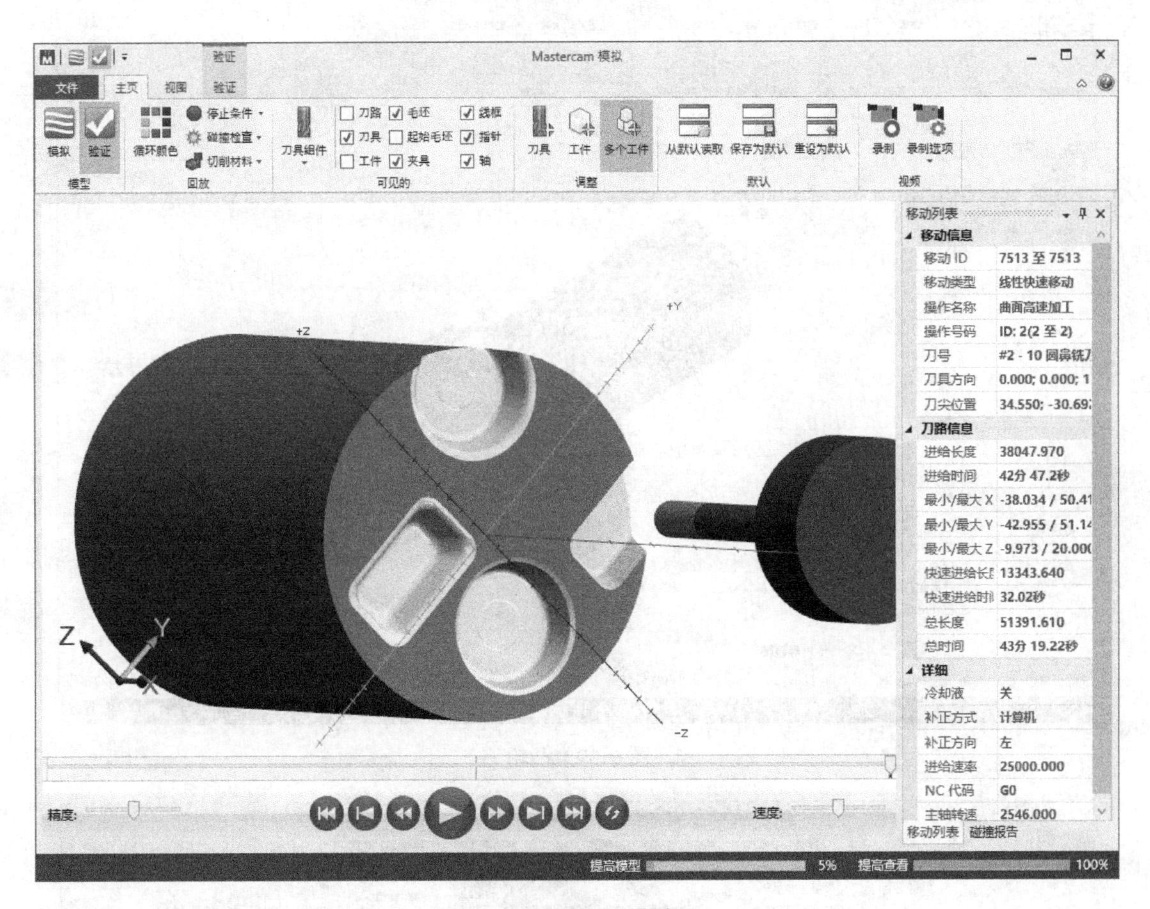

图 6-38　等高完成效果

6.4　曲线

本节开始讲解联动策略。曲线是四轴联动策略最基础的策略，多轴联动刀路一般都从曲线策略开始，里面的一些参数大多数策略都可能用到。只有掌握了曲线策略的参数设置，后面的高级策略运用起来才能更加得心应手。

我们来看一个简单的凸轮，如图 6-39 所示。

因为这个凸轮离端面距离比较远，所以用端面外形肯定是没办法加工的，改用联动策略曲线来做这个凸轮。为了便于演示，需要用车削将凸轮的毛坯加工出来，或者通过外形来做一个实体毛坯。用车削截面先将轮廓线做出来，然后用实体命令里的旋转命令，将 2D 线段转换为实体，并移动到其他图层，如图 6-40 所示。

毛坯完成后，选择机床，在毛坯设置里选择刚才新建的实体毛坯，如图 6-41、图 6-42 所示。

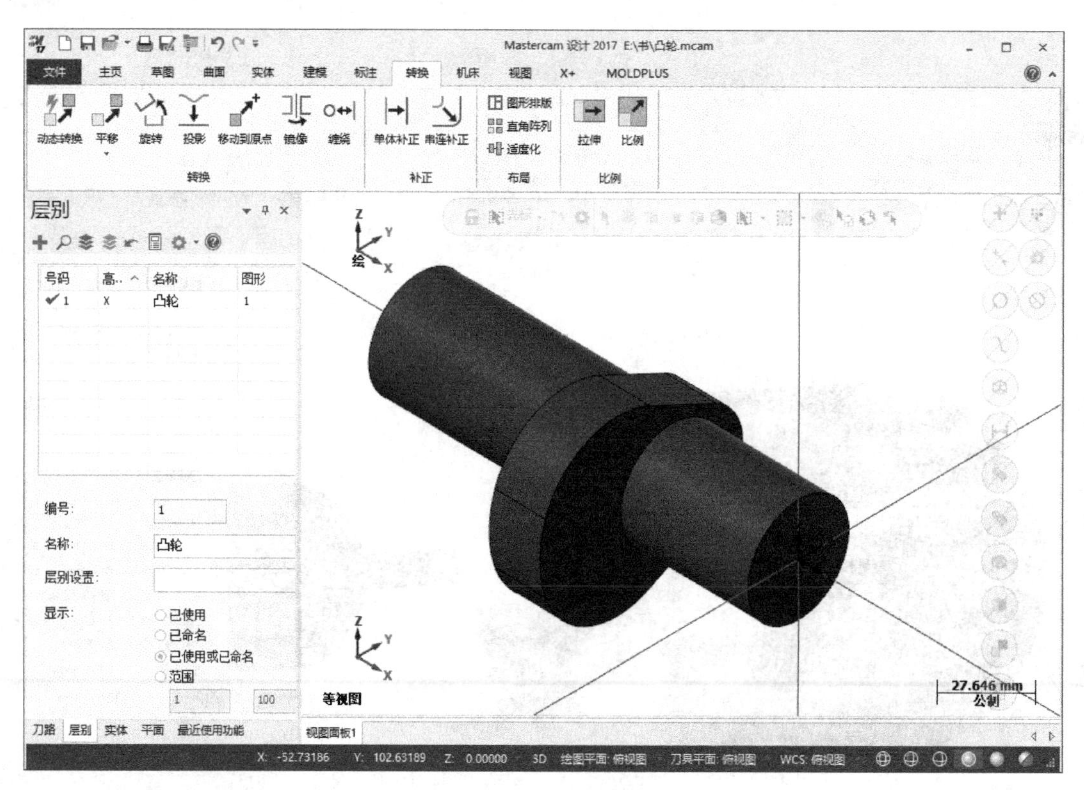

图 6-39　凸轮

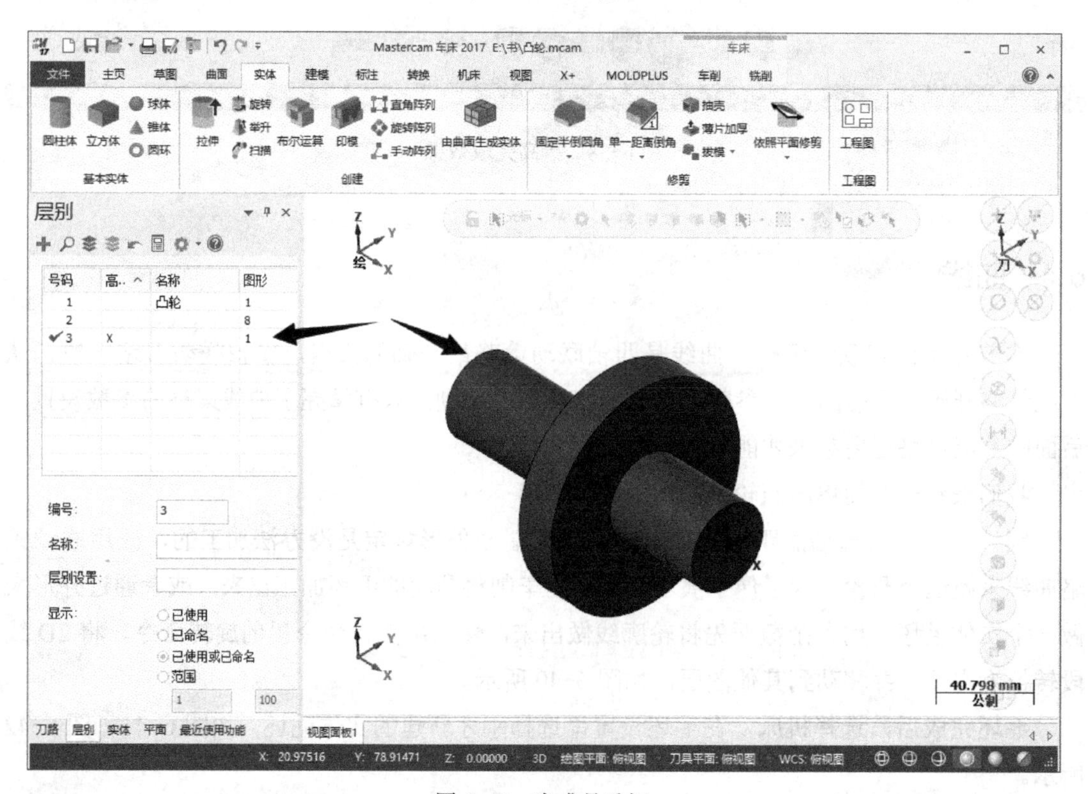

图 6-40　半成品毛坯

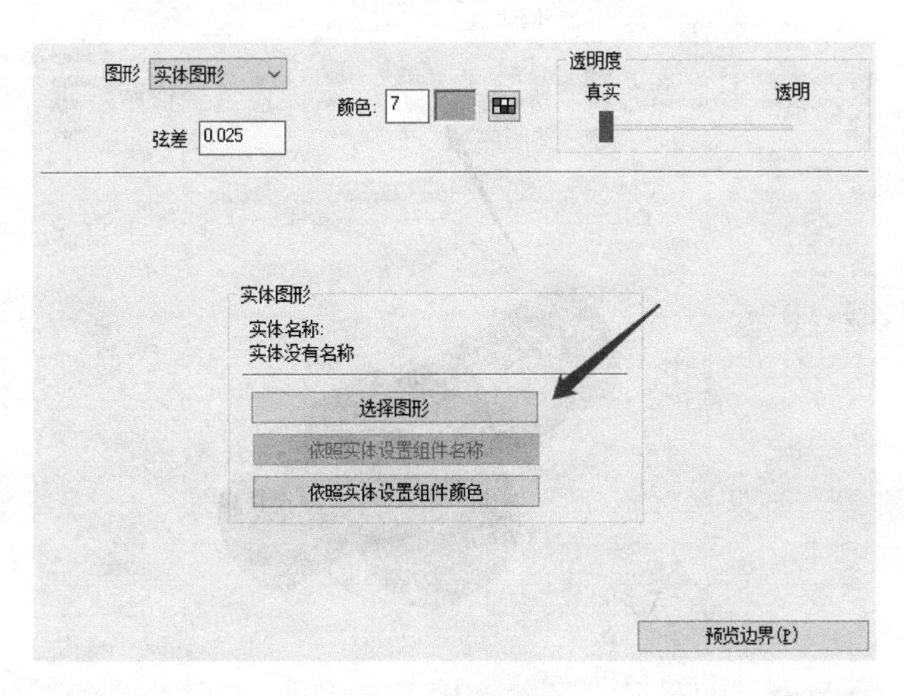

图 6-41　毛坯选择界面

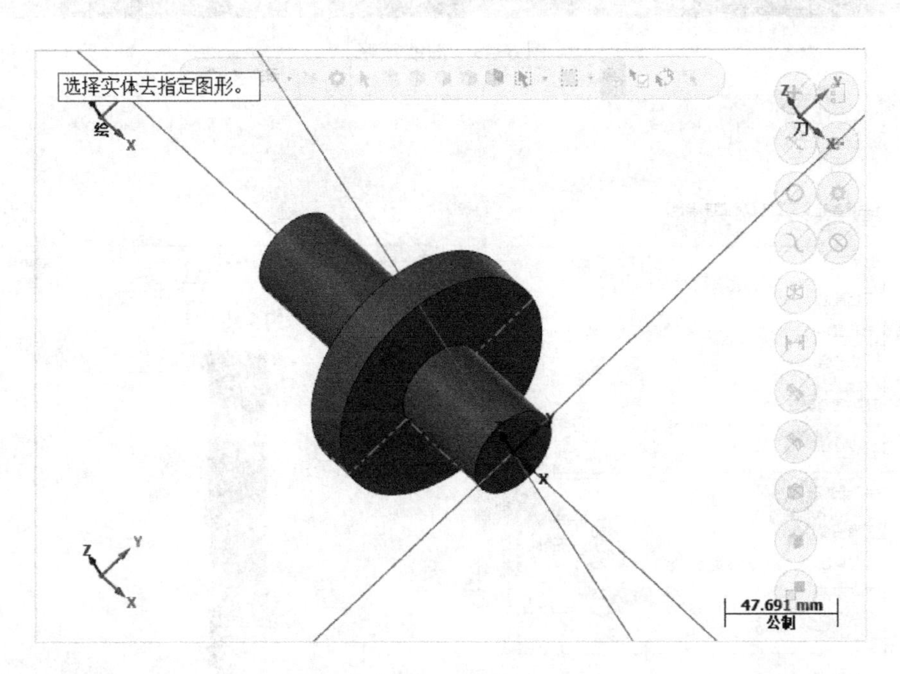

图 6-42　实体毛坯

接着在“铣削”菜单下选择多轴加工项里的“曲线”策略，如图 6-43 所示。

选择曲线策略后，弹出对话框，新建刀具，选择一把 ϕ25mm 的平底刀，为了方便演示，直接用直径大于凸轮宽度的刀具，并设置刀具参数，如图 6-44、图 6-45 所示。

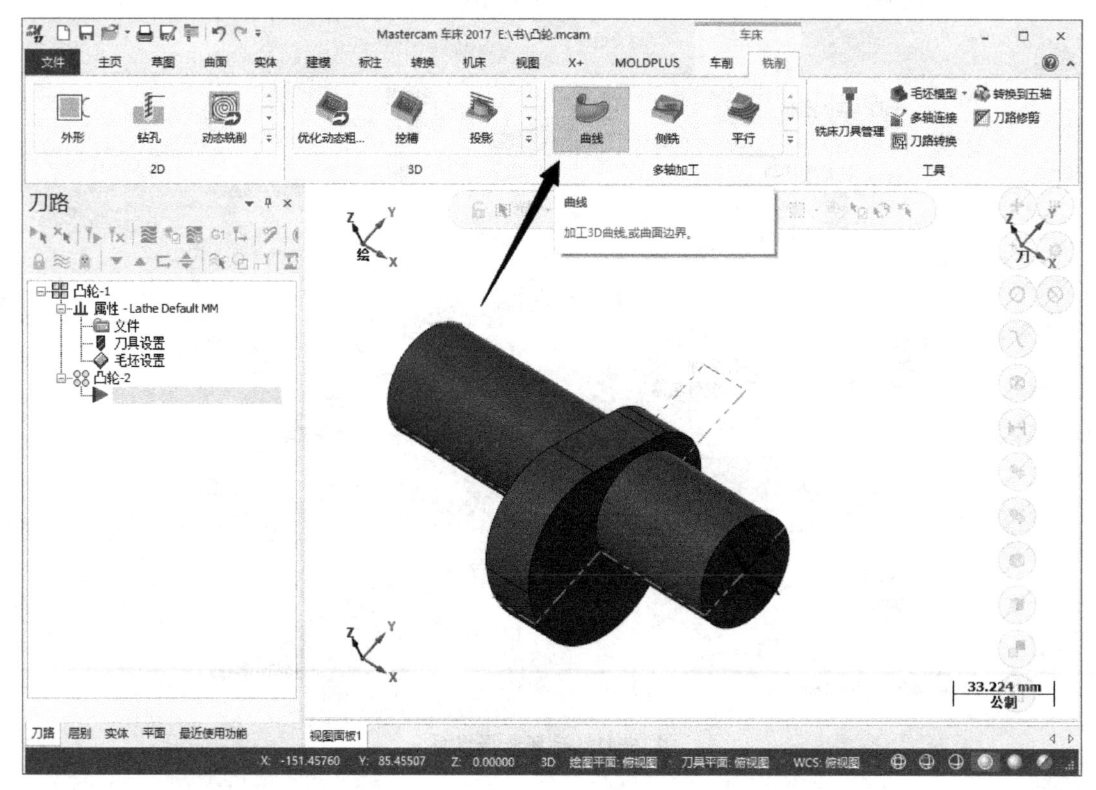

图 6-43　曲线策略

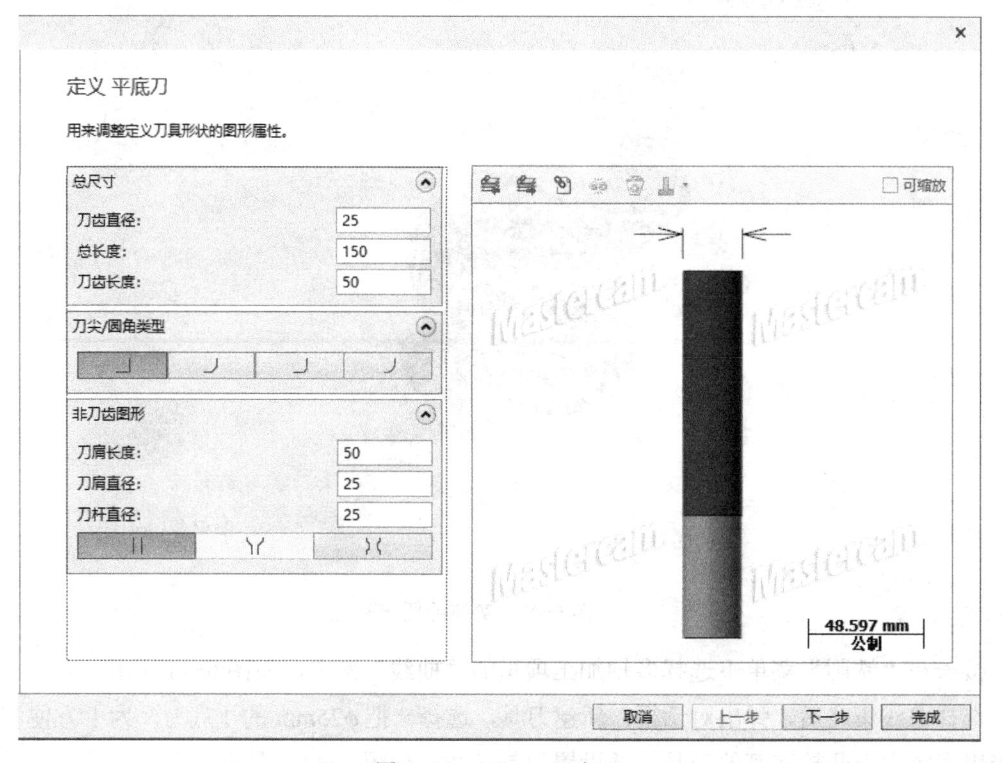

图 6-44　ϕ25mm 平底刀

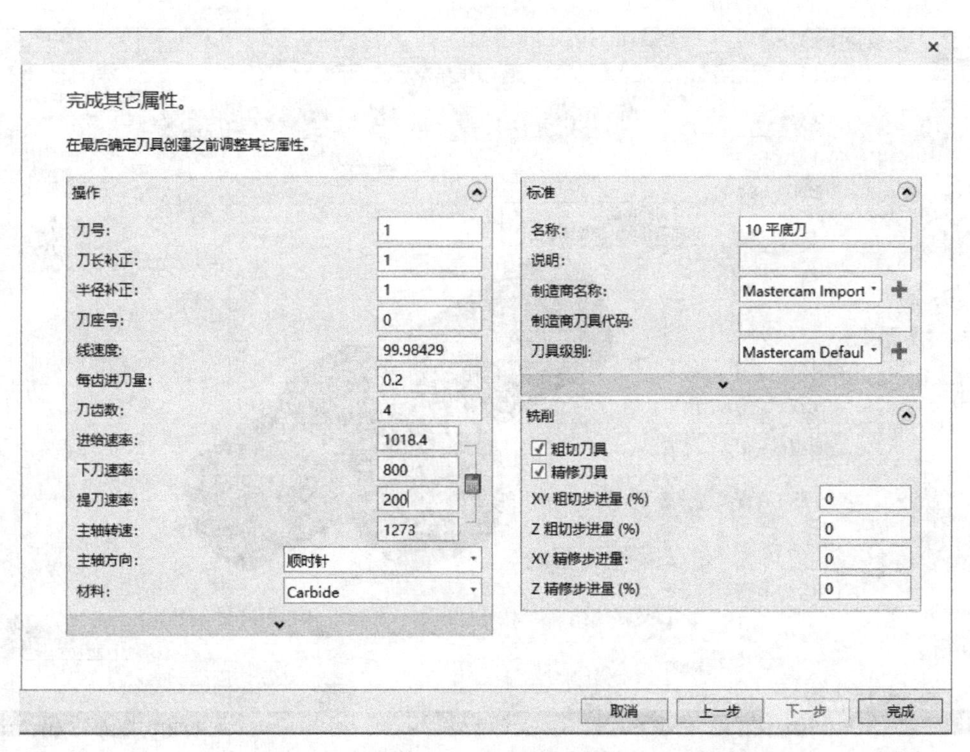

图 6-45　刀具参数设置

然后设置切削方式，用 3D 曲线再径向补正，“径向补正”输入 -10，这样刀具就在凸轮的中心切削。“投影”方式用“曲面法向”，设置“最大距离”为 10.0，如图 6-46 所示。选择凸轮的边界线，在选择边界时，用实体，并捕捉凸轮的边界轮廓线，如图 6-47 所示。

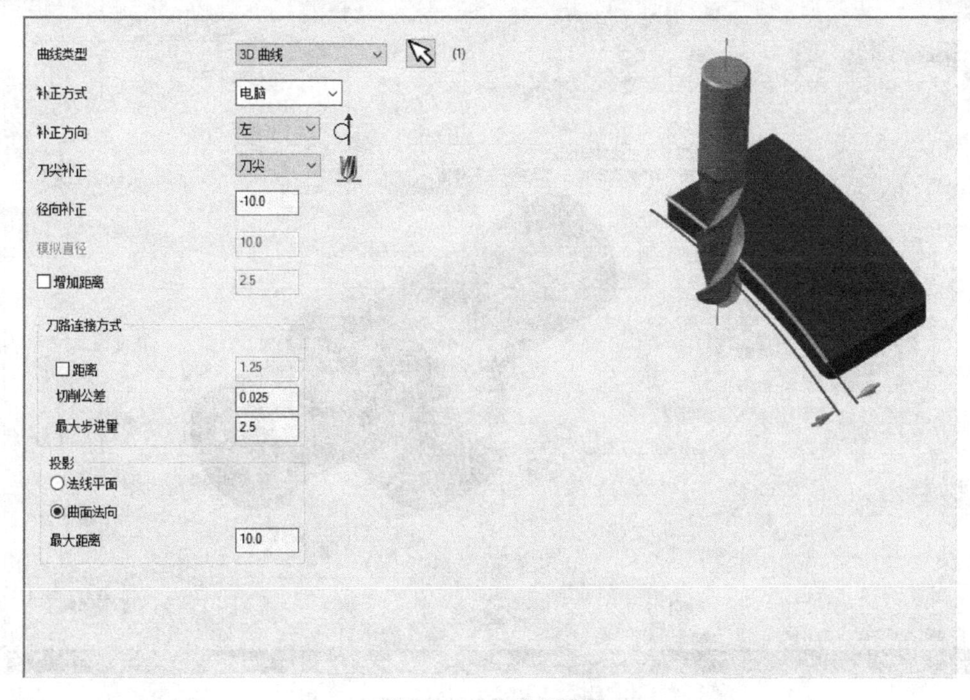

图 6-46　3D 曲线模式

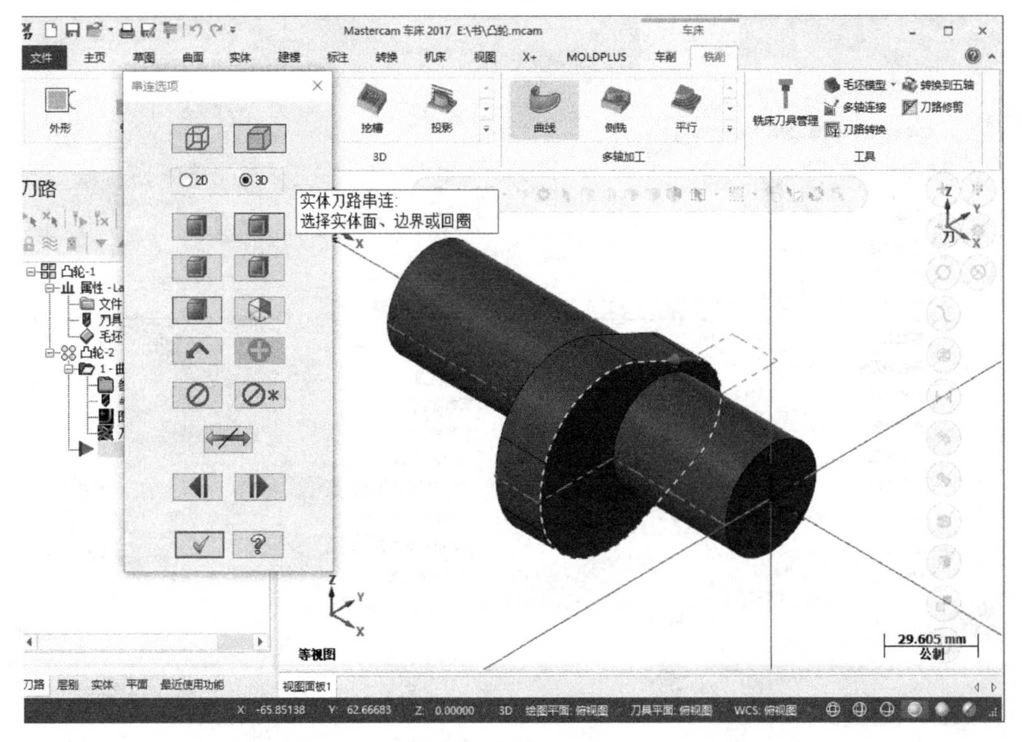

图 6-47　选择边界线

接着设置刀轴控制，在这里选择曲面，然后选择加工面，也就是让刀具垂直于加工面，如图 6-48 所示。

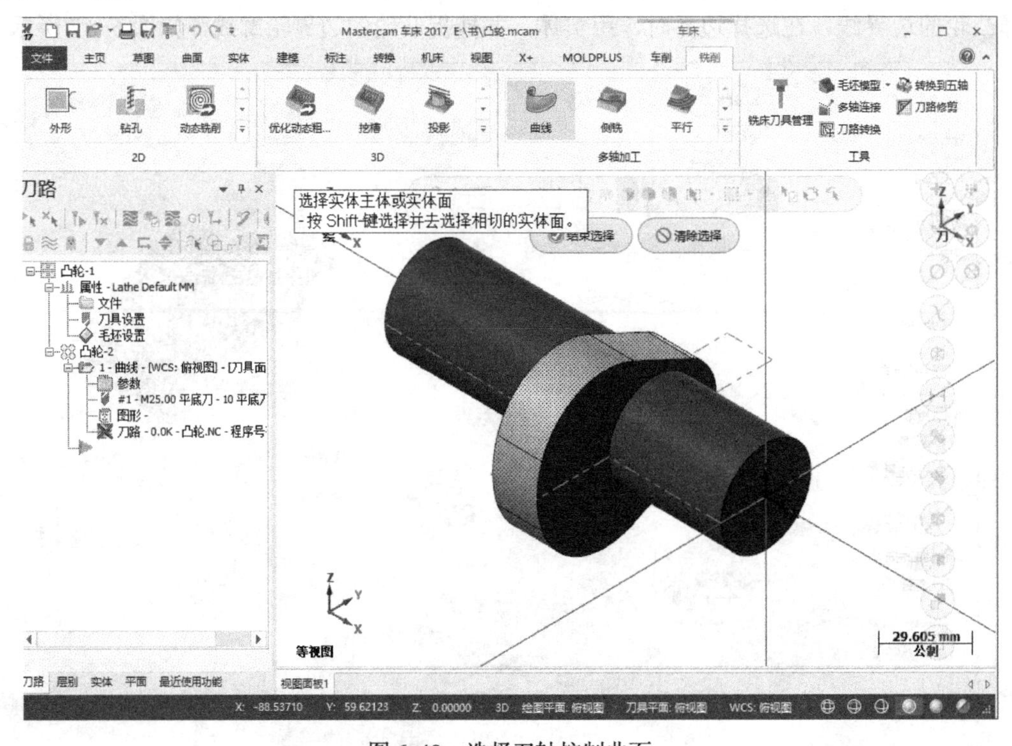

图 6-48　选择刀轴控制曲面

接下来设置输出方式，这里选择 4 轴，“旋转轴”为“X 轴”，前倾角和侧倾角不需要，所以为 0。勾选“增加角度”。增加角度主要用在圆弧面，角度越小，刀路越密集，效果越好。刀具向量长度是为了显示出刀具的轴向，可以更加清楚地看到刀轴的运动过程。具体设置如图 6-49 所示。

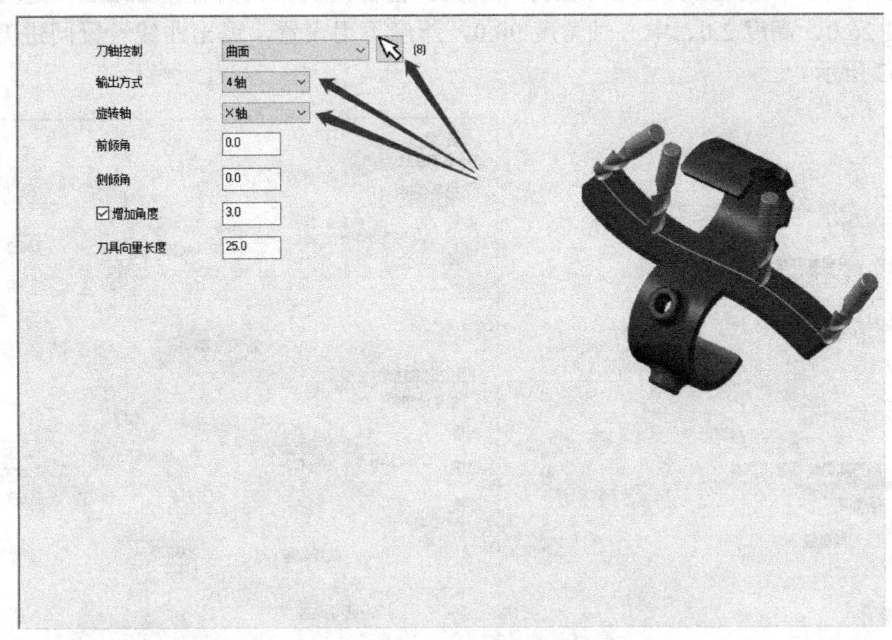

图 6-49　刀轴控制选项设置

碰撞控制主要是为了控制刀具的运动方式，防止刀具与工件产生干涉。刀尖控制的在投影曲线上，指的是刀尖在刚才选择的曲线上；向量深度是加工曲线的余量，即可为正也可为负；干涉曲面是防止刀具过切，选择后，刀具会避过这些曲面。具体设置如图 6-50 所示。

图 6-50　碰撞控制设置

设置完碰撞参数后设置共同参数。“安全高度”设置为 50.0，“参考高度”设置为 10.0，下刀位置设置为 2.0。两刀具切削间隙保持默认距离 2.0。具体设置如图 6-51 所示。单击“共同参数”的加号，弹出进 / 退刀参数，为了防止刀具直接进入毛坯，需要设置一个进 / 退刀距离，让刀具从毛坯外面开始进刀。前面用的刀具直径是 25mm，进刀参数设置成长度 26.0、高度 2.0、中心轴角度 90.0，厚度不用设置，退出曲线设置同进刀曲线，如图 6-52 所示。

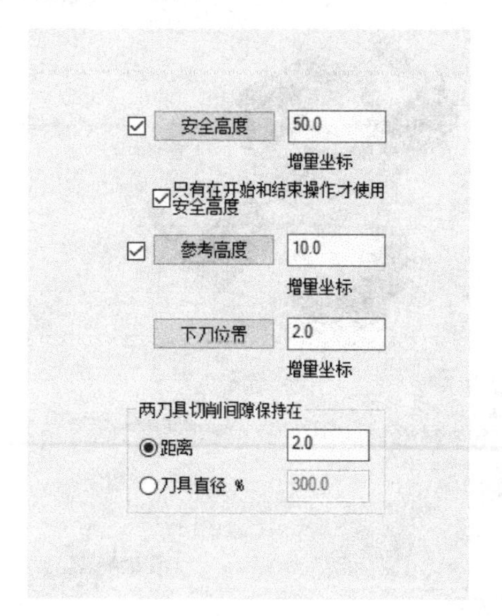

图 6-51　共同参数设置

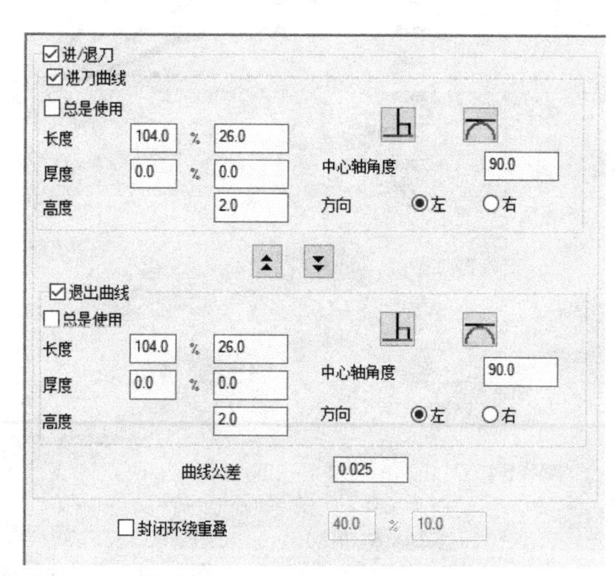

图 6-52　进 / 退刀参数设置

其他的参数设置默认，单击确定，运算生成刀路，然后进行实体验证，如图 6-53、图 6-54 所示。

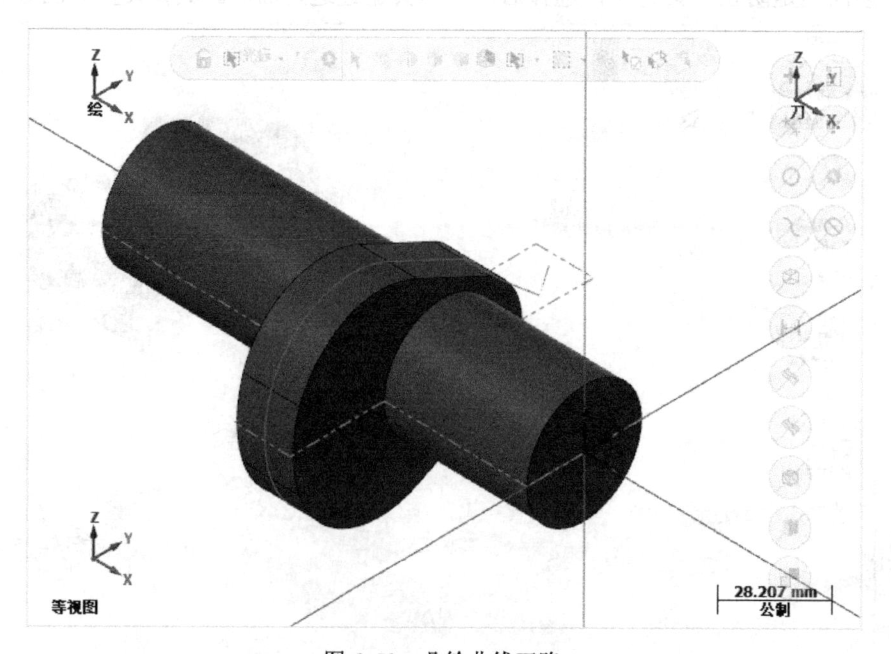

图 6-53　凸轮曲线刀路

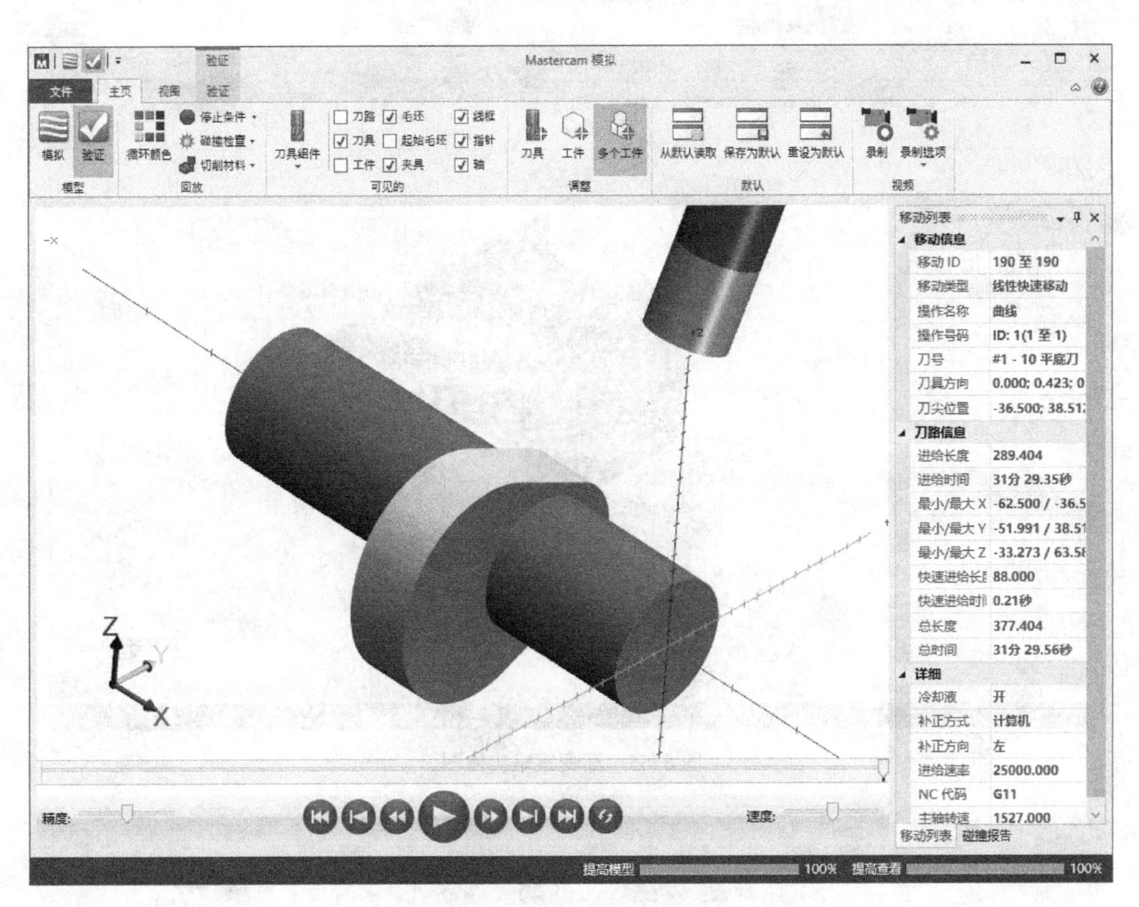

图 6-54　凸轮实体验证效果

6.5　渐变

前面的曲线策略需要一个线段，渐变则需要两个线段，就是两个线段之间形成一个刀路。Mastercam 2017 又增加了曲面之间的渐变，使功能更加灵活多样。图 6-55 为渐变策略实体图，其一边为直线，另一边为圆弧线，底部也是圆弧形。

为了便于操作，先用实体生成曲面命令，将需要用到的曲面提取出来，放置在 2 号图层，并将实体隐藏；然后用单一边界命令将侧面的顶部或者底部线条提取出来，如图 6-56 所示。

在选择策略之前，先设置毛坯。由于车铣复合加工的毛坯大多数是回转体，所以比较好设置，具体设置如图 6-57 所示。

在“铣削”的多轴加工中选择“渐变”策略，弹出对话框，选择合适的刀具，圆鼻刀比较耐用，新建一把 ϕ12R3.0 的圆鼻刀来粗加工，并设置刀具参数，如图 6-58、图 6-59 所示。

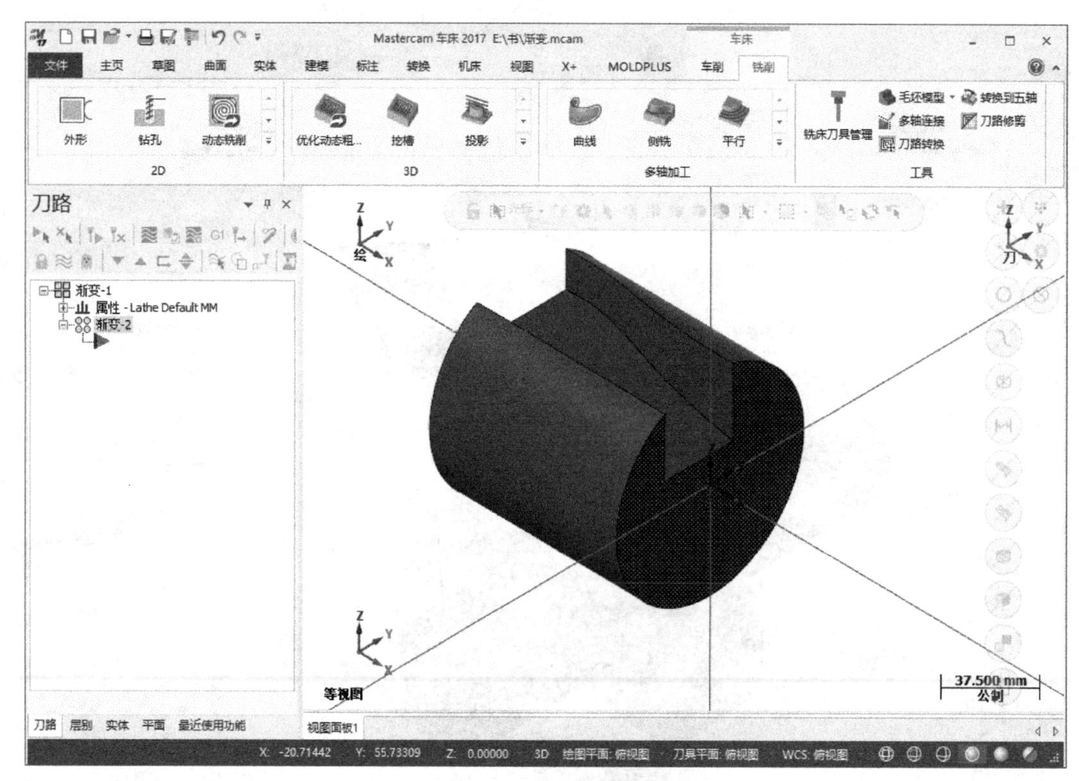

图 6-55　渐变策略实体图

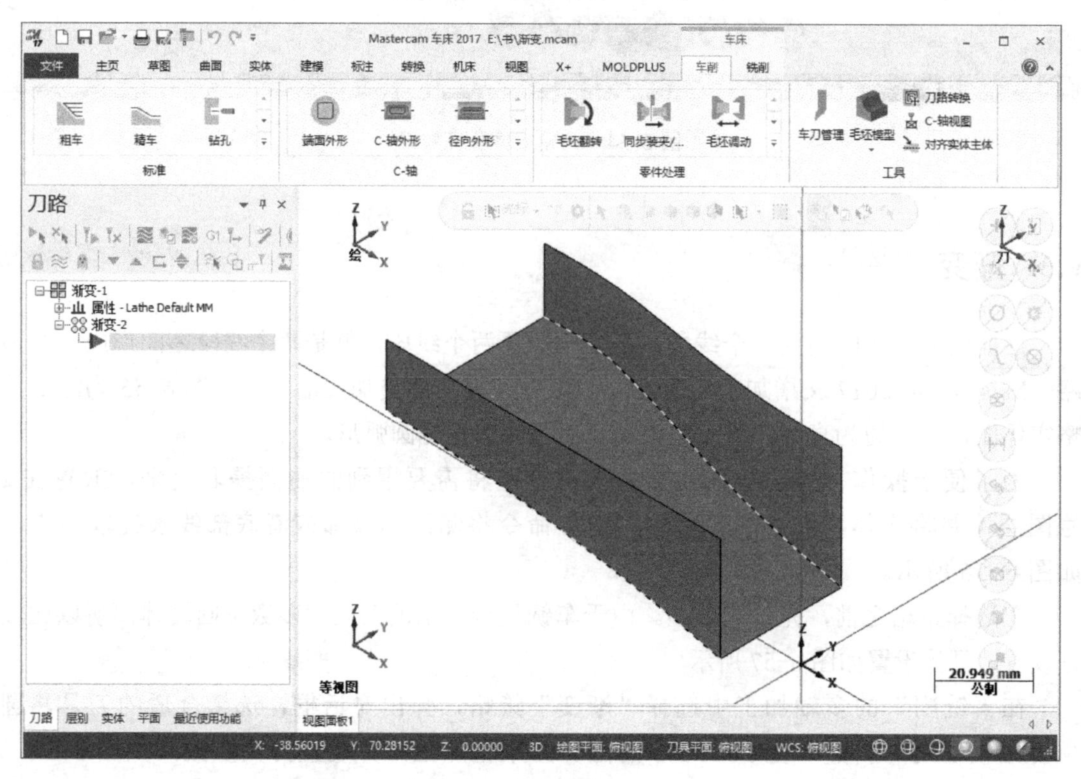

图 6-56　提取曲面及线段

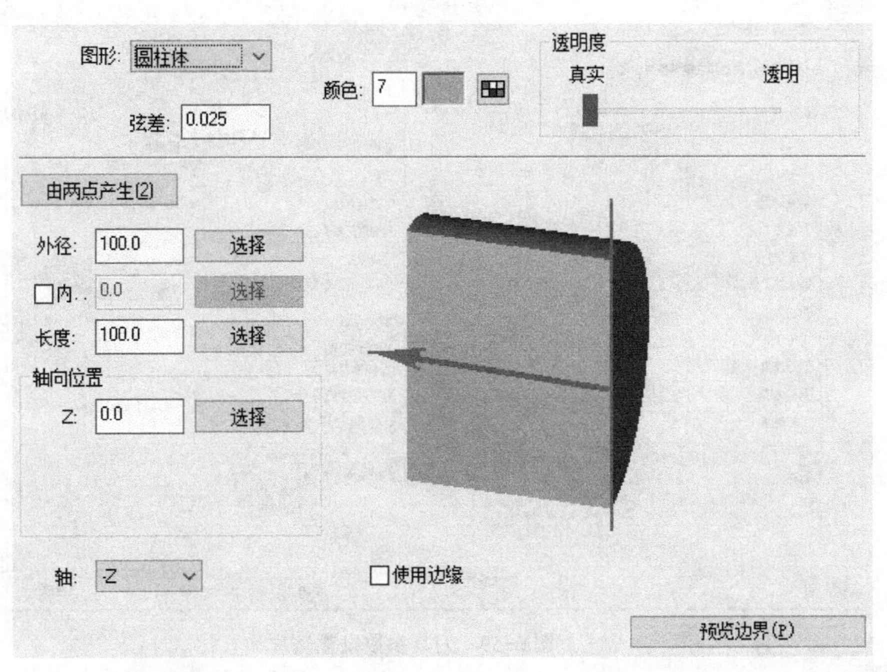

图 6-57　设置毛坯

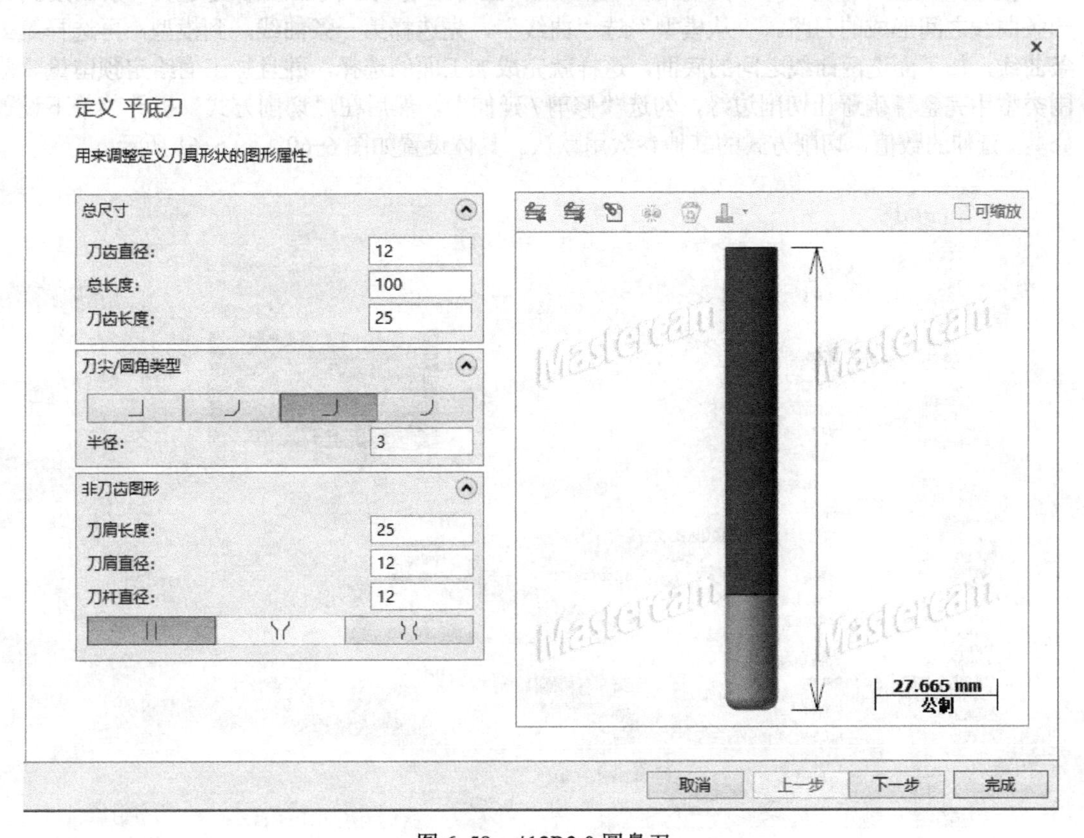

图 6-58　ϕ12R3.0 圆鼻刀

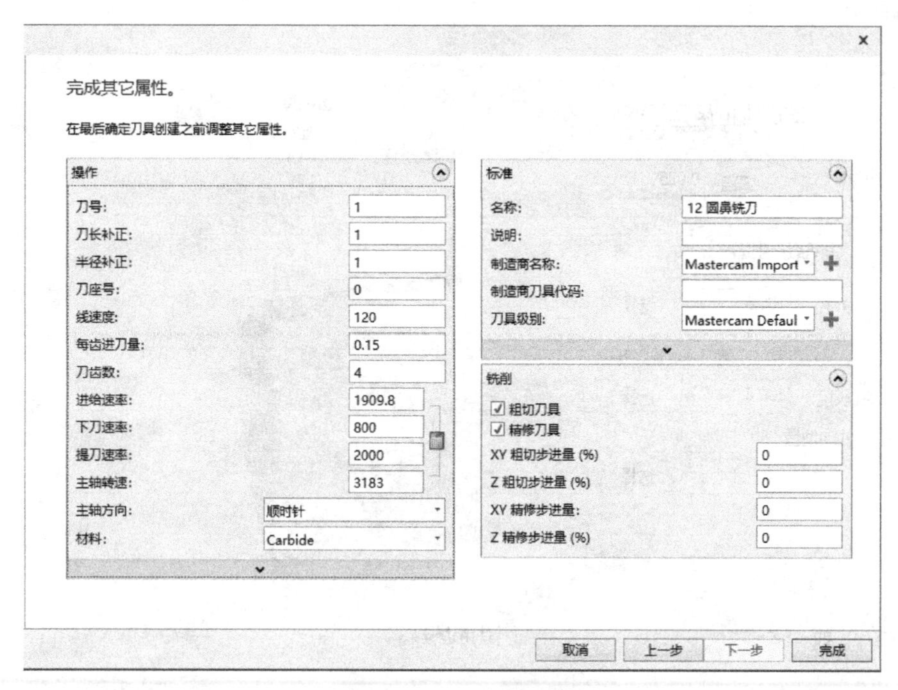

图 6-59　刀具参数设置

接下来设置切削方式。从示意图（图 6-60）上可以看到，两曲线渐变是从一条曲线到另一条曲线之间形成的刀路。“从模型”选“曲线”，先选择第一条曲线，到模型，再选择第二条曲线，加工面选两曲线之间的底面，这样就完成加工面的选择，并且加工面给定预留量。范围类型用完整精确避让切削边缘，勾选“修剪 / 延伸”，然后在“切削方式”折叠菜单下设置修剪 / 延伸的数值，切削方式的其他参数用默认。具体设置如图 6-60、图 6-61 所示。

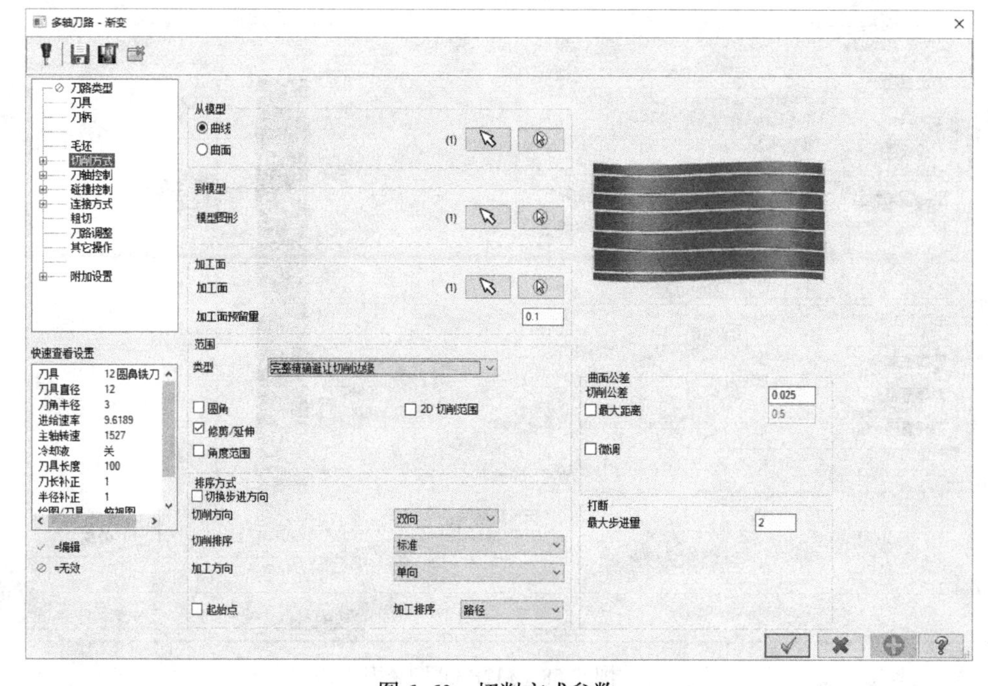

图 6-60　切削方式参数

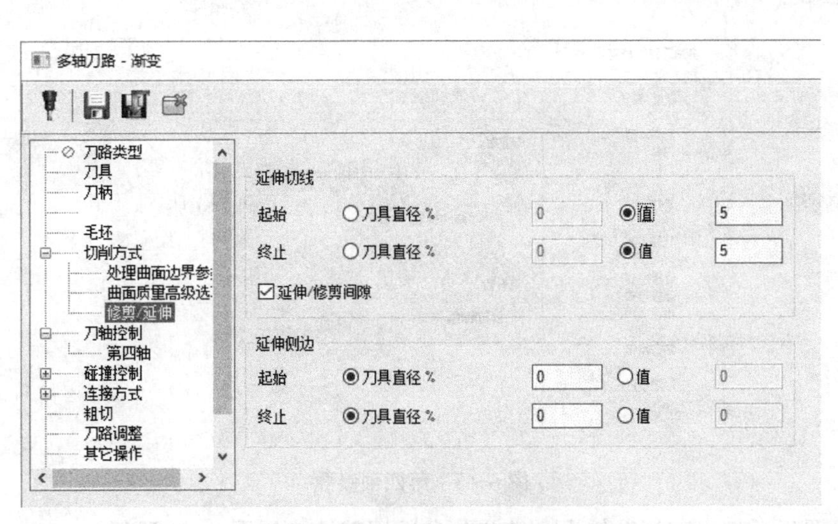

图 6-61　修剪 / 延伸参数设置

渐变的参数相对其他策略来说还是比较多的，对于初学者来说，有点难掌握，所以有些参数先采用默认，等后面了解基本参数后，再对更多的参数进行细节调整。

刀轴控制即刀具的方向，是多轴策略中仅次于刀路的重要参数，尤其是四、五轴联动刀路，对刀轴控制的要求比较高，一个好的刀路配上好的刀轴控制，加工出的产品才能更加精确。本节的产品比较简单，所以刀轴控制也相对容易设置，“输出方式”为“四轴”，“最大角度步进量”默认 3，“刀轴控制”用“曲面”，如图 6-62 所示。因为四轴车铣复合机床没有 B 轴，在第四轴里，“方向”为“X 轴”，第五轴就用锁定角度为 0，如图 6-63 所示。

输出方式　四轴
最大角度步进量　3
刀轴控制　曲面
刀具参考点　自动
限制

图 6-62　刀轴控制设置

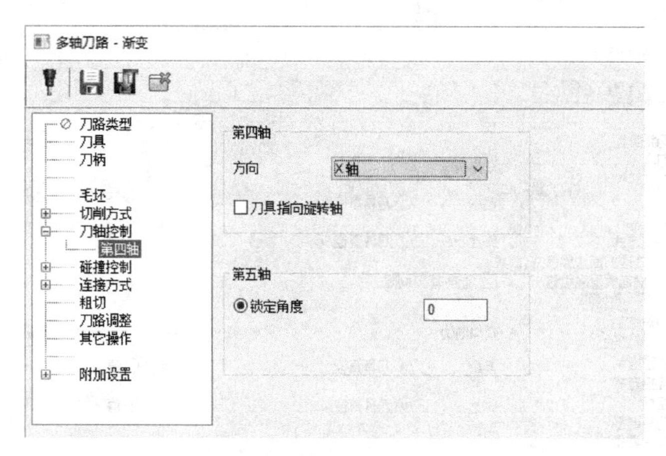

图 6-63　第四轴参数

碰撞设置里，把“刀杆”勾上，策略与参数用默认，如图 6-64 所示。

状态	干涉面 刀齿	刀杆	刀套	刀柄	策略与参数	图形
☑ 1	☑	☑	☐	☐	修剪和重新连接刀路 仅修剪碰撞	☑加工面 ☐干涉面 预留量 0 公差 0.025
☐ 2	☐	☑	☑	☑	倾斜刀具 自动	☑加工面 ☐干涉面 预留量 0 公差 0.025
☐ 3	☑	☑	☐	☐	提刀 沿刀轴	☑加工面 ☑干涉面 预留量 0 公差 0.025
☐ 4	☑	☑	☐	☐	提刀 沿刀轴	☑加工面 ☑干涉面 预留量 0 公差 0.025

图 6-64　碰撞设置

连接方式的参数设置有很多项，根据需要只设置其中几个就好。首先是进 / 退刀，这个和平面铣削的进 / 退刀是一样的，开始点从安全高度，结束点返回安全高度，为了防止扎刀，使用切入和切出。默认连接是刀路与刀路之间的连接方式，小间隙用平滑曲线或者沿曲面，大间隙要根据实际情况来设置，一般选择返回参考高度，然后使用切入 / 切出。大小分界值，是按照设置数值来决定大小分界，比如用附加值，并设置为 10.0，那就是只要小于 10.0mm，就属于小间隙，大于 10.0mm，就是大间隙。安全区域，设置类型为圆柱，在四轴车铣复合加工中，一般都为圆棒材，所以安全区域自然为圆柱，方向看工件的旋转轴。轴心就是圆点，半径设置比毛坯略大，这里输入 60。提刀距离的快速提刀是参考高度，进给下刀距离是离工件表面的距离，进给退刀距离是离开工件表面多少距离后使用快速进给，空刀移动安全高度和进给退刀距离一样设置。具体设置如图 6-65 所示。

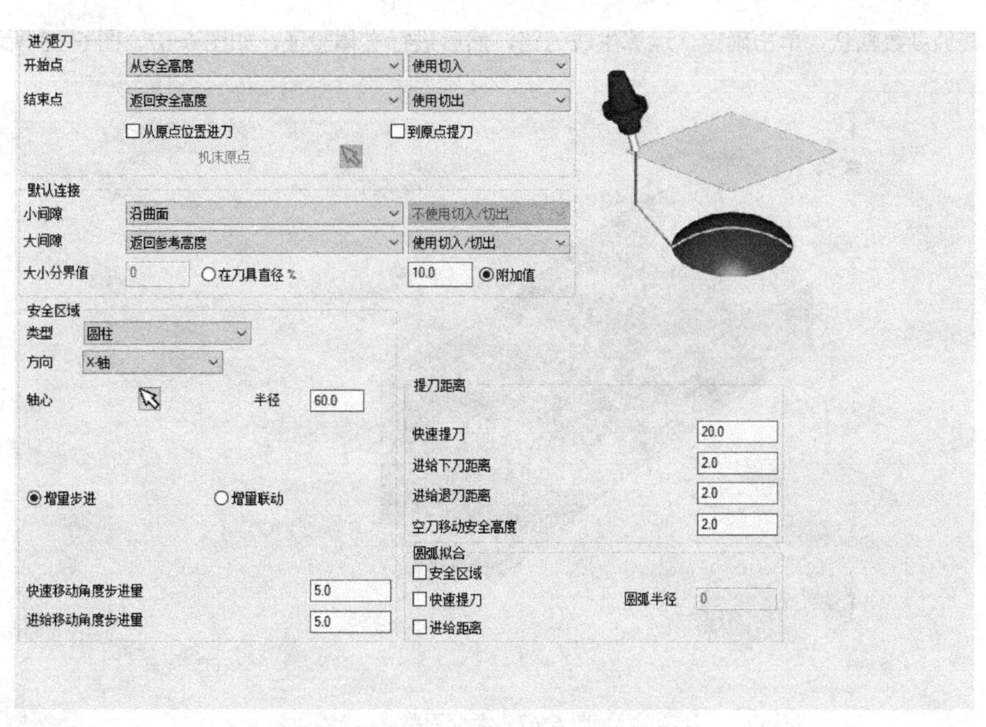

图 6-65　连接方式设置

单击“连接方式”前面的加号，默认切入 / 切出设置（因为这个工件是侧面下刀），切入类型用“垂直切弧”，“刀轴方向”用“固定”，宽度是刀具到工件侧面距离，长度是刀具到工件的垂直距离，在这里设置为刀具的一半，切出设置同切入，如图 6-66 所示。

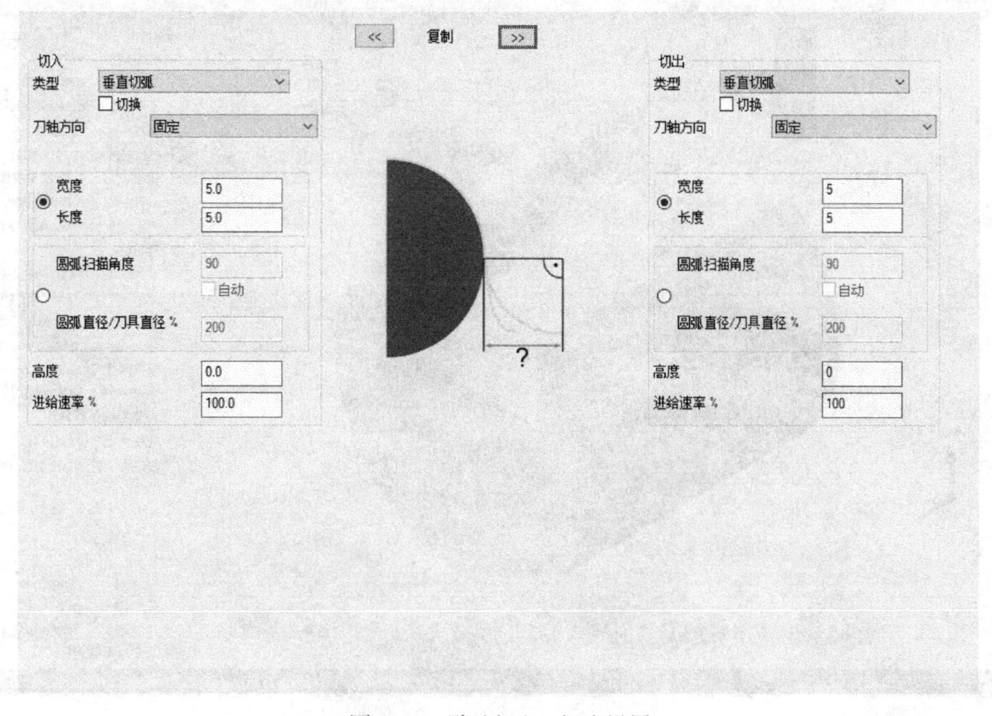

图 6-66　默认切入 / 切出设置

其他参数默认，单击确定，运算生成刀路，然后进行实体验证，如图 6-67、图 6-68 所示。

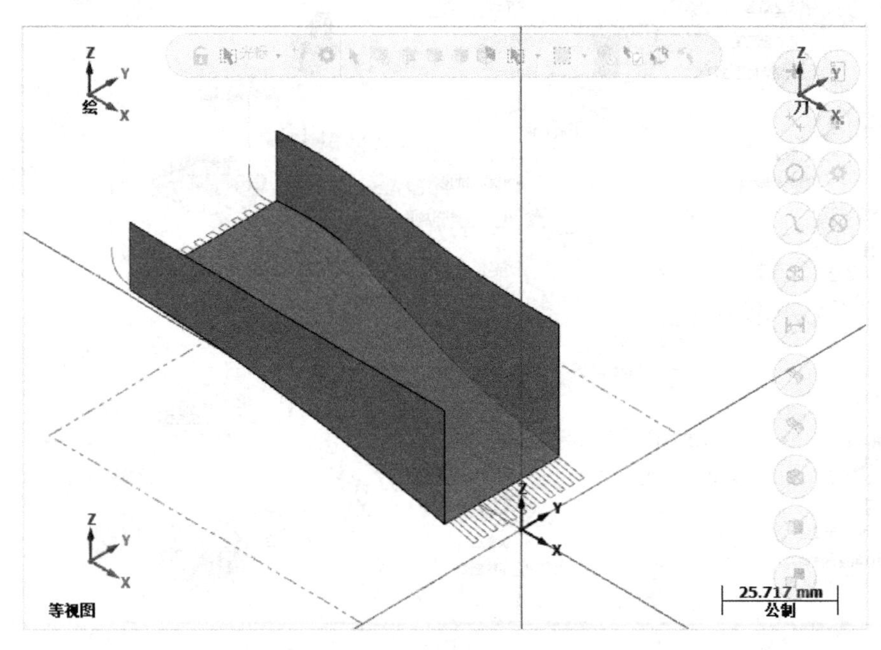

图 6-67　渐变刀路

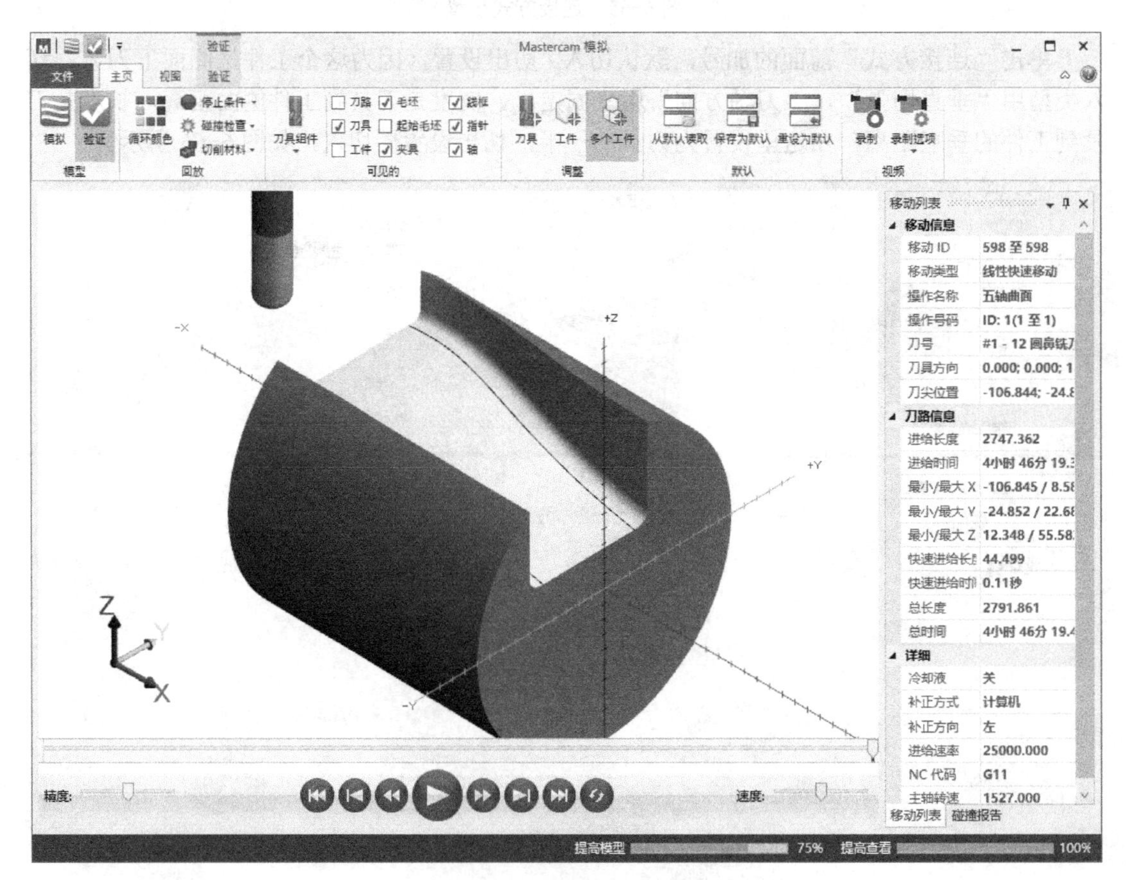

图 6-68　渐变实体验证

从图 6-68 所示实体可以看到加工效果并不是特别好，侧面已经过切了。出现这种情况是因为软件还不能完全做到智能化，它不能识别出侧面也是加工面。因此还需要对细节参数进行修改。回到碰撞控制，把两个侧面添加为干涉面，看是否能有效避免过切问题，如图 6-69、图 6-70 所示。

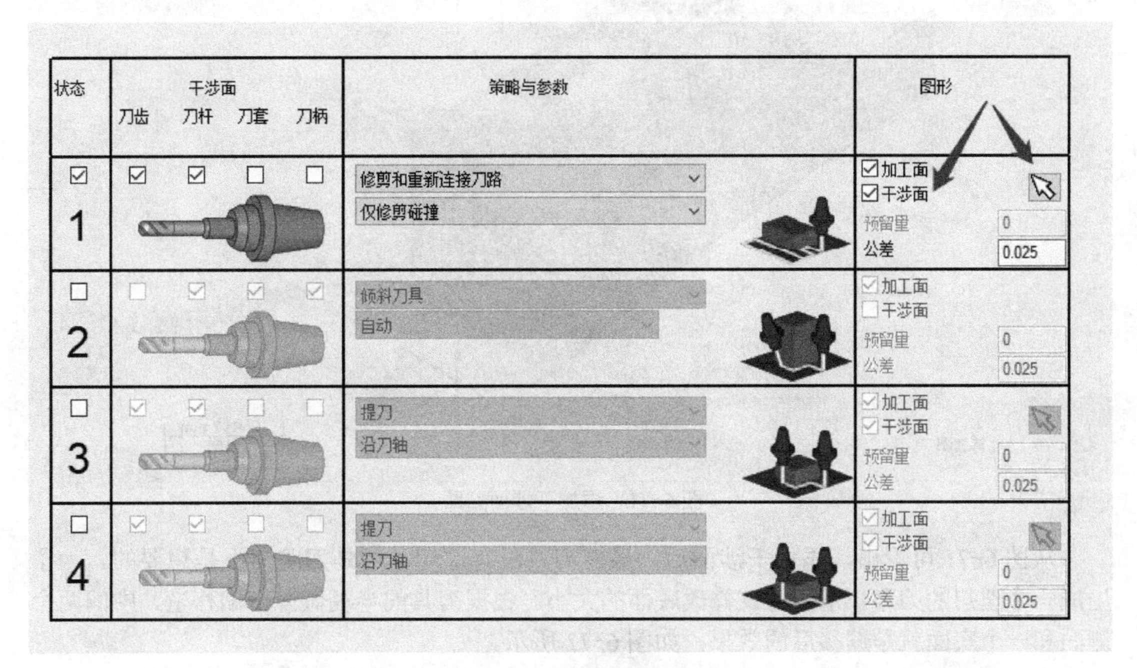

图 6-69　碰撞控制修改

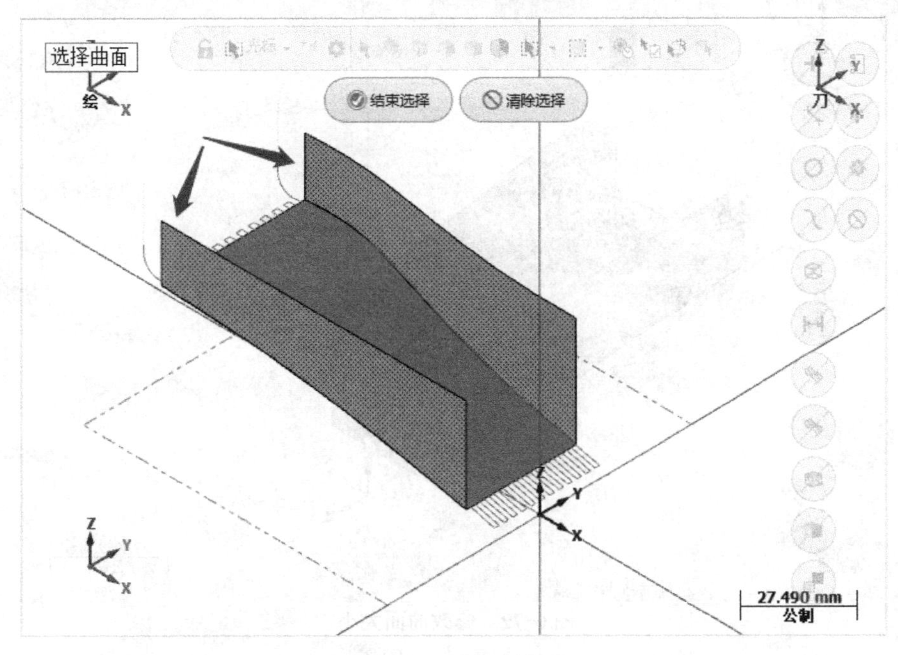

图 6-70　添加干涉面

然后其他参数不变，单击确定，运算生成刀路，如图 6-71 所示。

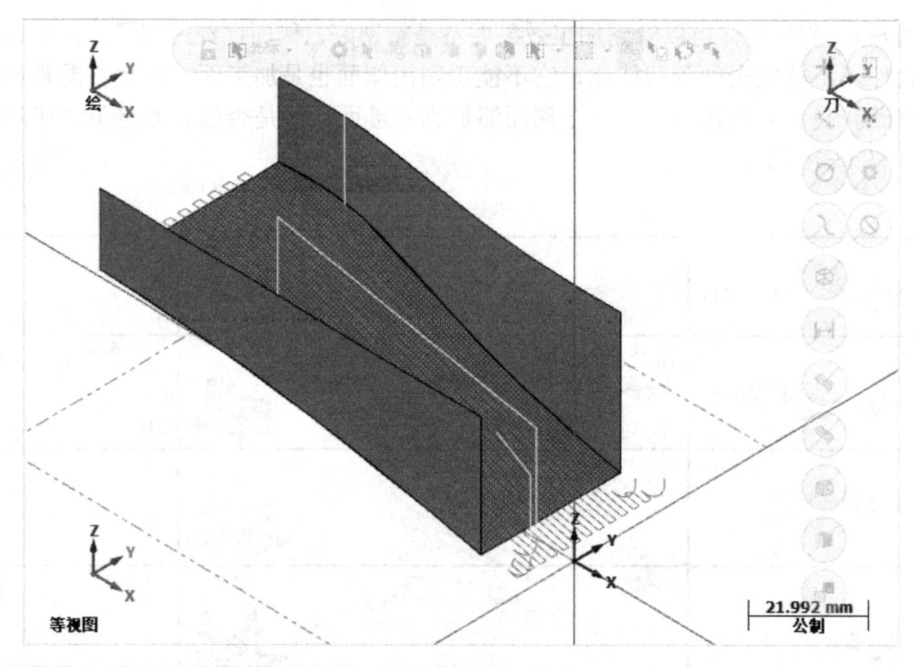

图 6-71　添加干涉面刀路

从图 6-71 可看出，添加干涉面后，虽然刀路没有过切，可是刀路却不是想要的。为了生成一个理想的刀路，下面尝试修改底面的大小。根据刀具的半径做一个偏移量，中间两个侧面和一个底面就是偏移后的效果，如图 6-72 所示。

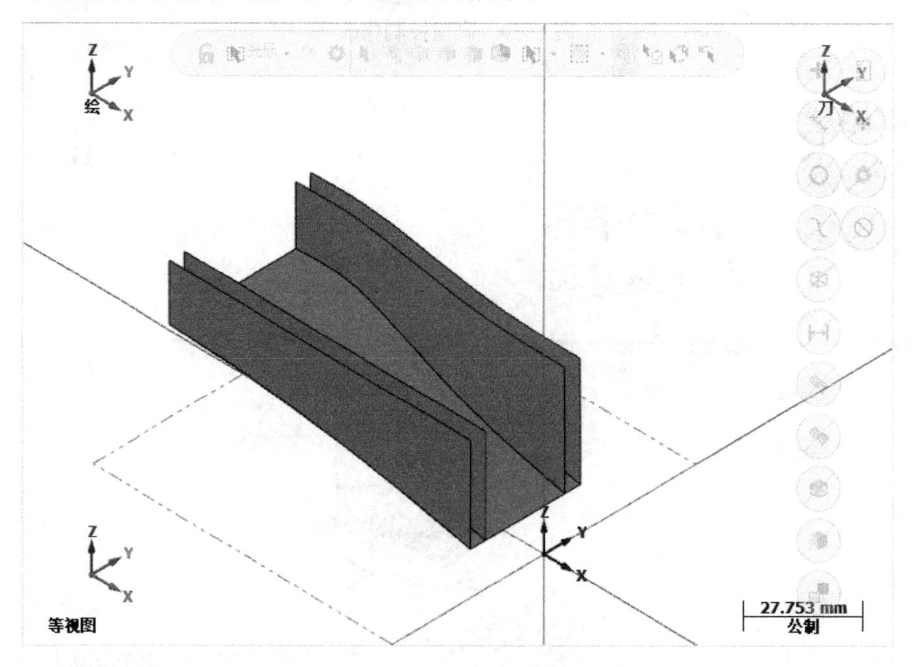

图 6-72　修改曲面大小

曲面修改完后，回到切削参数设置，再重新选择曲线和加工面，并关掉碰撞控制里的干涉面，然后单击确定，重新生成刀路，并且进行实体验证，如图 6-73、图 6-74 所示。

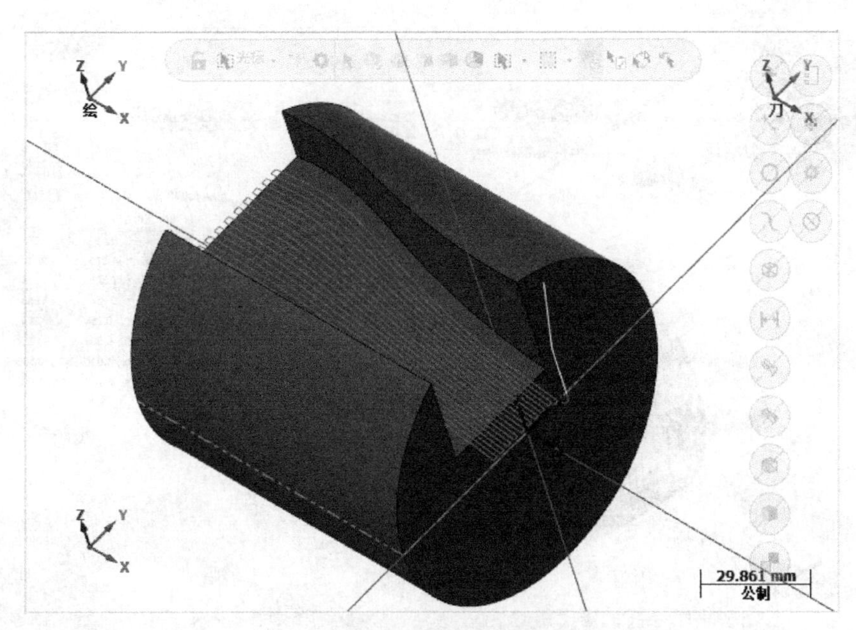

图 6-73　重新生成刀路

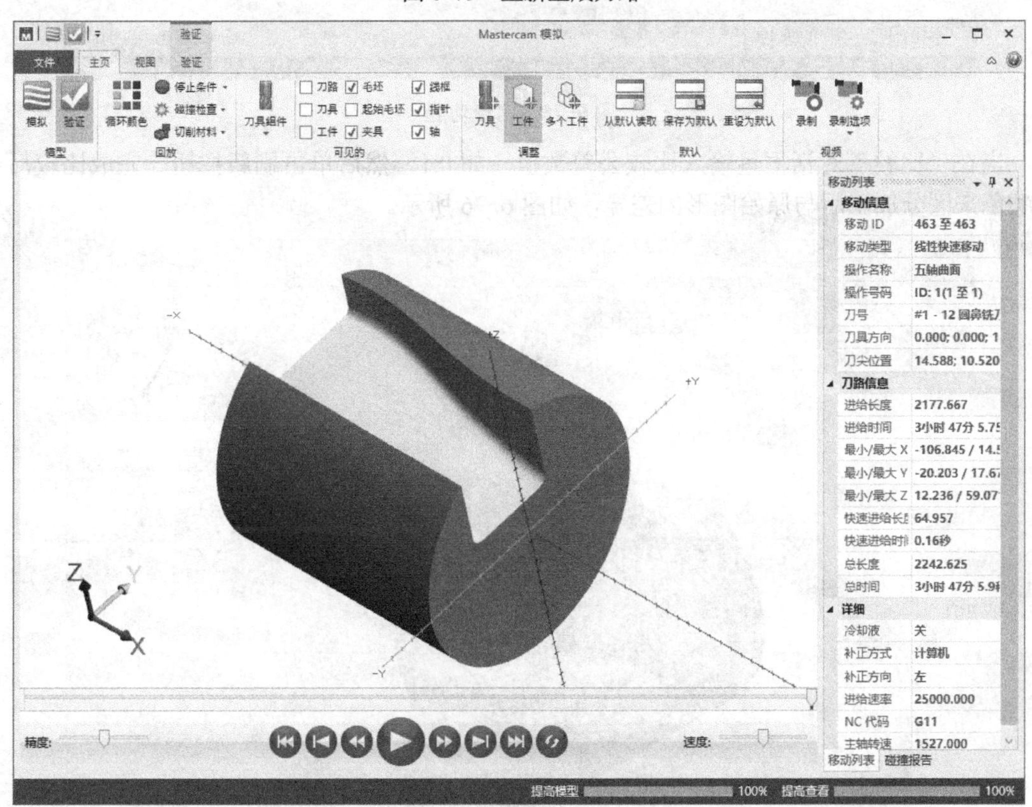

图 6-74　实体验证结果

通过上面的操作，得到了想要的刀路。大的过切和残留通过刀路即可看出。那如何查看小的过切和残留呢？在实体验证中，有一个功能叫作比较，可以通过设置公差的大小来看切削后的工件与原始实体之间的差异，比较功能的前提是必须有实体图形，如图 6-75 所示。

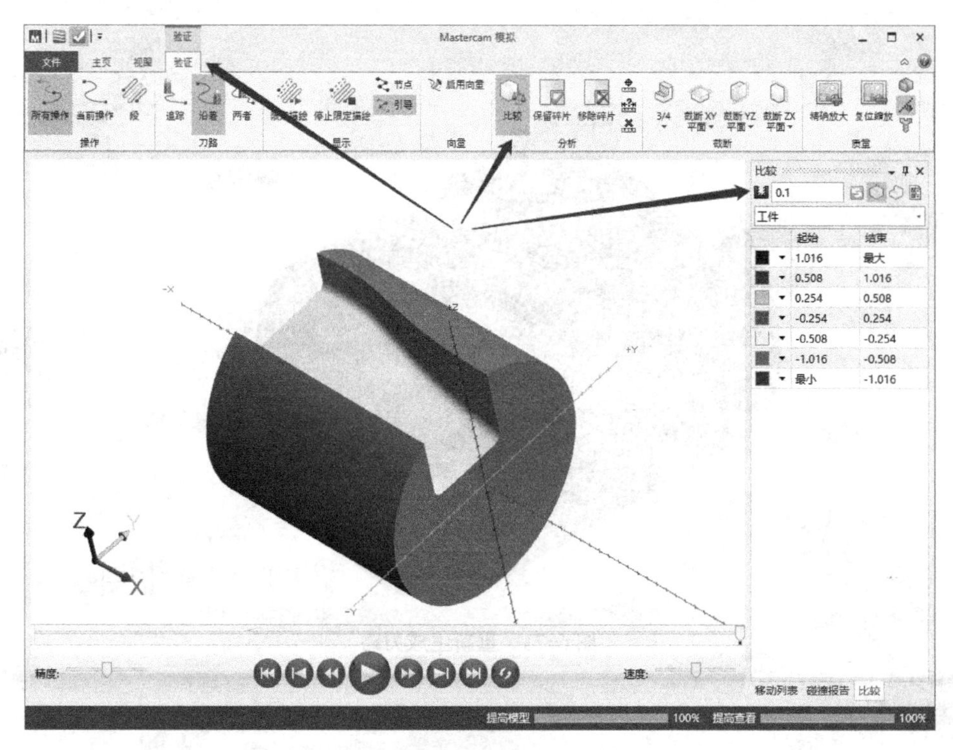

图 6-75　比较功能

当在“比较”对话框里输入比较公差数值，如 0.1，然后单击刷新按钮，完成比较后会用颜色来区分加工后与原始图形的差异，如图 6-76 所示。

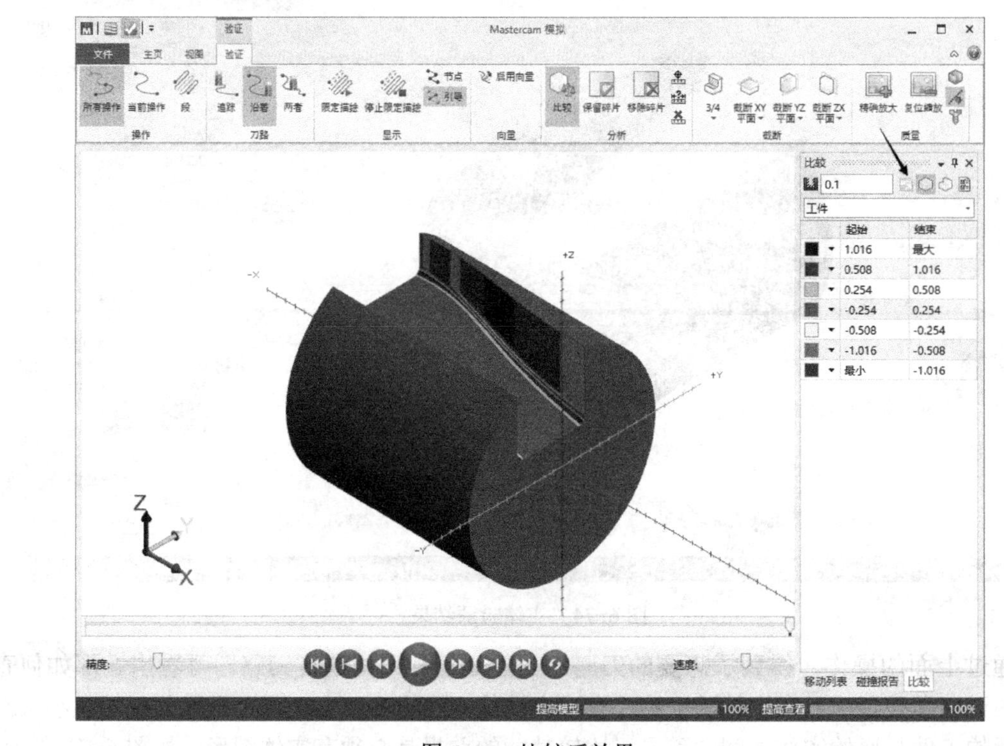

图 6-76　比较后效果

6.6　旋转

旋转策略主要用于加工异形回转零件。图 6-77 所示。零件比较适合用旋转策略。在使用旋转策略前，先用定轴进行粗加工，这样加工速度会比较快。如果工件材料硬度比较低，也可以使用旋转策略一次粗精加工到位。假设这个材料是 6060Al，用旋转策略可一次加工到位。如果需要更好的表面质量，可以给定预留量，再换一把刀具精加工。

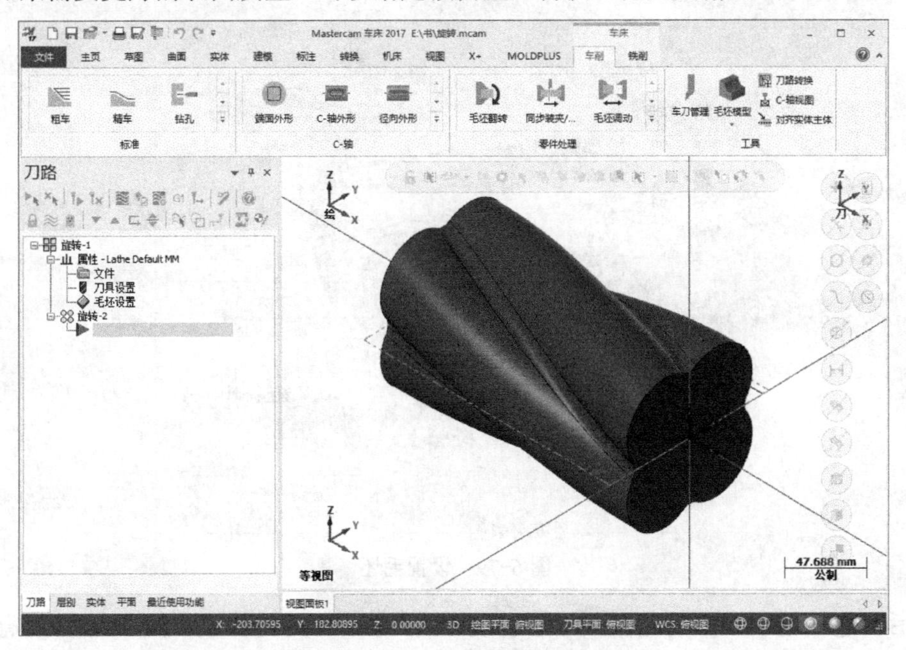

图 6-77　异形回转零件

在“铣削”多轴加工菜单中选择“扩展应用”的“旋转”，如图 6-78 所示。

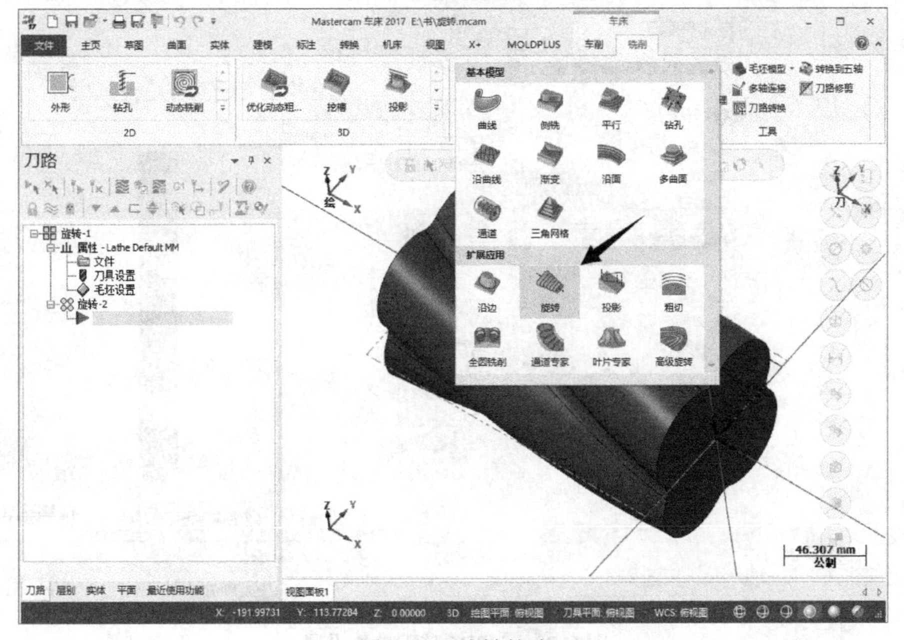

图 6-78　旋转策略

先设置毛坯大小及长度，并且使用边缘将毛坯余量留出，具体设置如图 6-79 所示。

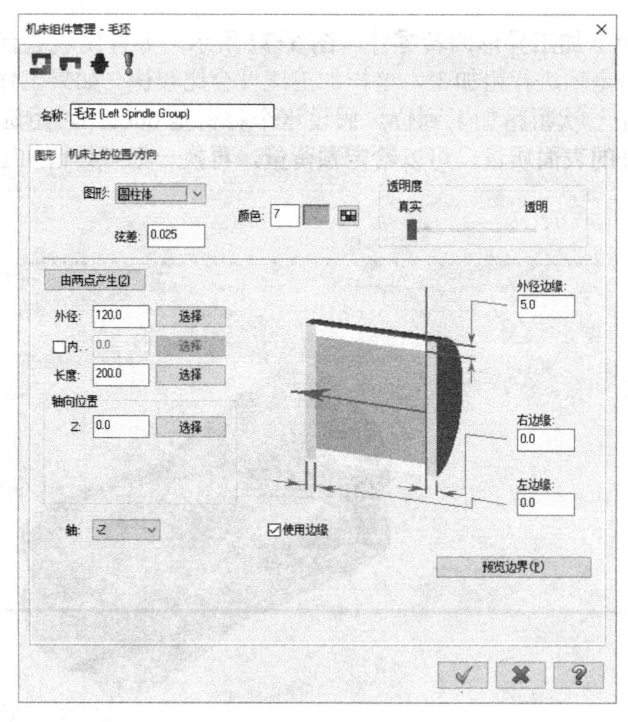

图 6-79　设置毛坯

然后新建一把 ϕ12R6 的球刀，“总长度”为 100，“刀齿长度”为 25，“刀肩长度”为 30，刀肩和刀杆直径和刀齿直径一样，实际上是刀杆直径略小于刀齿直径，如图 6-80 所示。

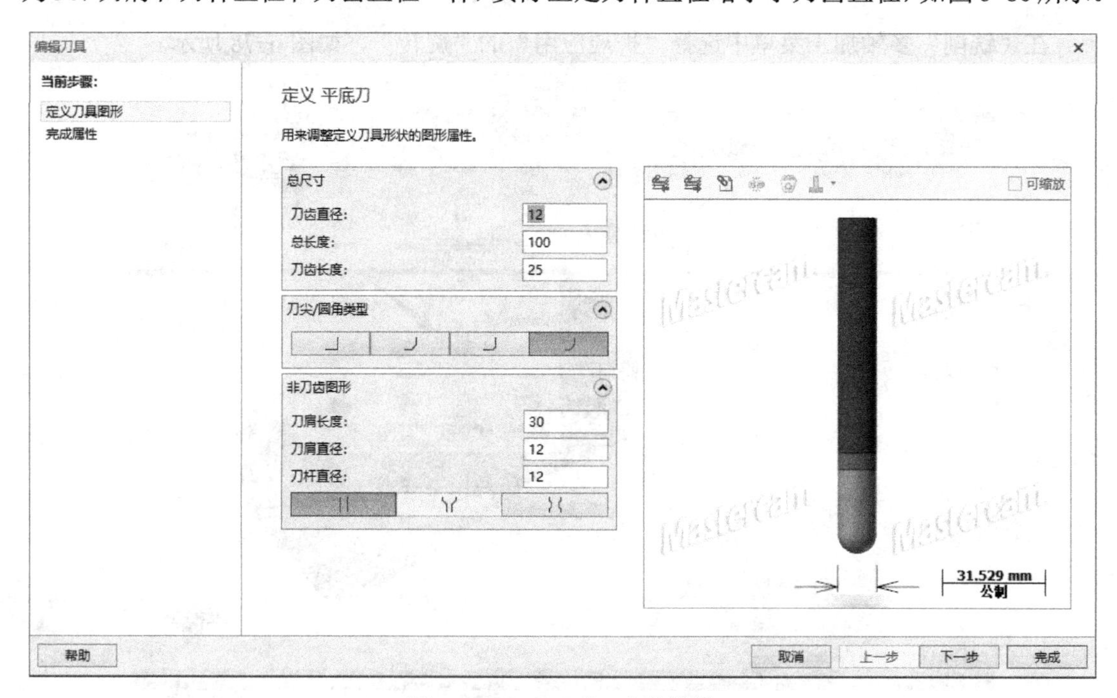

图 6-80　ϕ12R6 球刀参数设置

设置刀具参数，“线速度”为 120、“每齿进刀量”为 0.12、“刀齿数”为 2，进给速率和主轴转速会根据线速度和每齿进刀量自动计算出，如图 6-81 所示。

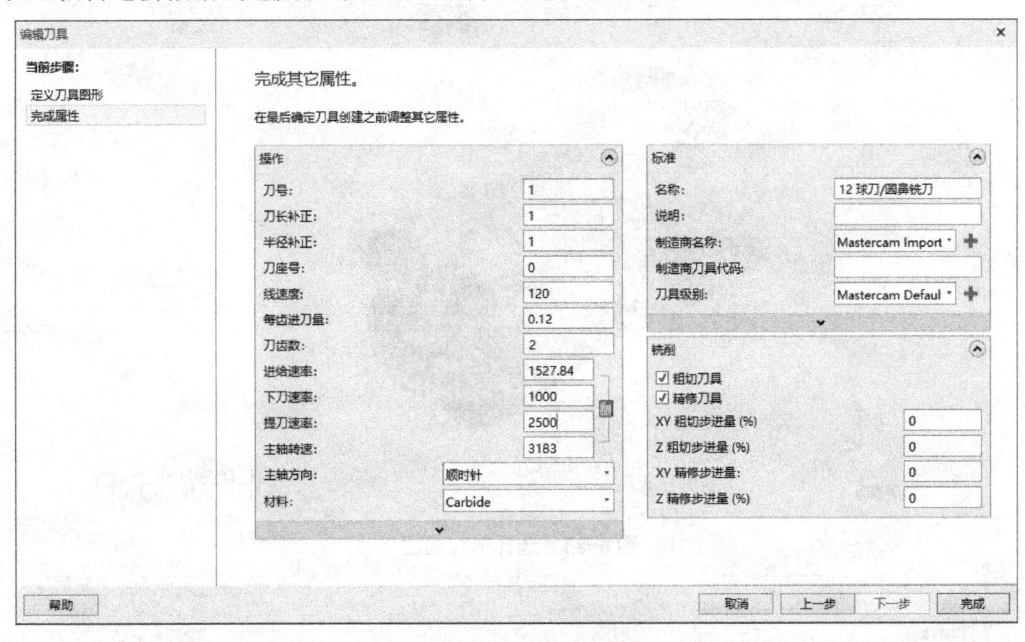

图 6-81　设置刀具参数

设置切削方式，首先选择曲面，单击“曲面”右边的箭头，如图 6-82 所示。然后把所有曲面都选择上，如图 6-83 所示。选择完成后单击结束选择，“切削方向”选择“绕着旋转轴切削”，“补正方式”用“电脑”，补正方向按刀具进刀方向，这里为左，“封闭外形方向”为“顺铣”，“开放外形方向”为“单向”，如图 6-84 所示。

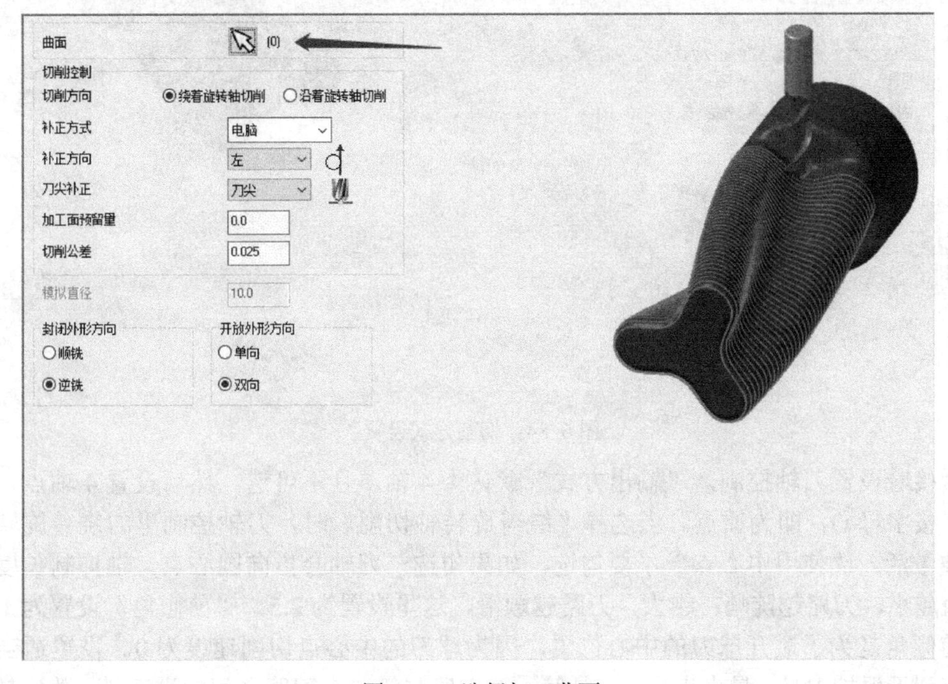

图 6-82　选择加工曲面

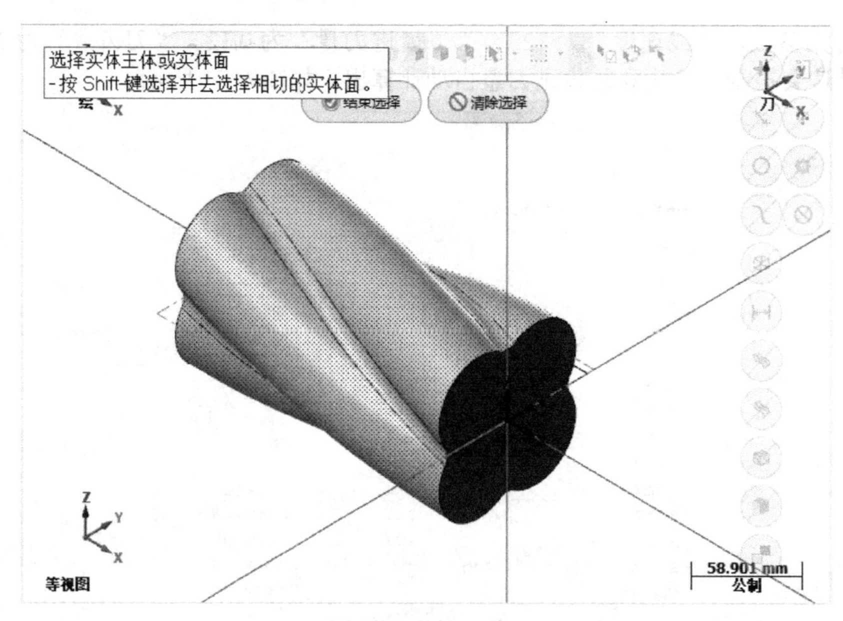

图 6-83 选择加工曲面

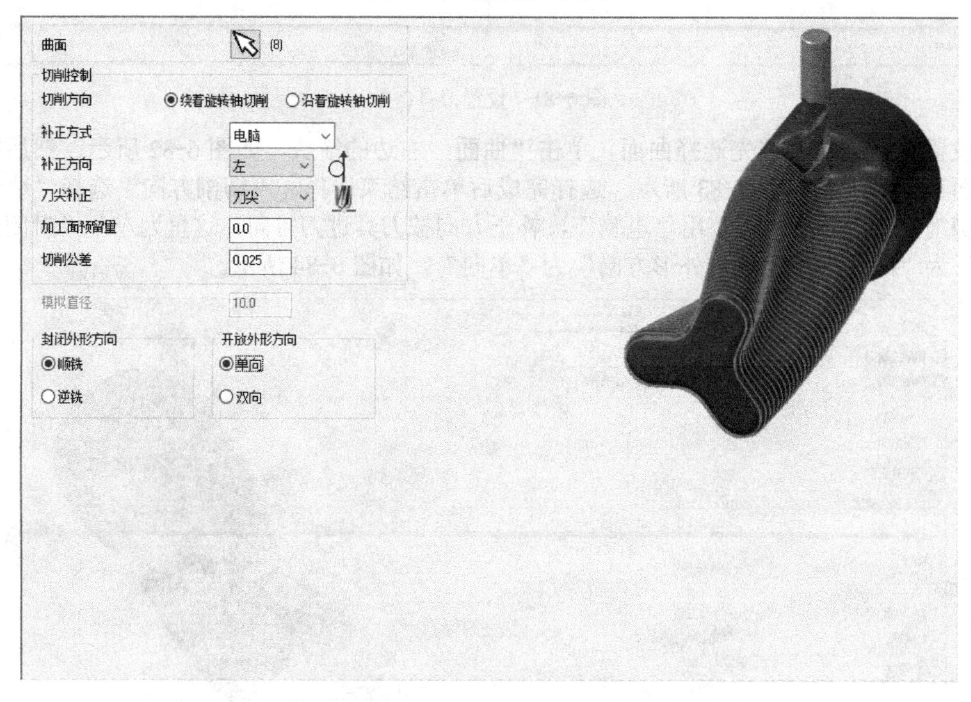

图 6-84 切削方式设置

紧接着设置刀轴控制，“输出方式”默认为 4 轴，且不可选，然后设置 4 轴点，单击箭头，按字母 O，即为原点。当选择“绕着旋转轴切削”时，刀轴控制里的绕着旋转轴切削才被激活。“使用中心点”不要勾选，如果勾选，刀轴会指向圆心点。轴抑制长度，这个数值越小，刀路越陡峭；越大，刀路越顺滑，这里设置为 2.5。“前倾角”设置为 10.0，设置前倾角是为了避开球刀的中心位置，因为球刀的中心点切削速度为 0。设置适当的前倾角有利于保护刀具。最大步进量，是第一个刀路与第二个刀路之间的进刀量，数值越大，速度越快，但残脊越大；数值越小，表面质量越好，加工时间也会增加，如图 6-85 所示。

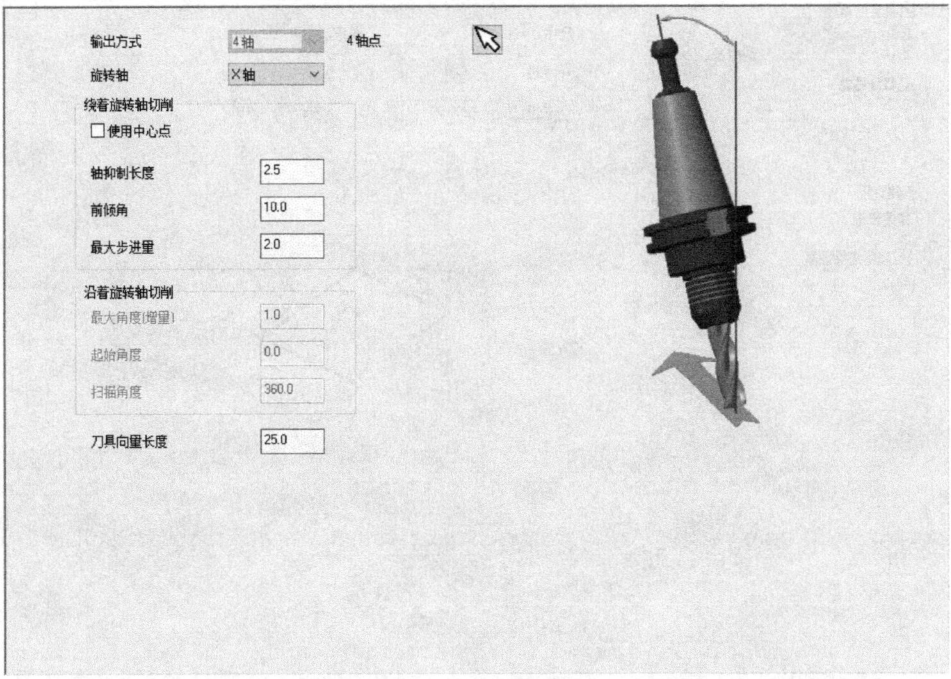

图 6-85　刀轴控制参数设置

碰撞控制这里无须设置。共同参数默认，如图 6-86 所示。

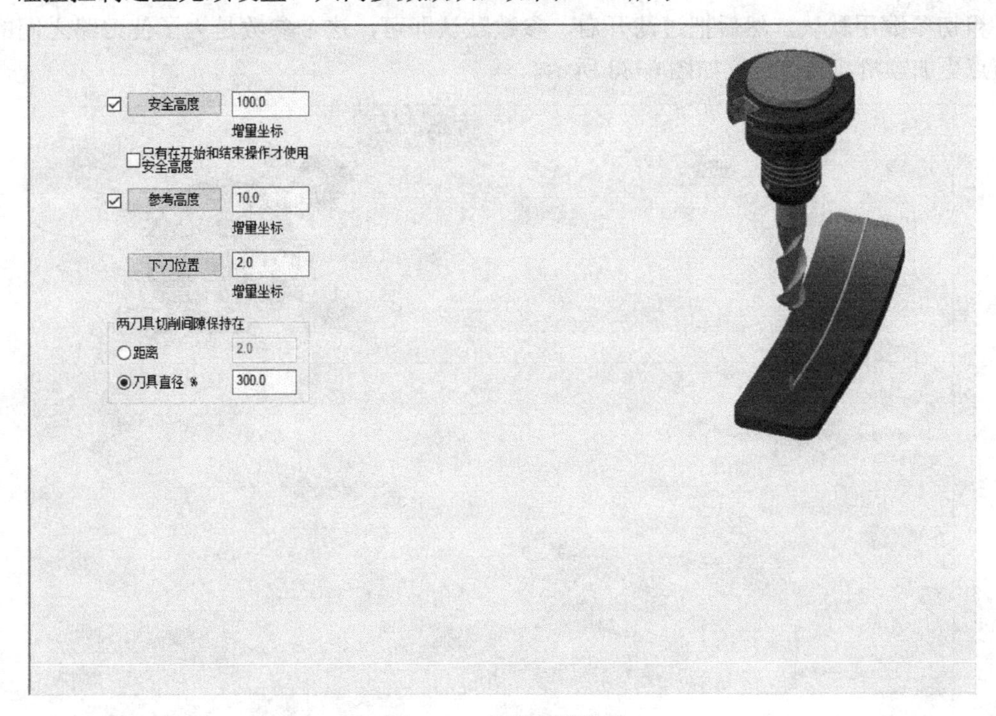

图 6-86　共同参数设置

共同参数下的安全区域需要设置，勾选“安全区域”，形状设置为圆柱 X，旋转轴也是 X，

“半径”设为 73.0，“长度”设为 200.0，从原点补正 X 为 -200.0，如图 6-87 所示。

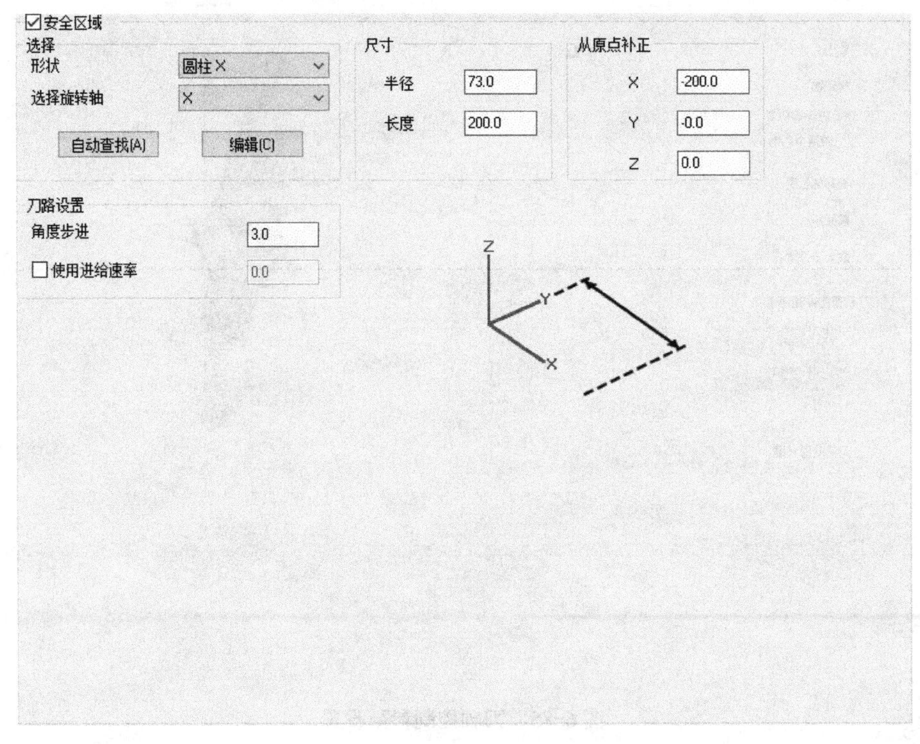

图 6-87　安全区域参数

粗切参数用默认，然后把过滤开启，参数默认即可，这个参数是为了使刀路之间的圆弧节点更加顺滑，具体设置如图 6-88 所示。

图 6-88　过滤参数设置

附加设置先不用设置，单击确定，运算生成刀路，然后进行实体验证，如图 6-89、图 6-90 所示。

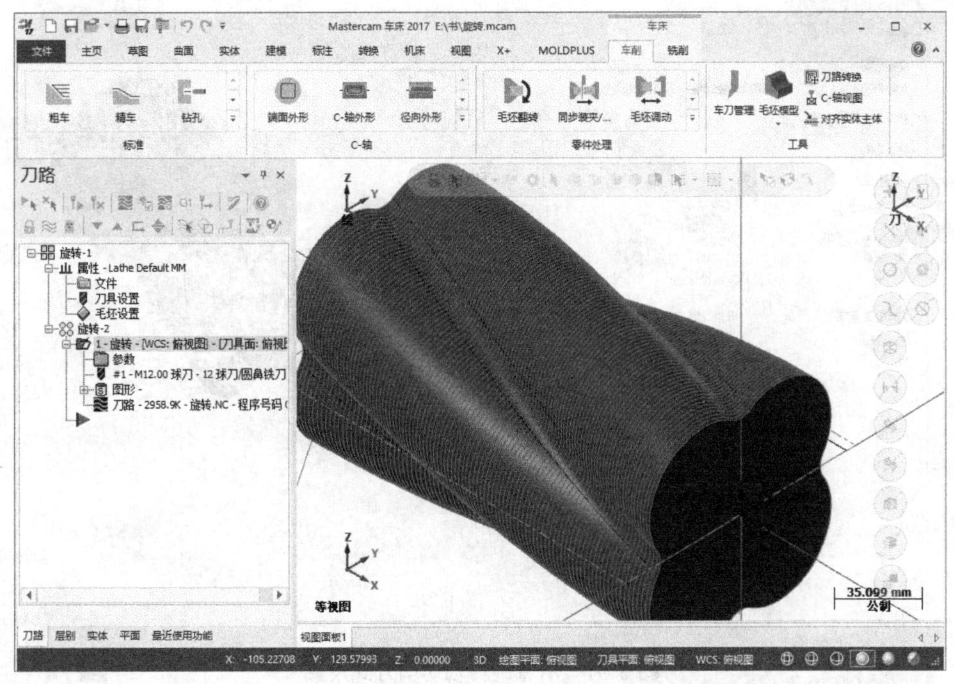

图 6-89　旋转刀路

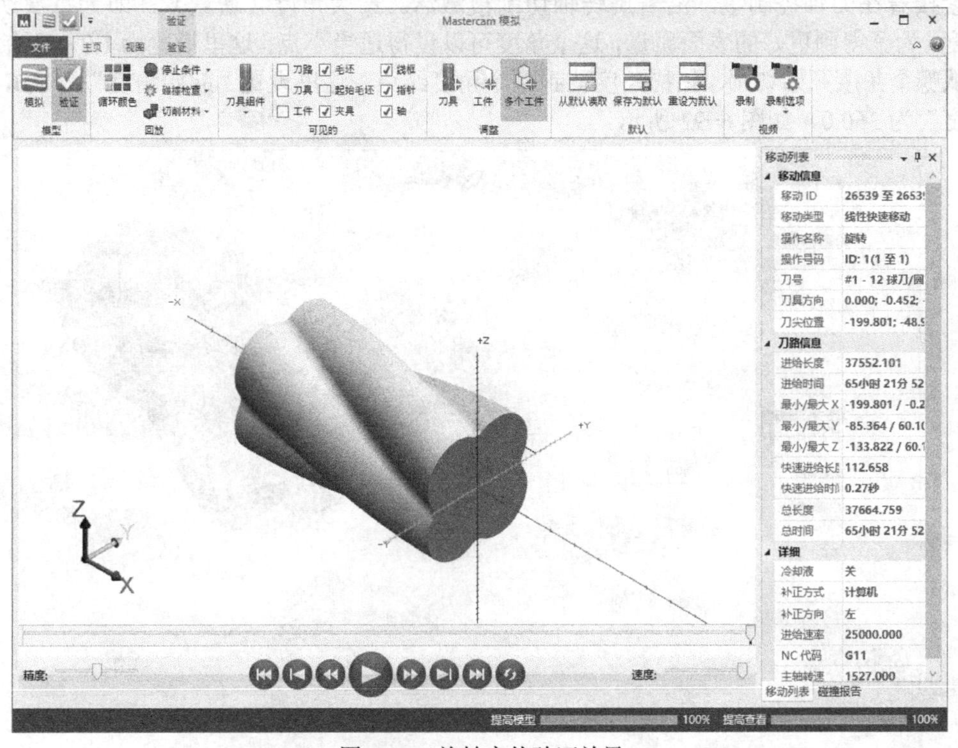

图 6-90　旋转实体验证效果

在前面的切削方式里（图 6-84），还有一个切削方向是沿着旋转轴切削，从示意图可以看出和绕着旋转轴切削的不同之处，刀路方向变成了沿着轴的方向前后运动，这样就成了一个开放式刀路，下面的“开放外形方向”改为“双向”，如图 6-91 所示。

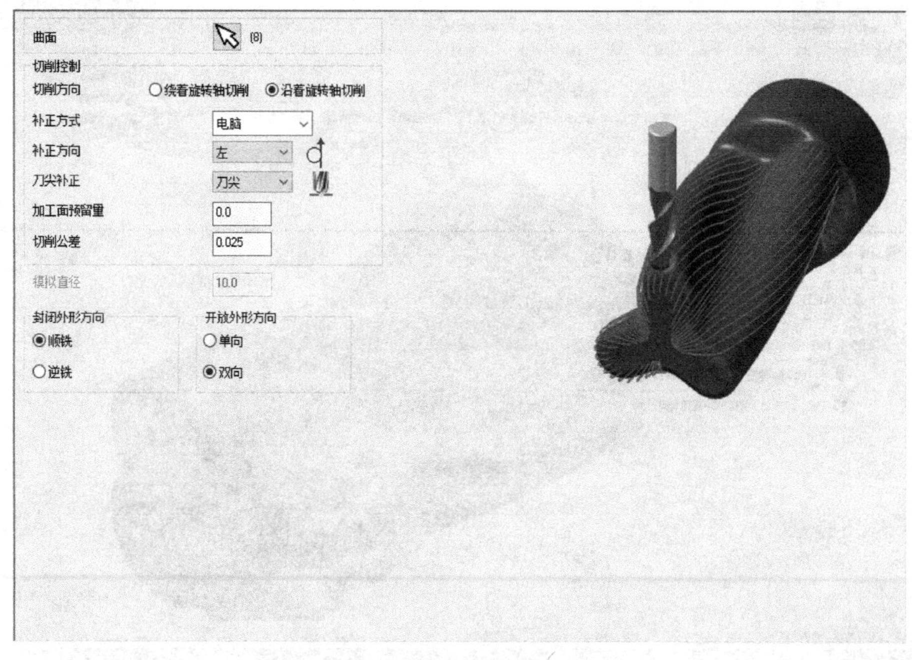

图 6-91　沿着旋转轴切削方式设置

紧接着在刀轴控制里，沿着旋转轴切削被激活。最大角度（增量），即为每次切削旋转角度。为了得到更好的表面质量，这个角度可以设得适当小点，这里设置为 1.0。起始角度，是指从哪个角度开始切削，扫描角度就到哪个角度结束。这里设置“起始角度”为 0.0，“扫描角度”为 360.0，如图 6-92 所示。

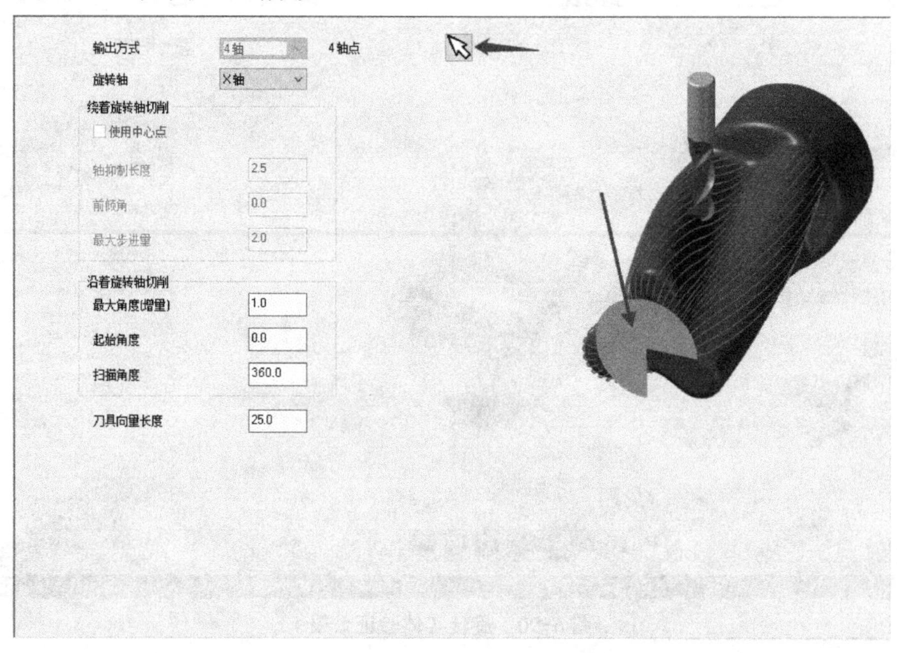

图 6-92　刀轴控制参数设置

其他参数不变，单击确定，运算生成刀路，然后进行实体验证，如图 6-93、图 6-94 所示。

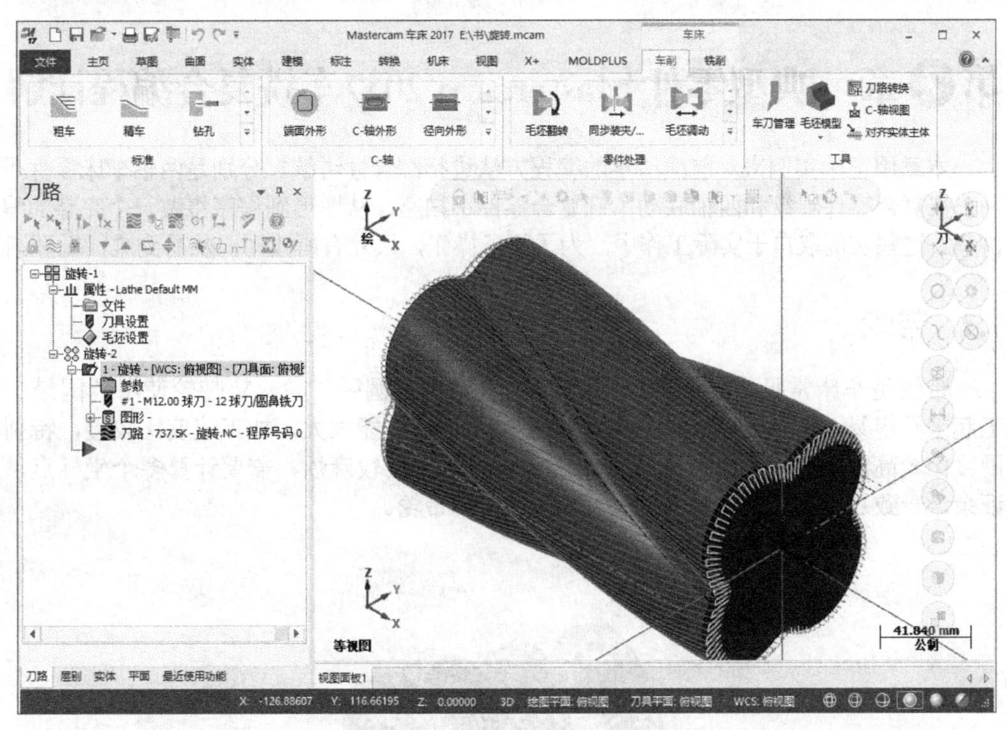

图 6-93　沿着旋转轴切削刀路

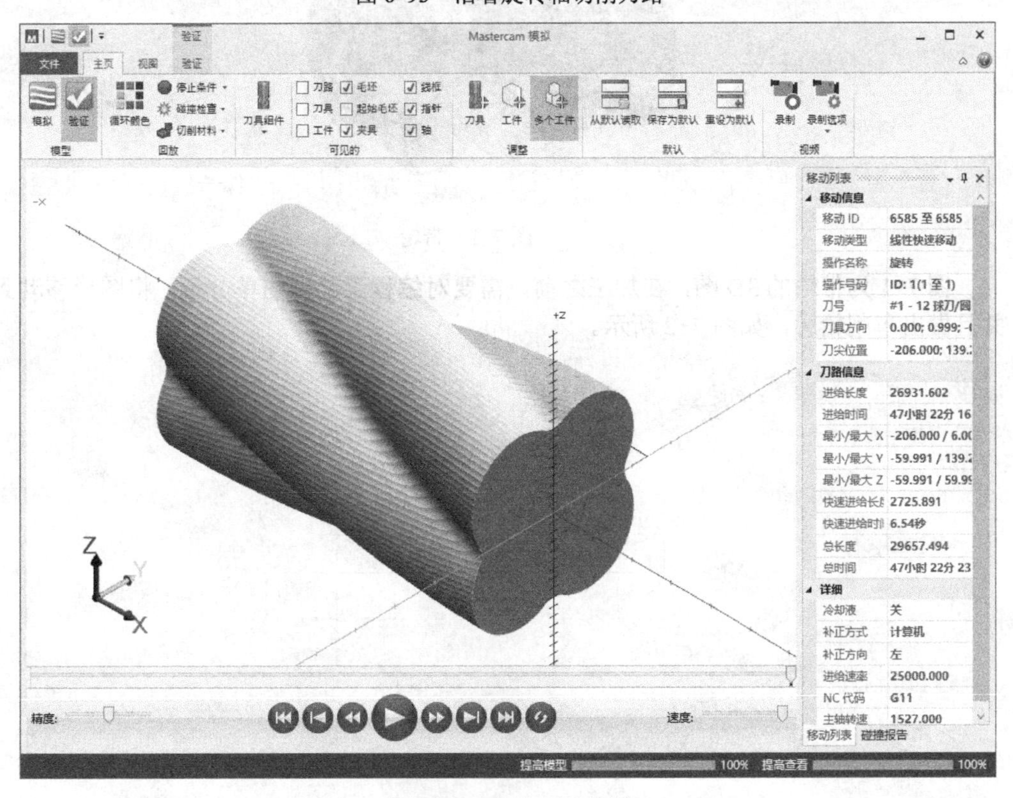

图 6-94　实体验证效果

第7章 典型零件 Mastercam 2017 车铣复合编程详解

本章用三个实例来对前面所学的编程方法进行综合性讲解，分别是两轴车床零件带轮、三轴车铣复合零件圆盘和四轴联动车铣复合零件小扫座，从图形到程序将做一个完整的编程过程讲解。这些实例取自于实际工作中，为了便于操作，尺寸有所改动，从易到难，循环渐进。

7.1 带轮

带轮是车床常见零件，形状多样，有 V 带轮和圆弧带轮。V 带轮使用范围最广，但加工起来不容易，主要是因为带轮的槽太深，切削量不能太大，加工速度比较慢，特别是材料硬度比较高的工件，效率就更加低。用手工编程也比较麻烦，需要计算多个坐标点，为了保证余量一致还要辅助计算。图 7-1 所示为 45 钢带轮。

图 7-1 带轮

图 7-1 为带轮的 3D 图，在加工之前，需要对编程工艺做简单分析，将图形移动到原点，并且做出车削轮廓，如图 7-2 所示。

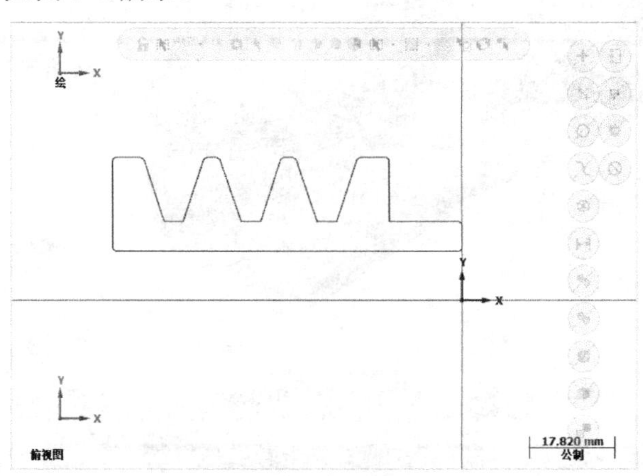

图 7-2 车削轮廓

通过角度分析，得出槽的角度为 38°，也就是单边 19°，这样正好可以用 35° V 形刀粗加工这个带轮槽。如图 7-3 所示。在这里不用切槽刀是因为切槽刀阻力太大，而且加工时间也比较长。

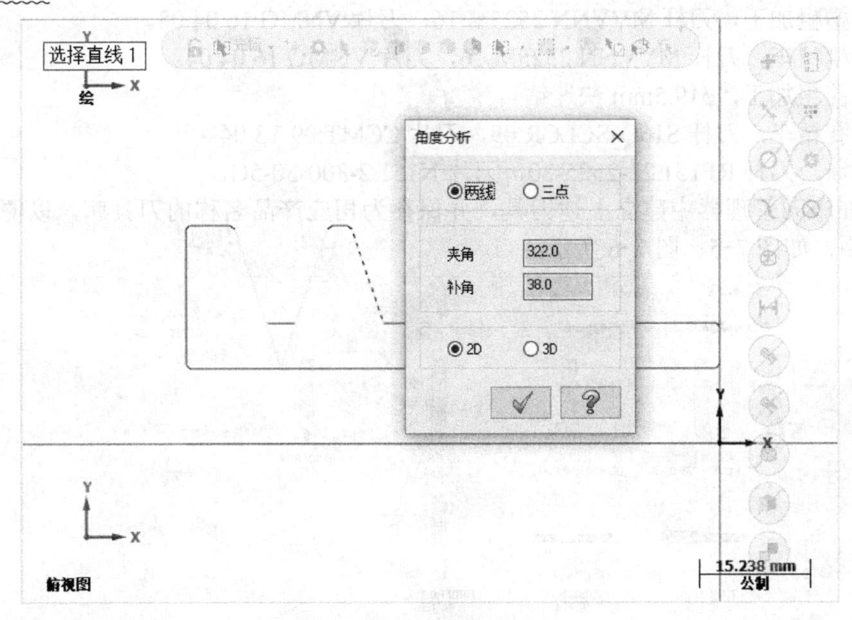

图 7-3　槽角度分析

孔的大小也需要分析出来，可以用动态分析或者两者间距，如图 7-4 所示，Y 的数值就是孔的大小，孔的直径为 20mm，图中的 10.0 为半径值。

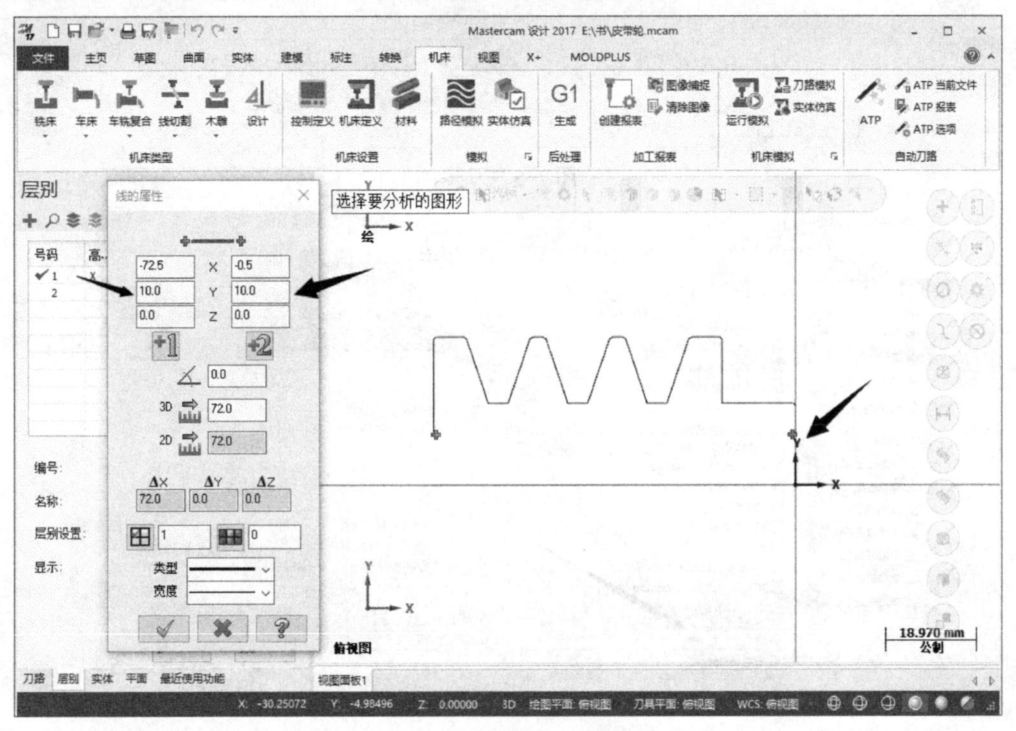

图 7-4　动态分析孔直径

得到了槽的角度和孔的直径，就可以开始编程了。通过分析，需要 7 把刀具，分别为：

1）外圆粗加工，刀杆 MWLNR 2525M 08，刀片 CNMG 12 04 08。

2）外圆精车，刀杆 MVJNR 2525M 16，刀片 VNMG 16 04 04。

3）外槽粗加工，刀杆 MVVNN 2525M 16，刀片 VNMG 16 04 08。

4）外槽精车，刀杆 MVVNN 2525M 16，刀片 VNMG 16 04 04。

5）内孔粗加工，ϕ19.5mm 快速钻。

6）内孔精车，刀杆 S16Q-SCLCR 09，刀片 CCMT 09 T3 04。

7）切断，刀杆 RF151.22-2525-30，刀片 N151.2-300-30-5G。

可以在车刀管理器中建立上述刀具，并保存为相应产品名称的刀具库，以便加工类似产品时调用，如图 7-5、图 7-6 所示。

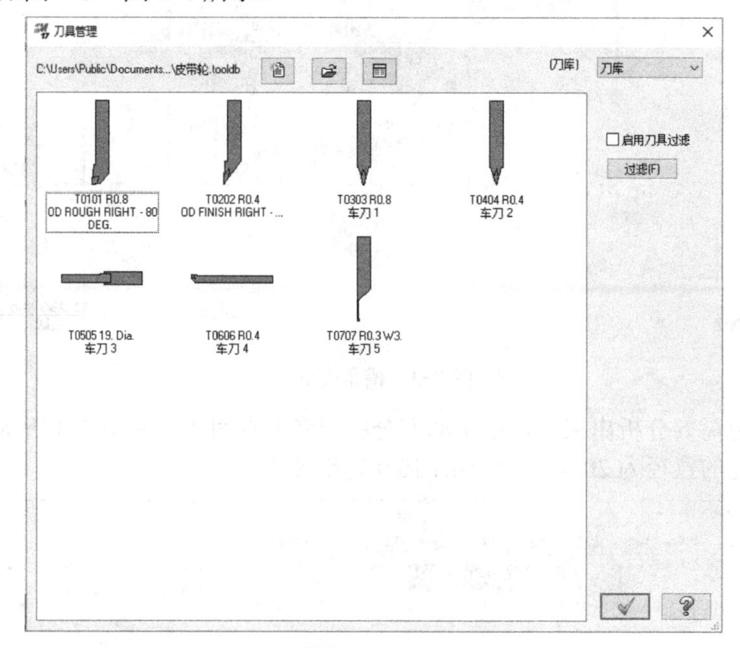

图 7-5　刀具

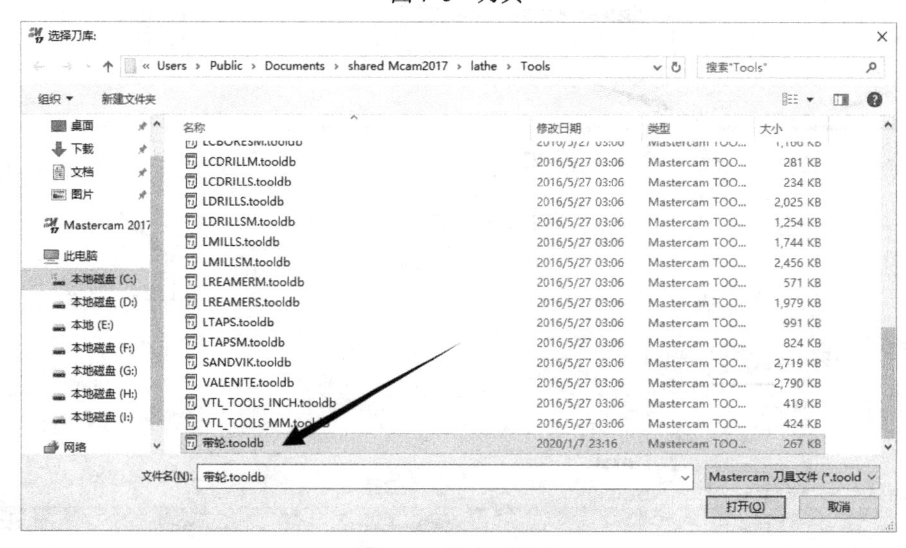

图 7-6　新建刀具库

刀具管理完成后，就可以选择机床了，在这里选择一台两轴车床，如图 7-7 所示。

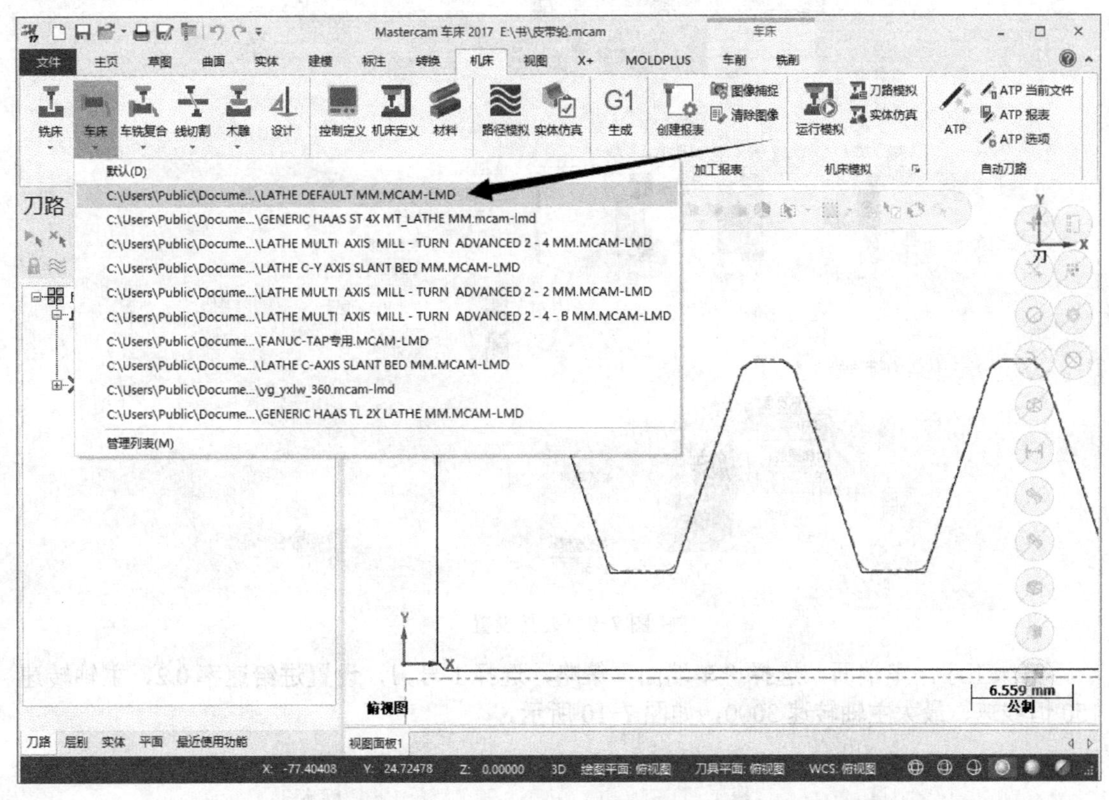

图 7-7　两轴车床

然后设置毛坯及夹具，如图 7-8、图 7-9 所示，这个夹具的设置可以有效防止干涉。

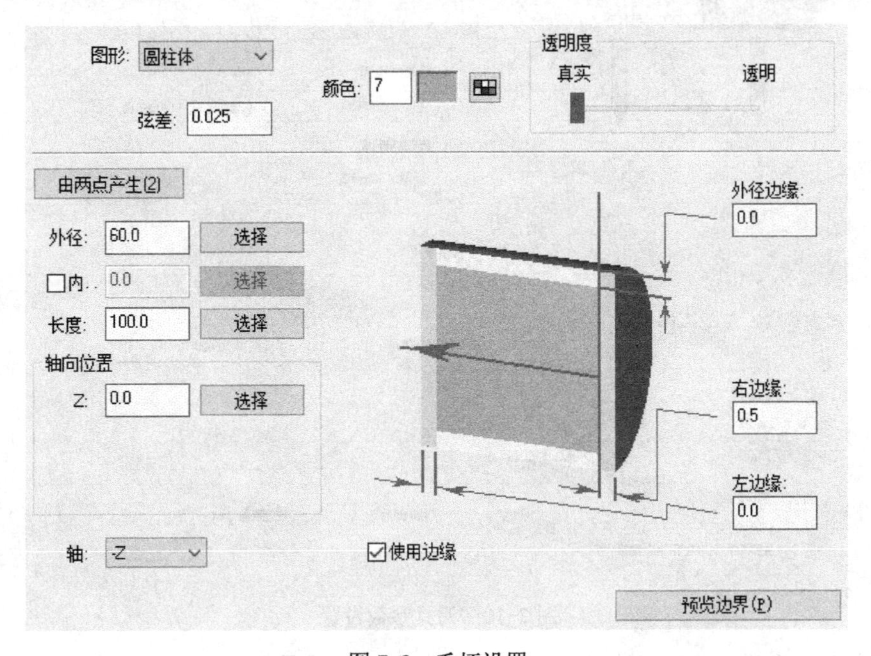

图 7-8　毛坯设置

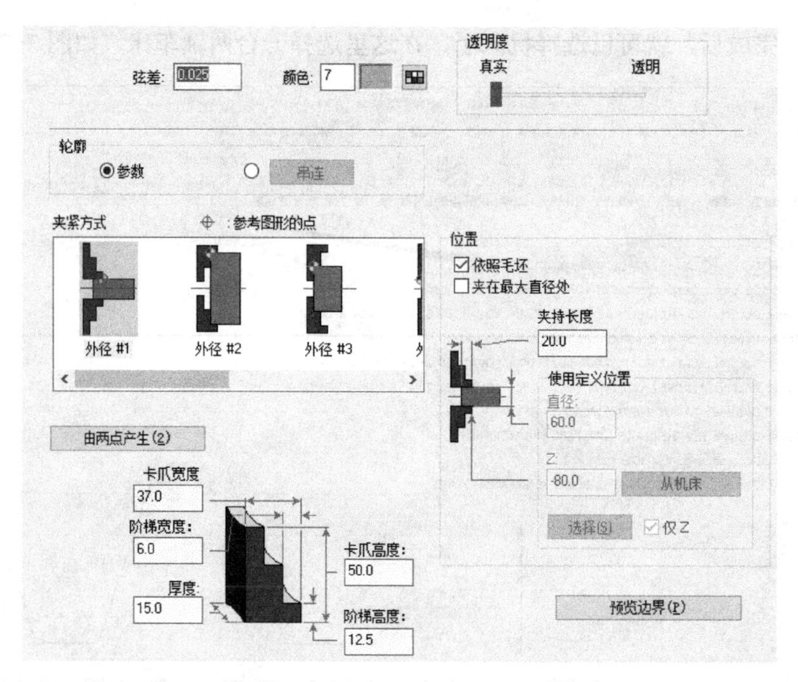

图 7-9 夹具设置

第一工序，车端面，选择“车端面”策略，选择 1 号刀，设置进给速率 0.2、主轴转速 150 恒线速、最大主轴转速 3000，如图 7-10 所示。

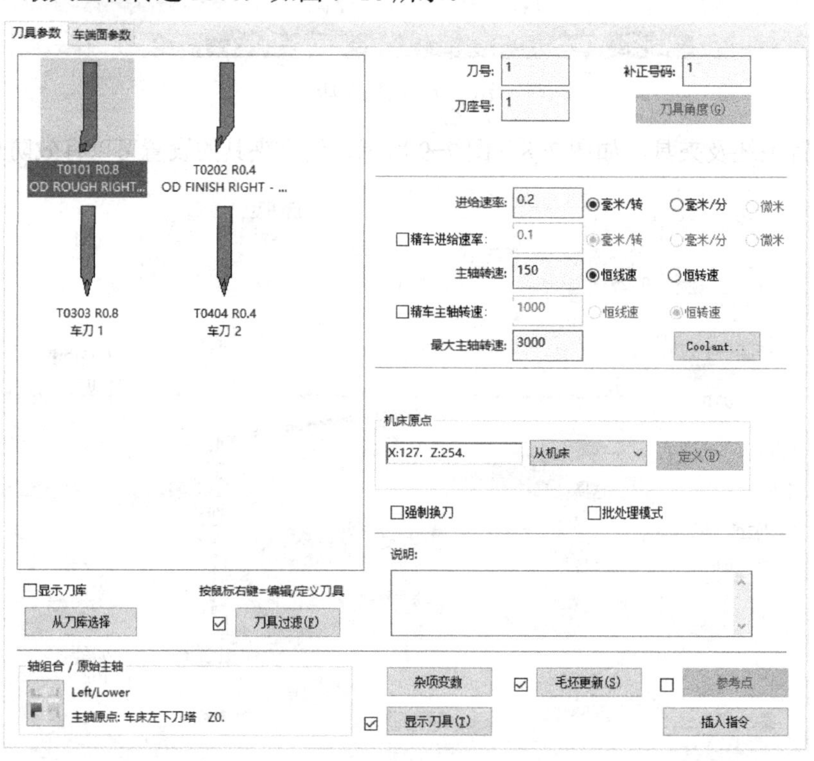

图 7-10 刀具参数设置

设置车端面参数，进刀延伸量 2.0，粗车步进量 1.0，重叠量 0.5、退刀延伸量 2.0，勾选“快速提刀”，精修 Z 轴 0.1，补正方式关，其他默认，完成确定，如图 7-11、图 7-12 所示。

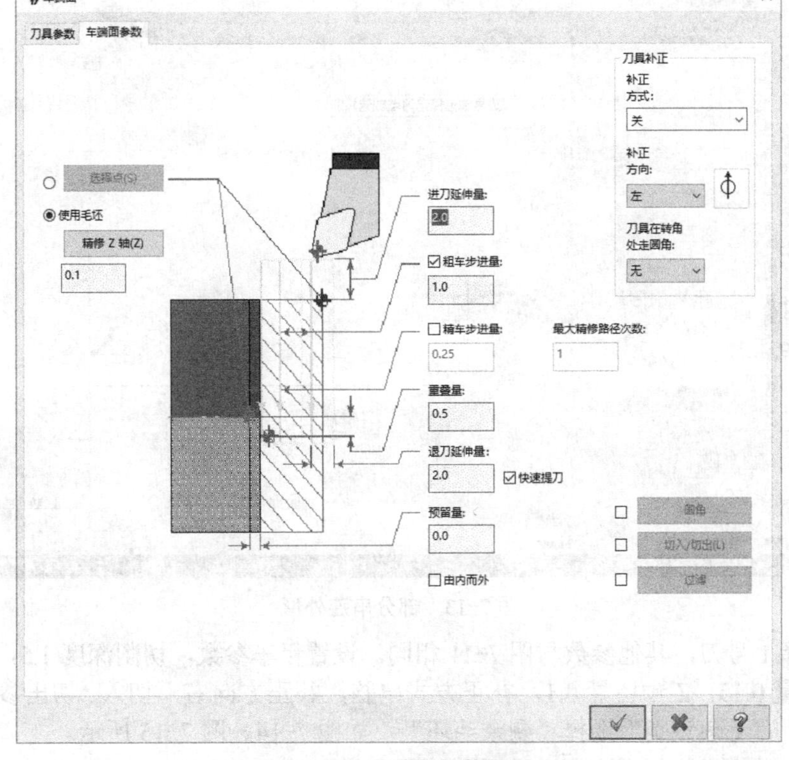

图 7-11　车端面参数设置

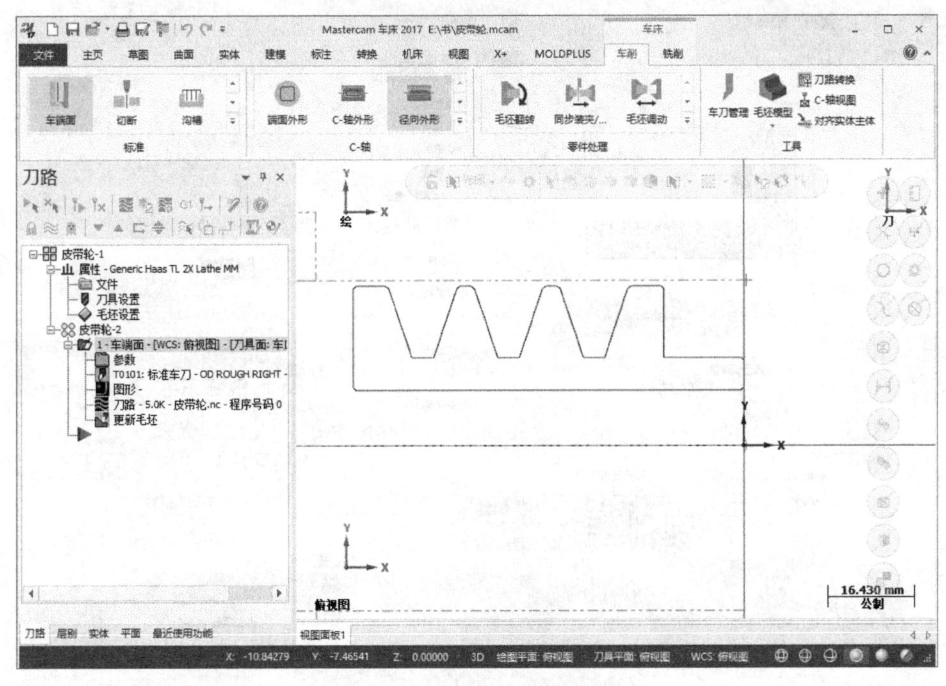

图 7-12　车端面刀路

第二工序，外形粗车。选择“粗车”策略，并部分串连外形，如图 7-13 所示。

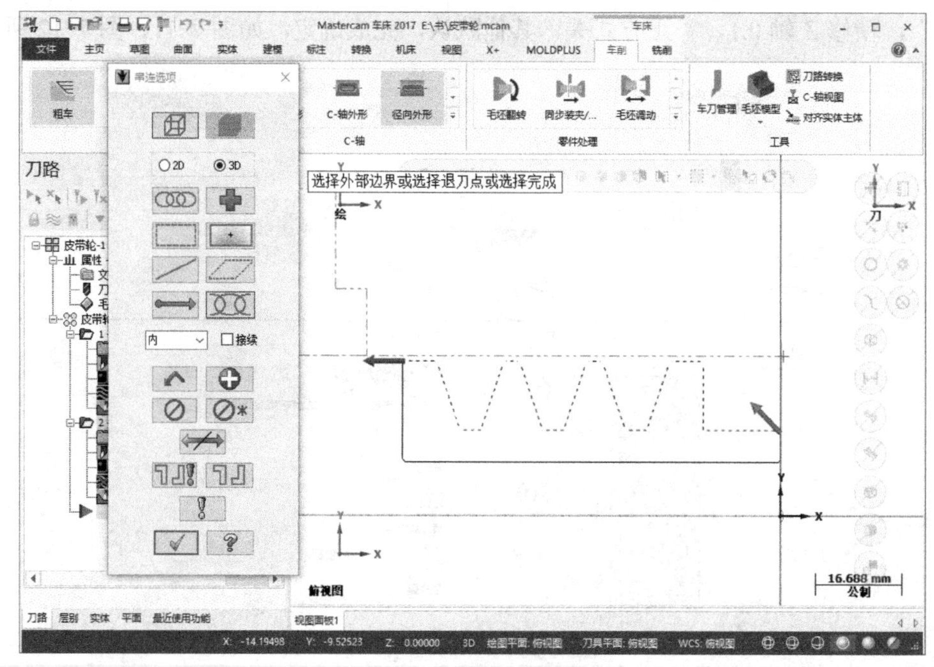

图 7-13　部分串连外形

刀具选择 1 号刀，其他参数与图 7-11 相同。设置粗车参数，切削深度 1.5，进入延伸量 1.0，X 预留量 0.15，Z 预留量 0.1，补正方式电脑，补正方向右，切入 / 切出参数中将切出延伸 3.5mm，“毛坯识别”选择“剩余毛坯”，如图 7-14、图 7-15 所示。

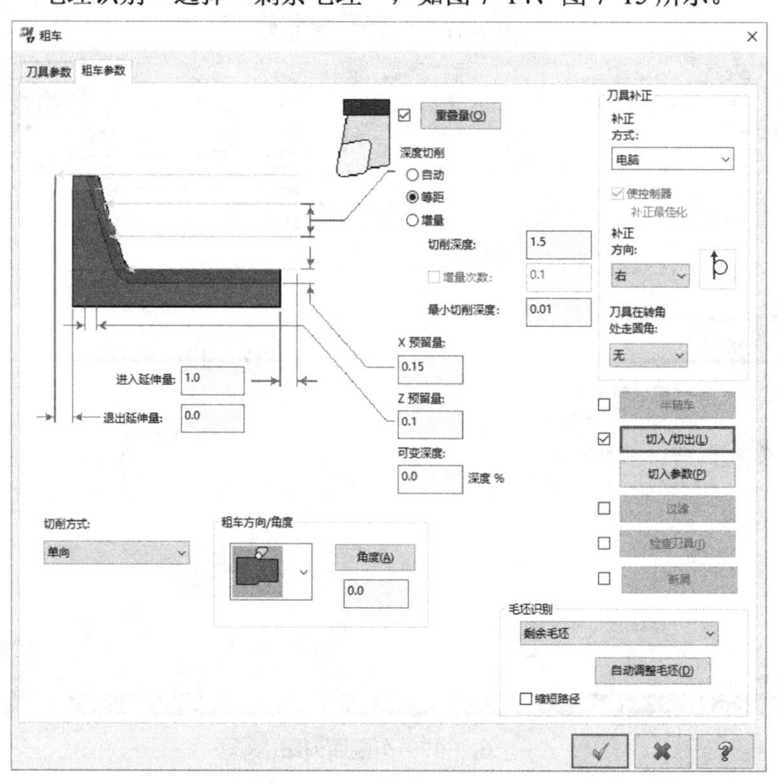

图 7-14　粗车参数设置

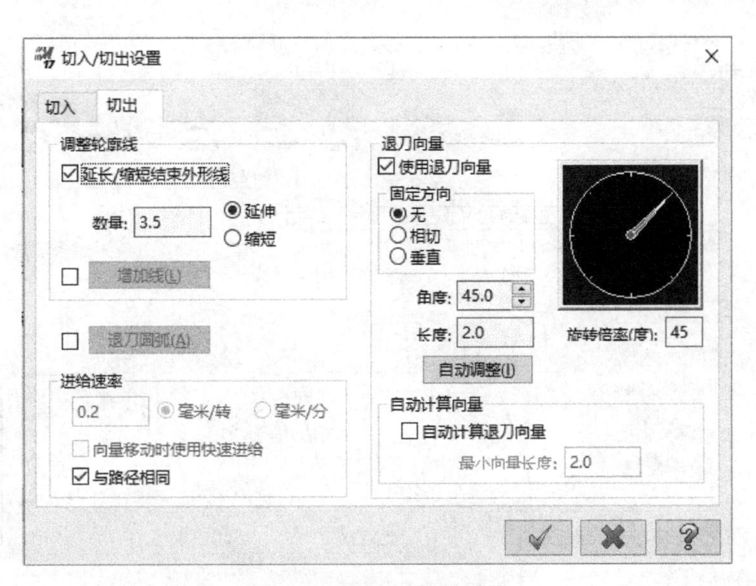

图 7-15　切出延伸量设置

设置完成后单击确定，运算生成刀路，如图 7-16 所示。

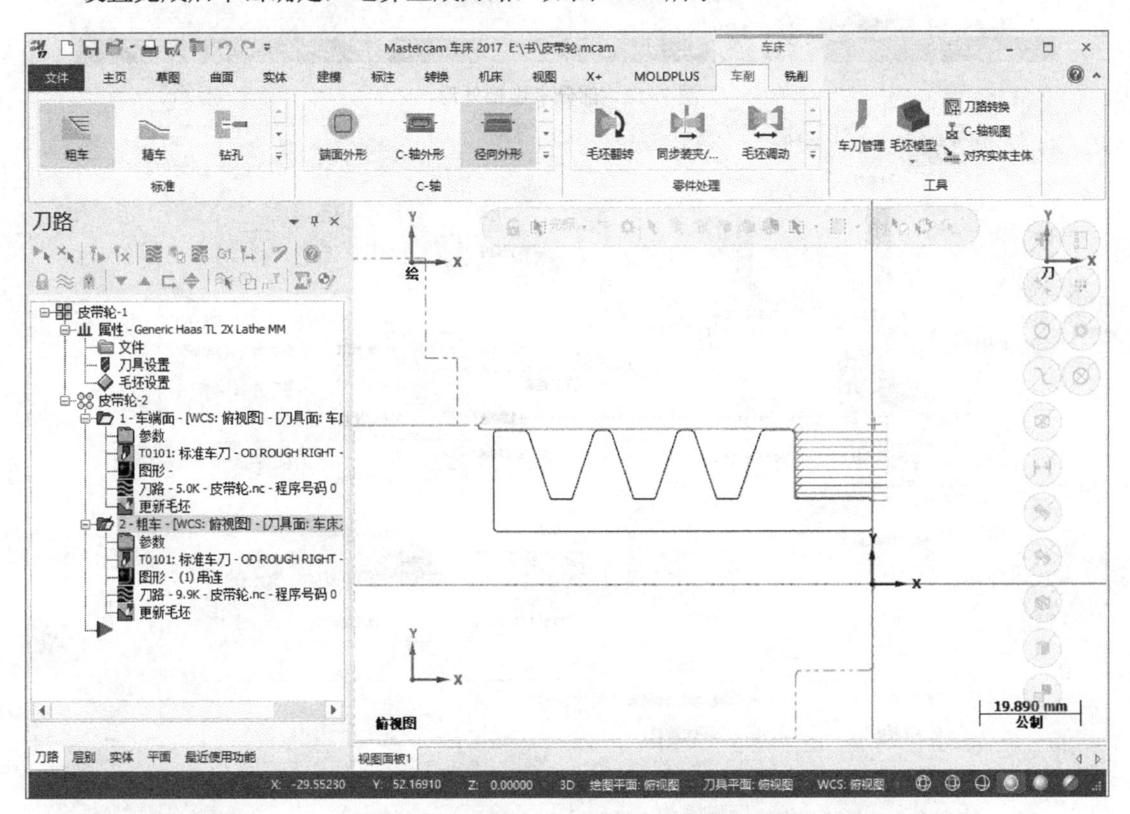

图 7-16　粗车刀路

第三工序，外槽粗加工。还是选择“粗车”策略，并串连槽外形，如图 7-17 所示。

选择 3 号刀，设置进给速率 0.2、下刀速率 0.1、主轴转速 170 恒线速、最大主轴转速 2500，如图 7-18 所示。

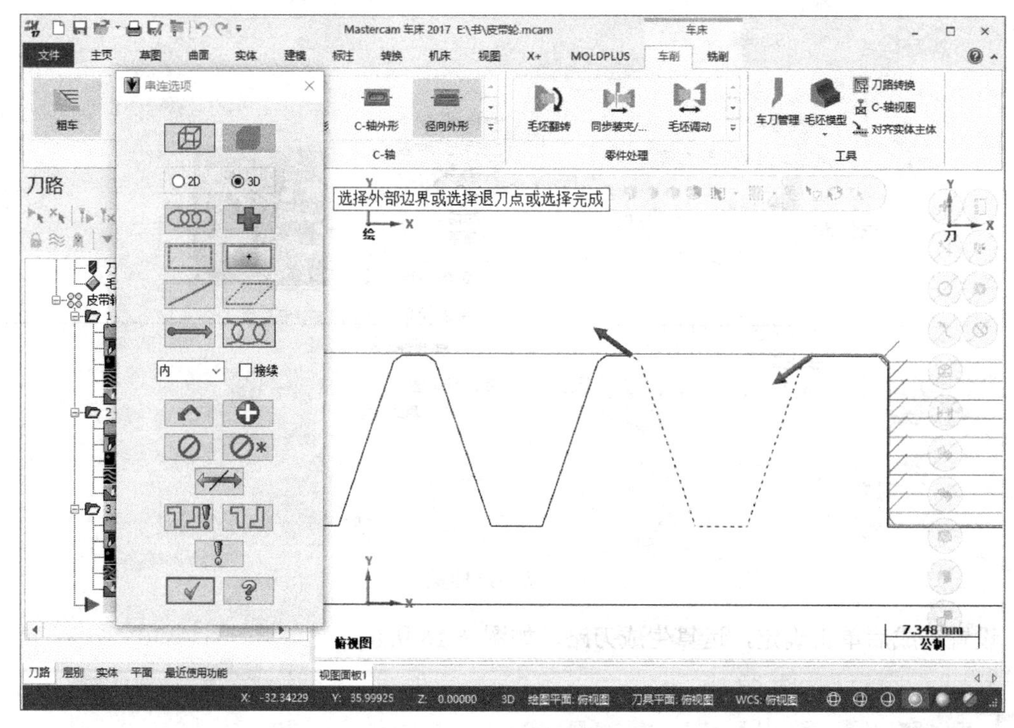

图 7-17　部分串连槽外形

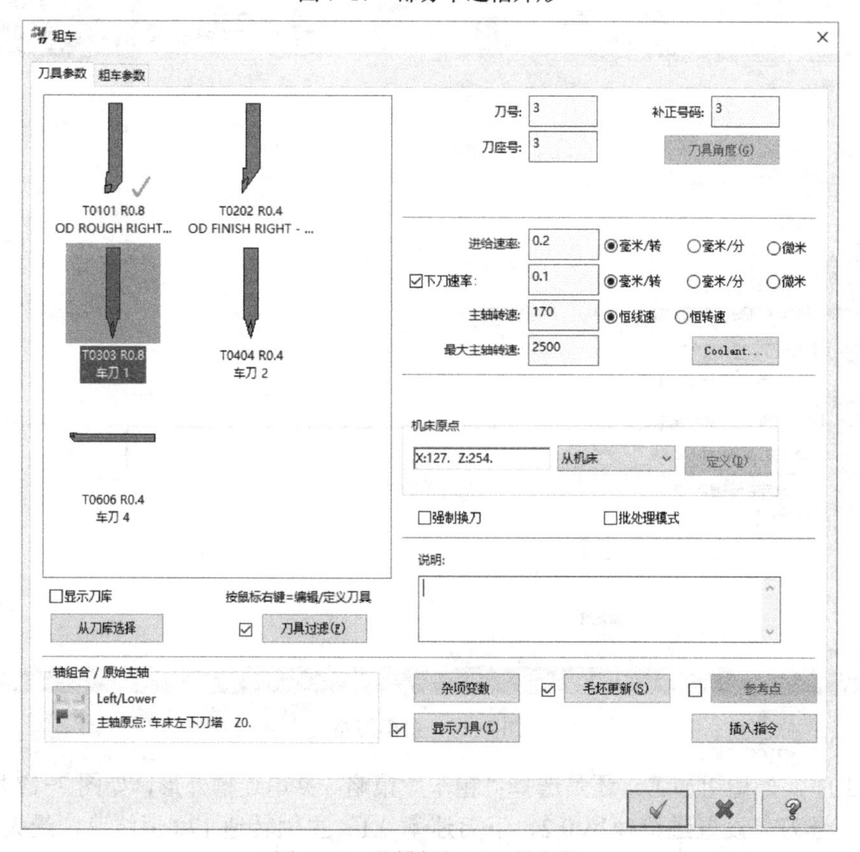

图 7-18　外槽粗加工刀具参数

设置粗车参数，切削深度 1.0，X 预留量 0.1，Z 预留量 0.05，进入延伸量 0.0，切入 / 切出调整外形线，延长 1.0，进入向量角度 -90.0，长度 1.0，切出向量角度 90.0，长度 1.0，车削切入设置选择允许双向垂直下刀，“毛坯识别”选择“剩余毛坯”，如图 7-19 ～图 7-22 所示。

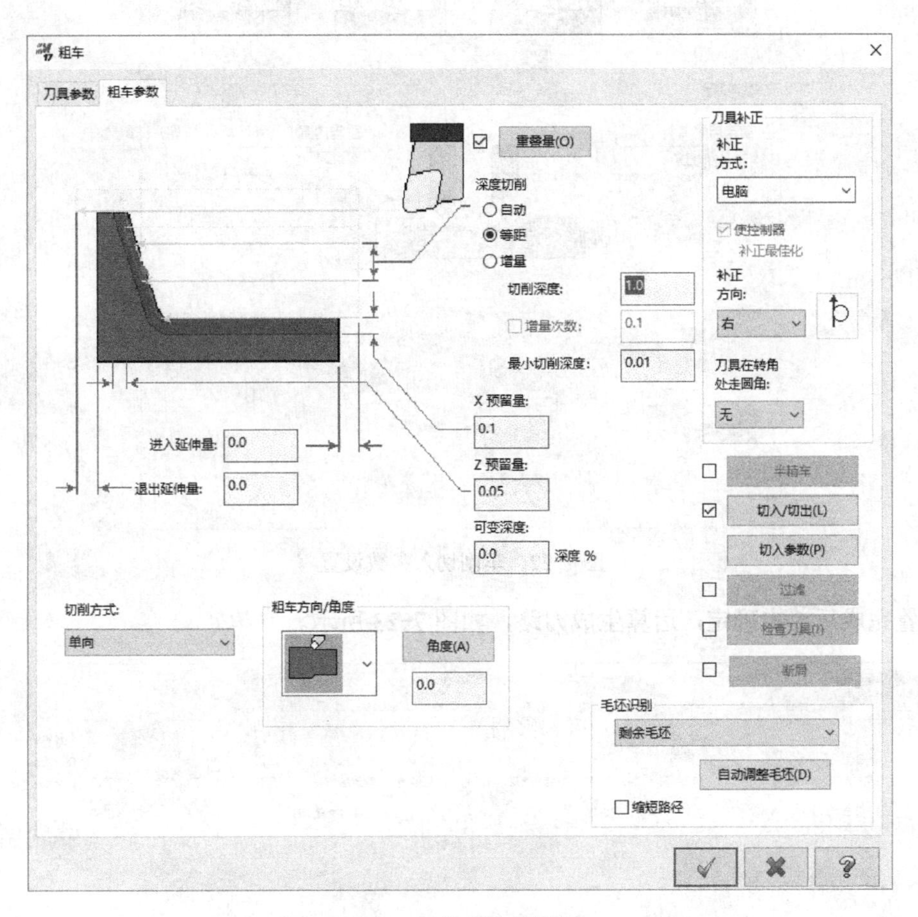

图 7-19　粗车参数设置

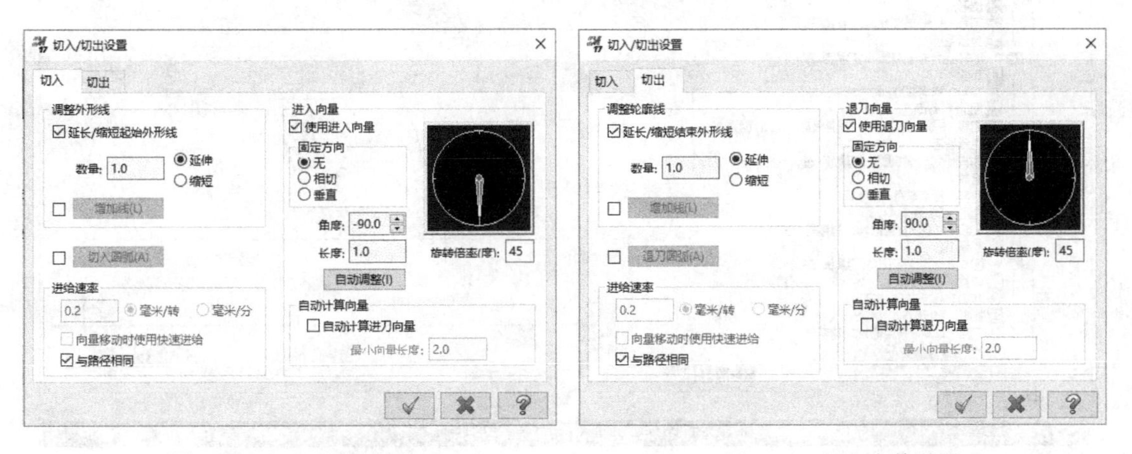

图 7-20　切入参数设置　　　　图 7-21　切出参数设置

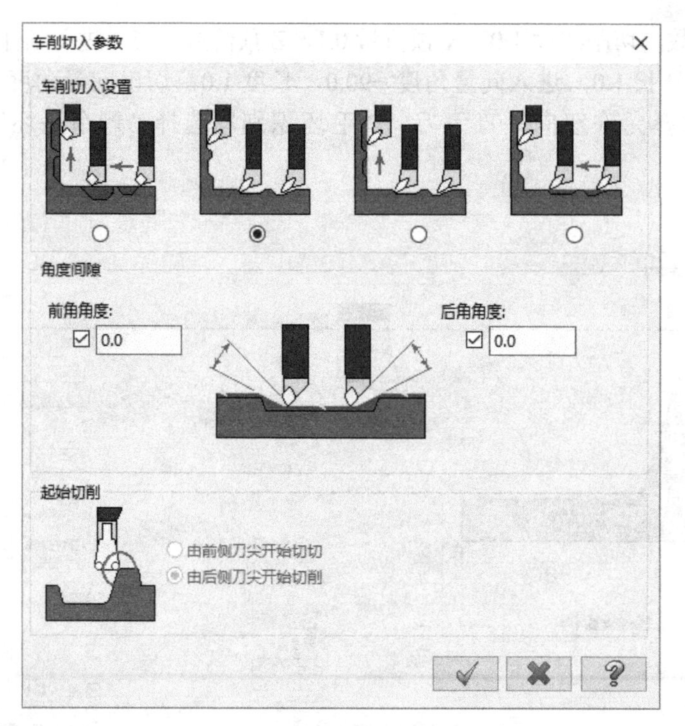

图 7-22　车削切入参数设置

设置完成后单击确定，运算生成刀路，如图 7-23 所示。

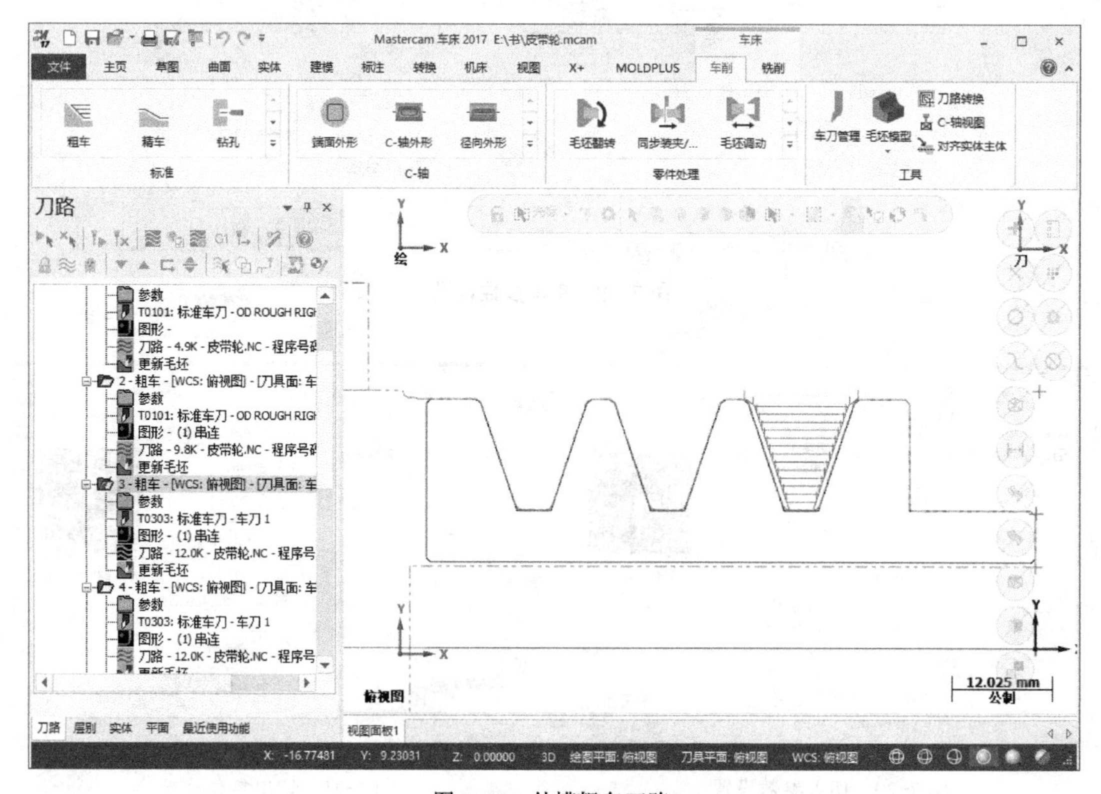

图 7-23　外槽粗车刀路

完成第一个槽后，复制上一个粗车操作，并粘贴两次，分别将复制后的操作图形重新串连后面两个槽外形，如图 7-24、图 7-25 所示。

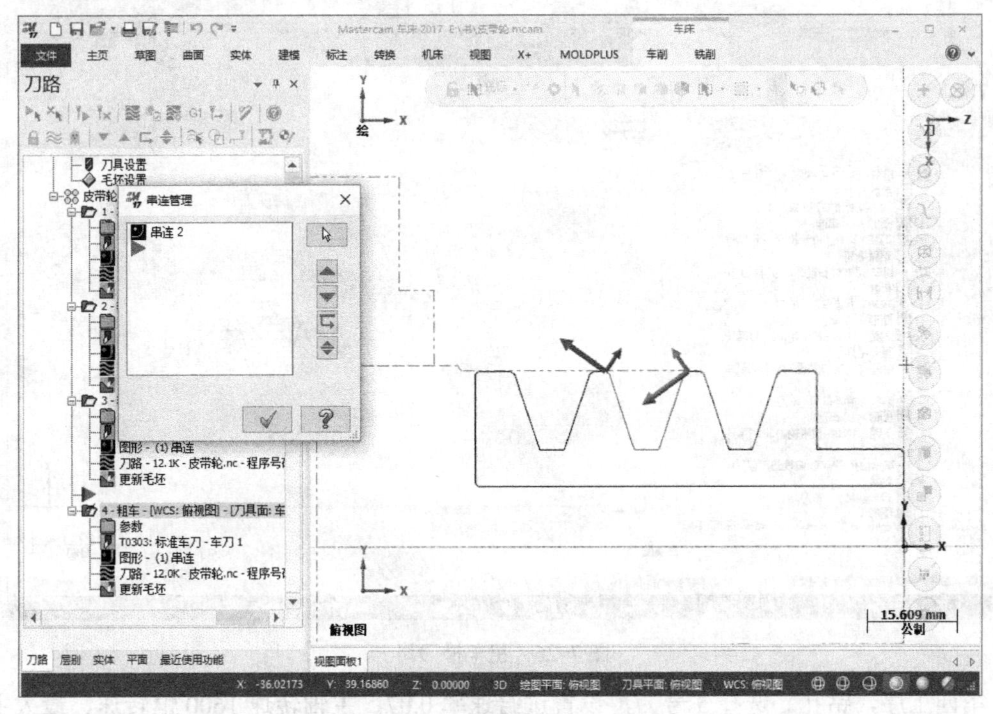

图 7-24　重新串连第二个槽外形

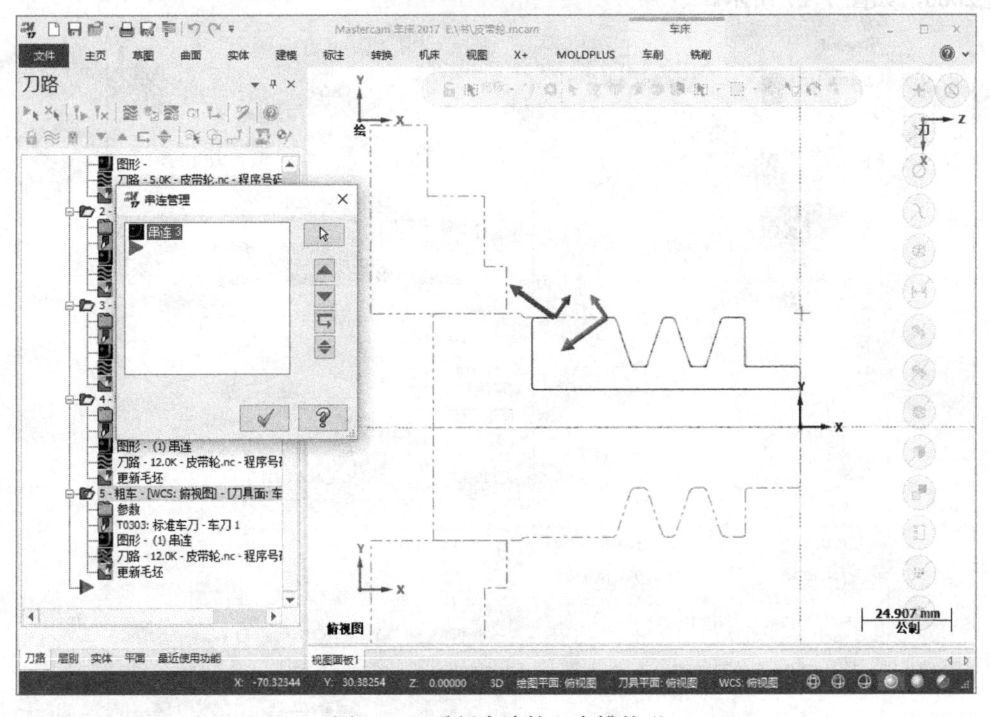

图 7-25　重新串连第三个槽外形

完成后单击确定，运算生成刀路，如图 7-26 所示。

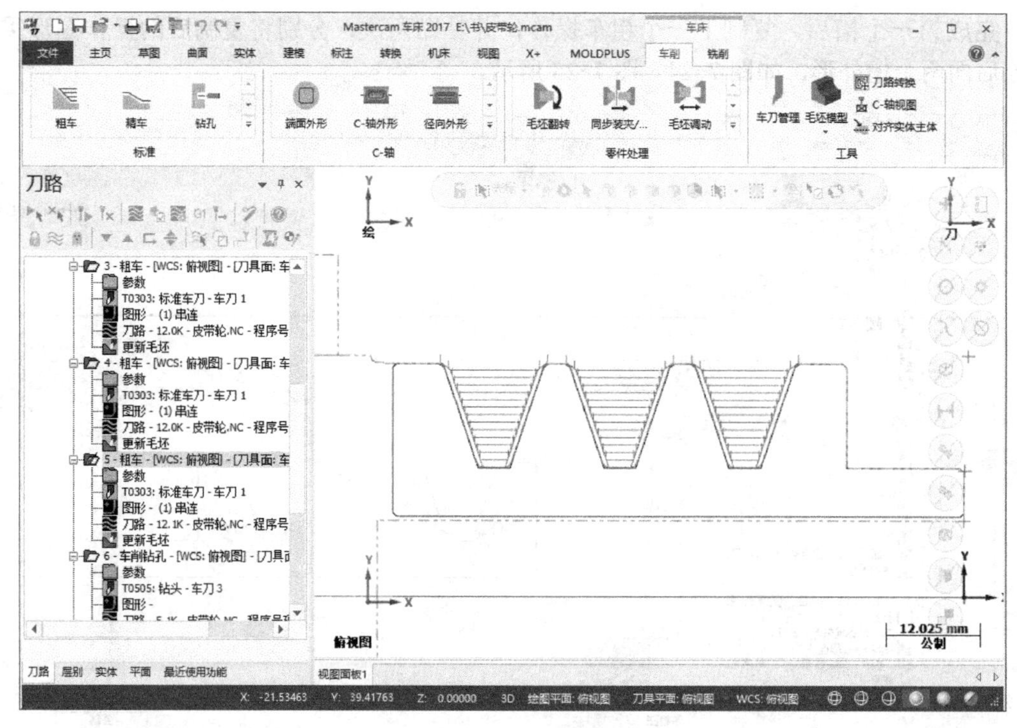

图 7-26　粗车槽刀路

第四工序，钻孔。选择 5 号刀，设置进给速率 0.07、主轴转速 1600 恒转速、最大主轴转速 2000，如图 7-27 所示。

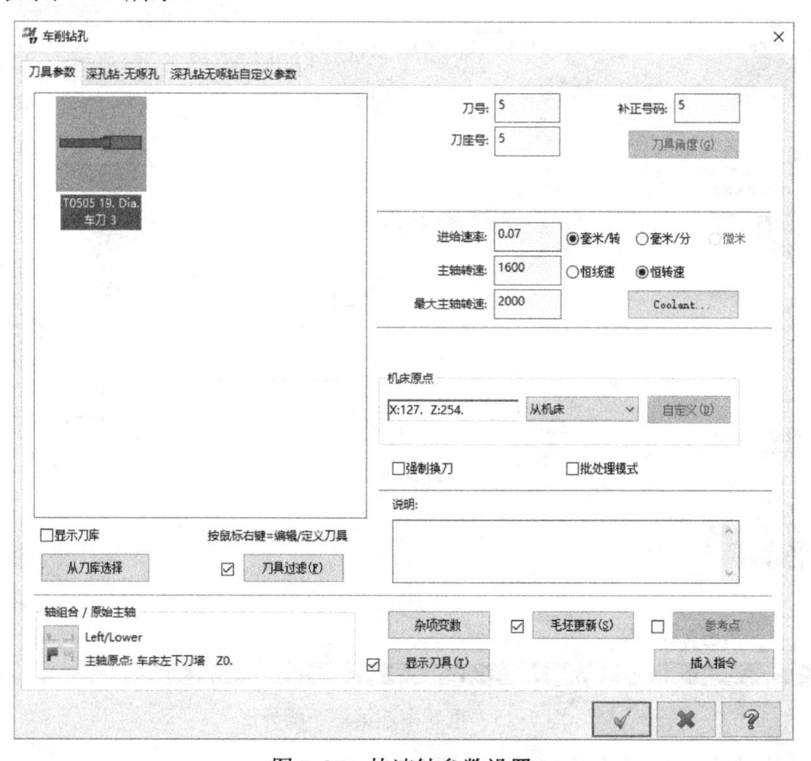

图 7-27　快速钻参数设置

设置深孔钻参数，深度 −75.0，钻孔位置默认，安全高度 5.0，参考高度 2.0，“循环”选择“Drill/Counterbore”，其他默认，如图 7-28、图 7-29 所示。

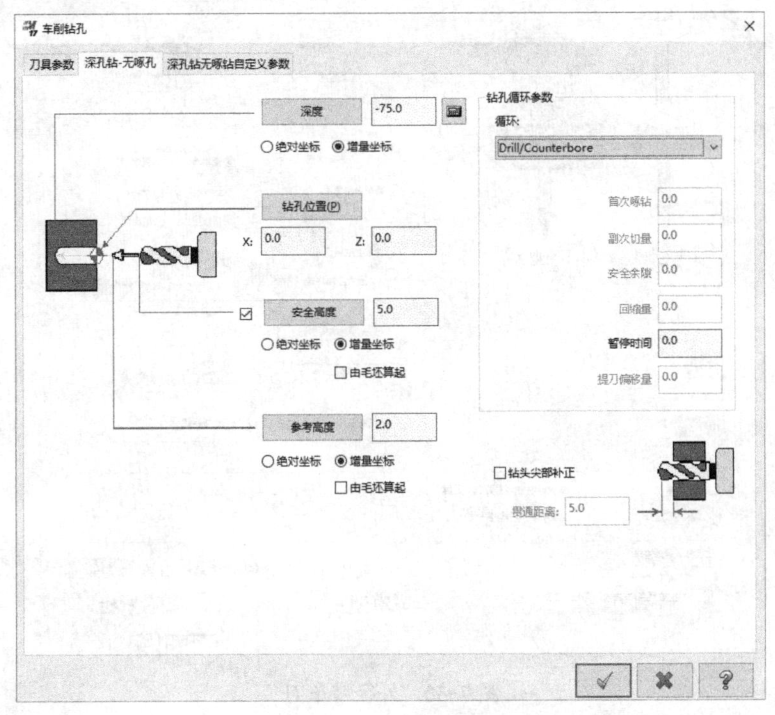

图 7-28　钻孔参数设置

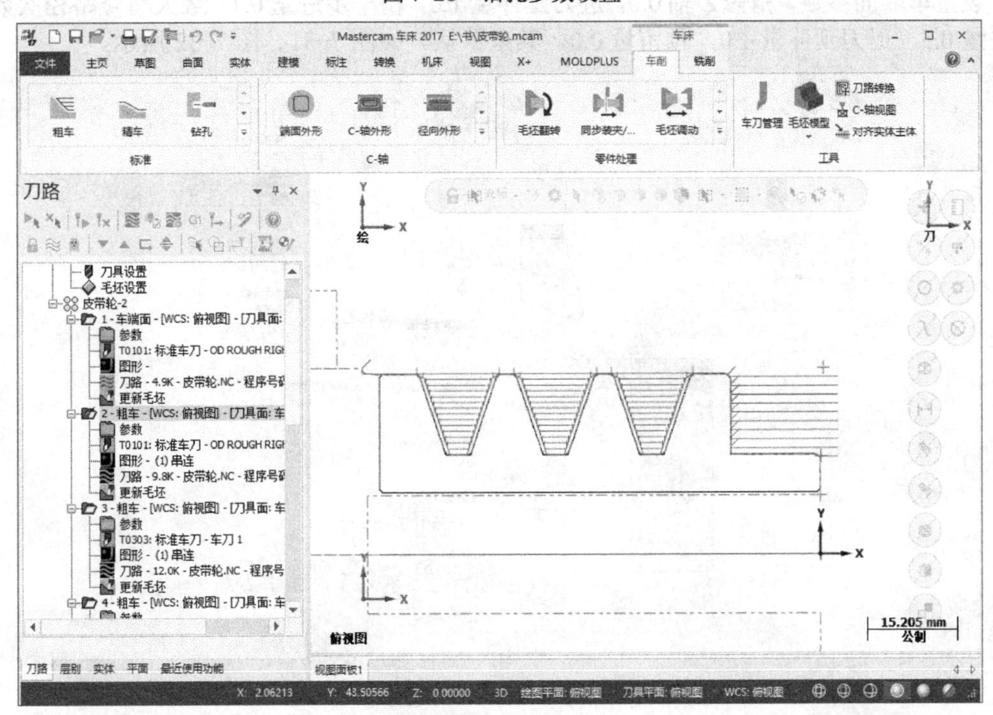

图 7-29　钻孔刀路

第五工序，精车端面。选择 2 号刀，进给速率 0.07，主轴转速 120 恒线速，最大主轴转速 3000，如图 7-30 所示。

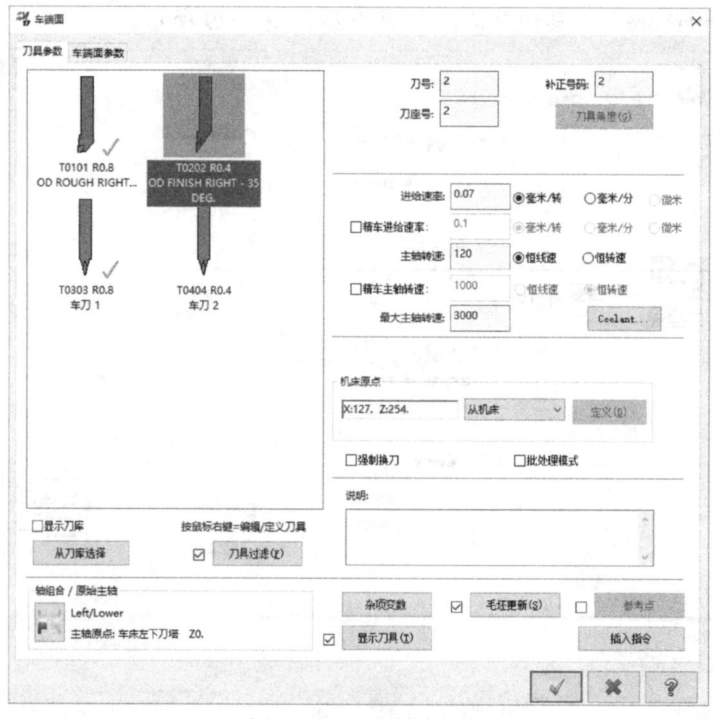

图 7-30　外径精车刀

设置车端面参数，精修 Z 轴 0.0，进刀延伸量 1.0，精车步进量 0.1，最大精修路径次数 1，重叠量 0.5，退刀延伸量 1.0，预留量 0.0，其余默认。如图 7-31、图 7-32 所示。

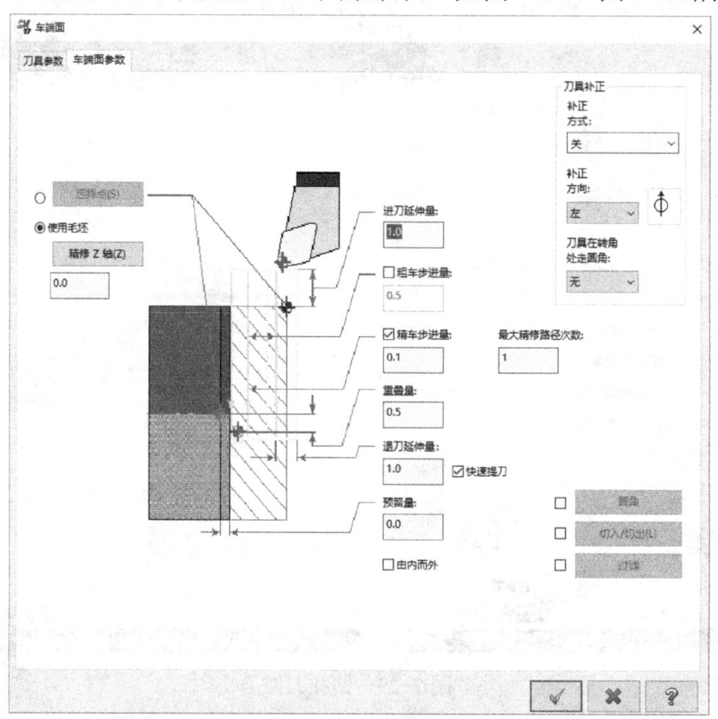

图 7-31　精车端面参数设置

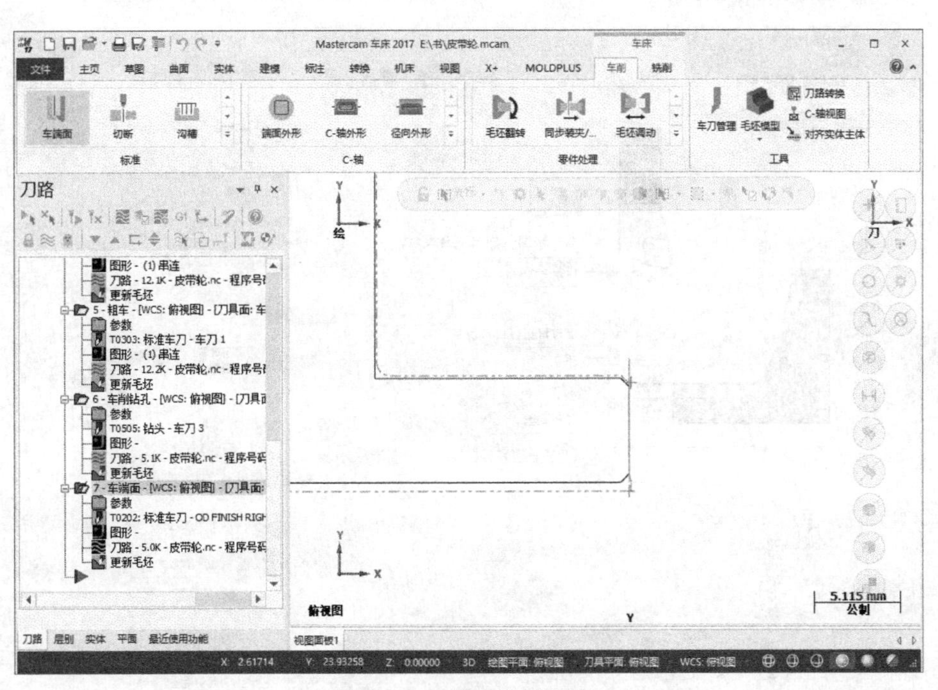

图 7-32　精车端面参数

第六工序，精车外形。部分串连外形，选择 2 号刀，进给速率 0.1，主轴转速 800 恒转速，精车参数设置“刀具补正”为“磨损”，“补正方向”为“右”，其他默认，如图 7-33 ～图 7-35 所示。

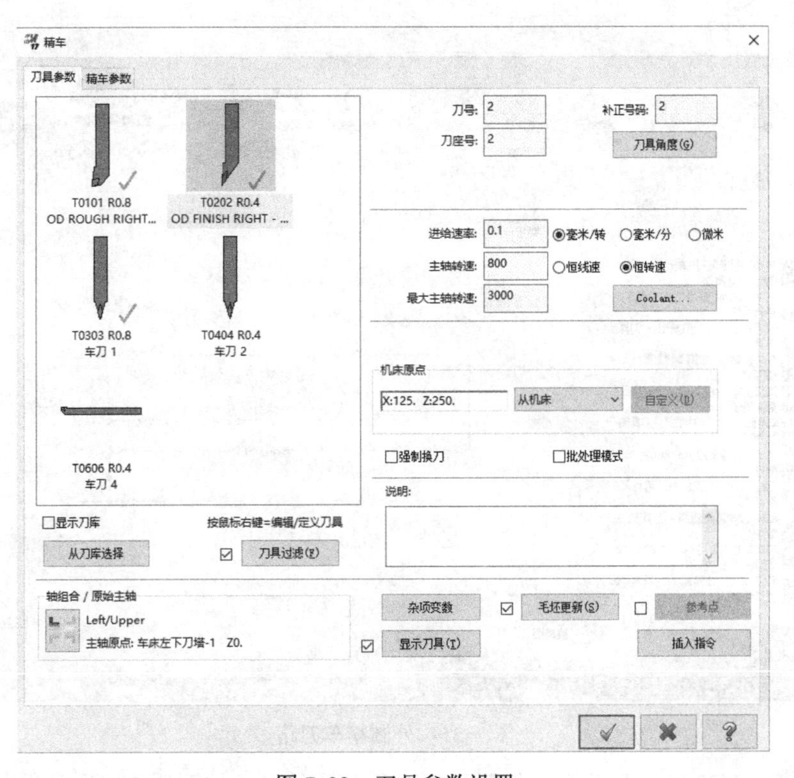

图 7-33　刀具参数设置

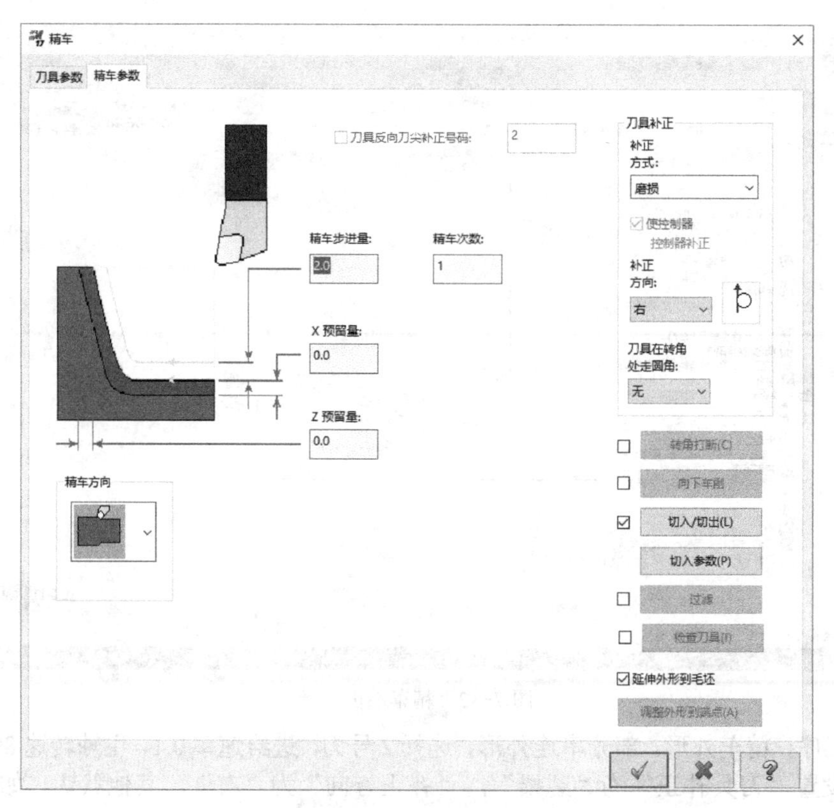

图 7-34　精车参数设置

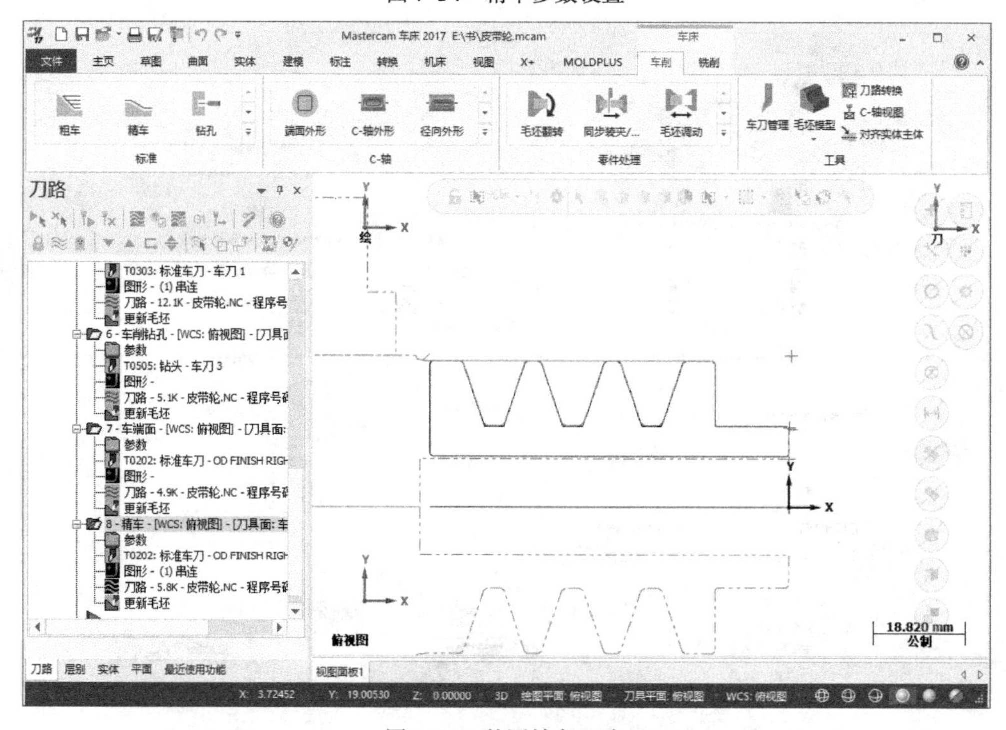

图 7-35　外圆精车刀路

第七工序，精车槽。选择“精车”，串连所有槽外形，如图 7-36 所示。

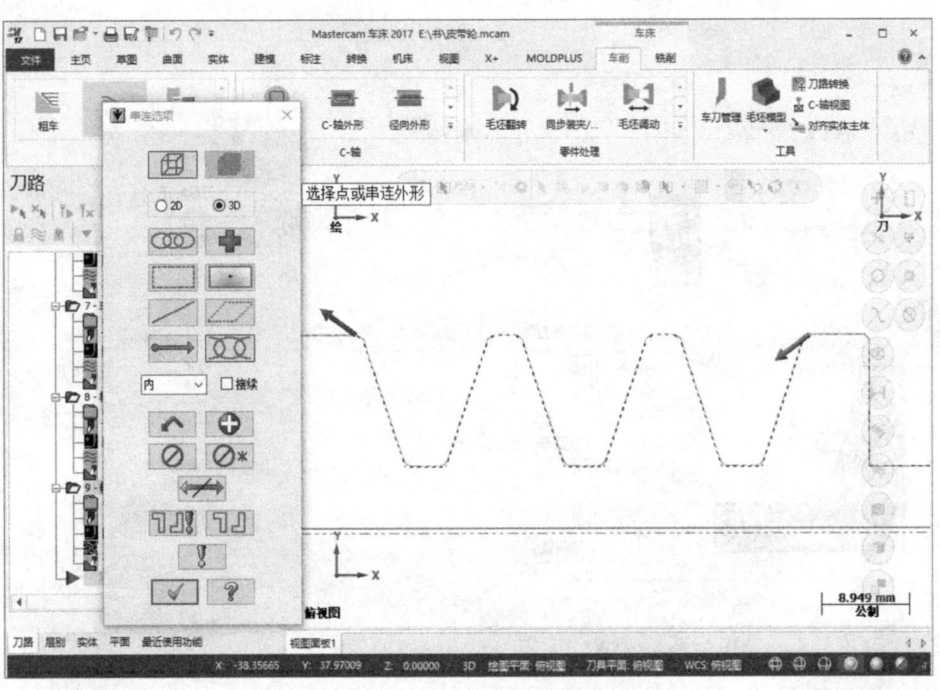

图 7-36　串连槽外形

选择 4 号刀，进给速率 0.1 毫米 / 转，主轴转速 800 恒转速，如图 7-37 所示。设置精车参数，刀具补正方式磨损，补正方向右，如图 7-38 所示。切入角度 -135.0，切出默认，如图 7-39 所示。车削切入设置允许双向垂直下刀，后角角度 0.0，如图 7-40 所示。

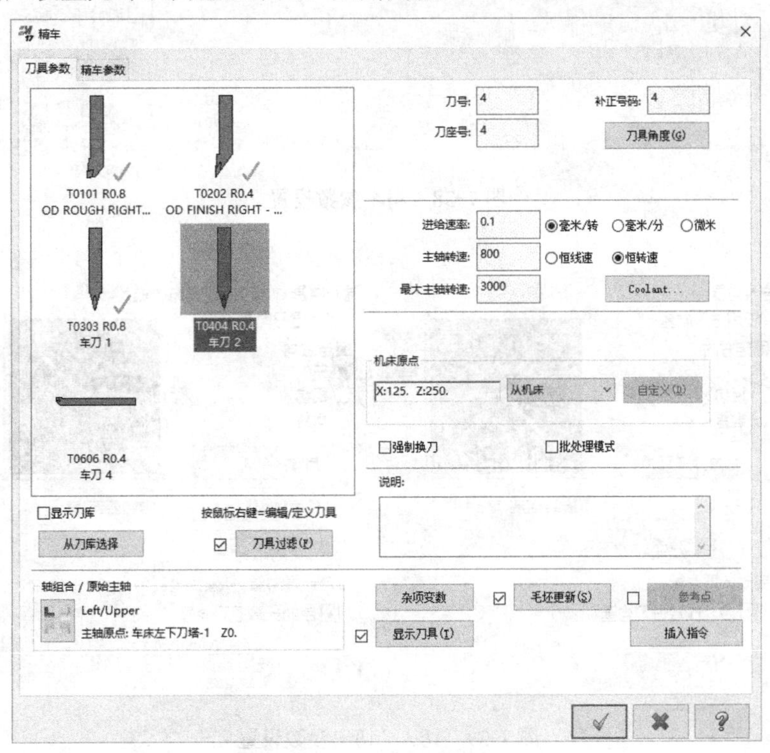

图 7-37　刀具切削参数设置

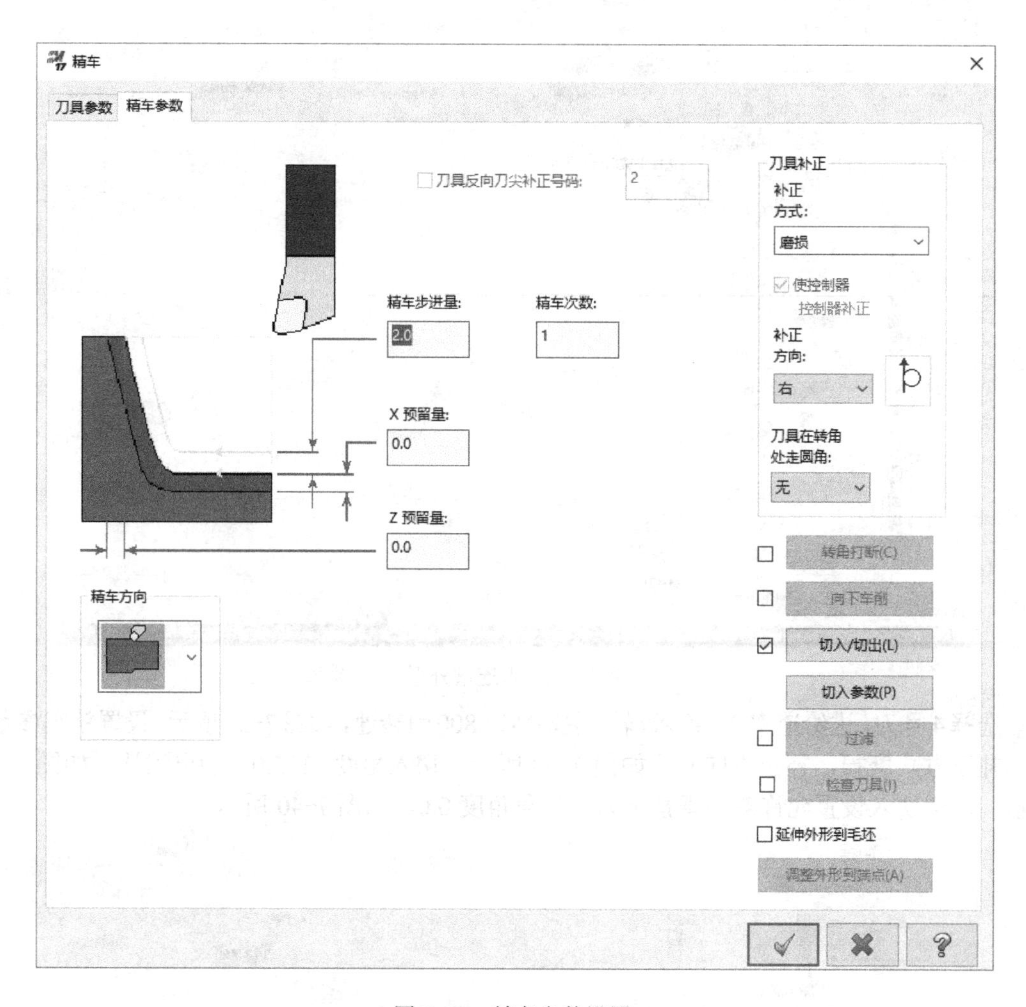

图 7-38　精车参数设置

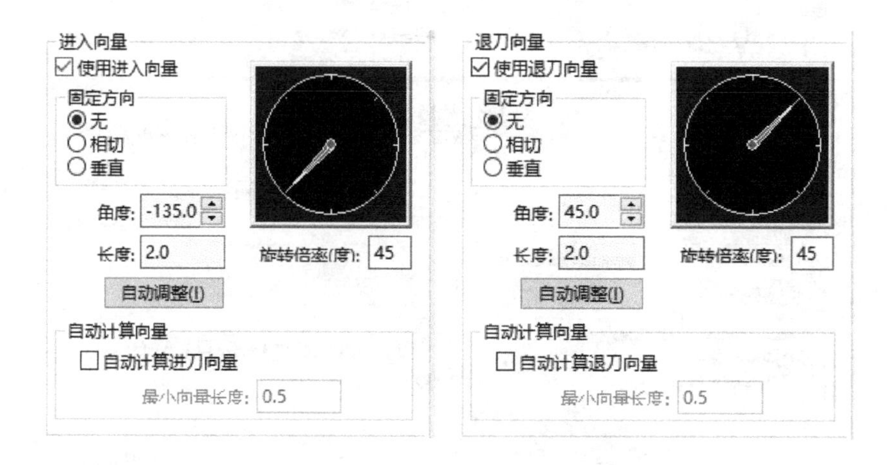

图 7-39　切入 / 切出参数设置

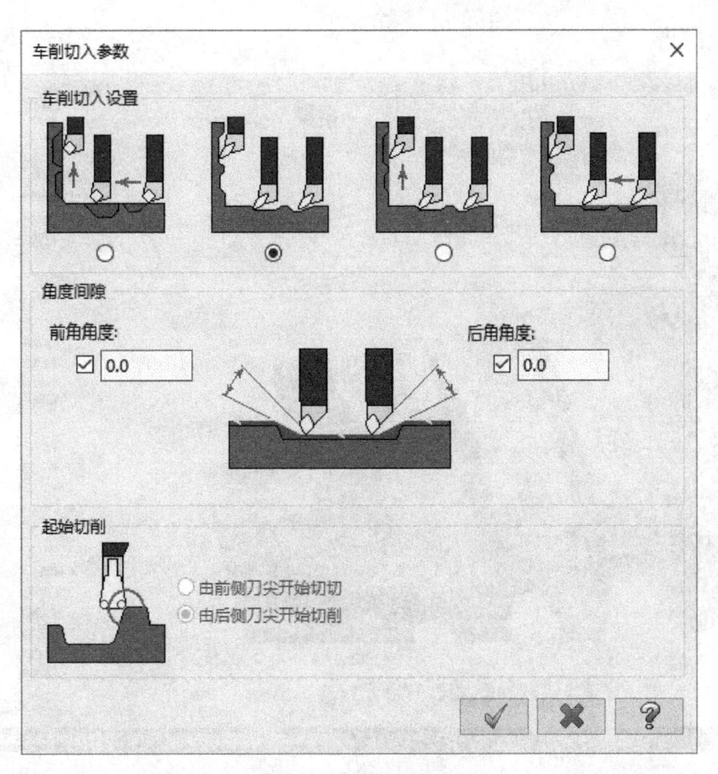

图 7-40　切入参数设置

设置完成后单击确定，运算生成刀路，并进行实体验证，如图 7-41、图 7-42 所示。

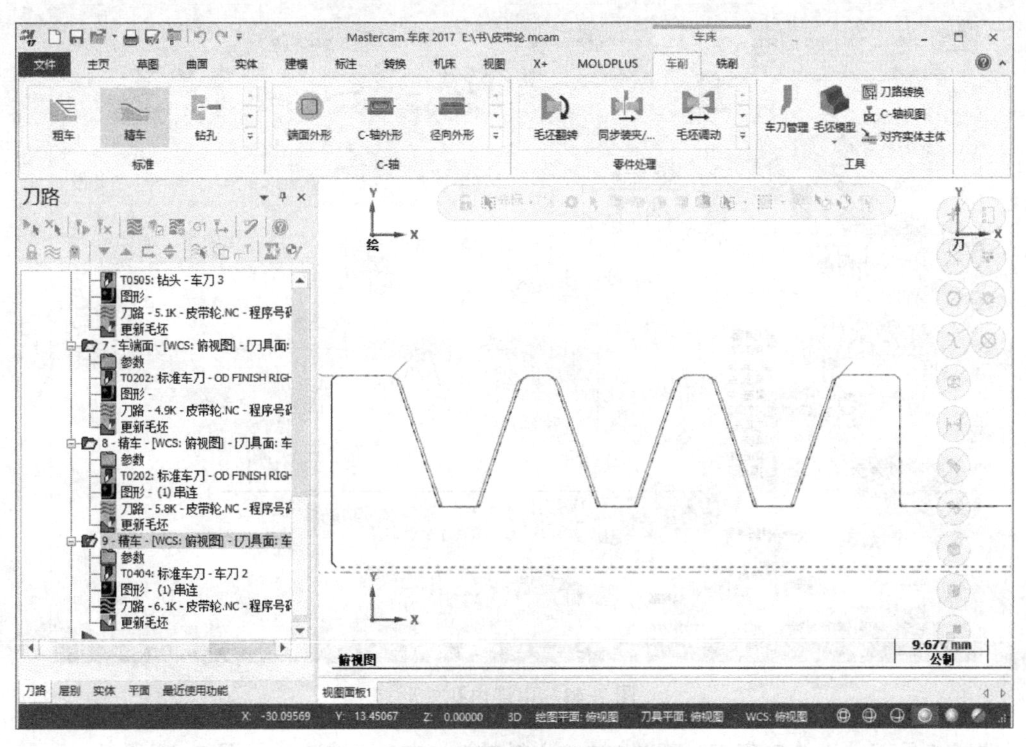

图 7-41　外圆槽精车刀路

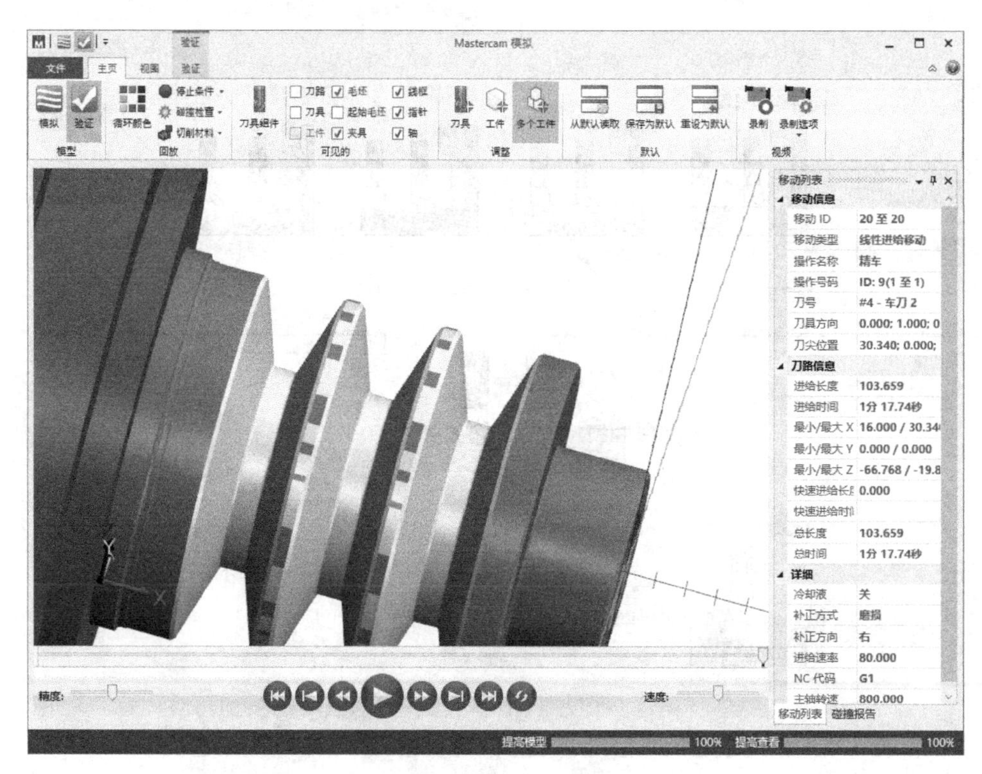

图 7-42　槽精车实体验证

第八工序，内孔精车。选择“精车”策略，串连内孔轮廓，如图 7-43 所示。

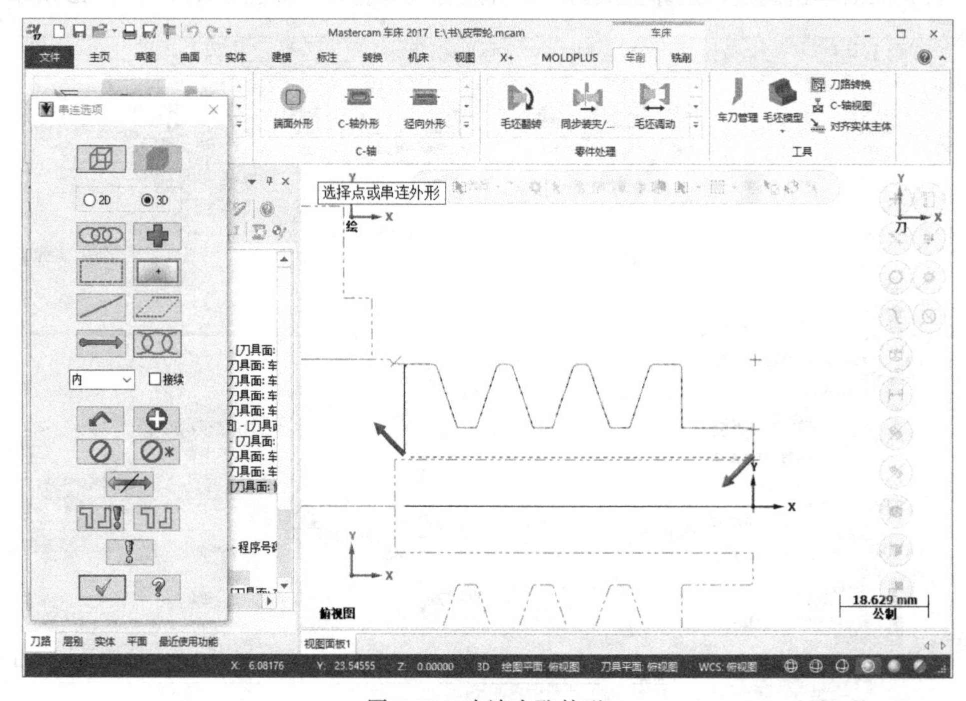

图 7-43　串连内孔外形

选择 6 号刀，进给速率 0.1 毫米 / 转，主轴转速 1500 恒转速，如图 7-44 所示。

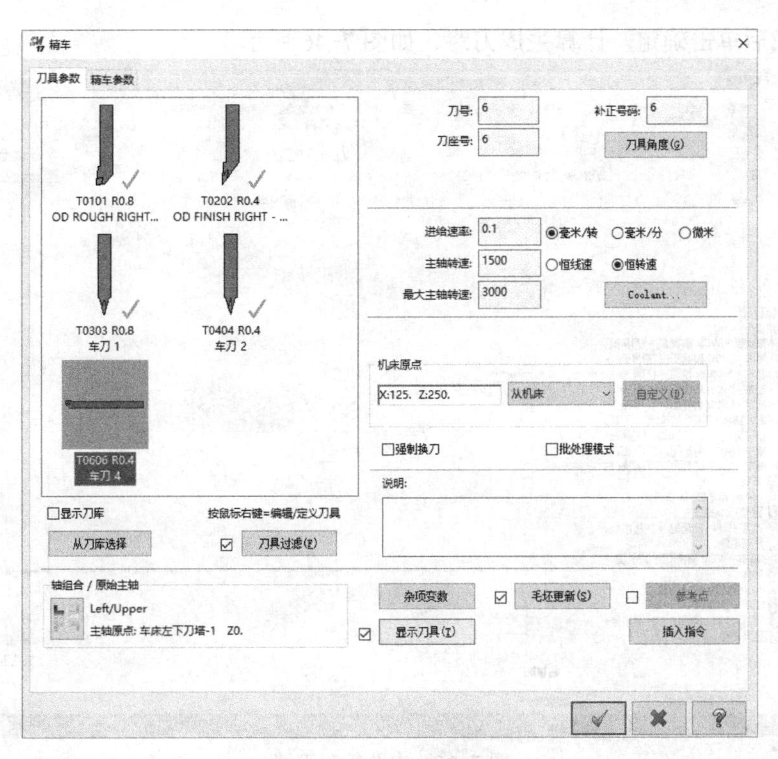

图 7-44　刀具参数设置

设置精车参数，刀具补正方式磨损，补正方向左，切入 / 切出与切入参数默认，如图 7-45 所示。

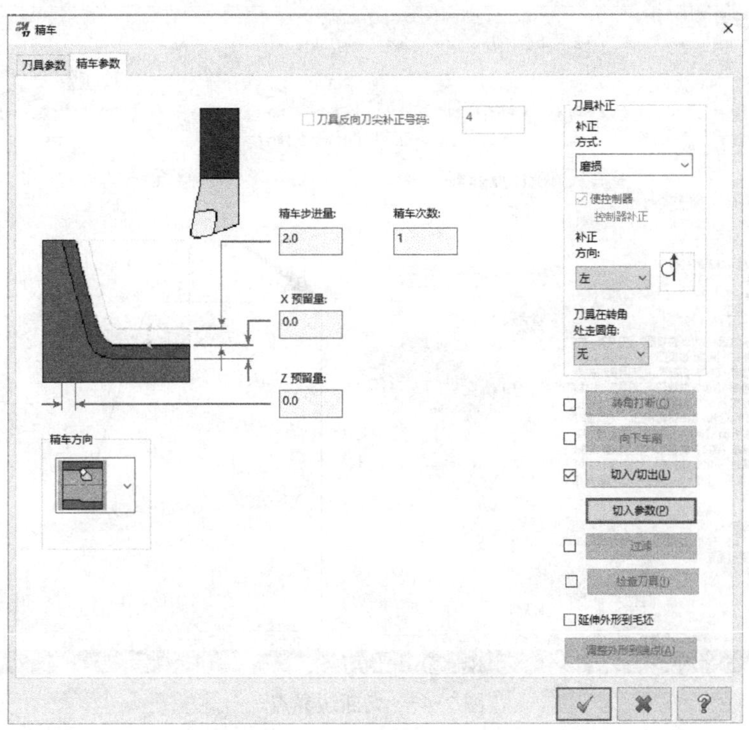

图 7-45　精车参数设置

设置完成后单击确定，计算生成刀路，如图 7-46 所示。

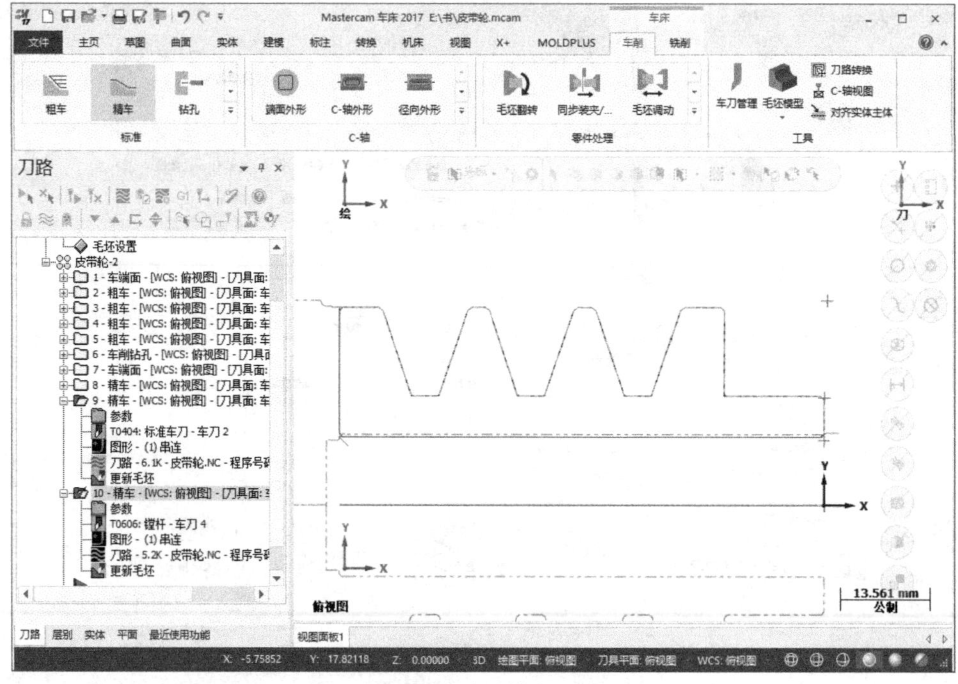

图 7-46　内孔精车刀路

第九工序，切断。选择切断点，因为图形已经倒角，先将图形延长至外形处，然后选择“切断”策略，选择延伸线最高点，如图 7-47 所示。

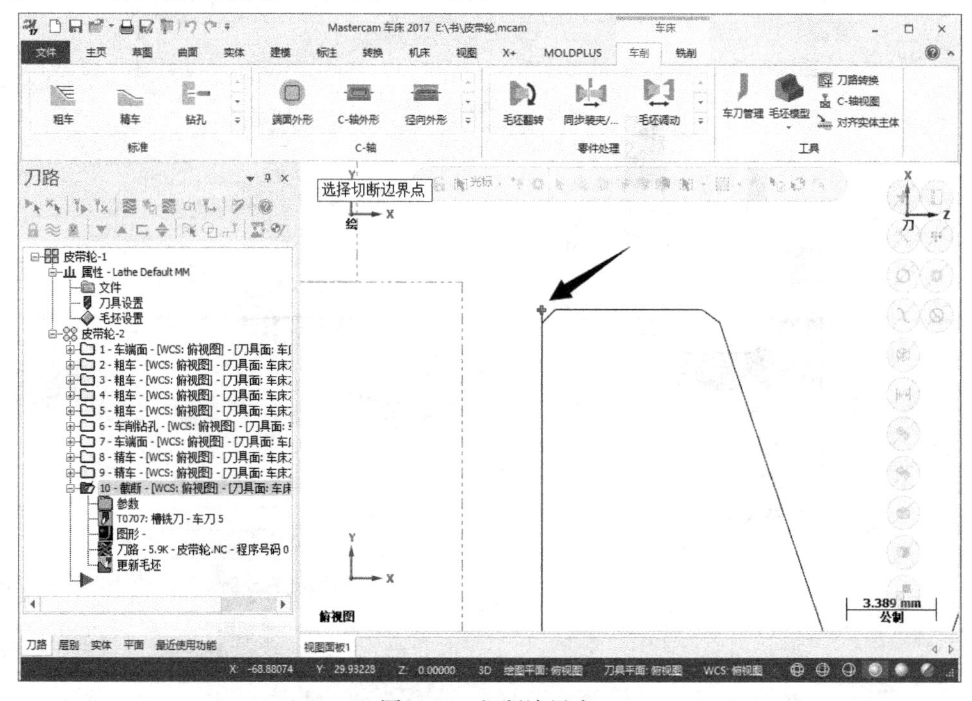

图 7-47　切断边界点

选择 7 号刀，进给速率 0.1，主轴转速 80 恒线速，最大转速 1500。设置切断参数，进入延伸量 1.0，退出距离增量坐标 0.5，X 相切位置 9.5，“切深位置”选择“前端半径”，二次进给速度 / 主轴转速的应用新设置半径 11.0，进给速率 0.05，主轴转速 300 恒转速，如图 7-48 所示。

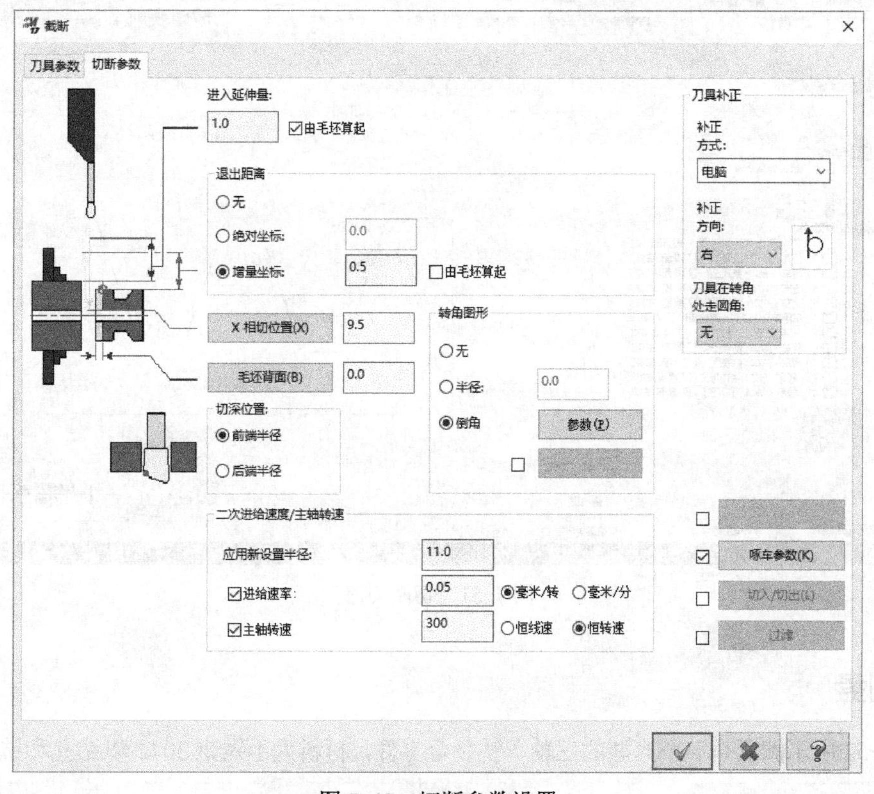

图 7-48　切断参数设置

设置倒角参数，宽度 0.5，角度 45.0，如图 7-49 所示。设置啄车参数，啄车量计算为深度 3.0，勾选“使用退出移位”，退出量 0.5 为增量坐标，如图 7-50 所示。

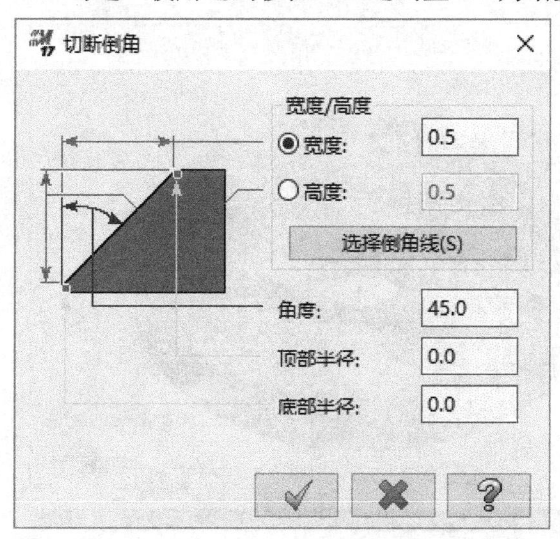

图 7-49　倒角参数设置

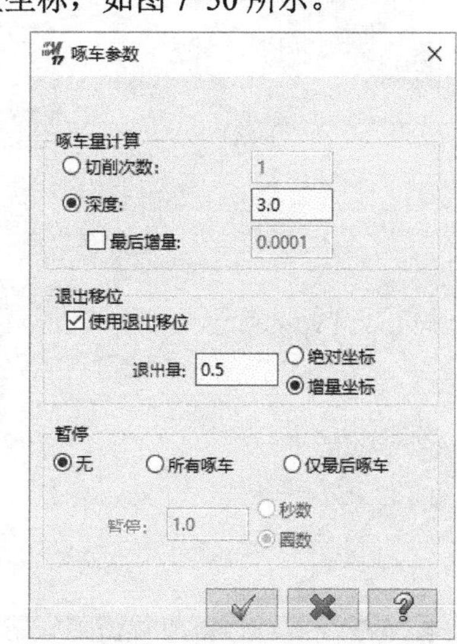

图 7-50　啄车参数设置

设置完成单击确定，生成刀路，如图 7-51 所示。

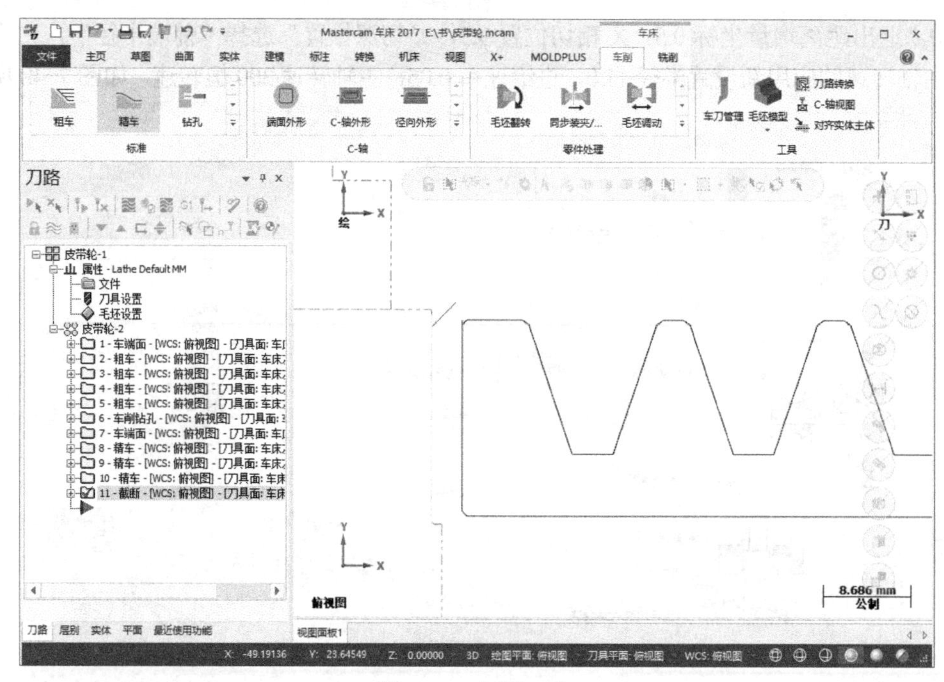

图 7-51 切断刀路

7.2 圆盘

图 7-52 所示圆盘是一个典型的三轴车铣复合零件，材料为不锈钢 304，以钻孔和铣槽为主。

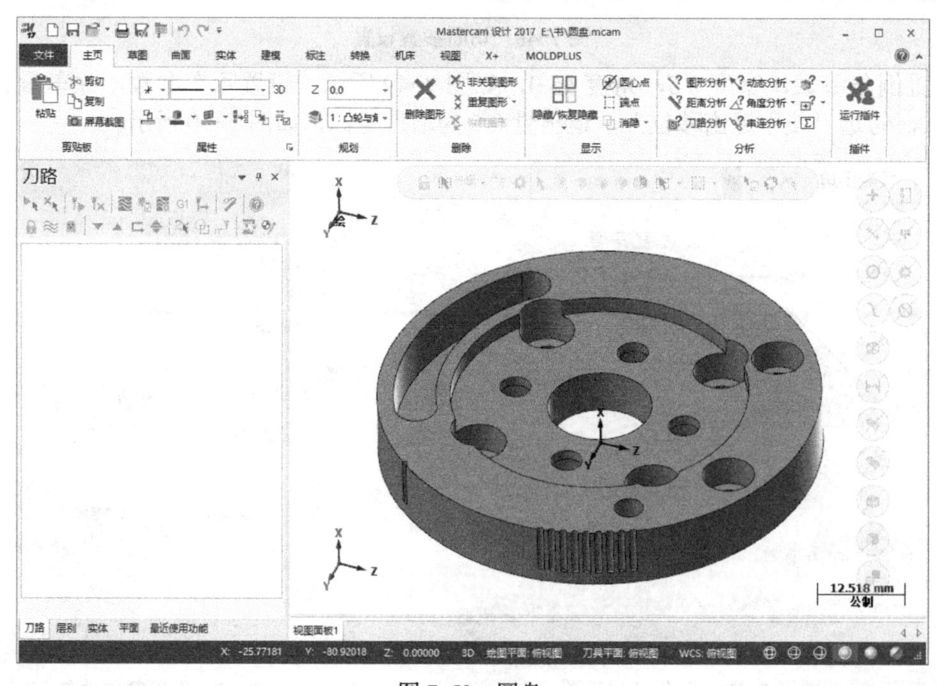

图 7-52 圆盘

通过对图 7-52 的分析可知，需要钻孔，车外形、内孔，铣槽、沉孔，攻螺纹（软件上为攻牙），铣 C 轴外形。通过动态分析，圆盘有 ϕ4.5mm 的通孔、ϕ8.0mm 的沉孔、ϕ7.5mm 的沉孔、M5×0.8 的底孔、6mm 宽的圆弧槽、R0.5mm 的圆弧槽。在编程之前，需要将 R0.5mm 圆弧槽的底部线段提取出来，这里用直线捕捉底部两端圆弧中点，如图 7-53 所示。

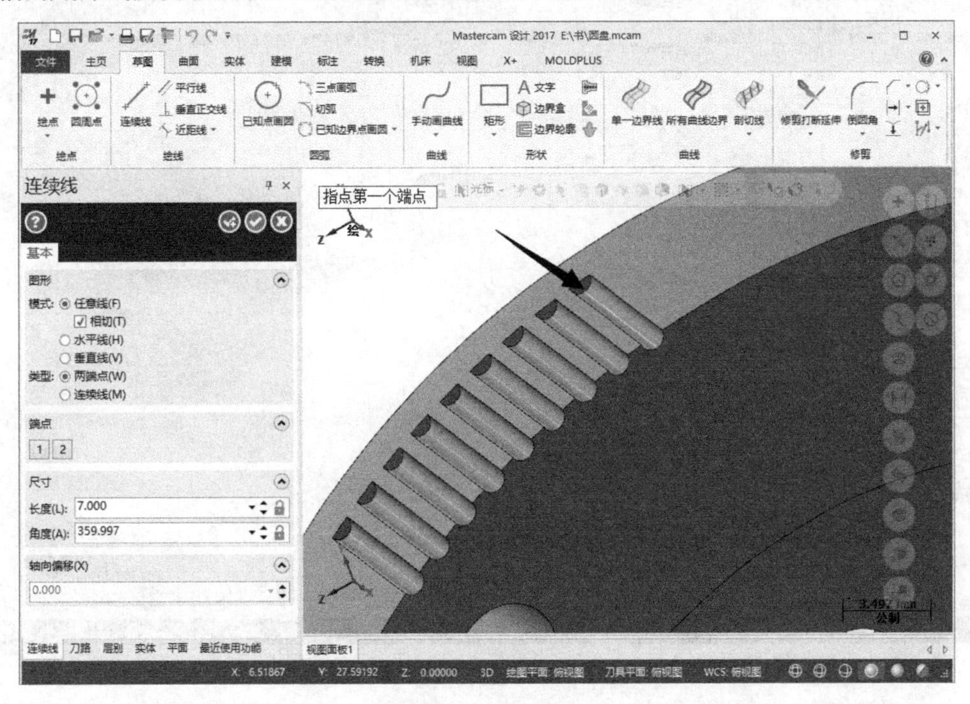

图 7-53 提取线段

沉孔和槽的轮廓线也需要提取出来，这样在编程时选择线段比较容易，如图 7-54 所示。

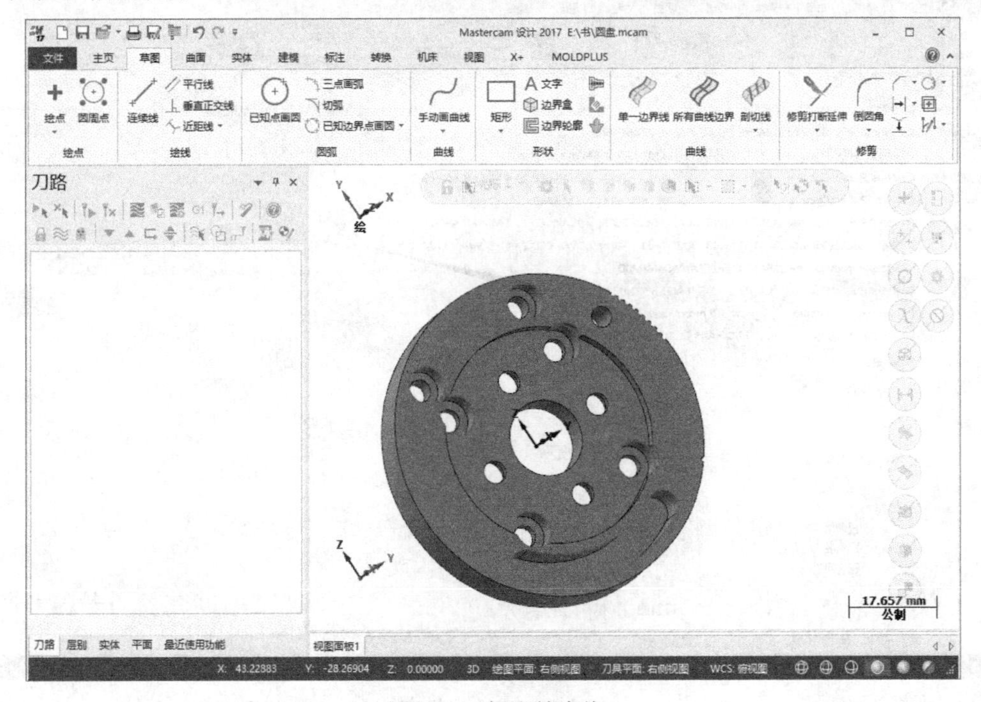

图 7-54 提取轮廓线

车削轮廓也要提取出来，如图 7-55 所示。

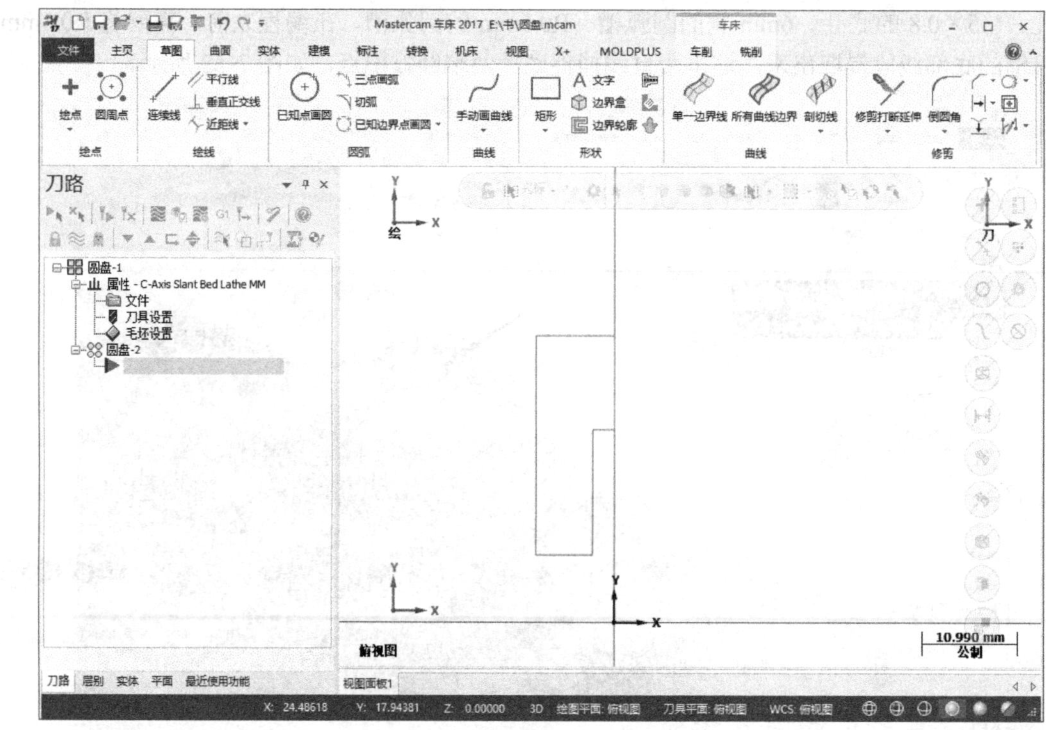

图 7-55　提取车削轮廓

准备工作完成后，选择一台三轴车铣复合机床，如图 7-56 所示。毛坯设置完成后开始编程。

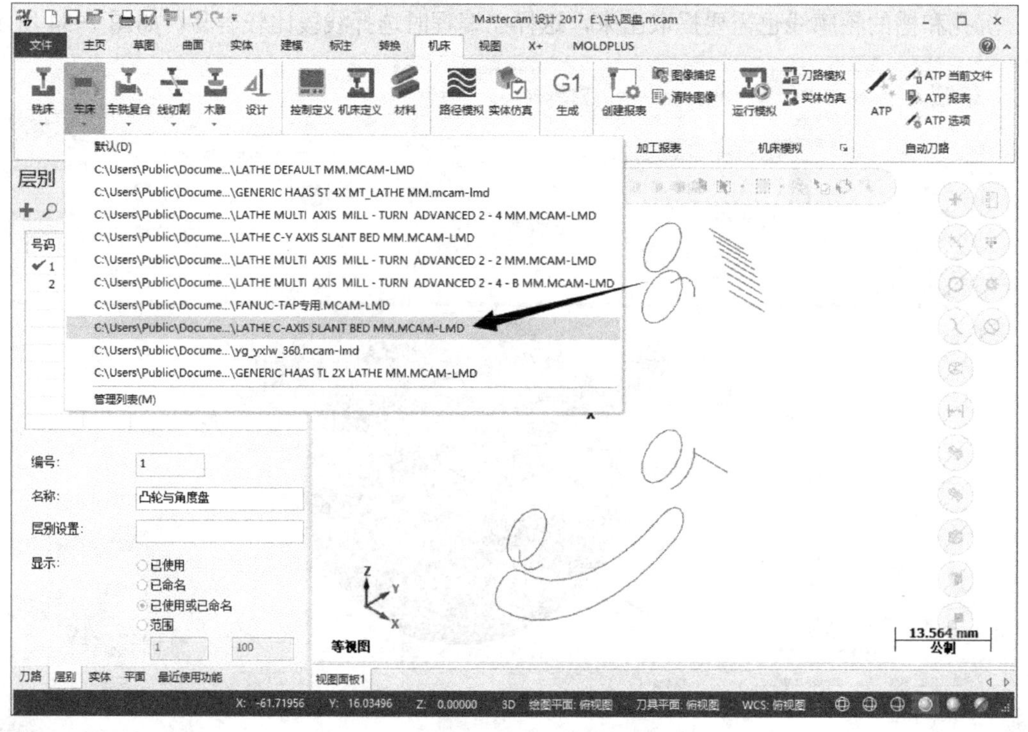

图 7-56　选择机床

第一工序，车端面。单击“车端面”策略，弹出“车端面”对话框，在刀库里选择一把 MWLNR-2525M-08 刀杆及 CNMG-120408 刀片，进给速率 0.2 毫米 / 转，主轴转速 160 恒线速，最大主轴转速 2500，如图 7-57 所示。

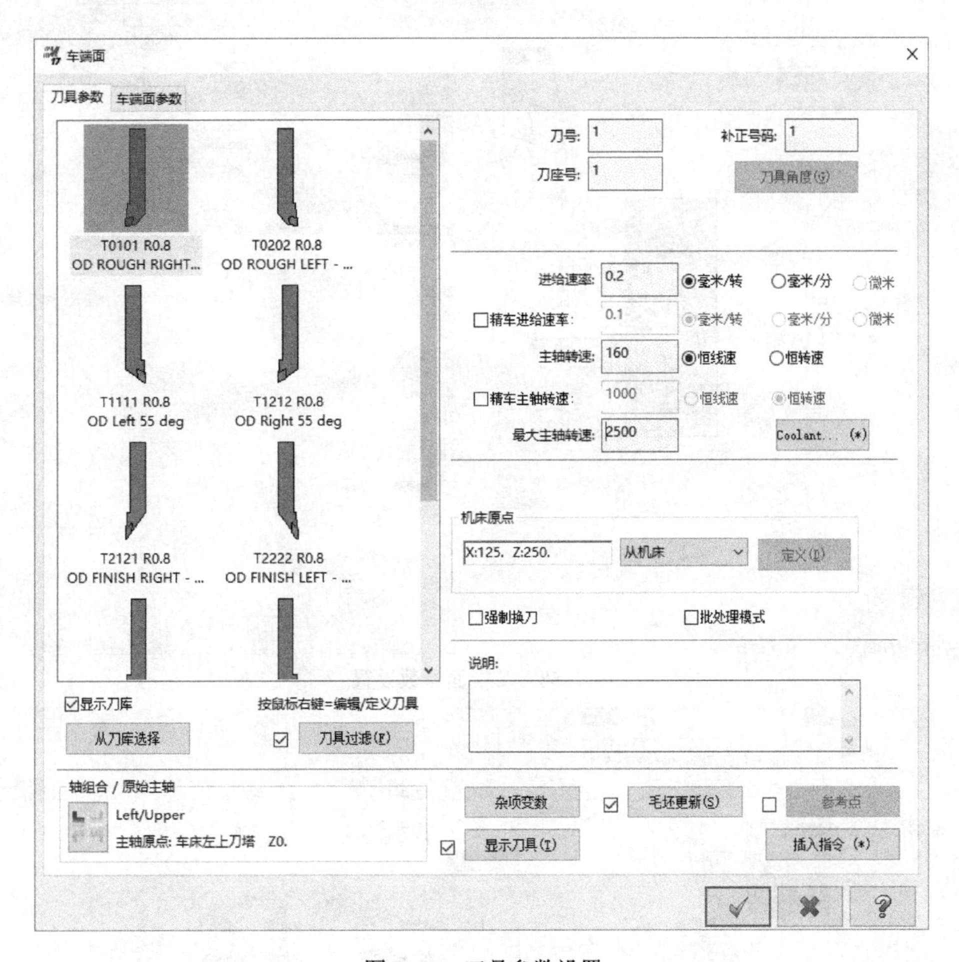

图 7-57　刀具参数设置

设置车端面参数，粗车步进量 0.4，重叠量 0.5，退刀延伸量 2.0，勾选“快速退刀”，精修 Z 轴 0.1，补正方式关，其他默认，如图 7-58 所示。

为了简化过程，设置完成后直接单击确定并运算生成刀路，然后开始下一个工序，全工序完成后再进行实体验证。

第二工序，车削钻孔打点。选择“车削钻孔”策略，新建一把 ϕ8.0mm 的点钻，刀号改为 2，进给速率 0.05 毫米 / 转，主轴转速 1500 恒转速，如图 7-59 所示。

设置钻孔深度 -1.5，安全高度和参考高度默认，“循环”选择“Drill/Counterbore”，如图 7-60 所示。

第三工序，车削钻孔。选择“钻孔”策略，新建 ϕ14.0mm 钻头，刀号改为 3，进给速率 0.07 毫米 / 转，主轴转速 450 恒转速，如图 7-61 所示。

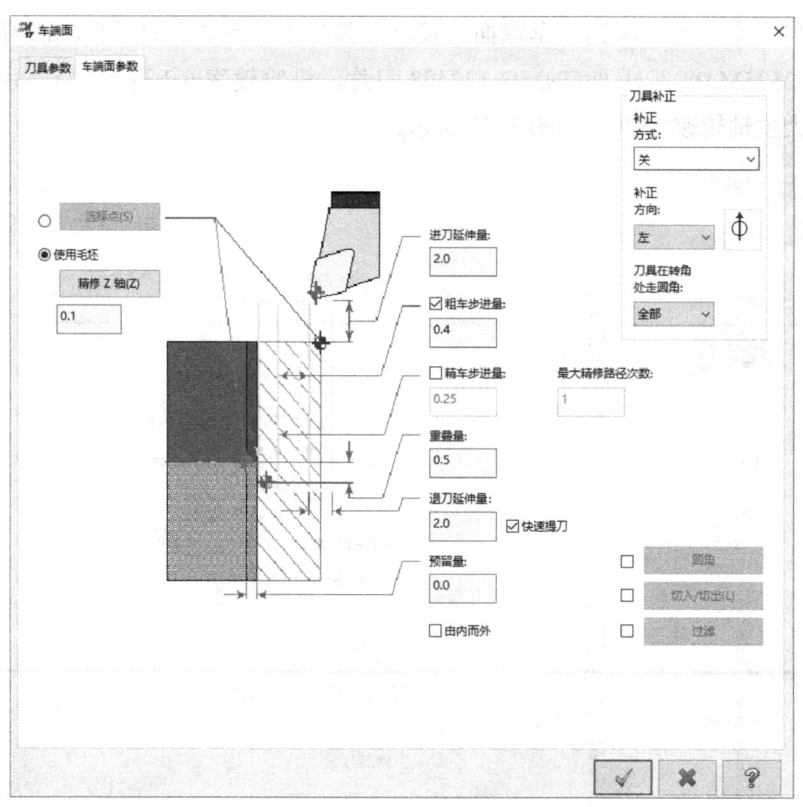

图 7-58　车端面参数设置

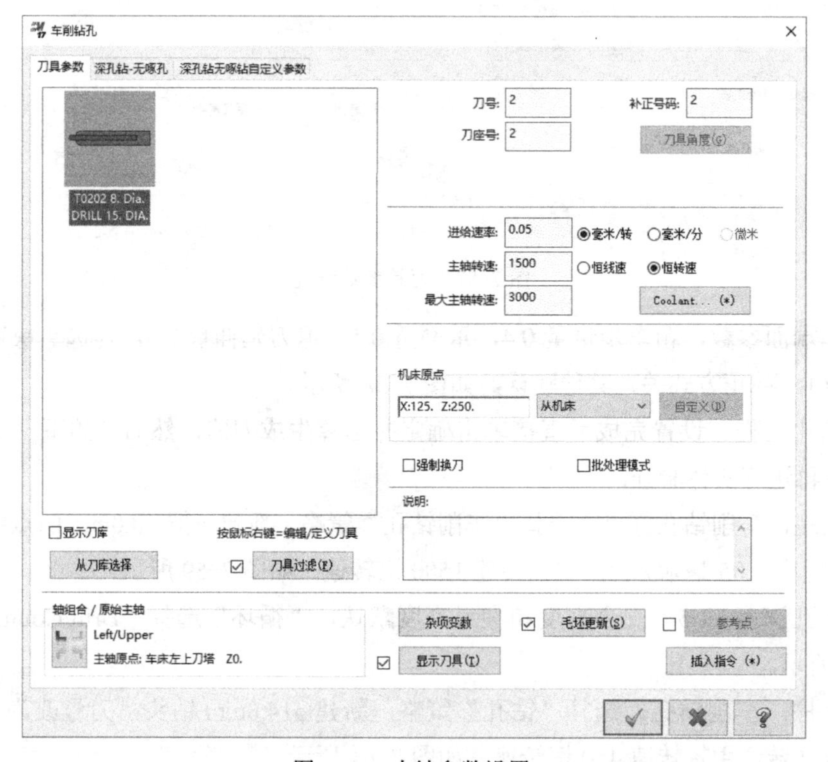

图 7-59　点钻参数设置

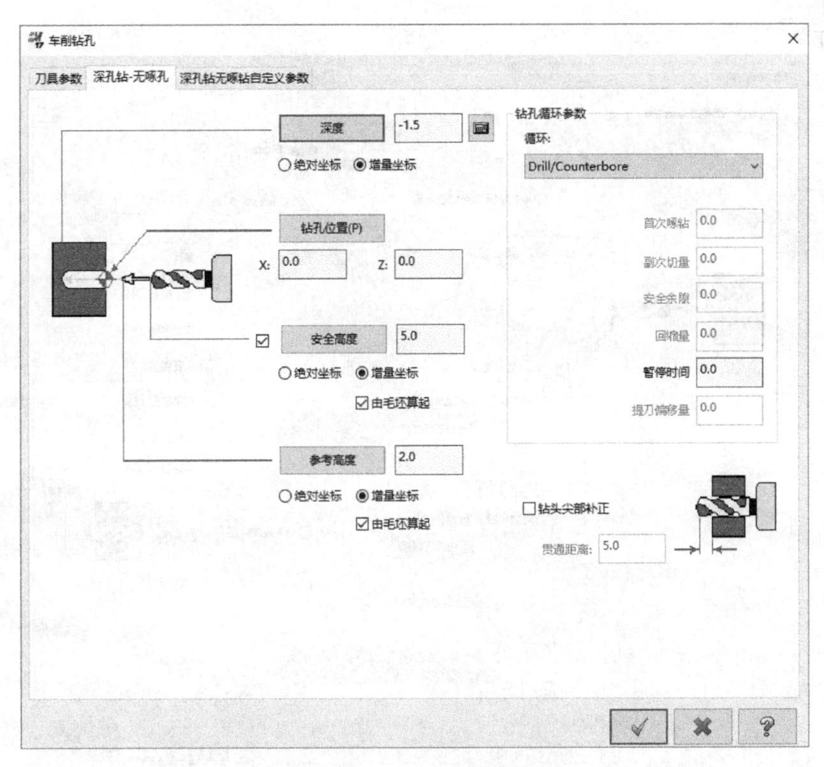

图 7-60　钻孔参数设置

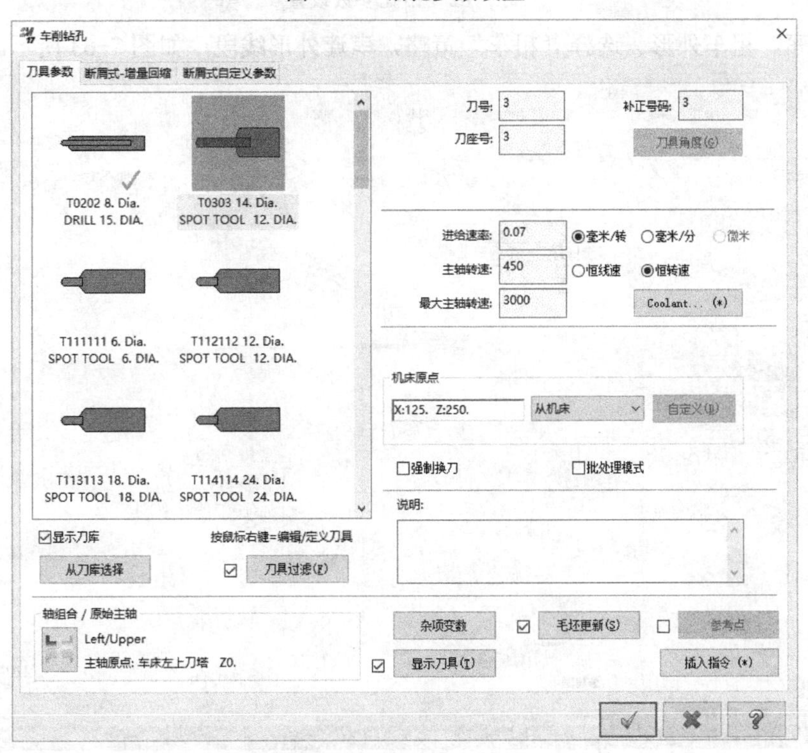

图 7-61　钻头参数设置

设置钻孔深度 −15.0，循环参数选择“Chip break(G74)”，首次啄钻 3.0，其余默认，如

图 7-62 所示。

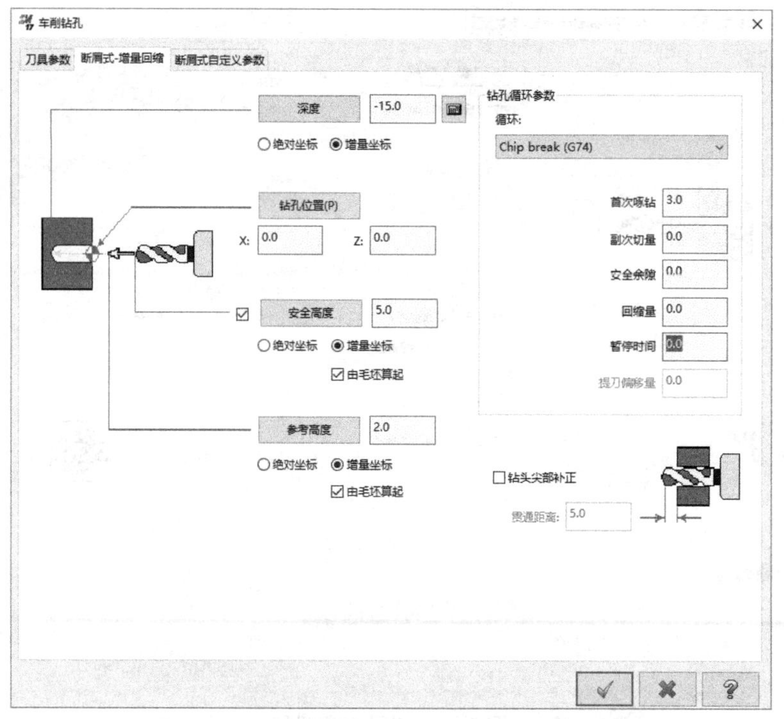

图 7-62　钻孔参数设置

第四工序，粗车外形。选择“粗车”策略，串连外形线段，如图 7-63 所示。

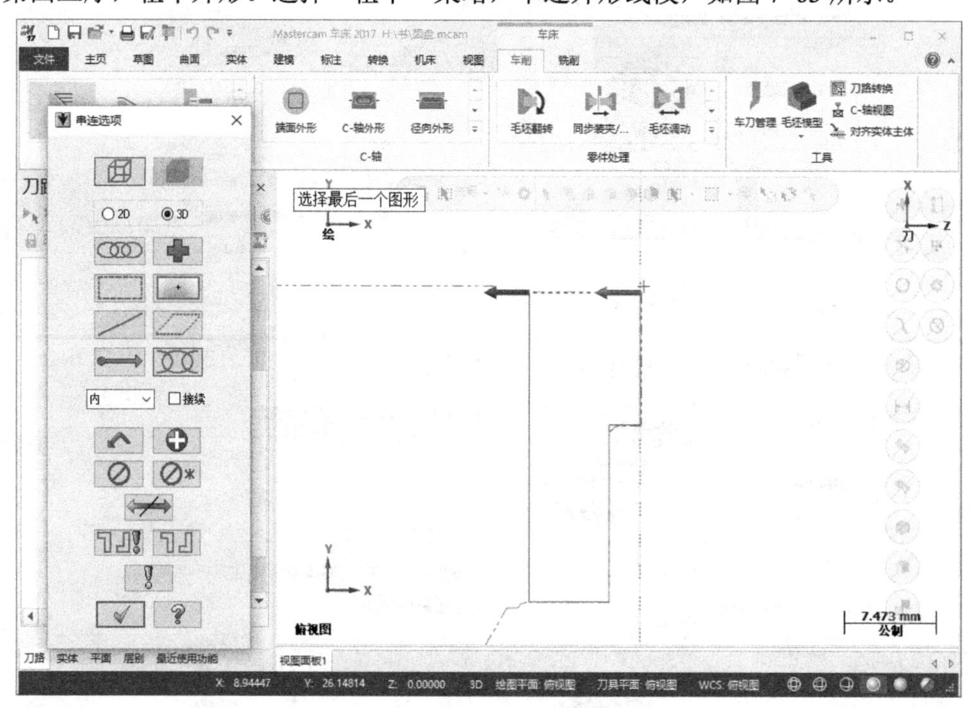

图 7-63　串连外形

串连完成后选择 1 号刀，进给速率 0.2 毫米 / 转，主轴转速 800 恒转速，如图 7-64 所示。

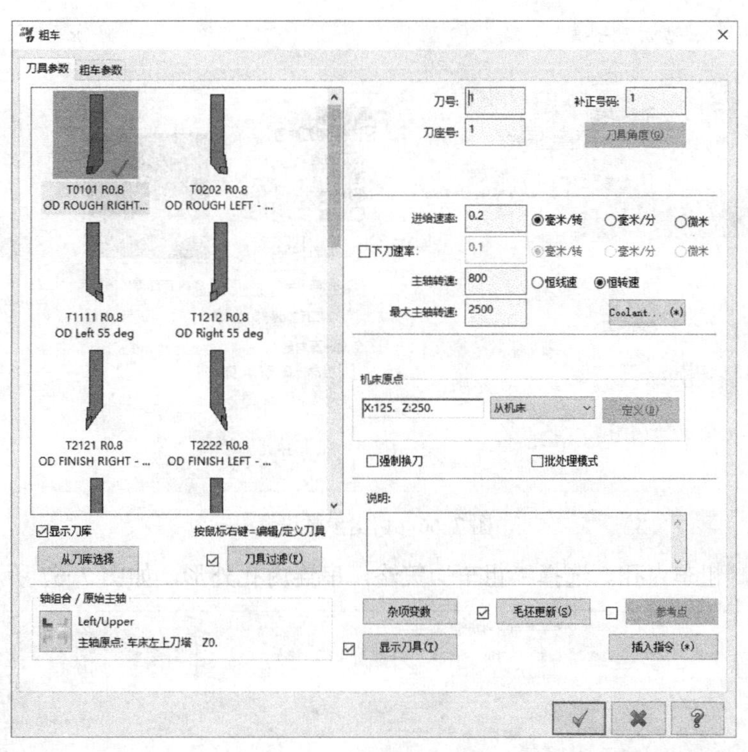

图 7-64　刀具参数设置

设置粗车参数，切削深度 1.5，X 预留量 0.05，Z 预留量 0.0，刀具补正方式电脑，补正方向右，切入 / 切出参数的切出延伸 3.0，“毛坯识别”为“剩余毛坯”，其余默认，如图 7-65、图 7-66 所示。

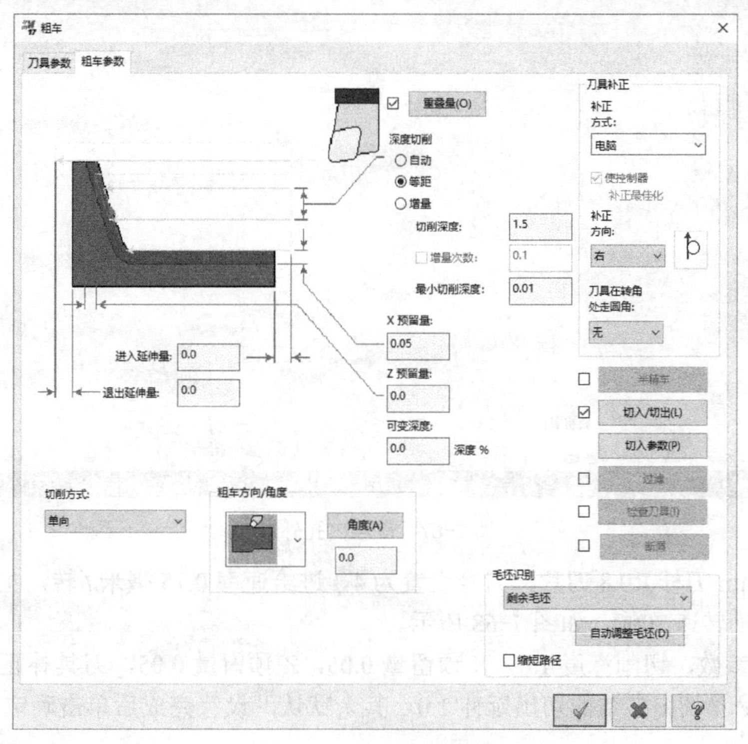

图 7-65　粗车参数设置

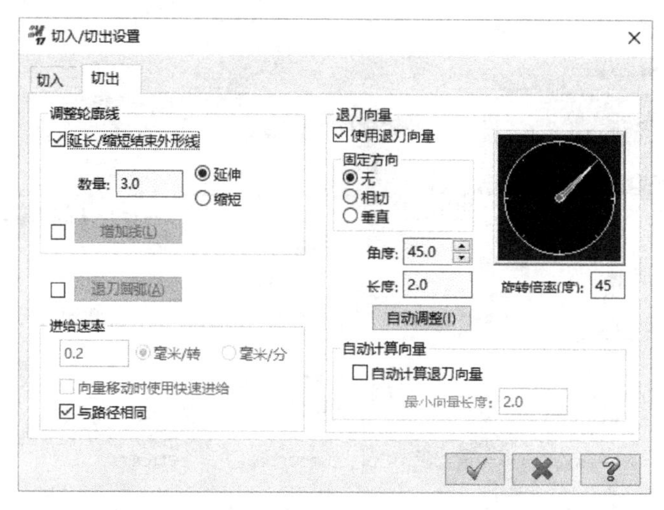

图 7-66　切出参数设置

第五工序，粗车内孔。选择“粗车”策略，串连内孔外形，如图 7-67 所示。

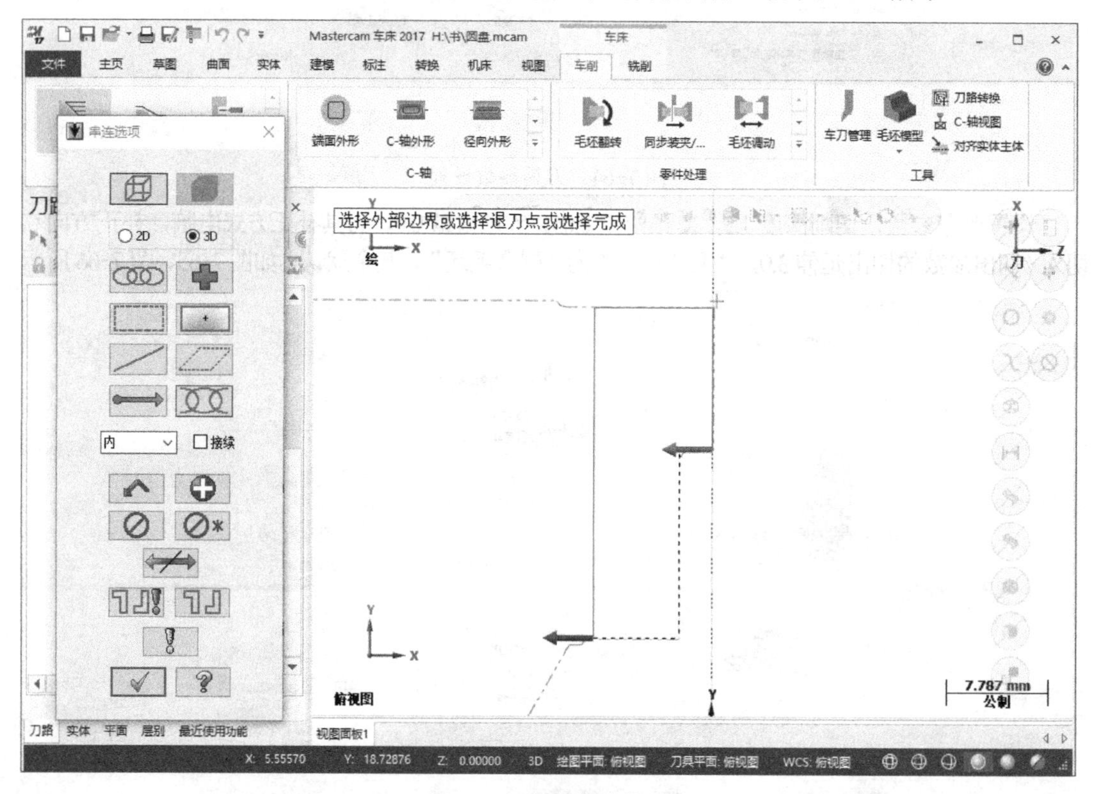

图 7-67　串连内孔外形

新建 ϕ10mm 刀杆 R0.8 刀片，刀号设置为 4，进给速率 0.15 毫米 / 转，主轴转速 150 恒线速，最大主轴转速 2000，如图 7-68 所示。

设置粗车参数，切削深度 1.0，X 预留量 0.05，Z 预留量 0.05，刀具补正方式电脑，补正方向左，切入 / 切出参数的切出延伸 1.0，其余默认，设置完成后单击确定，如图 7-69、图 7-70 所示。

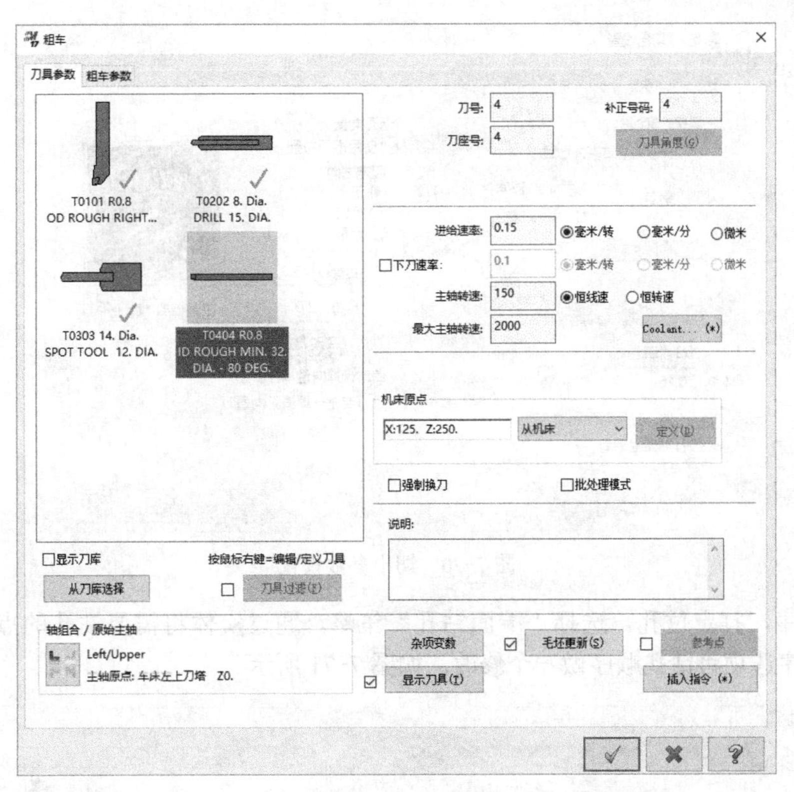

图 7-68　刀具设置

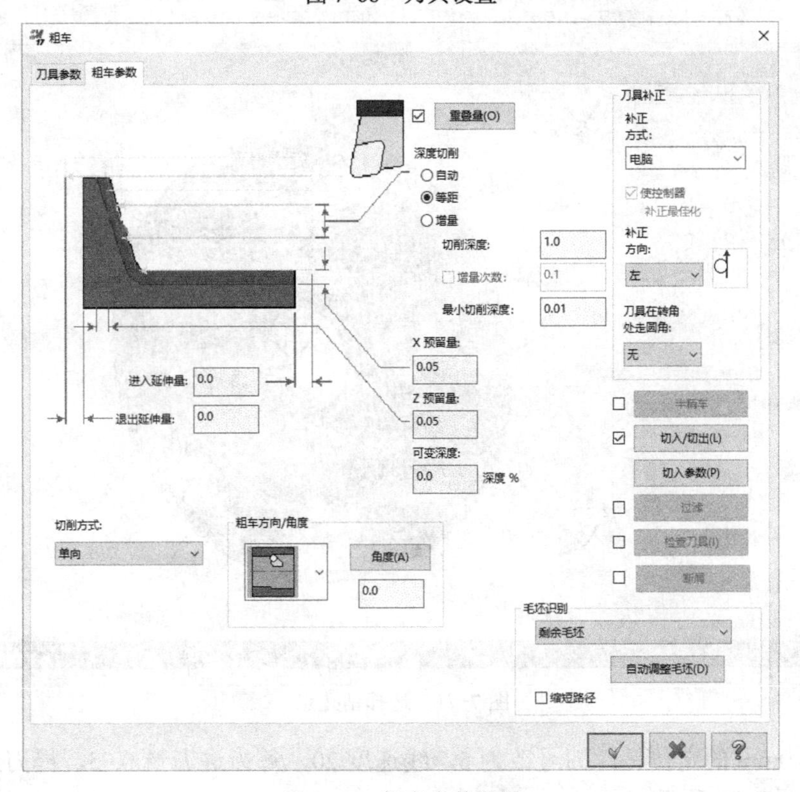

图 7-69　粗车参数设置

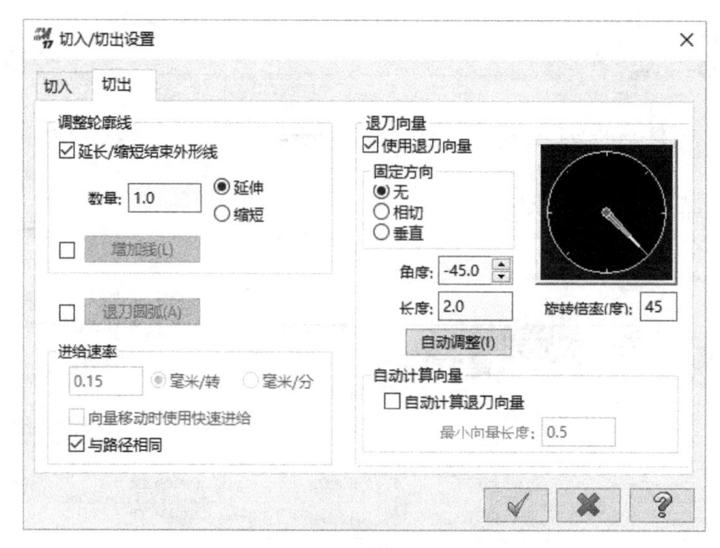

图 7-70　切出参数设置

第六工序，打定位孔。选择“端面钻孔”策略，通过实体将需要钻孔的点都选择上，并且通过排序选项将钻孔顺序做一个修改，如图 7-71 所示。

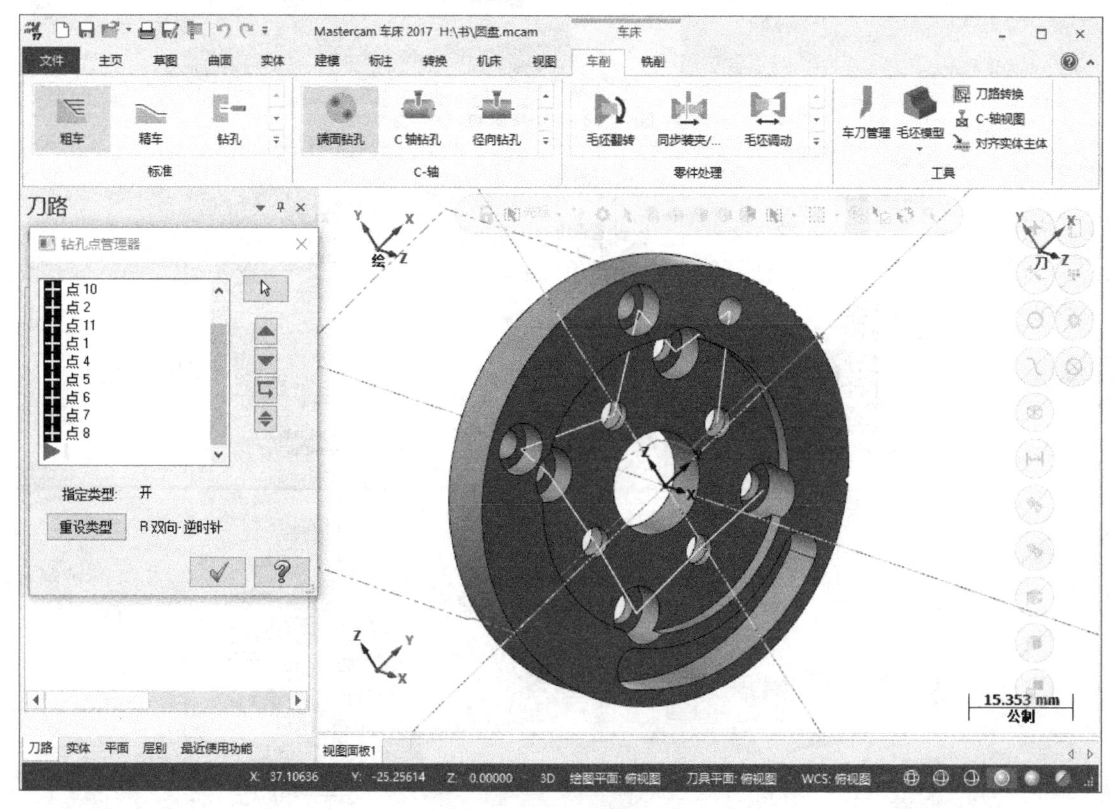

图 7-71　选择钻孔点

新建 ϕ6.0mm 的定位钻，刀号改为 5，线速度 20，每齿进刀量 0.05，提刀速率 2000，如图 7-72、图 7-73 所示。

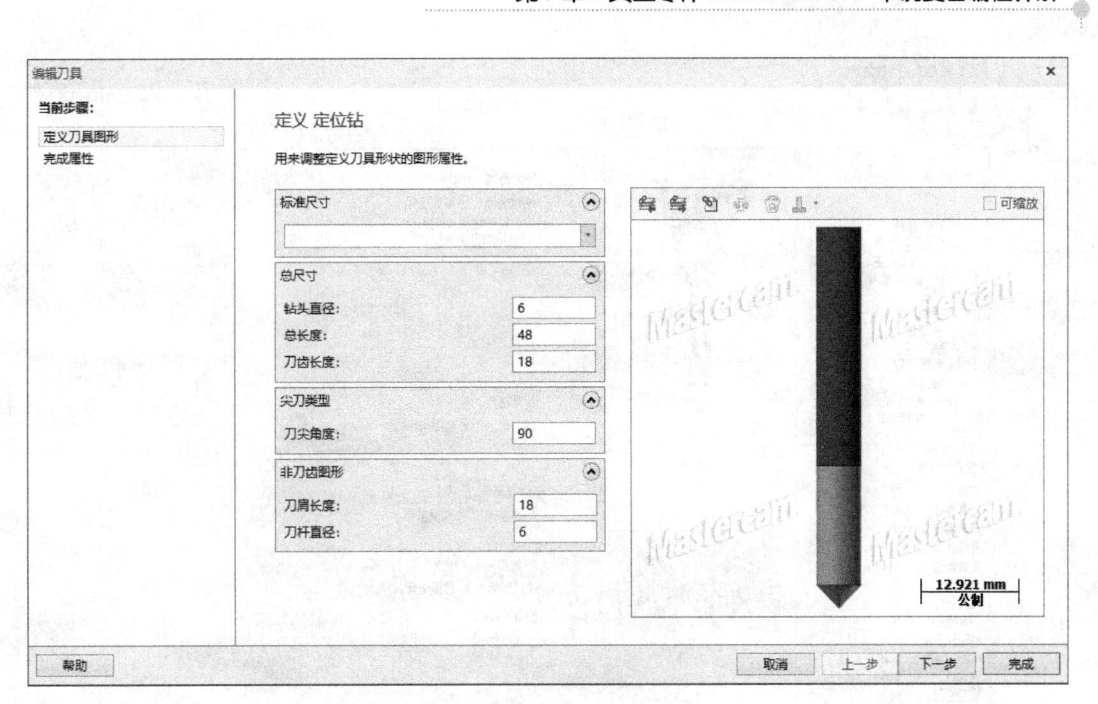

图 7-72　ϕ6.0mm 定位钻

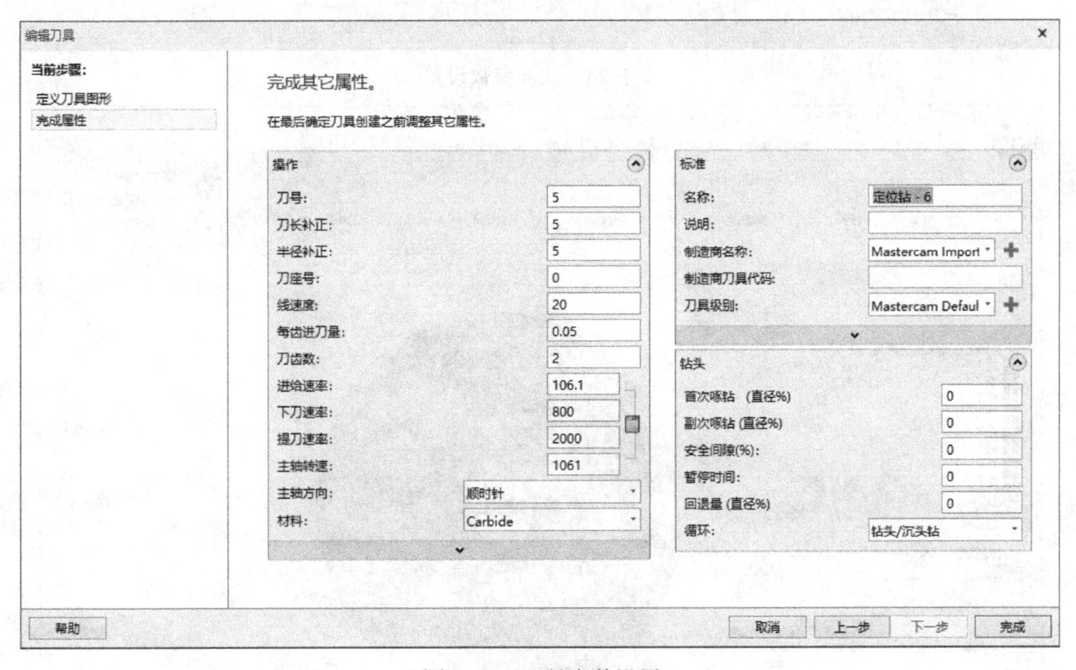

图 7-73　刀具参数设置

设置切削参数，“循环方式”选择“Drill/Counterbore”。设置共同参数，安全高度 10.0 增量坐标，参考高度 3.0 增量坐标，工件表面 0.1 增量坐标，深度 −1.0 增量坐标。因为孔的深度并不一样，所以不要用绝对坐标，如图 7-74 所示。

第七工序，钻 ϕ4.5mm 孔。选择“端面钻孔”策略，选择槽内 9 个 ϕ4.5mm 孔，并做好排序，如图 7-75 所示。

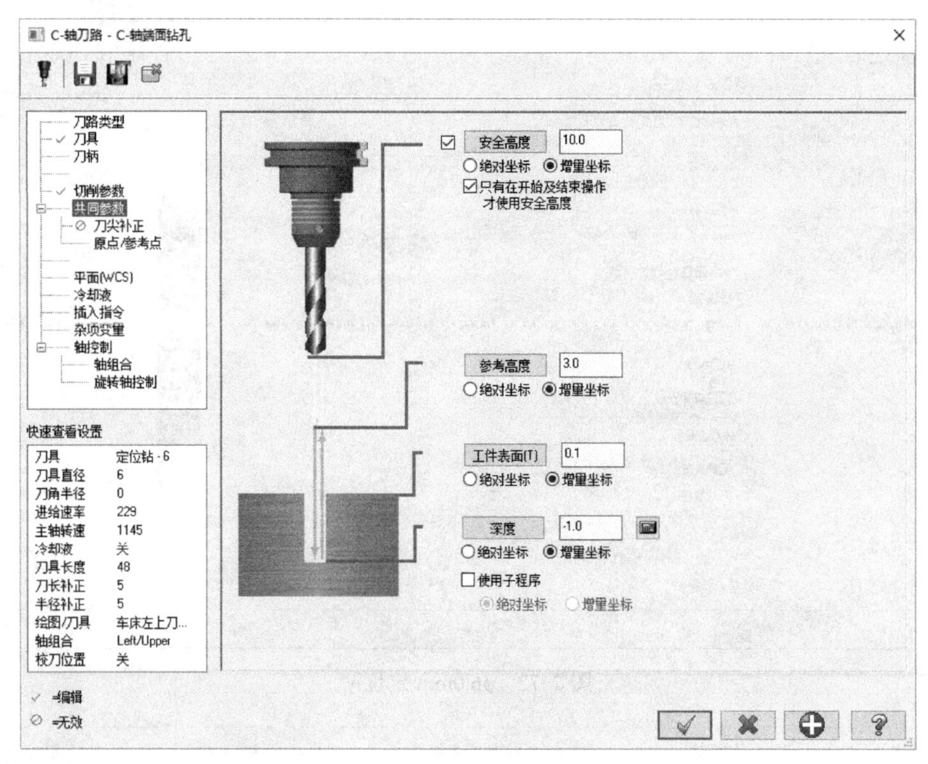

图 7-74　共同参数设置

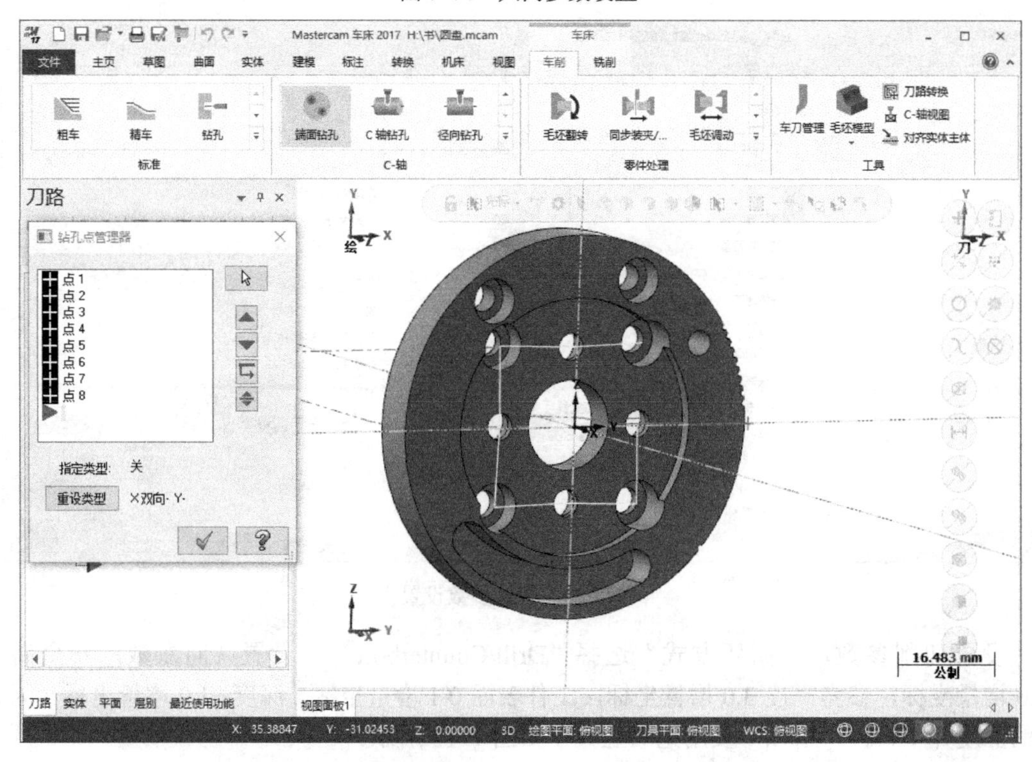

图 7-75　串连 ϕ4.5mm 孔

新建一把 ϕ4.5mm 的钻头，设置刀号为 6，每齿进刀量 0.06，线速度 17.9972，如图 7-76 所示。

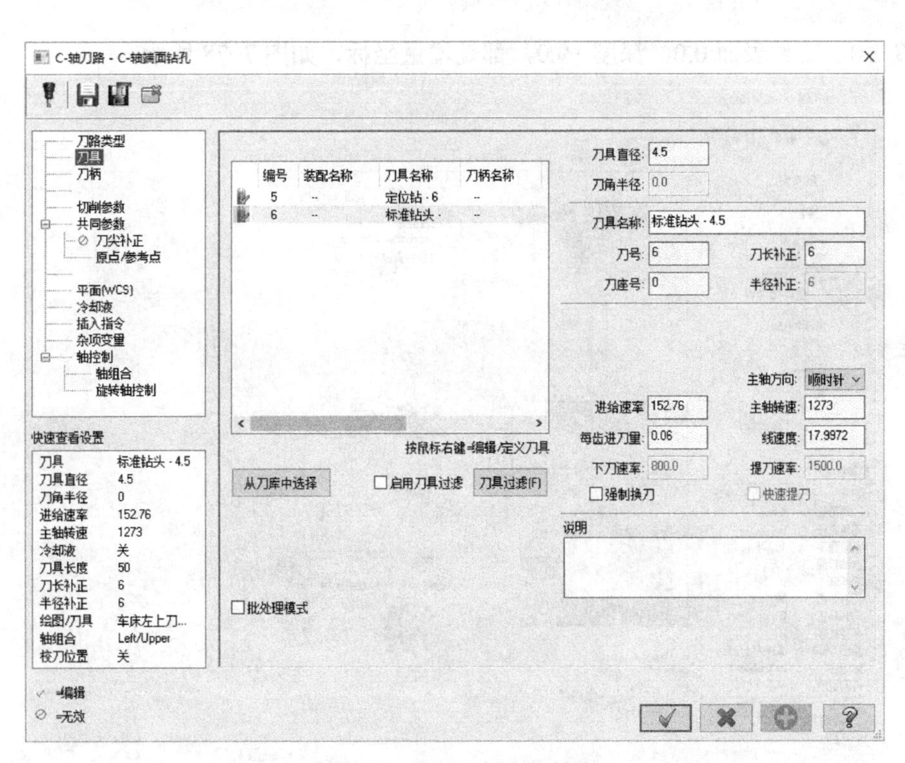

图 7-76　新建 ϕ4.5mm 钻头

切削参数使用 G83，首次啄钻 2.0，其余默认，如图 7-77 所示。

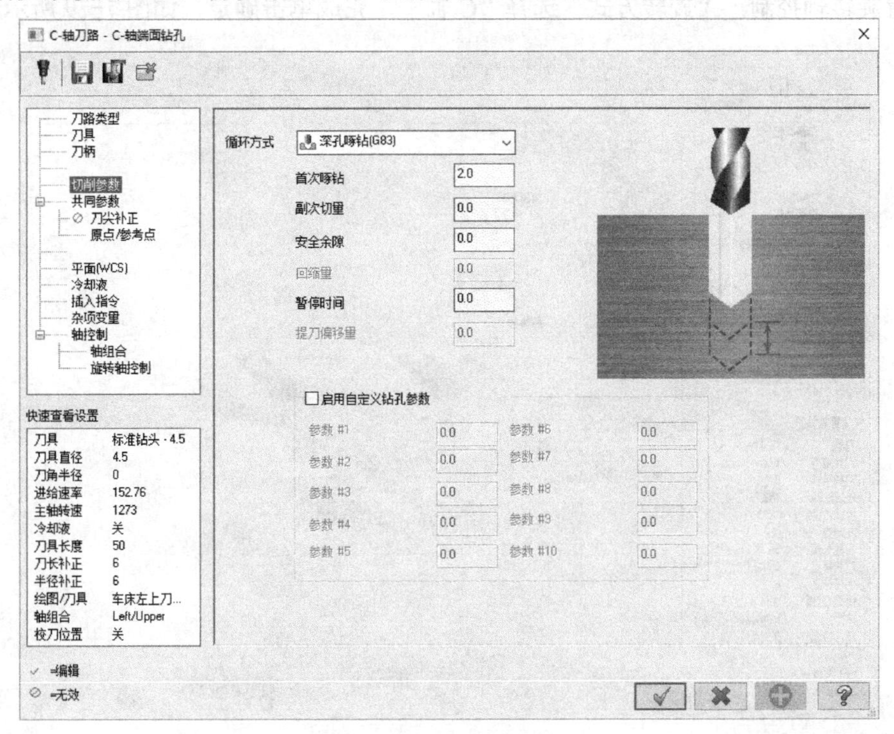

图 7-77　切削参数设置

设置共同参数，安全高度 10.0 增量坐标，勾选“只有在开始及结束操作才使用安全高度”，参考高度 2.0，工件表面 0.0，深度 −9.0，都是增量坐标，如图 7−78 所示。

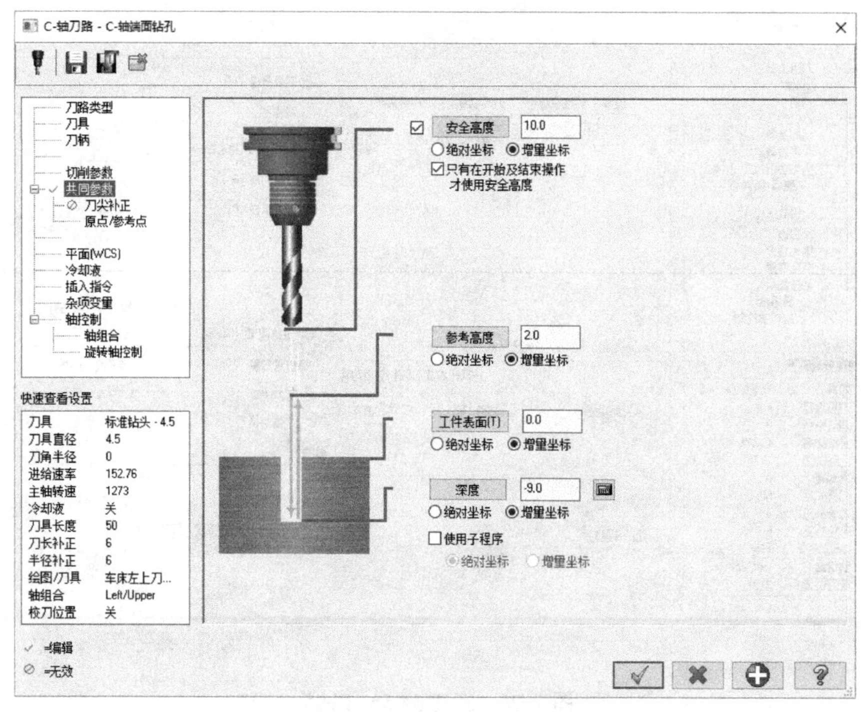

图 7−78　共同参数设置

设置旋转轴控制，“旋转方式”选择“C 轴”，完成单击确定，如图 7−79 所示。

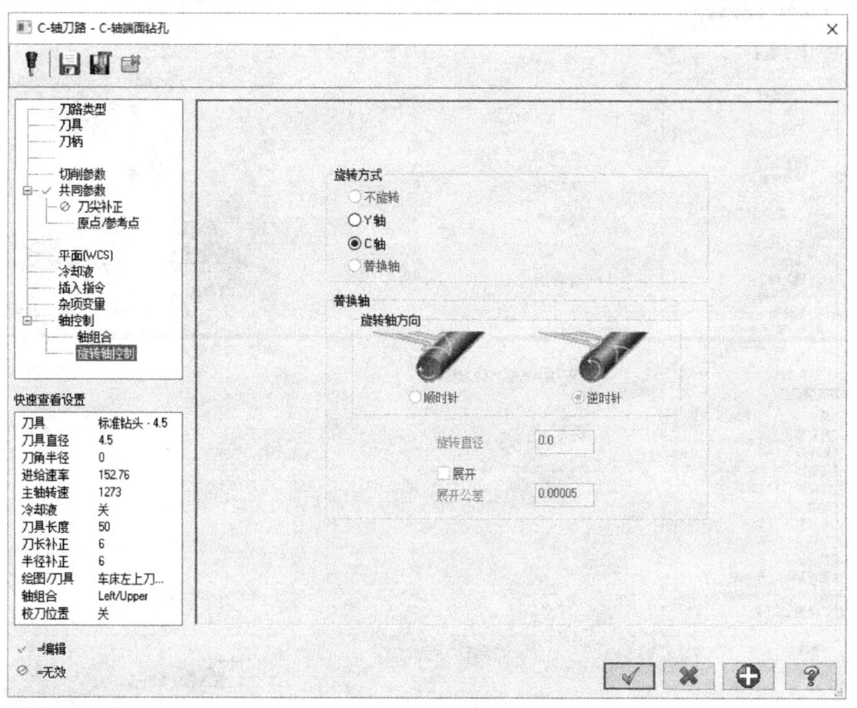

图 7−79　旋转轴控制设置

将第七工序复制并粘贴，然后将图形重新选择为台阶上的 ϕ4.5mm 孔，如图 7−80 所示。

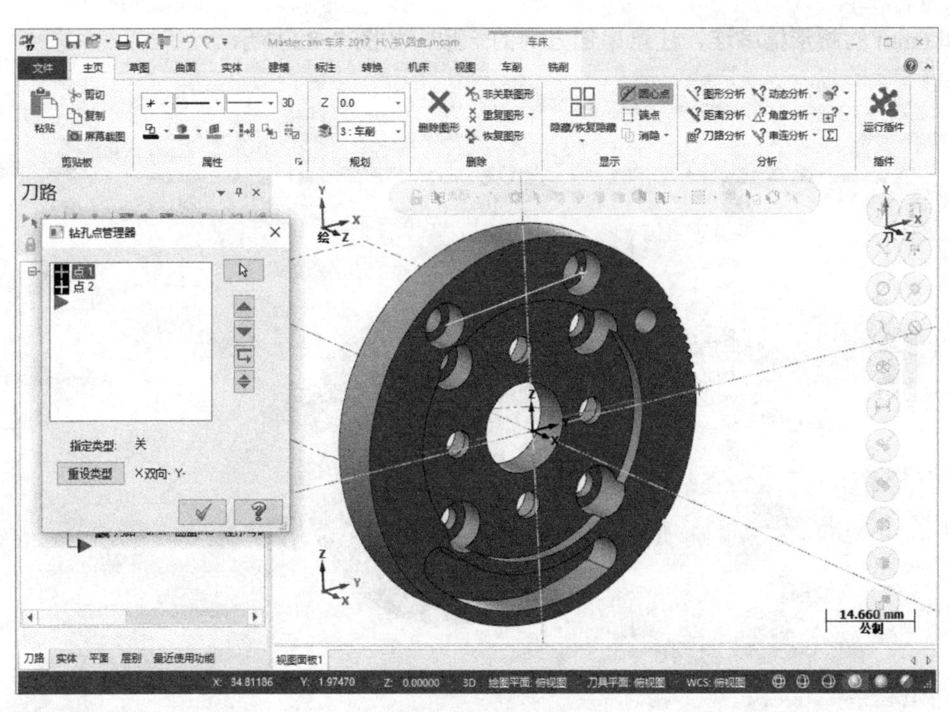

图 7-80　选择孔

然后将共同参数里的深度改为 -12.0，其余不变，如图 7-81 所示。

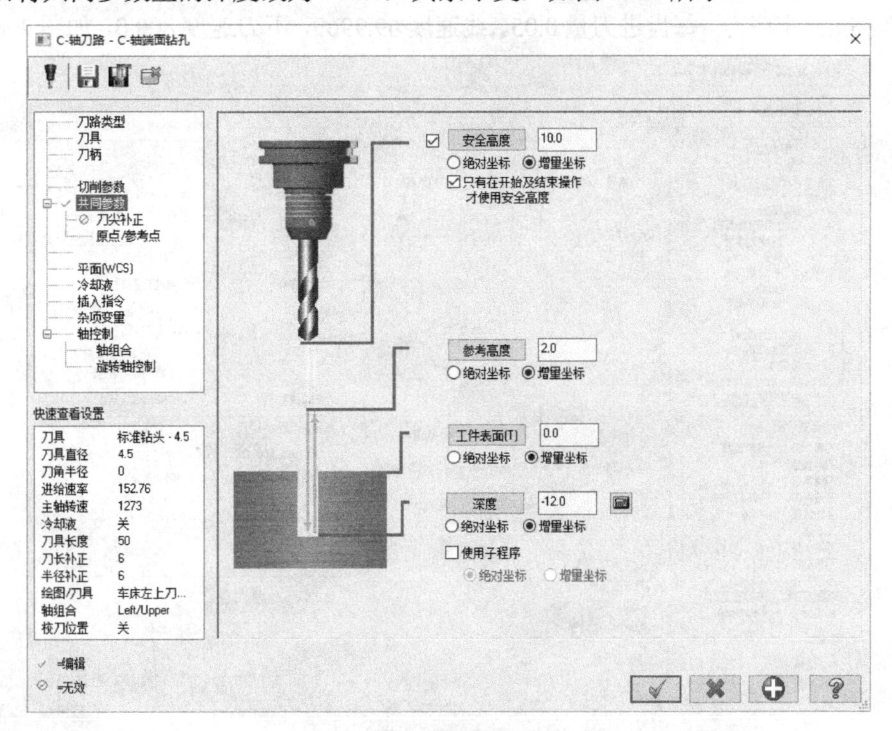

图 7-81　共同参数的深度修改

第八工序，铣沉孔及腰形槽。通过前面的动态分析，台阶内部沉孔与台阶处腰形槽深度都为 7mm，所以可以将这两个在一个工序里完成。选择“端面外形”策略，将 8.0mm 的沉孔和 6mm 的腰形槽串连，注意串连方向的一致，如图 7-82 所示。

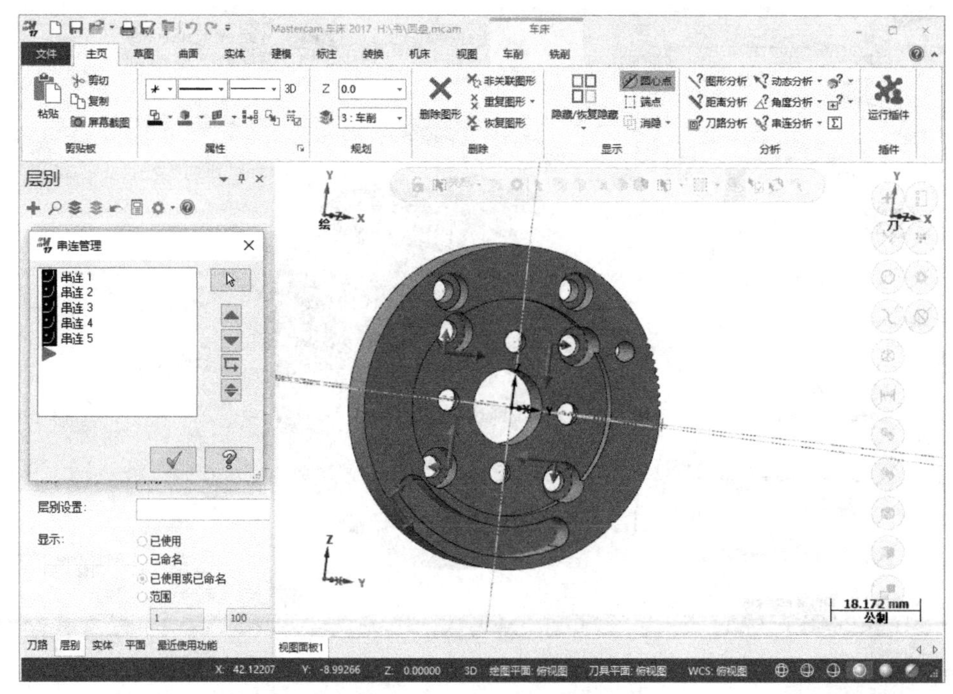

图 7-82 串连沉孔及腰形槽

新建 ϕ5mm 平底刀，每齿进刀量 0.05，线速度 69.9969，下刀速度 800.0，如图 7-83 所示。

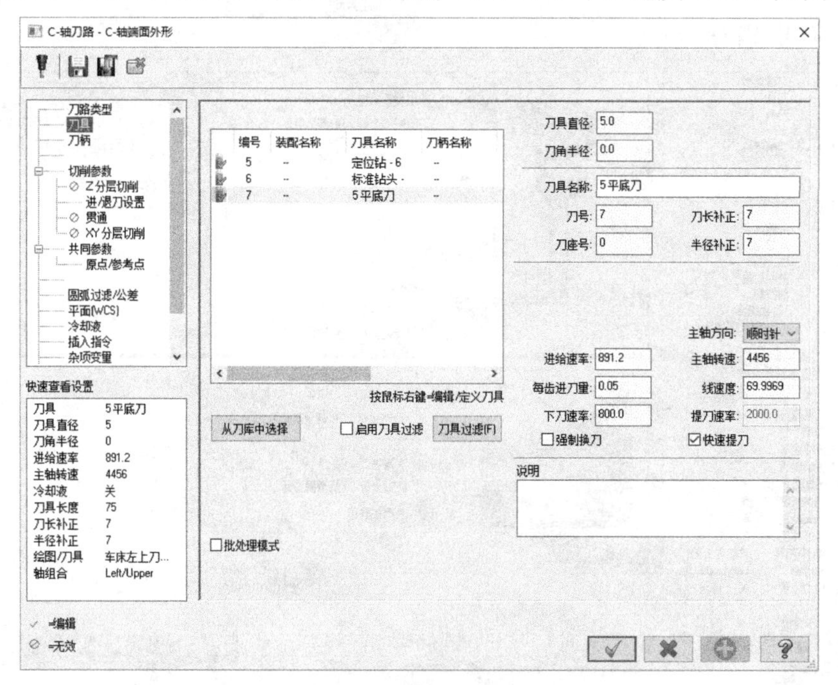

图 7-83 ϕ5mm 平底刀

设置切削参数，补正方式电脑，补正方向左，外形铣削方式斜插，斜插方式深度 0.2，勾选“在最终深度处补平”，如图 7-84 所示。

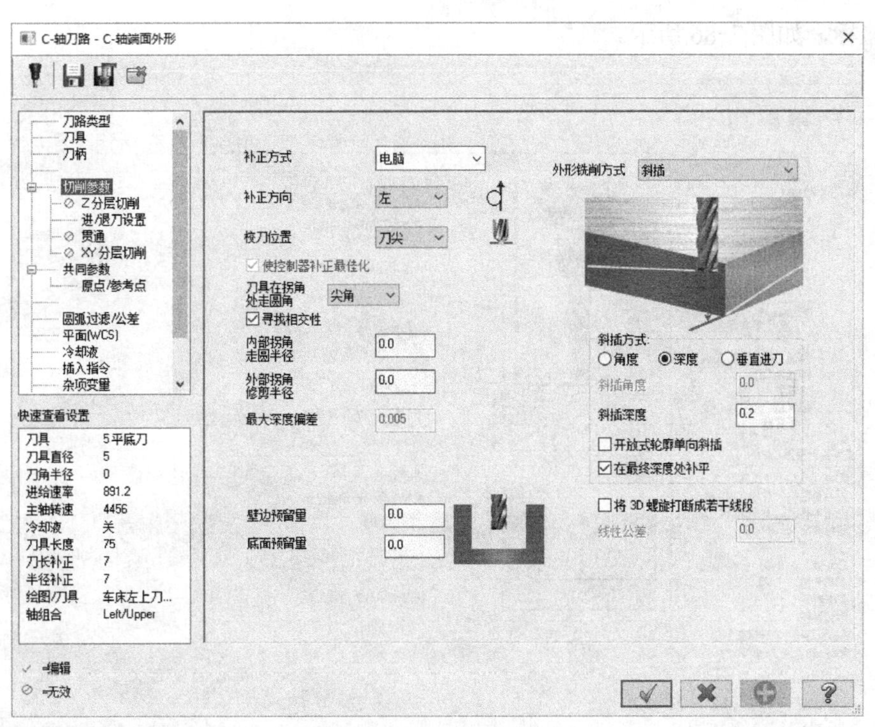

图 7-84　切削参数设置

设置进 / 退刀，勾选“进 / 退刀设置”，重叠量 1.0，退刀方式相切，长度 0.5，圆弧 0.3，扫描角度 15.0，如图 7-85 所示。

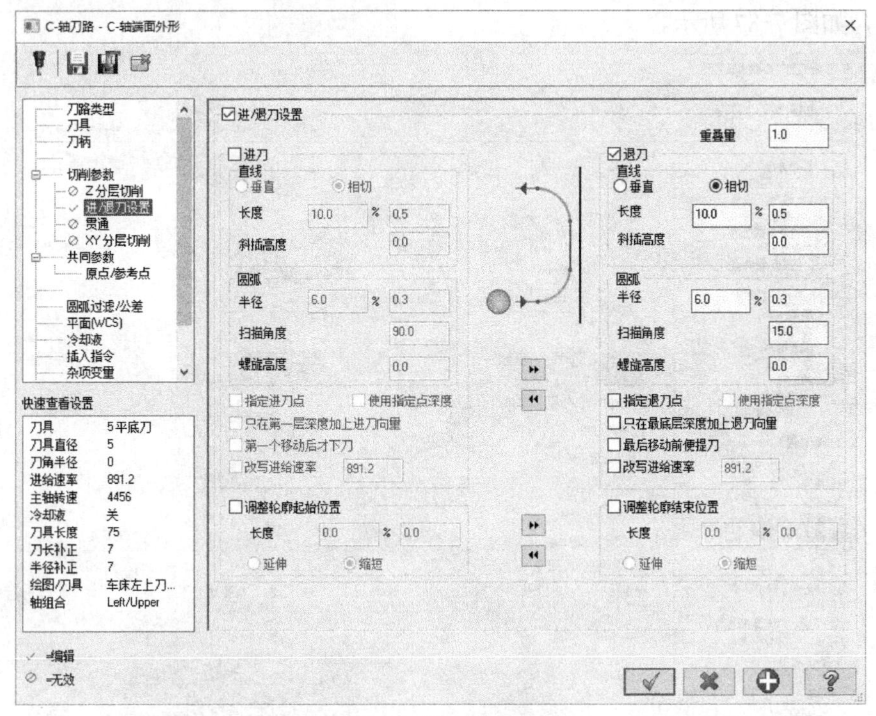

图 7-85　进 / 退刀设置

设置共同参数，安全高度 10.0，下刀位置 2.0 增量坐标，工件表面 7.1 增量坐标，深度

0.0 增量坐标，如图 7-86 所示。

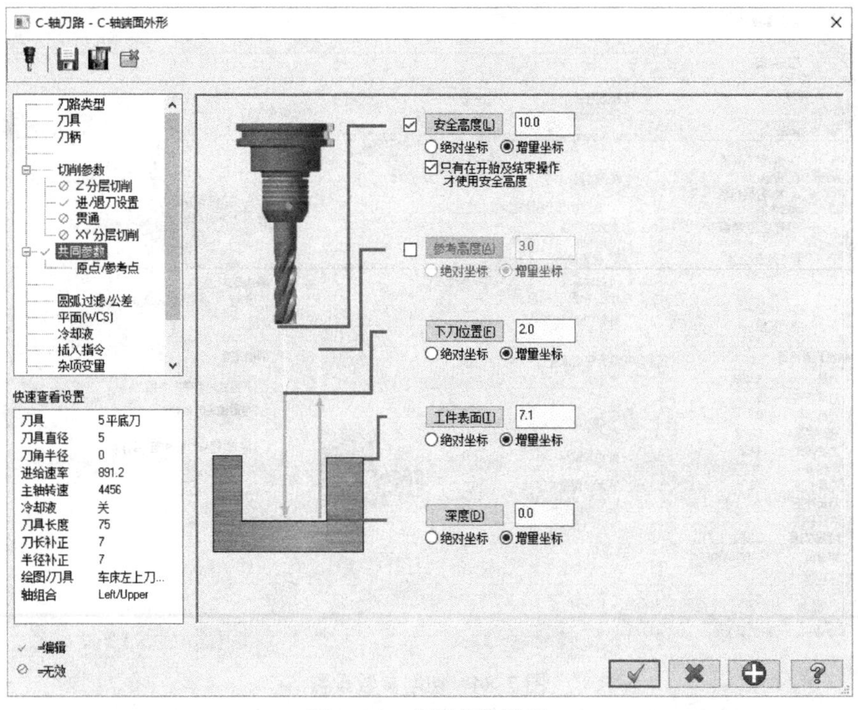

图 7-86　共同参数设置

设置圆弧过滤公差，总公差 0.1，切削公差和线 / 圆弧公差各一半，勾选“线 / 圆弧过滤设置”，如图 7-87 所示。

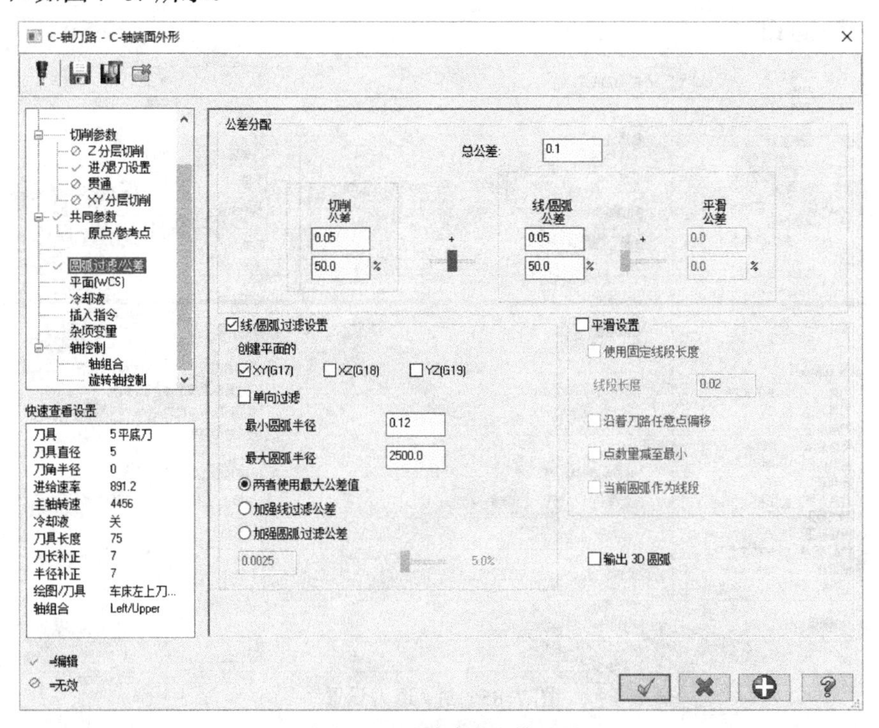

图 7-87　圆弧过滤公差设置

设置完成后单击确定，将第八工序复制并粘贴，图形重新串连 $\phi7.5$mm 的沉孔，如图 7-88 所示。

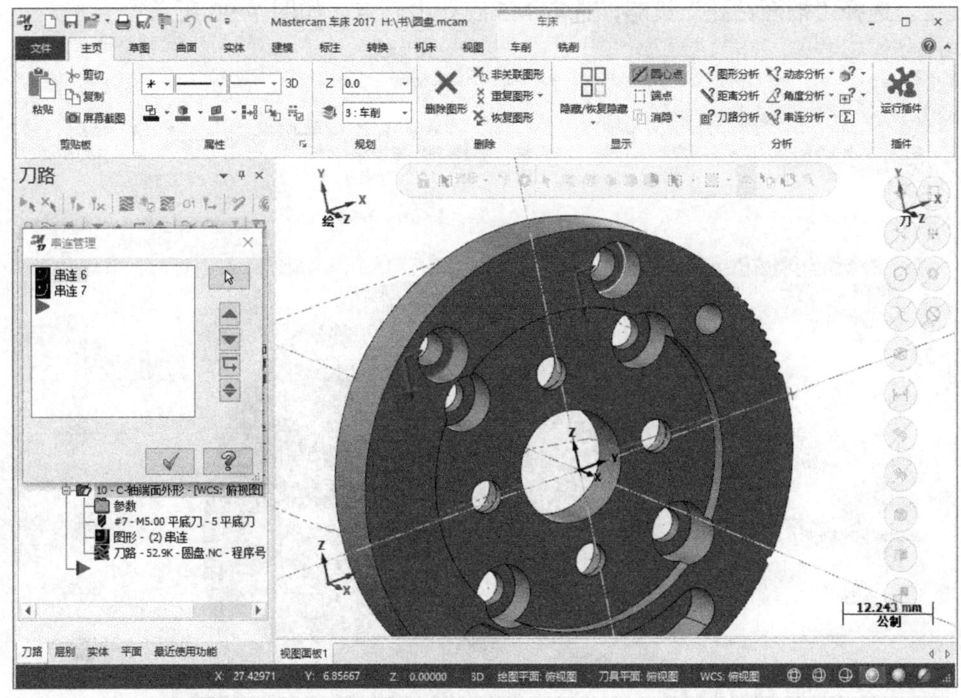

图 7-88　串连 $\phi7.5$mm 沉孔

共同参数的工件表面修改为 4.6 增量坐标，其余不变，如图 7-89 所示。

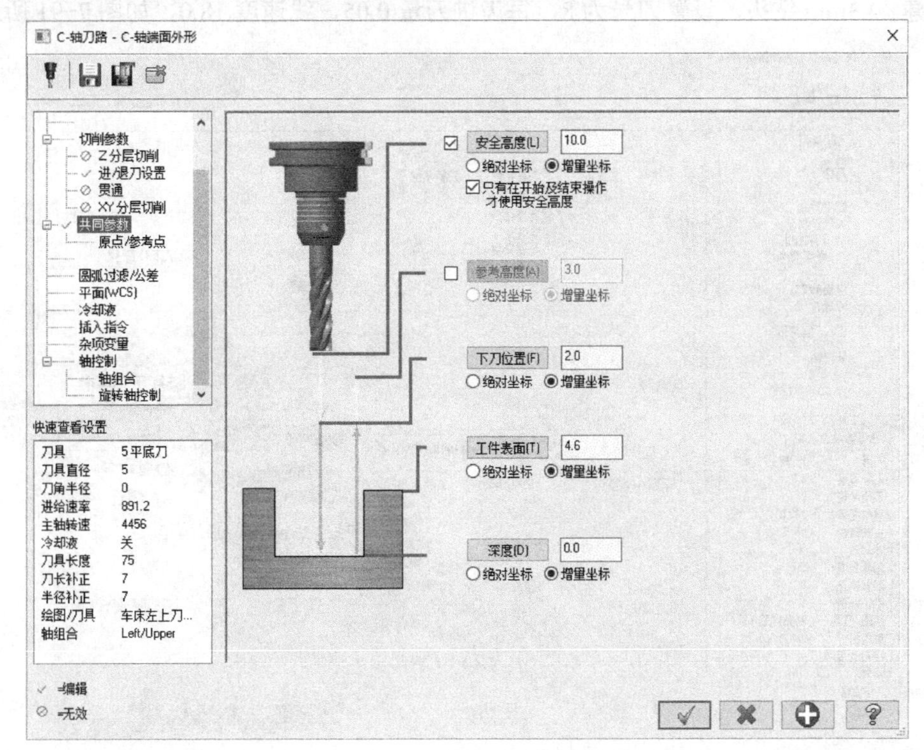

图 7-89　共同参数修改

第九工序，钻 M5 底孔。标准的孔是 ϕ4.2mm，不锈钢材料需要加大 0.1 ～ 0.2mm，以免断丝锥。选择“端面钻孔”策略，选取 M5 底孔中心点，如图 7-90 所示。

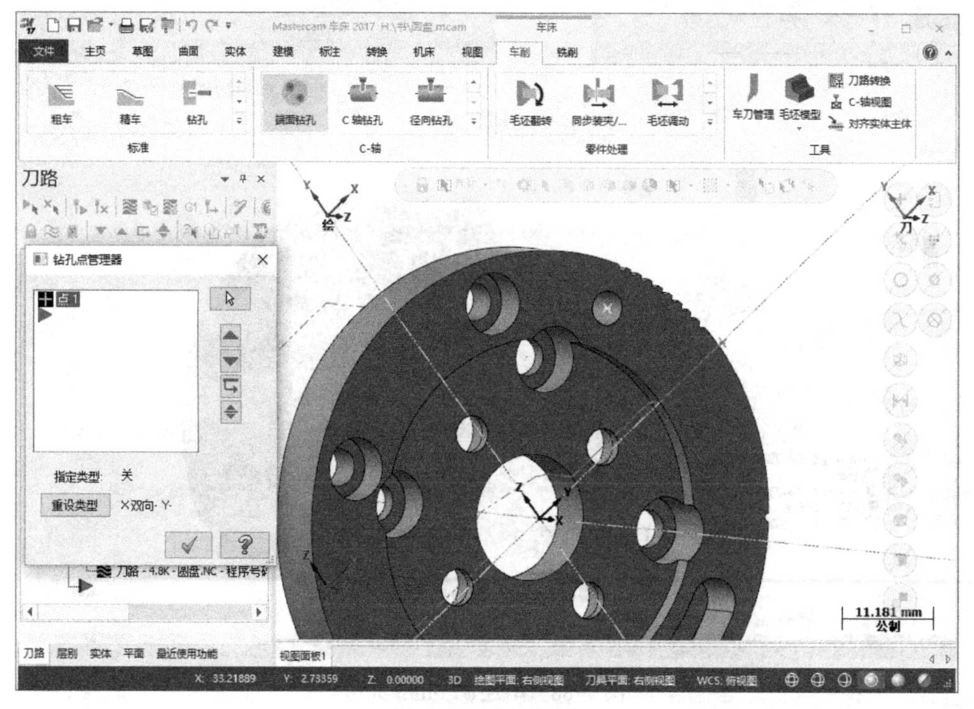

图 7-90　M5 底孔

新建 ϕ4.3mm 钻头，设置刀号为 8，每齿进刀量 0.05，线速度 18.0，如图 7-91 所示。

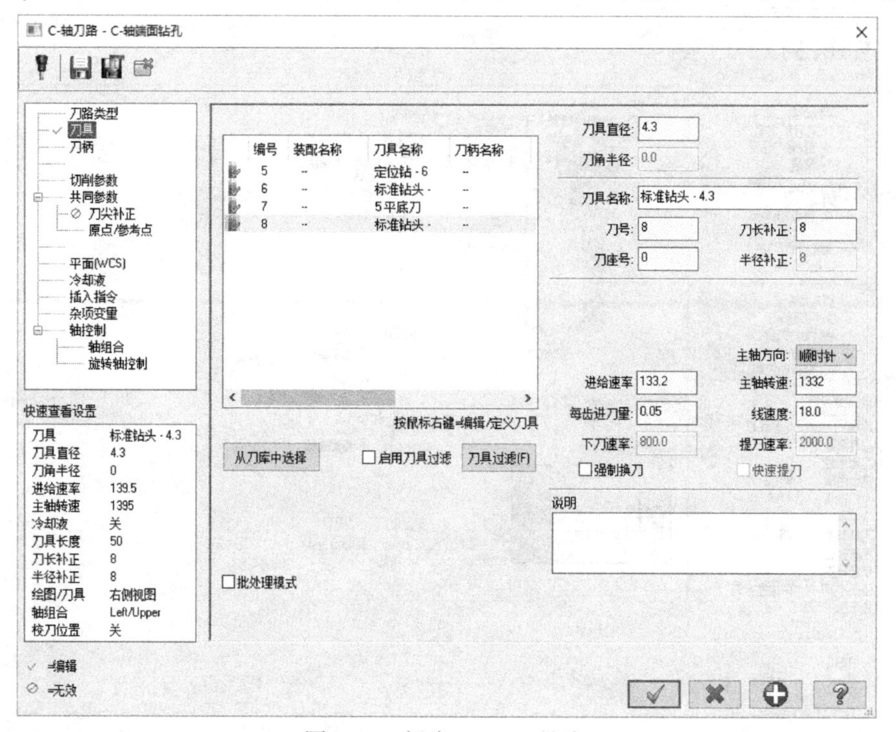

图 7-91　新建 ϕ4.3mm 钻头

切削参数的循环方式选择 G83，首次啄钻 2.0，如图 7-92 所示。设置共同参数，深度 -15.0 增量坐标，如图 7-93 所示。

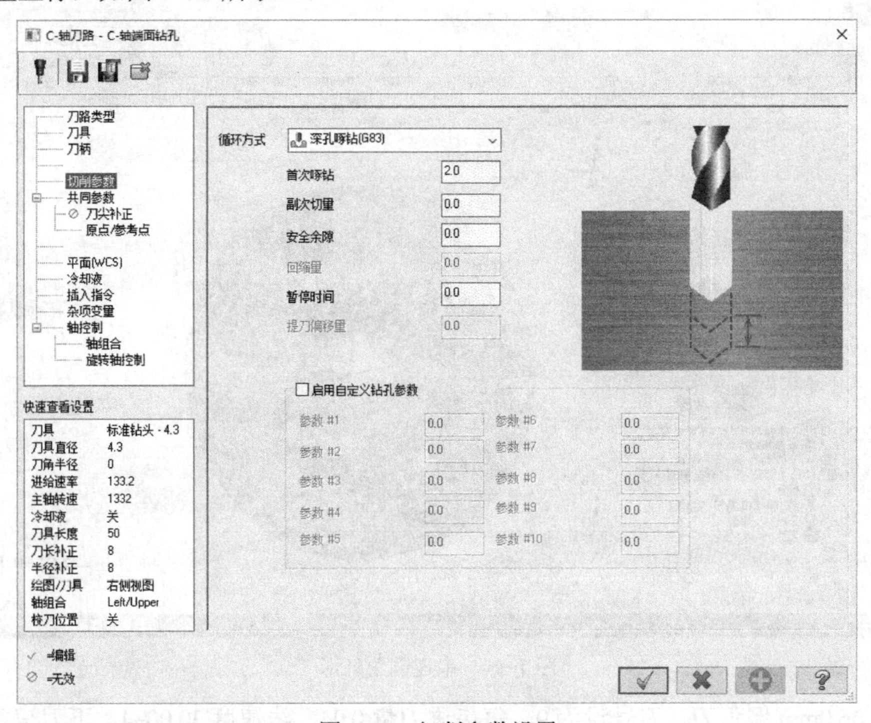

图 7-92　切削参数设置

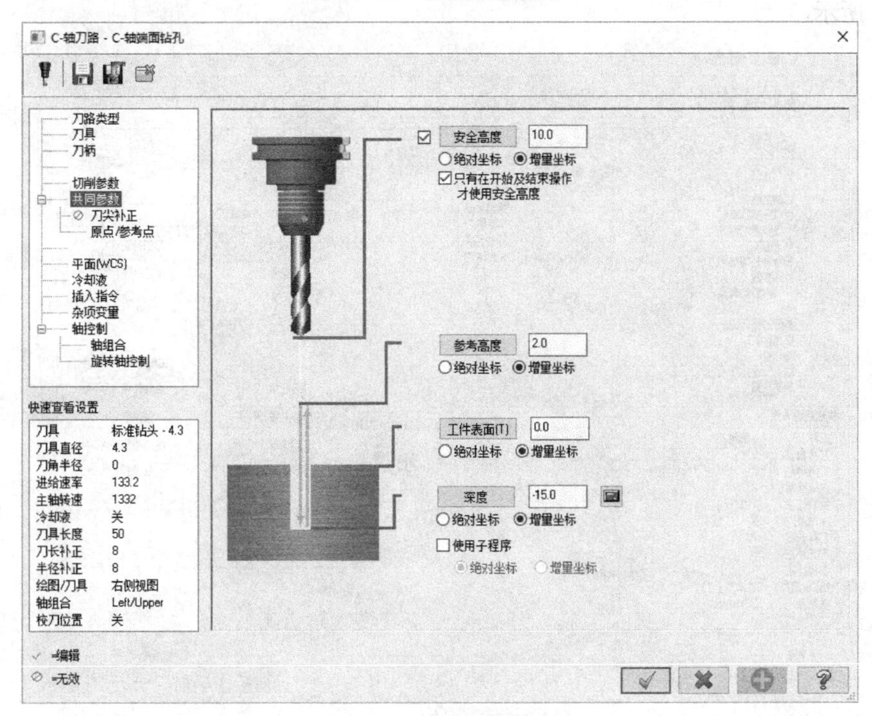

图 7-93　共同参数设置

第十工序，倒角。选择“端面外形”策略，将需要倒角的外形串连，注意串连方向，如图 7-94 所示。

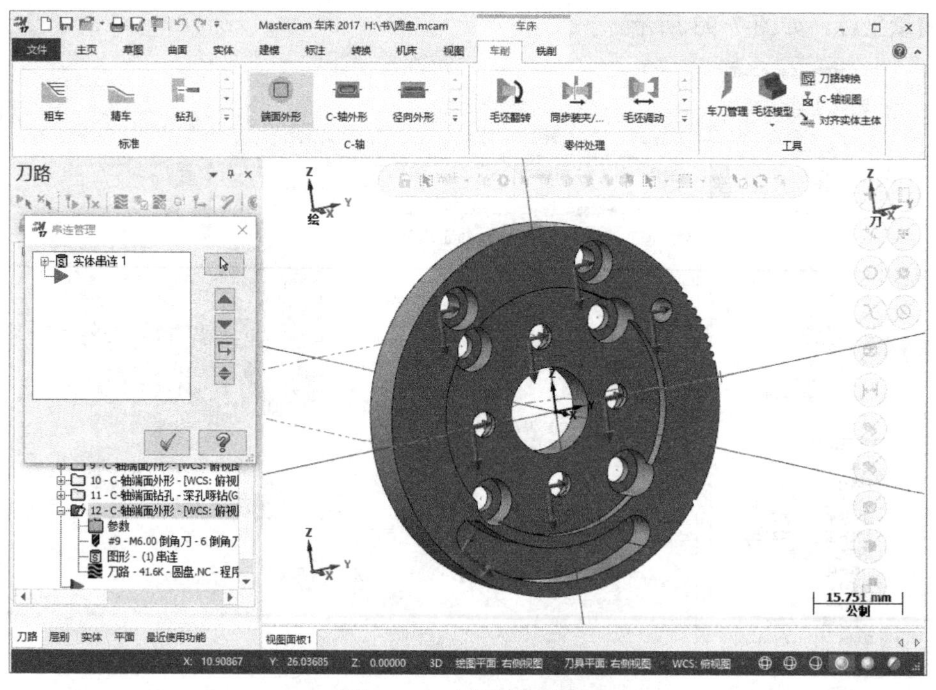

图 7-94　串连倒角外形

新建 ϕ6.0mm 倒角刀，刀号设为 9，每齿进刀量 0.04，线速度 30.0094，下刀速率 800.0，如图 7-95 所示。

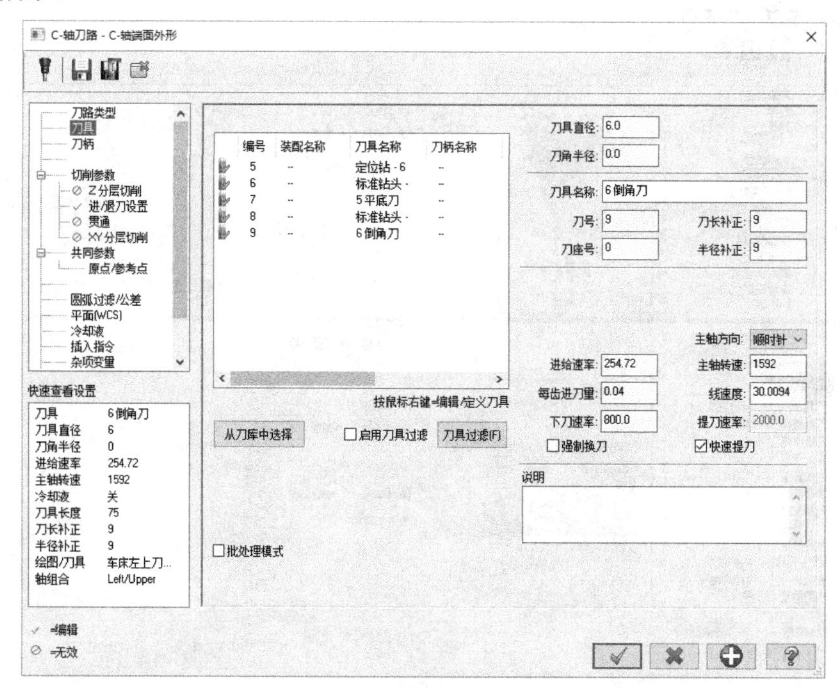

图 7-95　新建 ϕ6.0mm 倒角刀

设置切削参数，补正方式电脑，补正方向左，“外形铣削方式”为“2D 倒角”，宽度

0.3，刀尖补正 1.0，如图 7-96 所示。

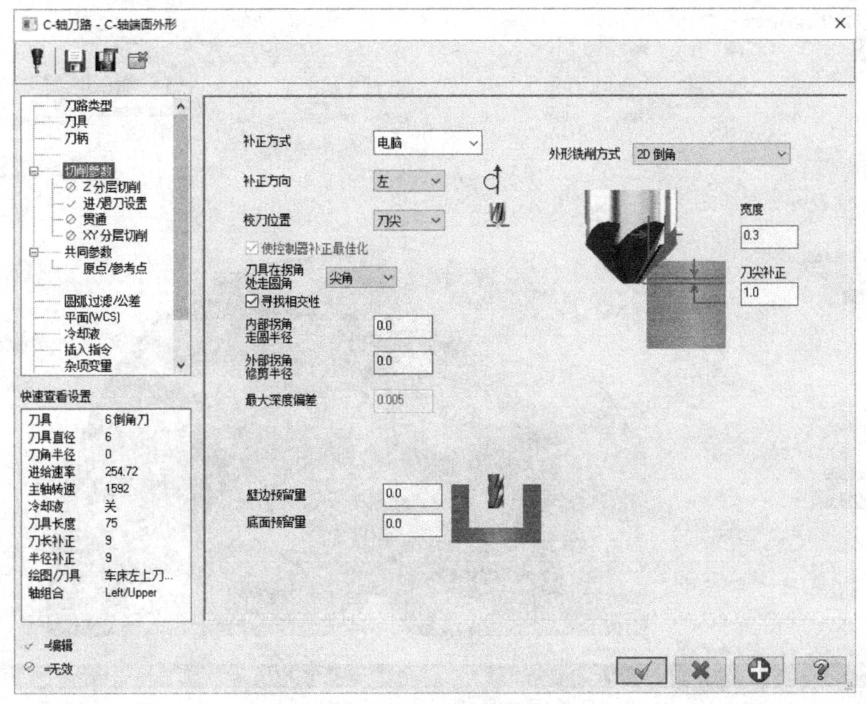

图 7-96　切削参数设置

设置进 / 退刀，勾选“进 / 退刀设置”，重叠量 1.0，进刀直线长度 1.0，退刀相切长度 0.6，圆弧半径 0.5，扫描角度 90.0，完成后单击确定，如图 7-97 所示。

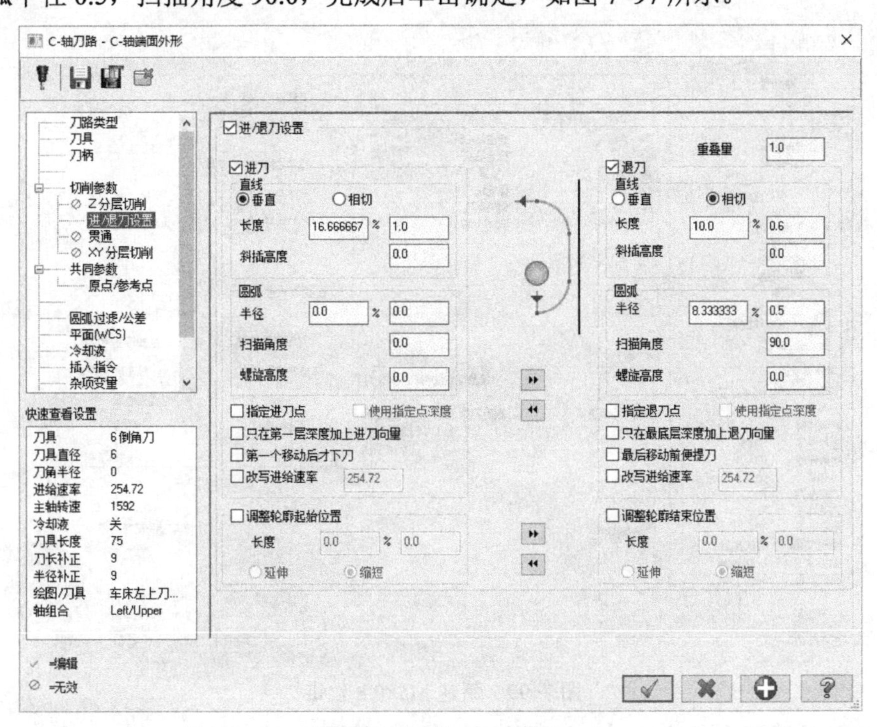

图 7-97　进 / 退刀设置

第十一工序，攻 M5 螺纹。选择“端面钻孔”策略，选择 M5 螺纹中心点，如图 7-98 所示。

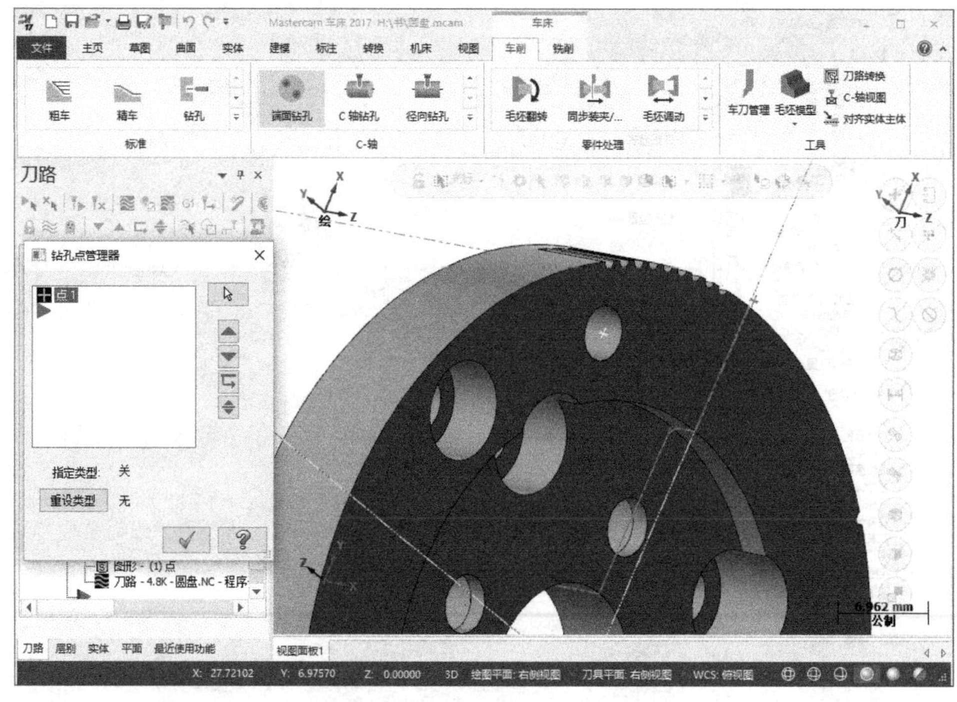

图 7-98　选择攻螺纹中心点

新建 M5×0.8 丝锥，设置刀号为 10、每齿进刀量 0.8、线速度 8.0，如图 7-99 所示。

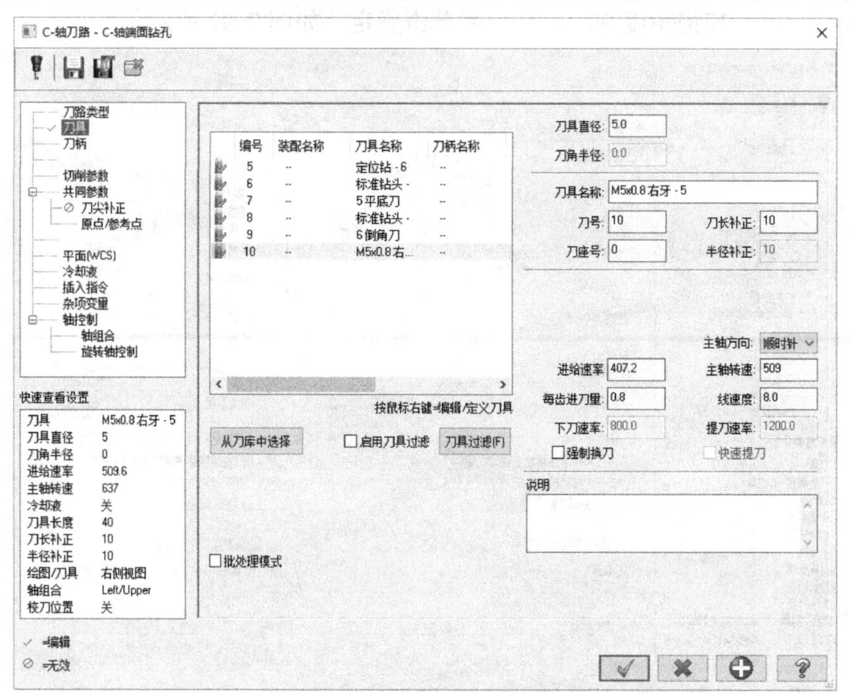

图 7-99　新建 M5×0.8 丝锥

切削参数的循环方式选择 G84，暂停时间 1.0，如图 7-100 所示。

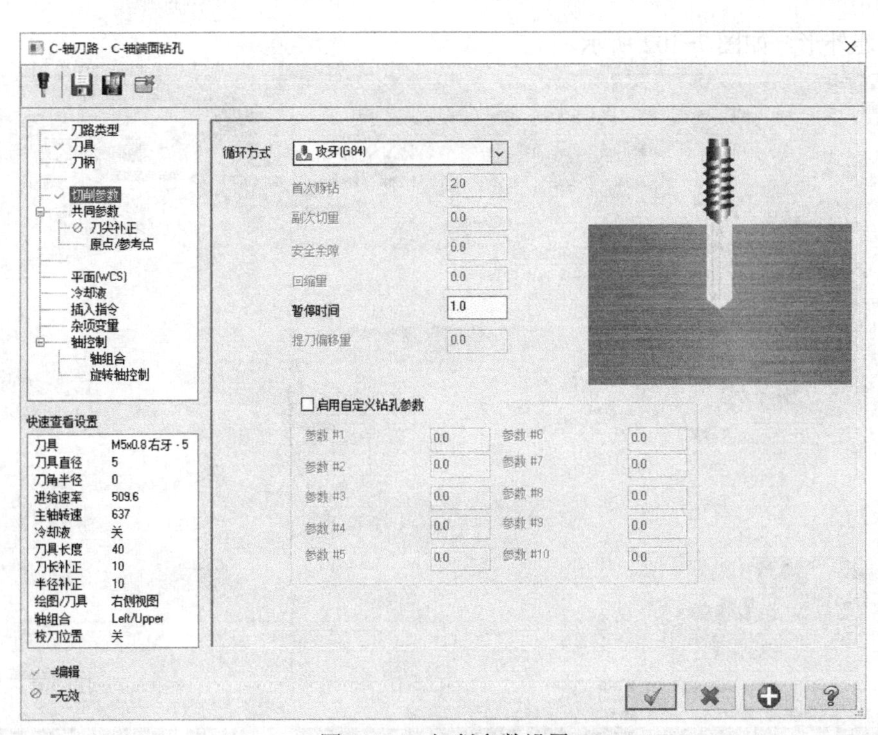

图 7-100　切削参数设置

设置共同参数，深度 −12.0 增量坐标，其余默认，完成后单击确定，如图 7-101 所示。

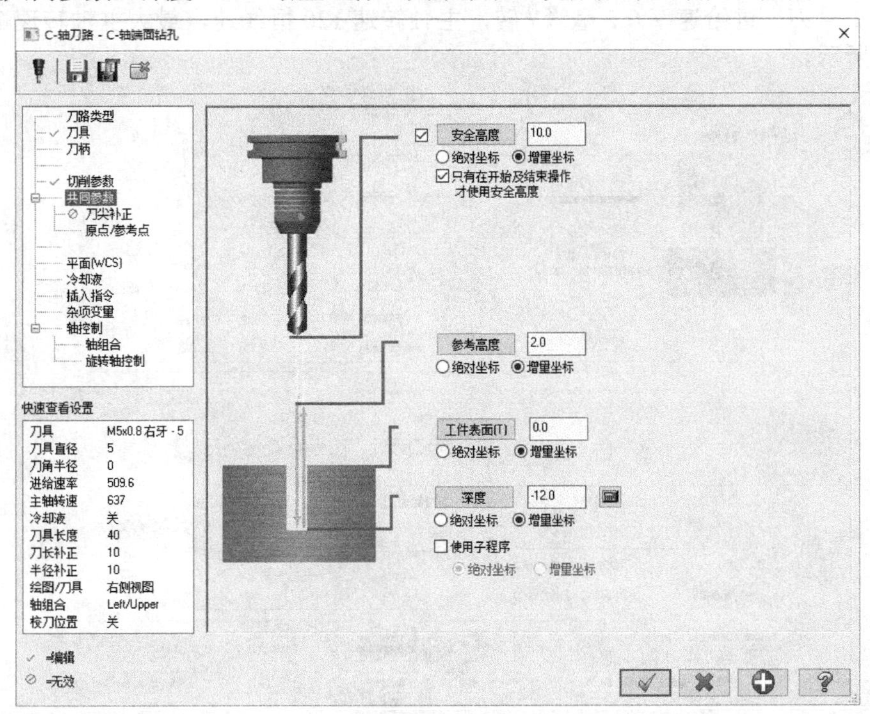

图 7-101　共同参数设置

第十二工序，精车端面和外圆。因为刀塔数量为 12，存在刀座数量不够的情况，再加上这个工件对表面质量要求不高，所以外圆和内台阶分别共用前面的粗车刀。选择“精车”

策略，串连外形，如图 7-102 所示。

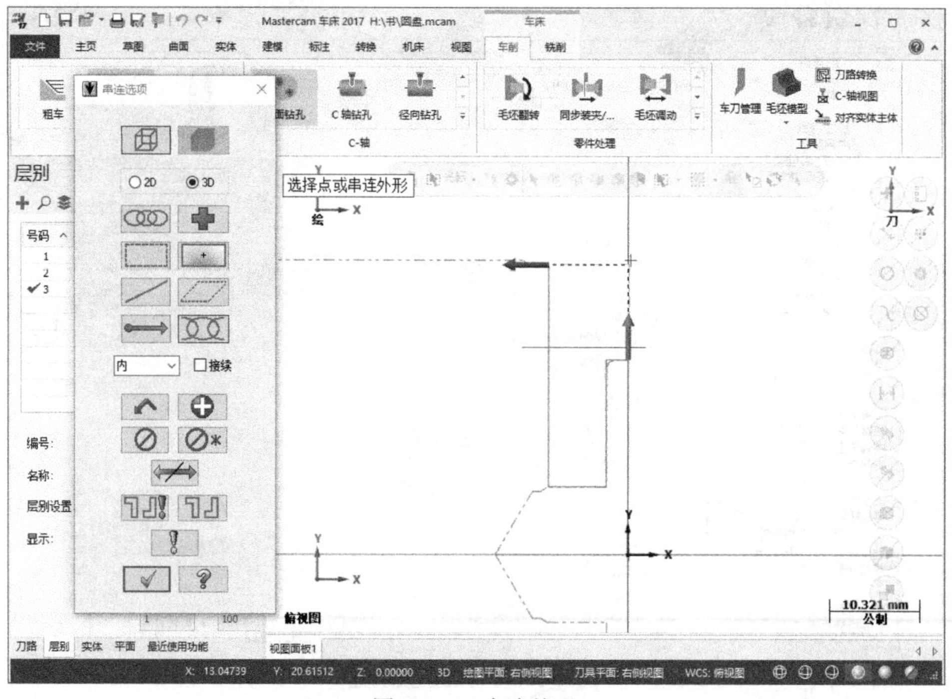

图 7-102　串连外形

选择 1 号刀，进给速率 0.2 毫米 / 转，主轴转速 120 恒线速，最大主轴转速 2000，如图 7-103 所示。

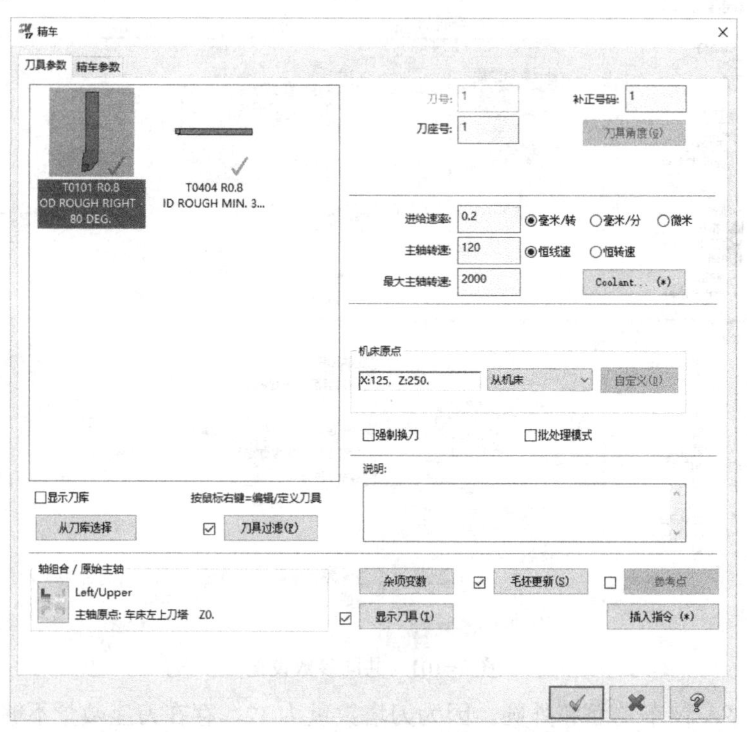

图 7-103　选择刀具及参数

设置精车参数，刀具补正方式电脑，补正方向右，并将切入切出分别延伸 0.5，如图 7-104 所示。

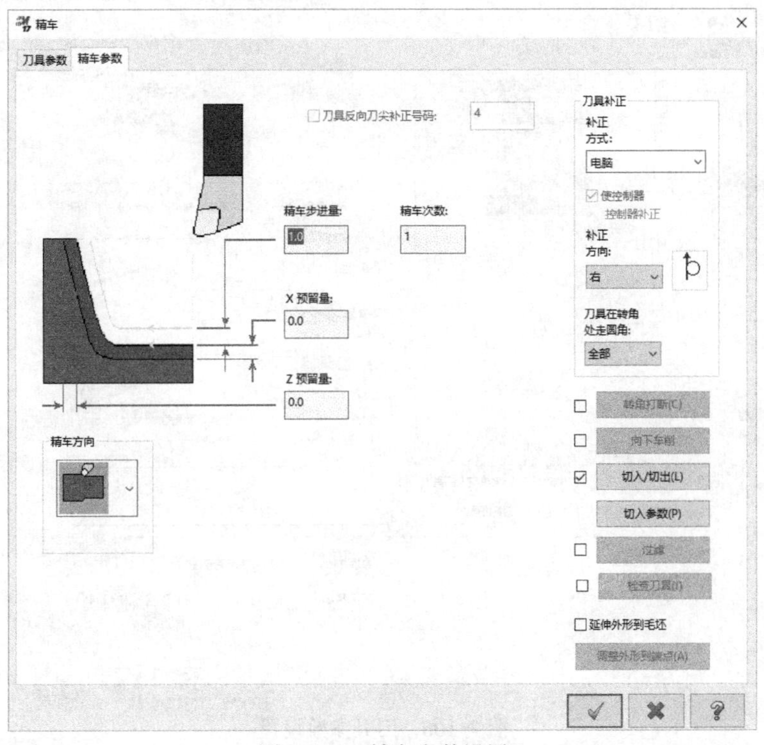

图 7-104　精车参数设置

第十三工序，粗车内孔。选择“精车”策略，串连内孔外形，如图 7-105 所示。

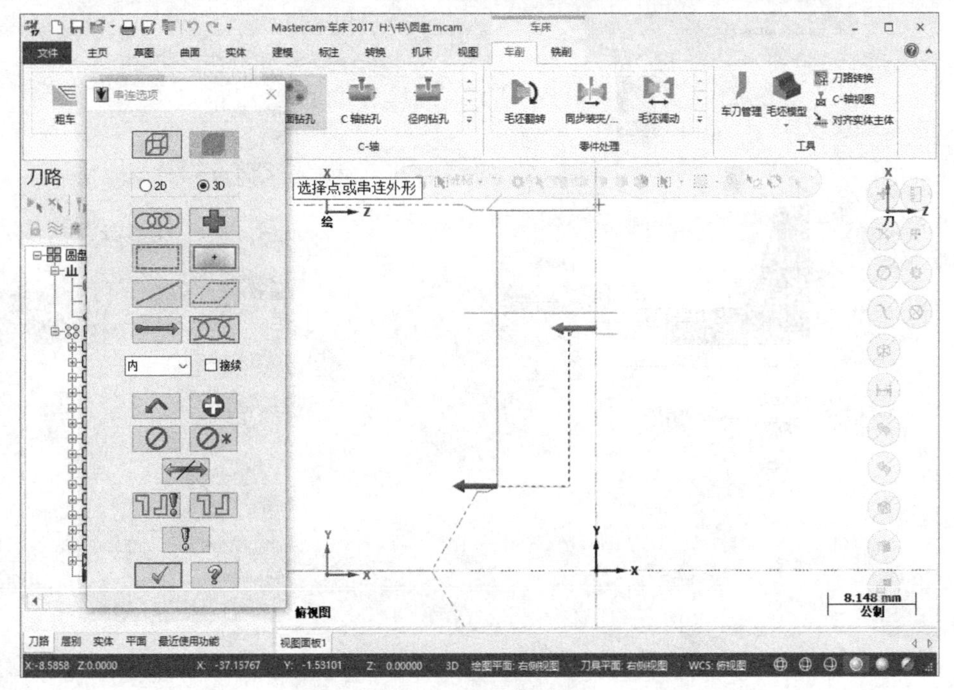

图 7-105　串连内孔

选择 4 号刀，进给速率 0.1 毫米 / 转，主轴转速 100 恒线速，最大主轴转速 2000，如图 7-106 所示。

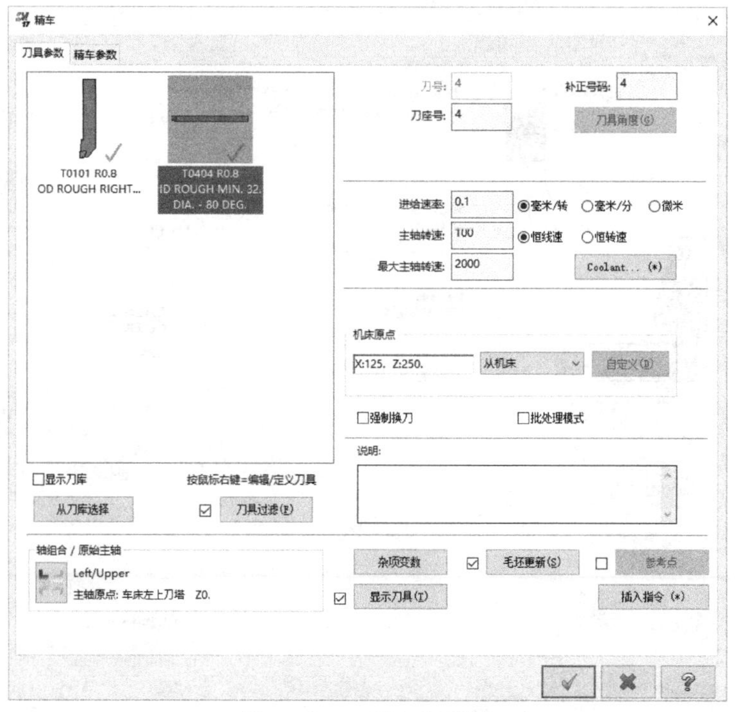

图 7-106　刀具参数设置

设置粗车参数，补正方式电脑，补正方向左，切入 / 切出分别延伸 1.0，如图 7-107 所示。

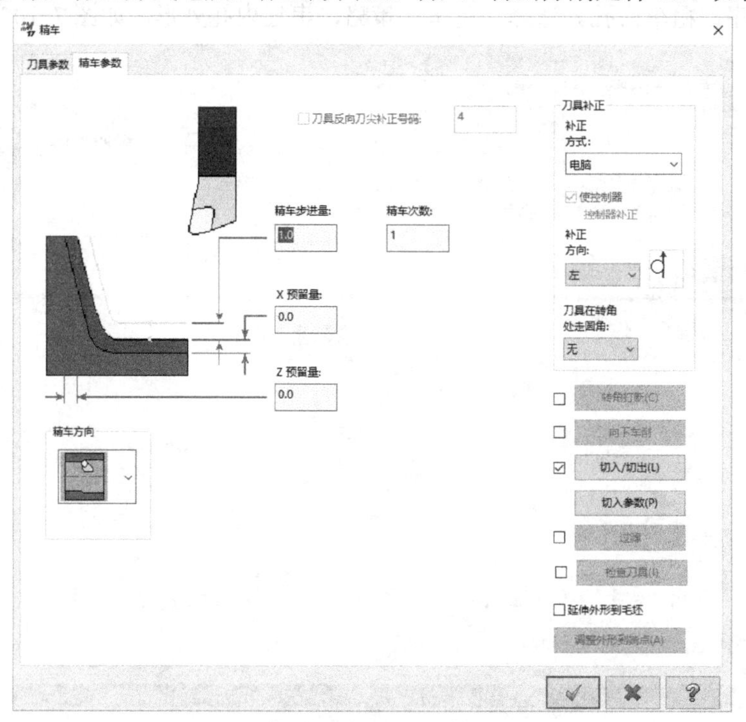

图 7-107　粗车参数设置

第十四工序，铣外圆槽。选择“C- 轴外形”策略，将前面提取的外圆槽中线串连，如图 7-108 所示。

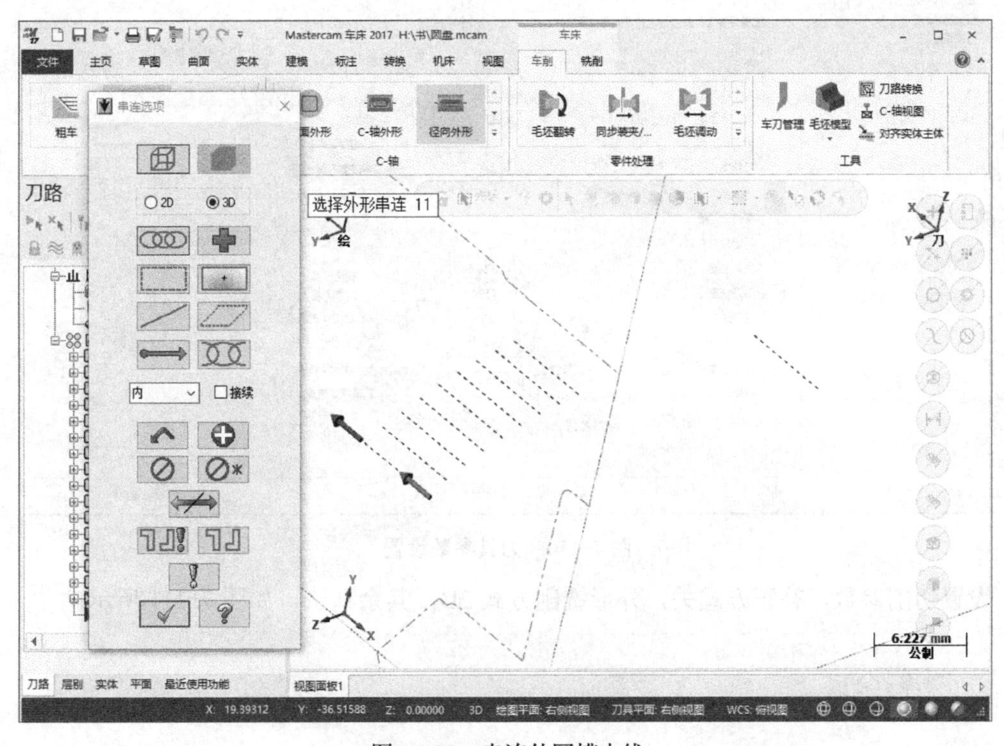

图 7-108　串连外圆槽中线

新建 ϕ1mm 球刀，如图 7-109 所示。设置刀号为 11，线速度 16.99969，每齿进刀量 0.03，下刀速率 1500，提刀速率 2000，如图 7-110 所示。

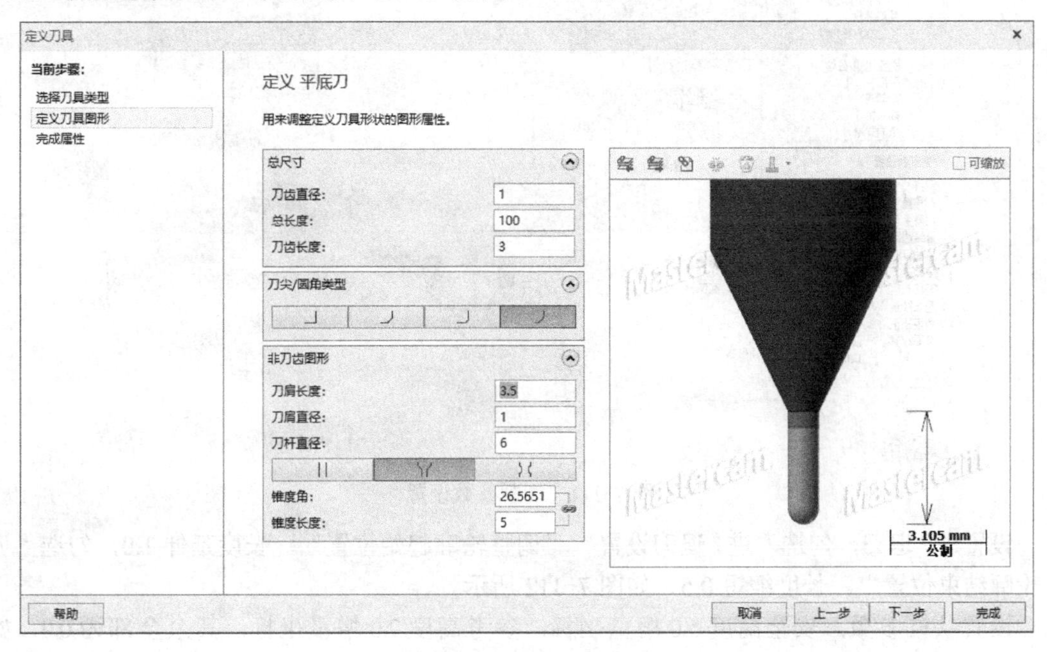

图 7-109　新建 ϕ1mm 球刀

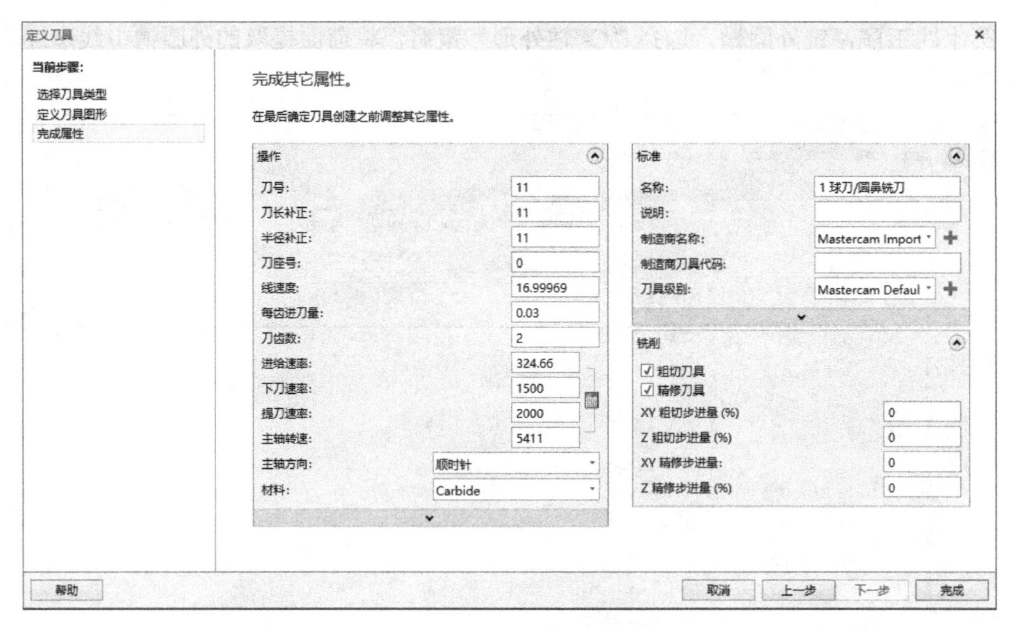

图 7-110 刀具参数设置

设置切削参数，补正方式关，外形铣削方式 2D，其余默认，如图 7-111 所示。

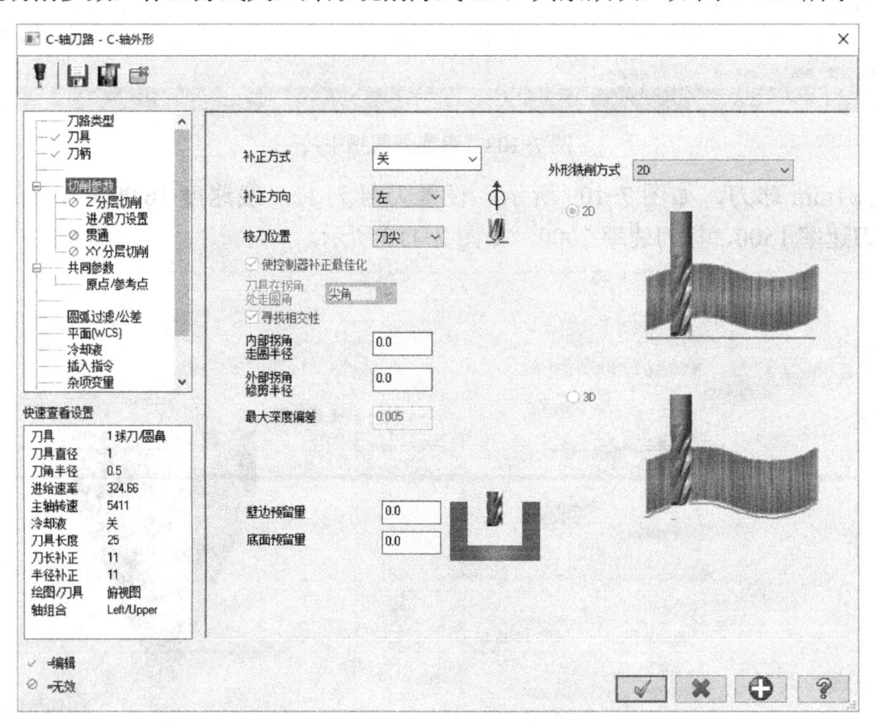

图 7-111 切削参数设置

设置进 / 退刀，勾选“进 / 退刀设置”“调整轮廓起始位置”，长度延伸 1.0，勾选“调整轮廓结束位置”，长度缩短 0.5，如图 7-112 所示。

设置共同参数，安全高度 5.0 增量坐标，参考高度 2.0 增量坐标，其余全部为 0.0，如图 7-113 所示。

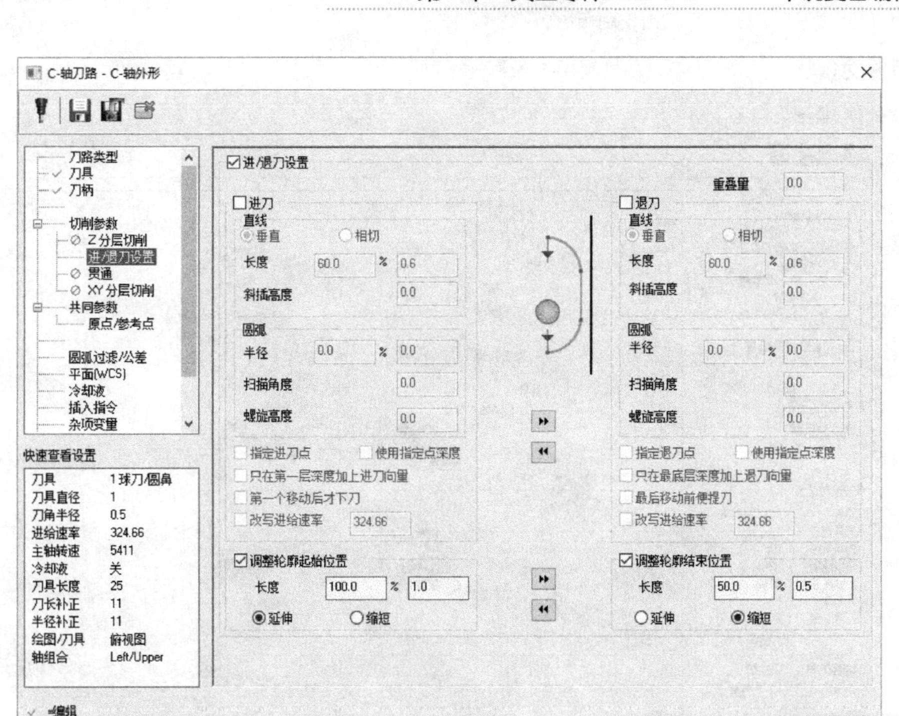

图 7-112　调整轮廓起始与结束位置

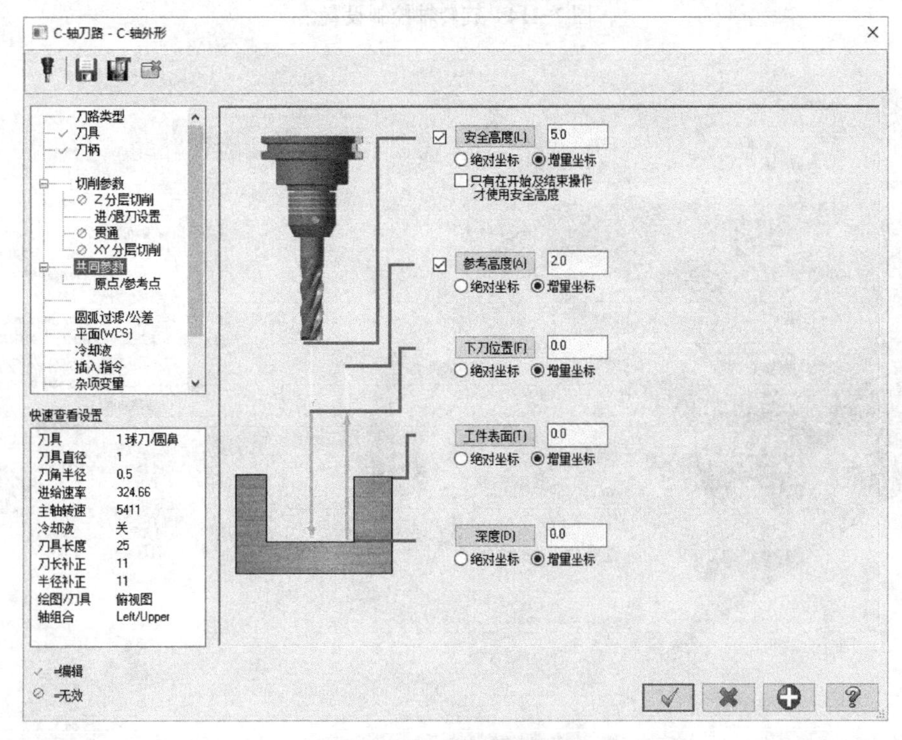

图 7-113　共同参数设置

设置旋转轴控制，替换轴旋转直径 65.0，勾选“展开”，展开公差默认，如图 7-114 所示。完成后单击确定，在最后一个工序切断之前，先将前面的所有刀路进行实体验证，如

图 7-115 所示。

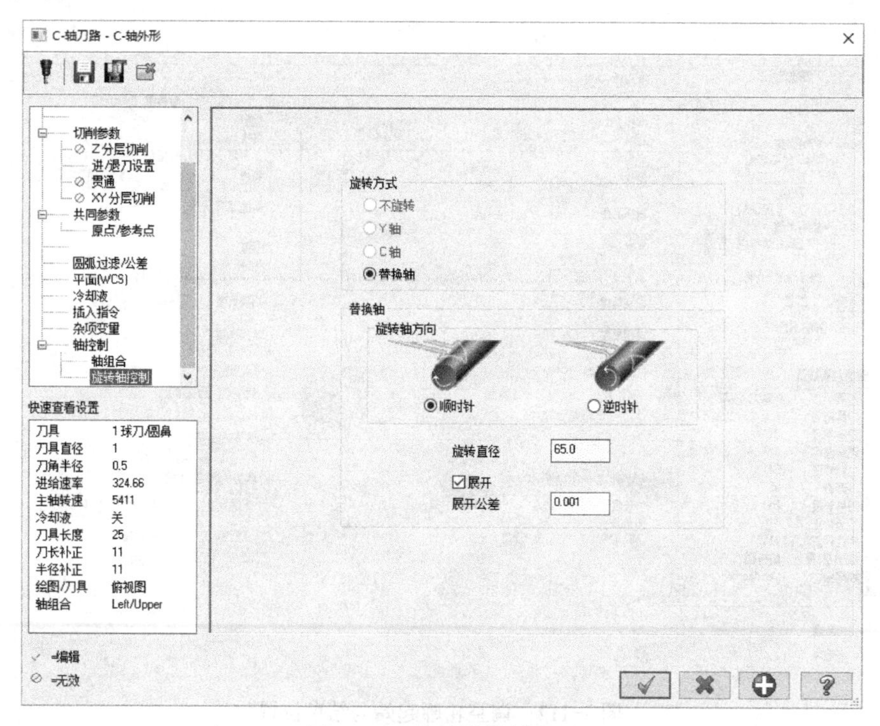

图 7-114 旋转轴控制设置

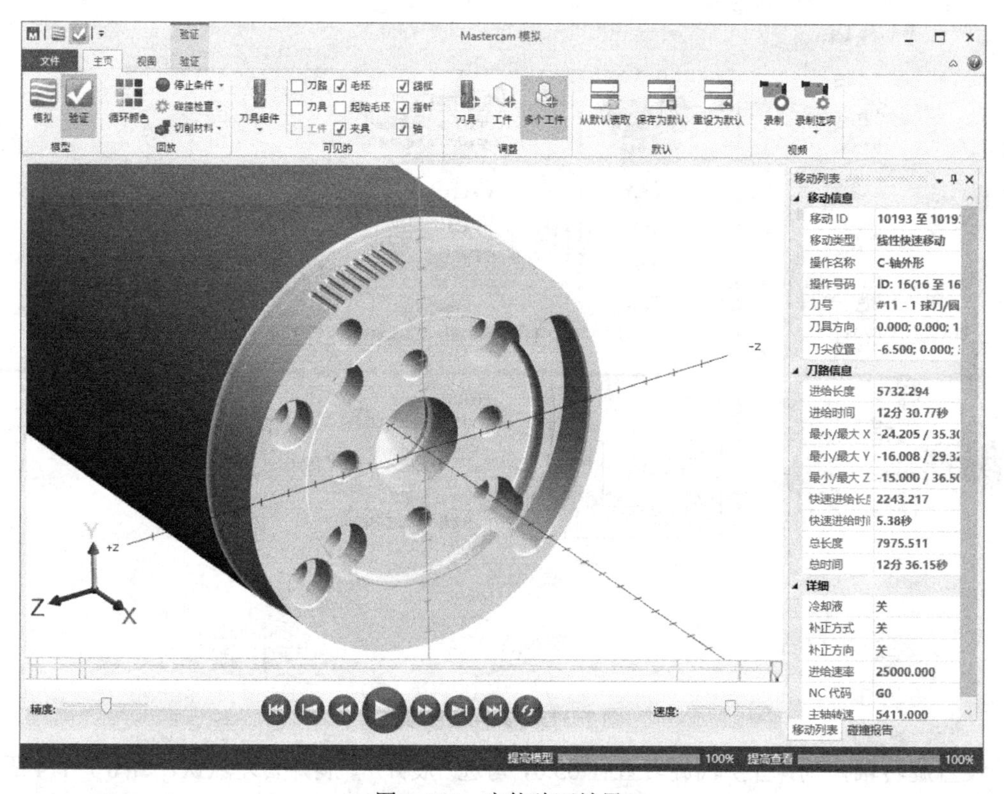

图 7-115 实体验证效果

第十五工序，切断。选择“切断”策略，选择切断的边界点，如图 7-116 所示。

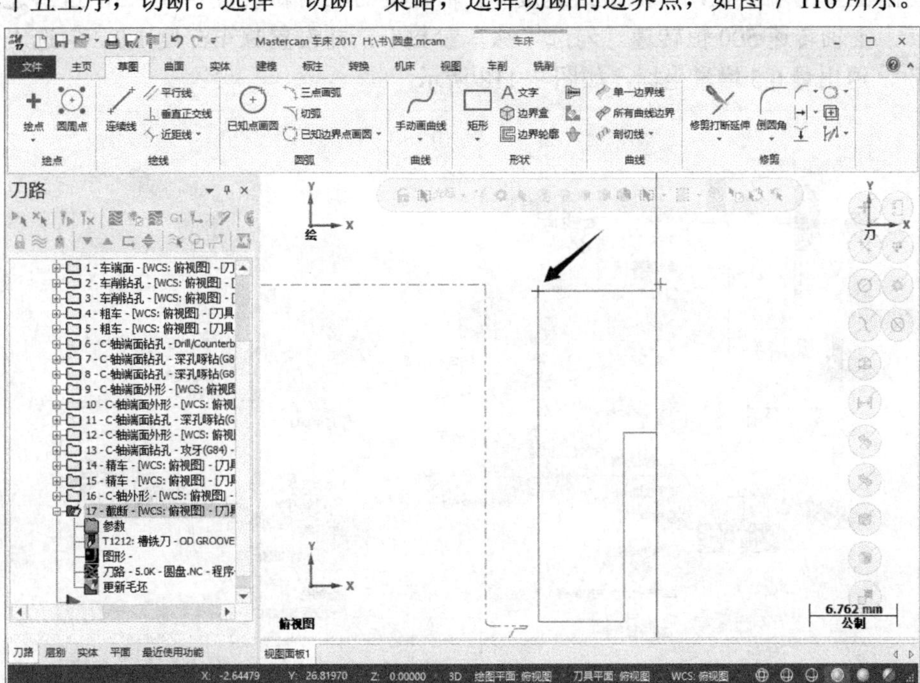

图 7-116　切断边界点

新建宽度 4mm 的切断刀，刀号设置为 12，进给速率 0.07 毫米 / 转，主轴转速 70 恒线速，最大主轴转速 1200，如图 7-117 所示。

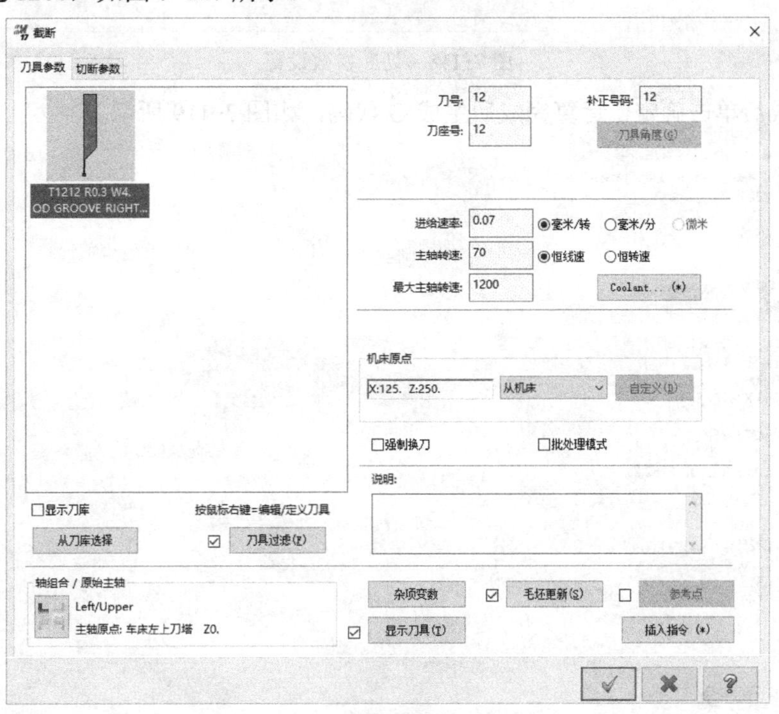

图 7-117　新建宽度 4mm 的切断刀

设置切断参数，进入延伸量 1.0，退出距离增量坐标 2.0，X 相切位置 7.0，毛坯背面

0.15，切削位置前端半径，二次进给速度 / 主轴速度的应用新设置半径 8.5，进给速率 0.05 毫米 / 转，主轴转速 500 恒转速，勾选“啄车参数”，并设置啄车深度 1.0，勾选“使用退出移位”，退出量 0.5 增量坐标，如图 7-118 所示。

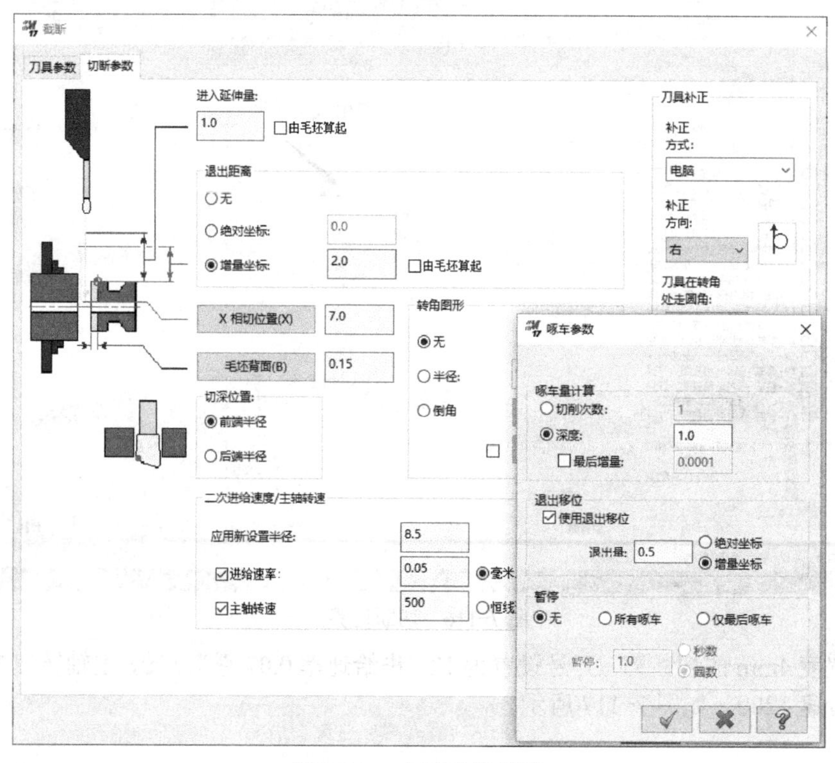

图 7-118　切断参数设置

设置完成后单击确定，运算完成后生成 G 代码，如图 7-119 所示。

圆盘.NC - 记事本

文件(F)　编辑(E)　格式(O)　查看(V)　帮助(H)

```
X38. C225.
X26. C270.
X38. C315.
G80
Z7.6
G28 U0. W0. H0. M55
T0500
M01
(TOOL - 6 OFFSET - 6)
(标准钻头 - 4.5)
G0 T0606
G0 G54 X38. Z7.5
C45.
G97 S1273 M52
Z-.5
G83 Z-11.5 R-.5 Q2. F152.8
X26. C90.
X38. C135.
X26. C180.
X38. C225.
X26. C270.
X38. C315.
X26. C360.
G80
Z7.5
X53.2 Z10. C425.5
Z2.
G83 Z-12. R2. Q2. F152.8
C487.
G80
```

图 7-119　部分 G 代码

7.3　小扫座

图 7-120 所示是材料为不锈钢 321 的小扫座，其中的卡槽，因为尺寸特殊，在没有定制刀具的情况下，需要通过四轴联动策略来完成。

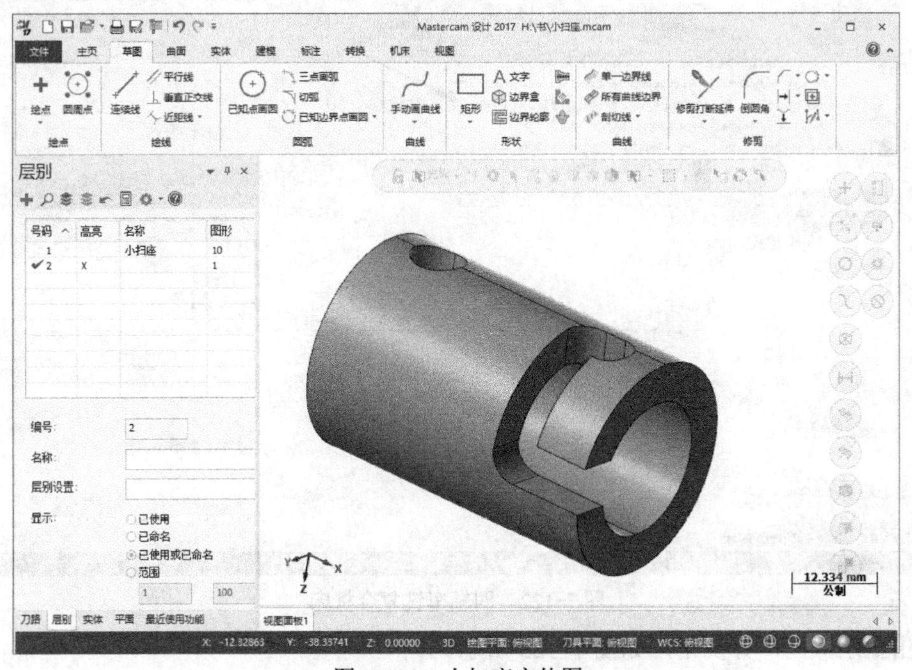

图 7-120　小扫座实体图

前期的准备工作必不可少，分析尺寸，做出车削截面，确定加工策略及步骤。图 7-121 所示为车削截面，做了适当修改。

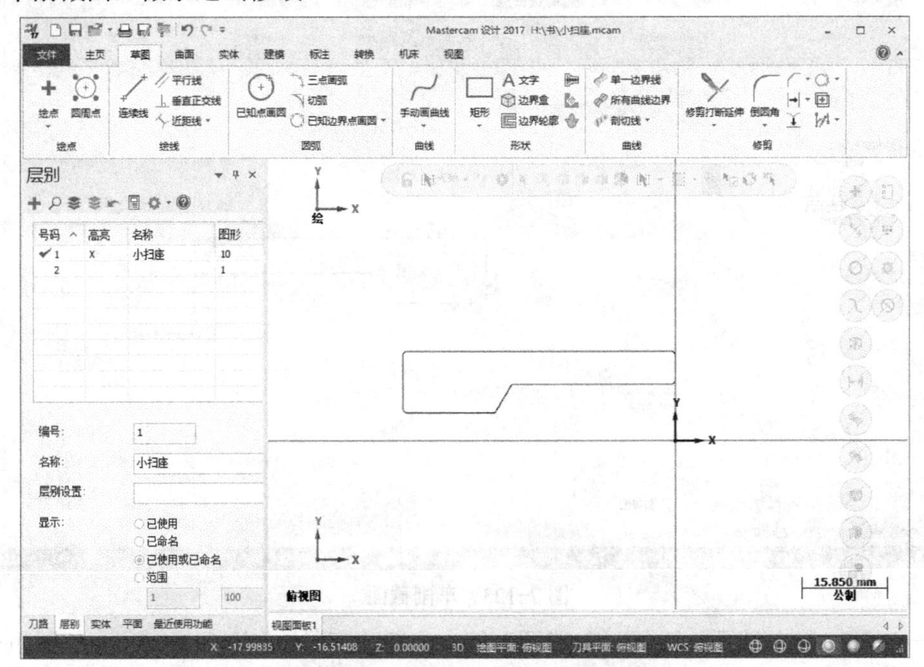

图 7-121　车削截面

选择一台四轴车铣复合机床，如图 7-122 所示。

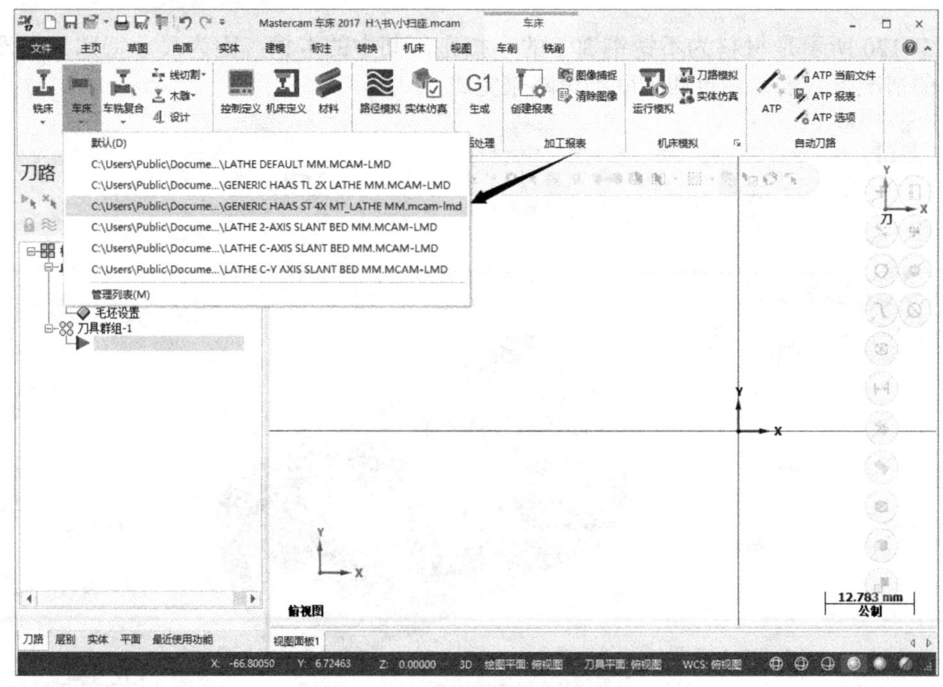

图 7-122　四轴车铣复合机床

做出车削截面，并倒角，如图 7-123 所示。

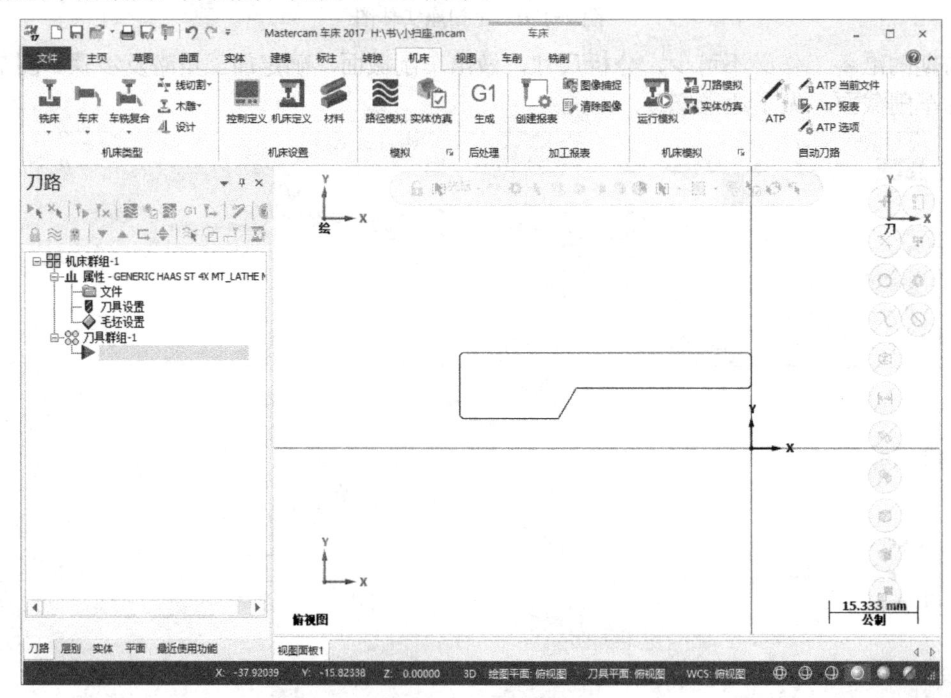

图 7-123　车削截面

第一工序，粗车端面。选择“车端面”策略，新建刀号 1，选择 R0.8mm 外圆粗车刀，进给速率 0.2 毫米 / 转，主轴转速 140 恒线速，最大主轴转速 2000，如图 7-124 所示。

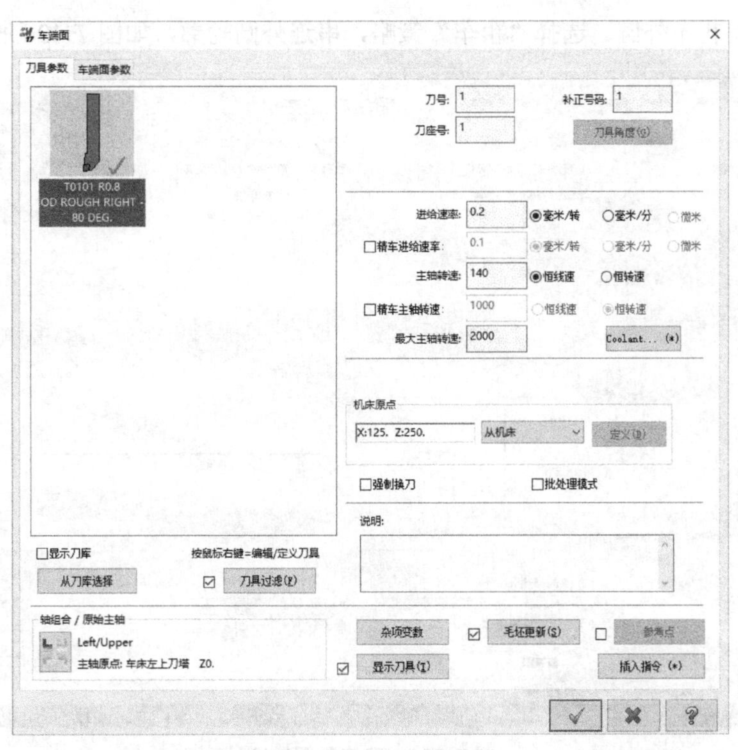

图 7-124　刀具参数设置

设置车端面参数，精修 Z 轴 0.05，进刀延伸量 2.0，粗车步进量 1.0，重叠量 0.4，退刀延伸量 1.0，刀具补正方式关，如图 7-125 所示。

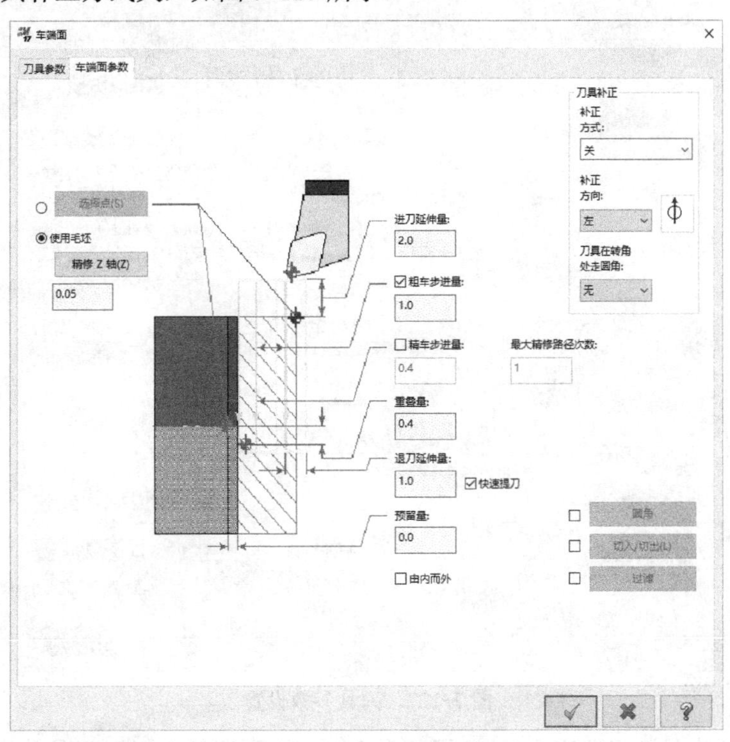

图 7-125　车端面参数设置

第二工序，粗车外圆。选择“粗车”策略，串连外圆轮廓，如图 7-126 所示。

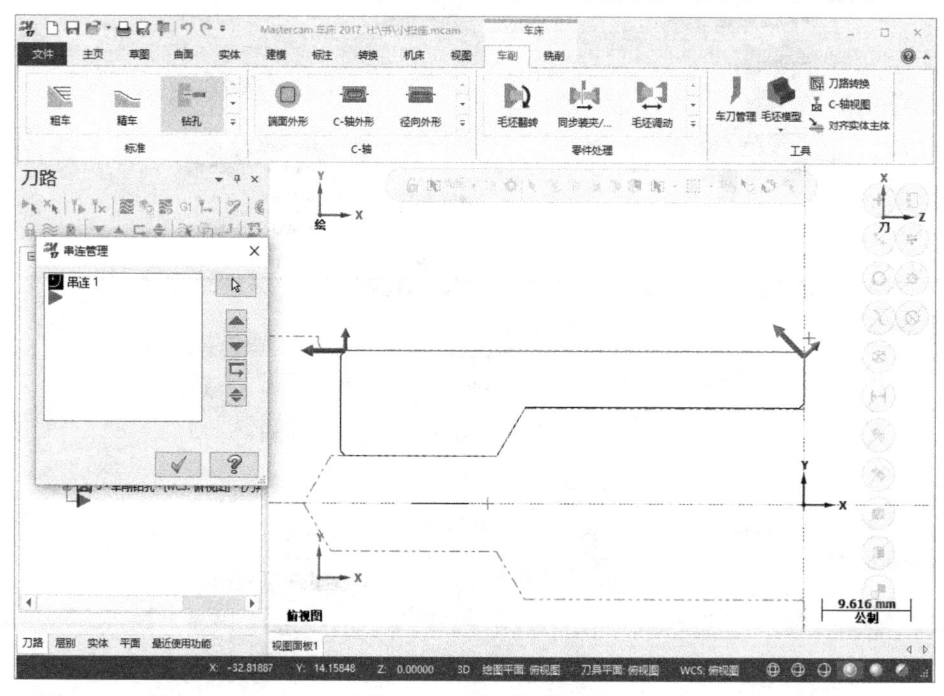

图 7-126　串连外圆轮廓

选择 1 号刀，进给速率 0.2 毫米 / 转，主轴转速 1500 恒转速，如图 7-127 所示。

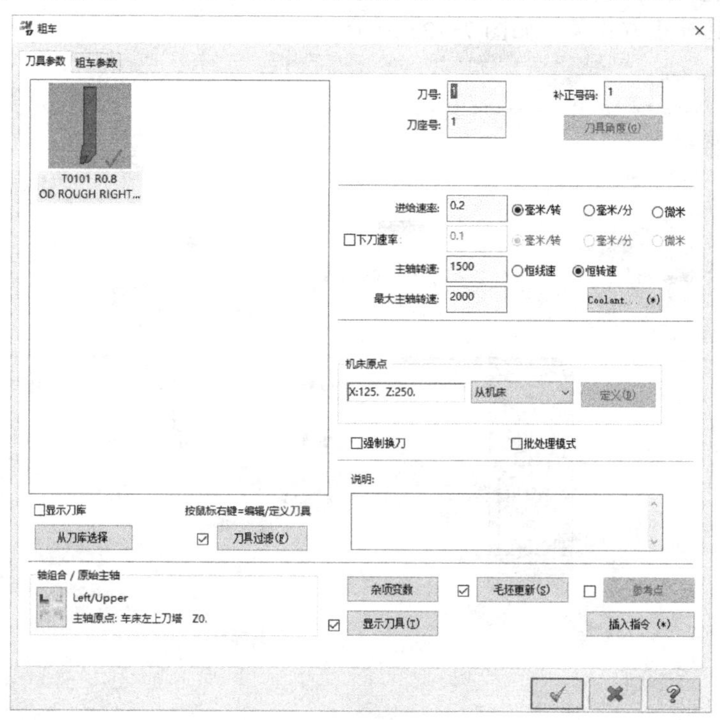

图 7-127　刀具参数设置

设置粗车参数，切削深度 1.0，X 预留量 0.05，Z 预留量 0.05，刀具补正方式电脑，补正方向右，切入 / 切出参数切出延伸 3.0，如图 7-128 所示。

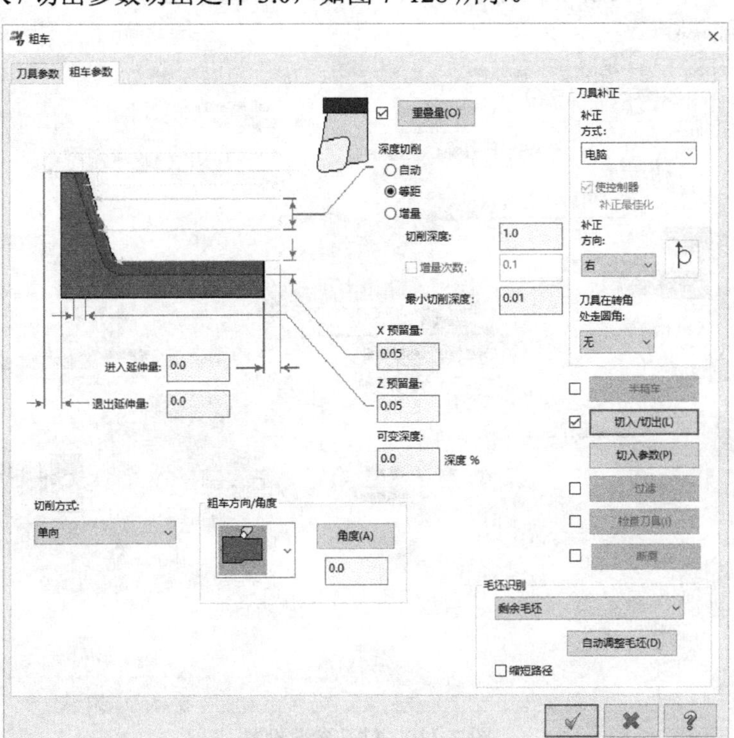

图 7-128　粗车参数设置

第三工序，打点。选择“钻孔”策略，新建 ϕ8.0mm 打点钻，设置刀号 2，进给速率 0.05 毫米 / 转，主轴转速 1200 恒转速，如图 7-129 所示。

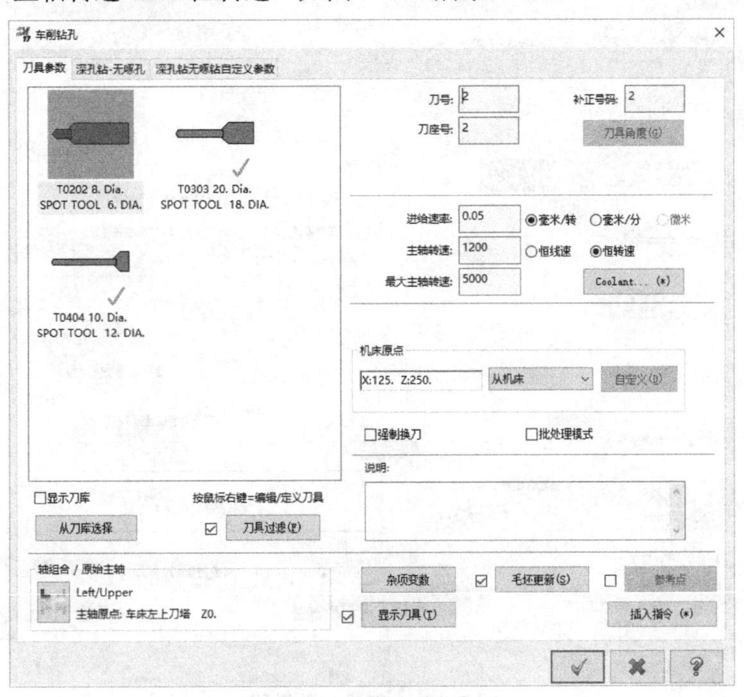

图 7-129　刀具参数设置

钻孔深度 -1.5，钻孔循环参数 G81，如图 7-130 所示。

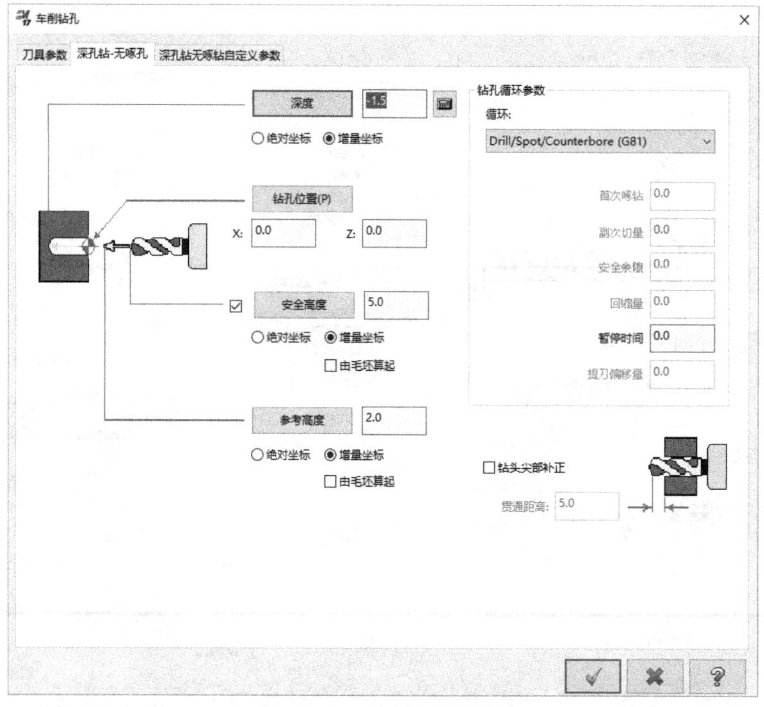

图 7-130　钻孔参数设置

第四工序，钻 ϕ20.0mm 孔。选择“钻孔”策略，新建 ϕ20.0mm 钻头，设置刀号 3，进给速率 0.07 毫米 / 转，主轴转速 286 恒转速，如图 7-131 所示。

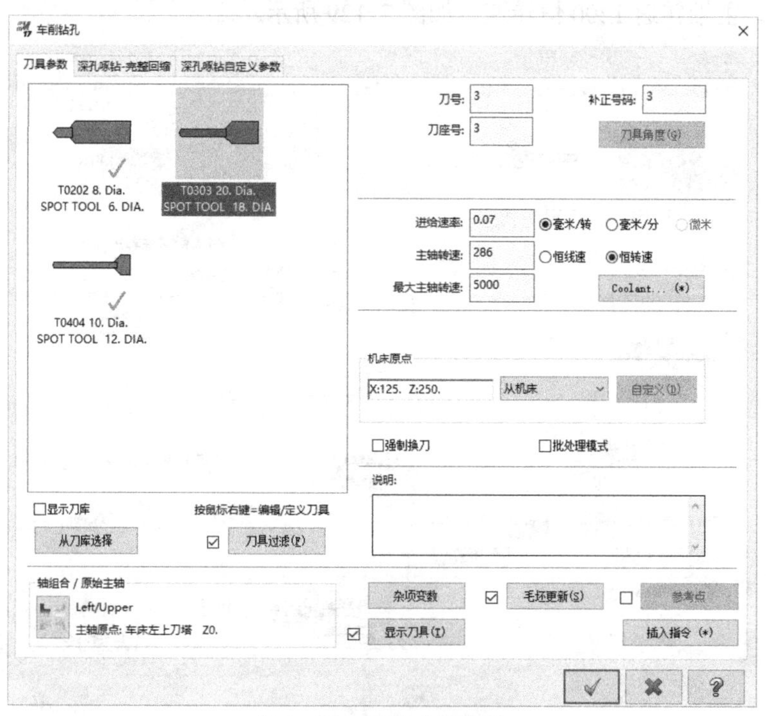

图 7-131　刀具参数设置

钻孔深度 −36.07 增量坐标，钻孔循环参数 G83，首次啄钻 3.0，如图 7-132 所示。

车削钻孔
刀具参数　深孔啄钻-完整回缩　深孔啄钻自定义参数
深度　-36.07
○绝对坐标　◉增量坐标
钻孔位置(P)
X: 0.0　Z: 0.0
安全高度　5.0
○绝对坐标　◉增量坐标
由毛坯算起
参考高度　2.0
○绝对坐标　◉增量坐标
由毛坯算起
钻孔循环参数
循环:
Peck (G83)
首次啄钻　3.0
副次切量　0.0
安全余隙　0.0
回缩量　0.0
暂停时间　0.0
提刀偏移量　0.0
钻头尖部补正
贯通距离: 5.0

图 7-132　钻孔参数设置

第五工序，钻 ϕ10.0mm 孔。选择“钻孔”策略，新建 ϕ10.0mm 钻头，设置刀号 4，进给速率 0.06 毫米 / 转，主轴转速 477 恒转速，如图 7-133 所示。

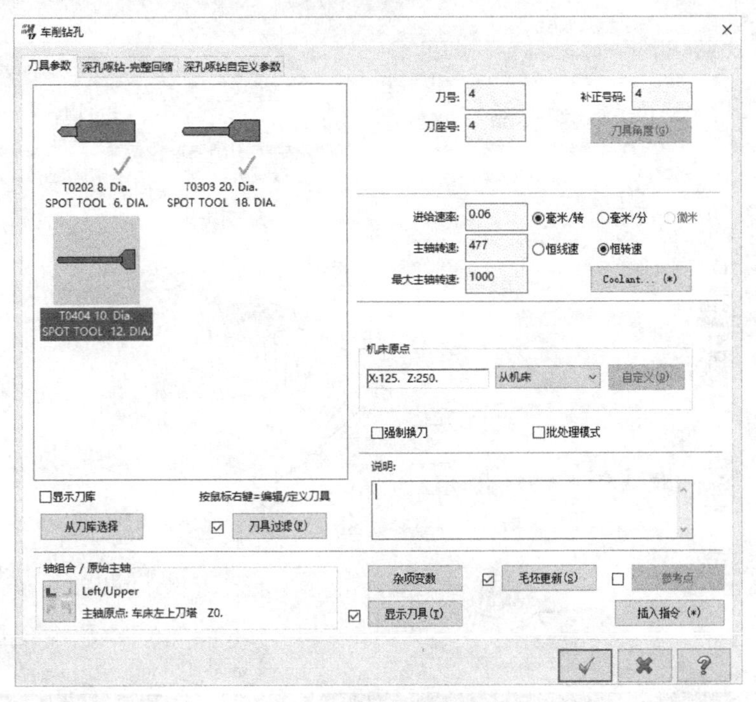

图 7-133　刀具参数设置

钻孔深度 -54.0 绝对坐标，钻孔位置 Z-34.0，安全高度 5.0 绝对坐标，参考高度 2.0 增量坐标，钻孔循环参数 G83，首次啄钻 2.0，如图 7-134 所示。

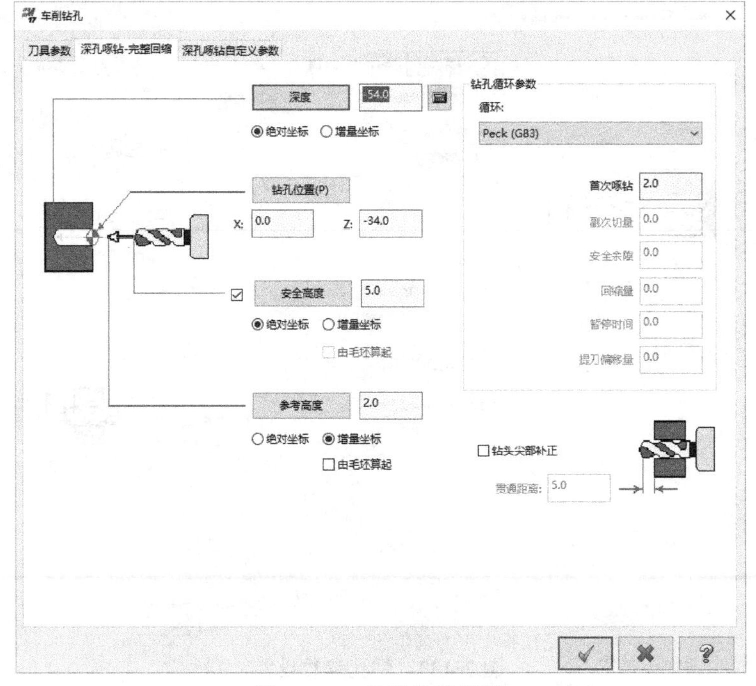

图 7-134　钻孔参数设置

第六工序，铣削卡槽。为了便于串连操作，先做出卡槽底部轮廓曲线和刀轴线，如图 7-135 所示。

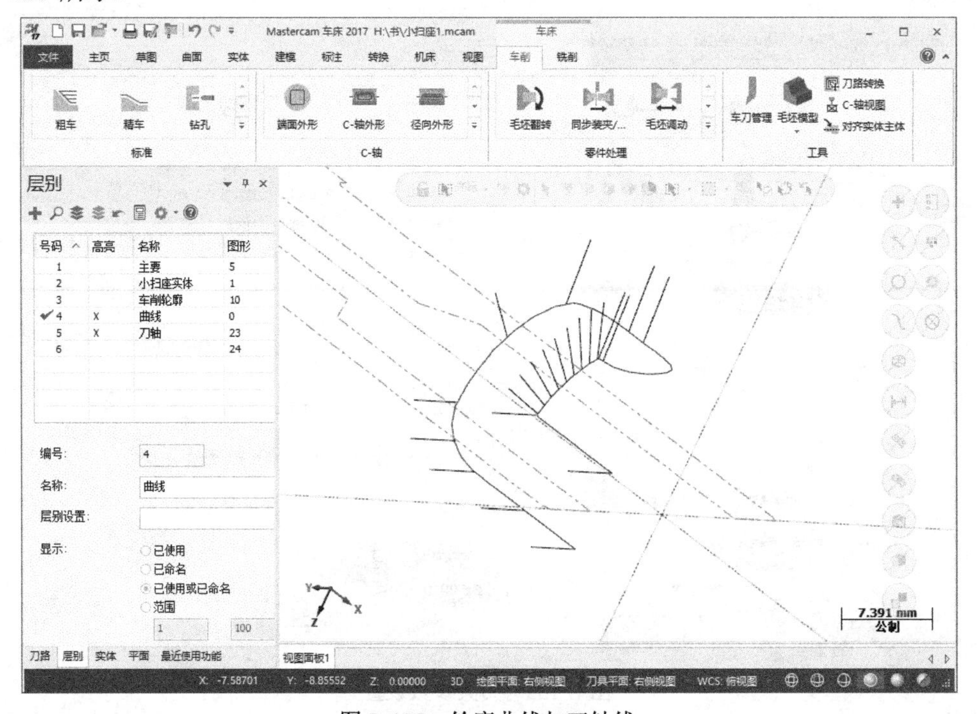

图 7-135　轮廓曲线与刀轴线

选择“曲线”策略，新建 ϕ4.0mm 平底铣刀，刀号为 5，每齿进刀量 0.05，线速度 59.99372，下刀速率 1200，如图 7-136、图 7-137 所示。

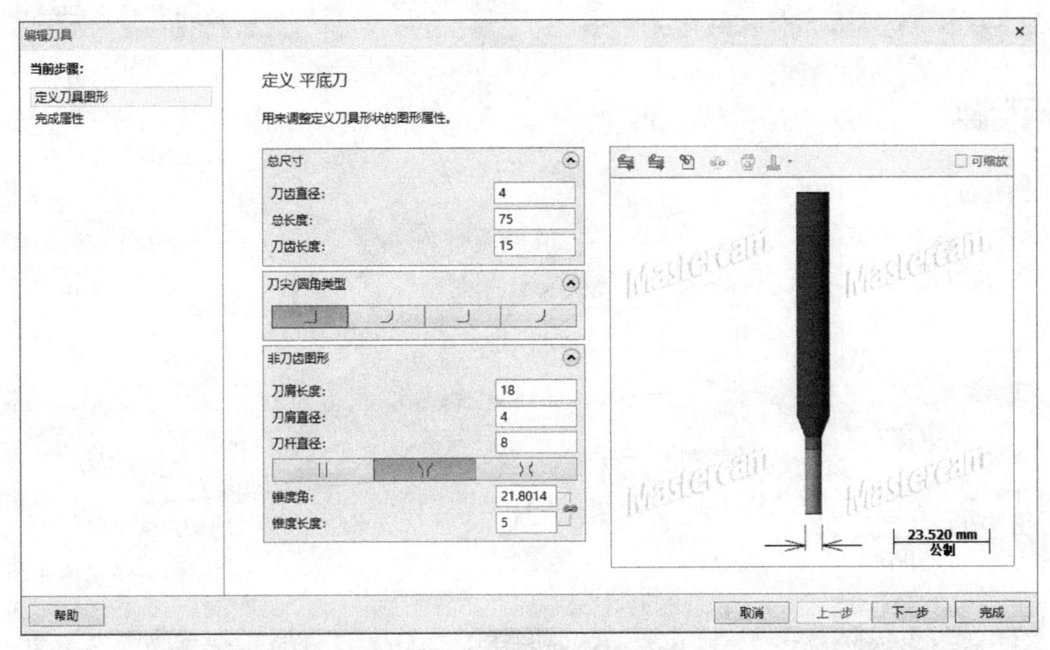

图 7-136　ϕ4.0mm 平底铣刀

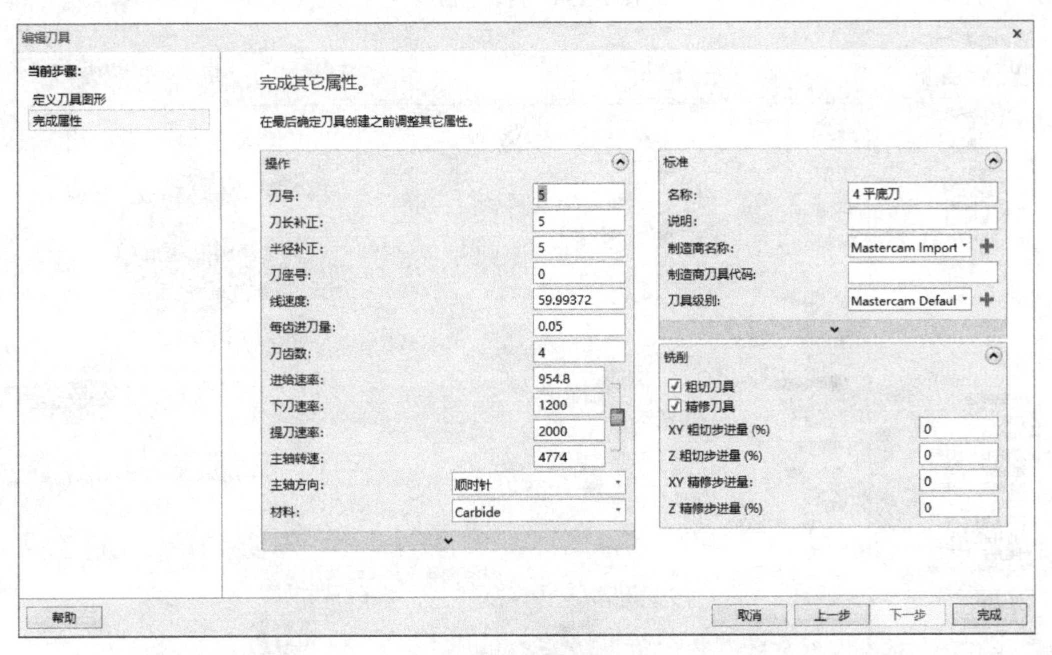

图 7-137　刀具参数设置

设置切削方式，“曲线类型”为“3D 曲线”，3D 曲线选择之前抽取的曲线，如图 7-138 所示。补正方式电脑，补正方向左，径向补正 2.0，切削公差 0.005，最大步进量 0.1，如图 7-139 所示。

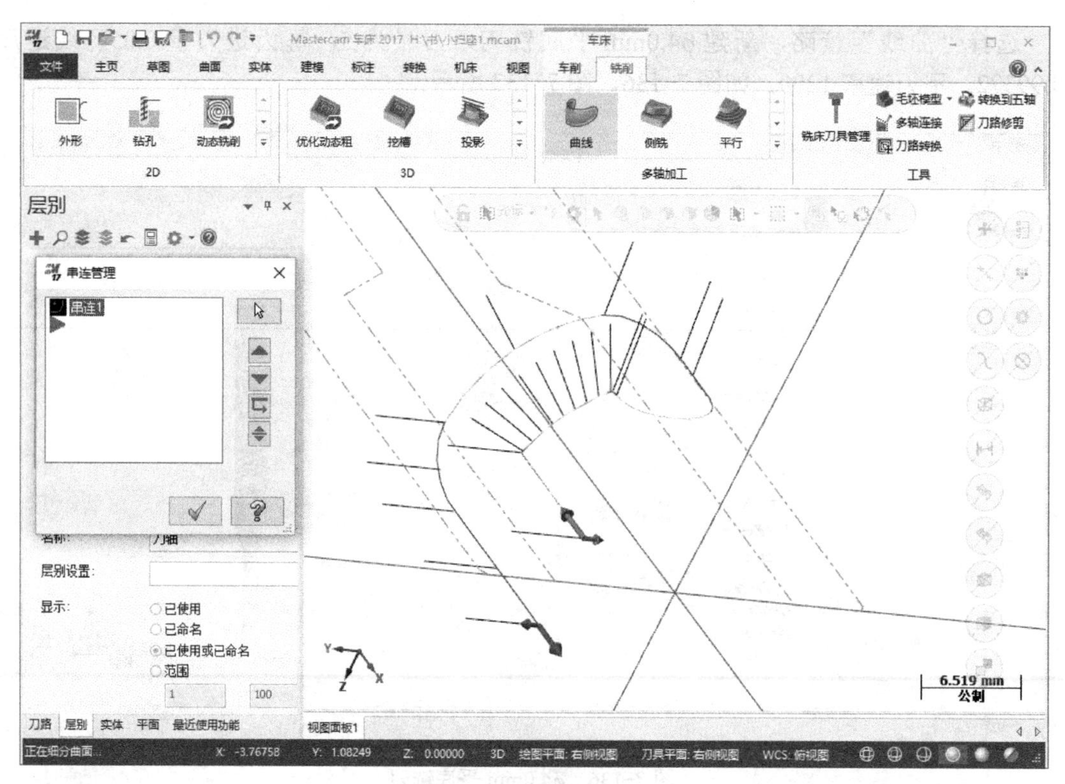

图 7-138　抽取的曲线

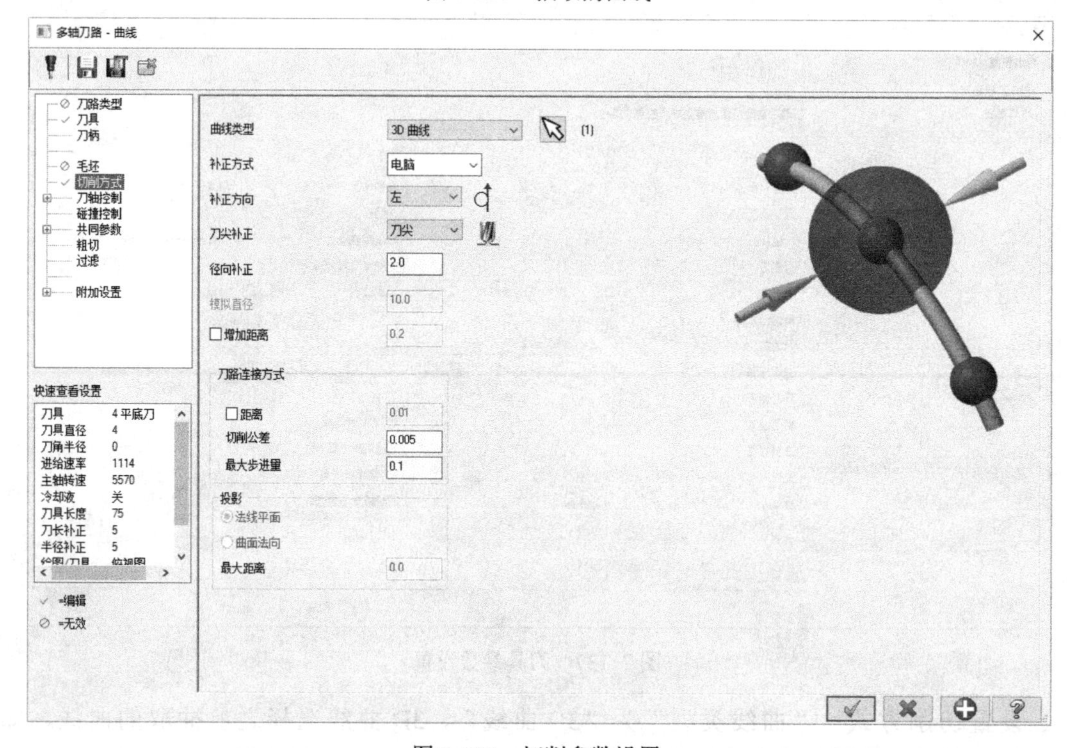

图 7-139　切削参数设置

设置刀轴控制，刀轴控制选择直线，串连之前创建的刀轴线，注意箭头方向，必须朝上，如图 7-140 所示。增加角度 1.0，刀具向量长度改为 10.0，如图 7-141 所示。

图 7-140　选择刀轴线

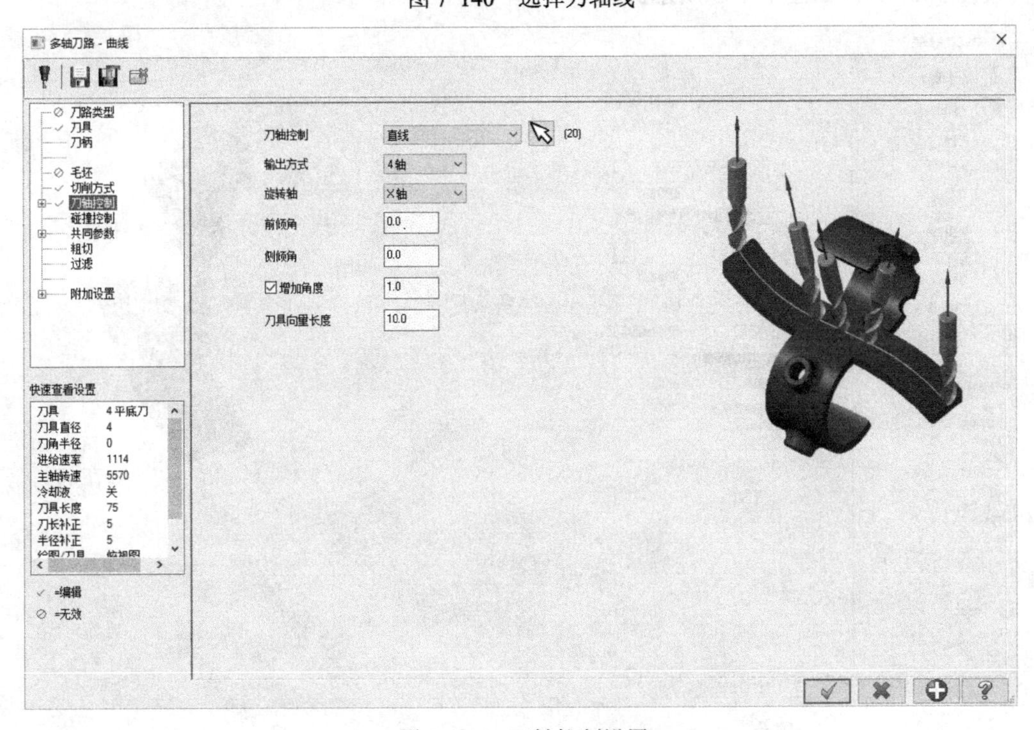

图 7-141　刀轴控制设置

碰撞控制的“刀尖控制”选择“在选择曲线上”，向量深度 -0.8，如图 7-142 所示。

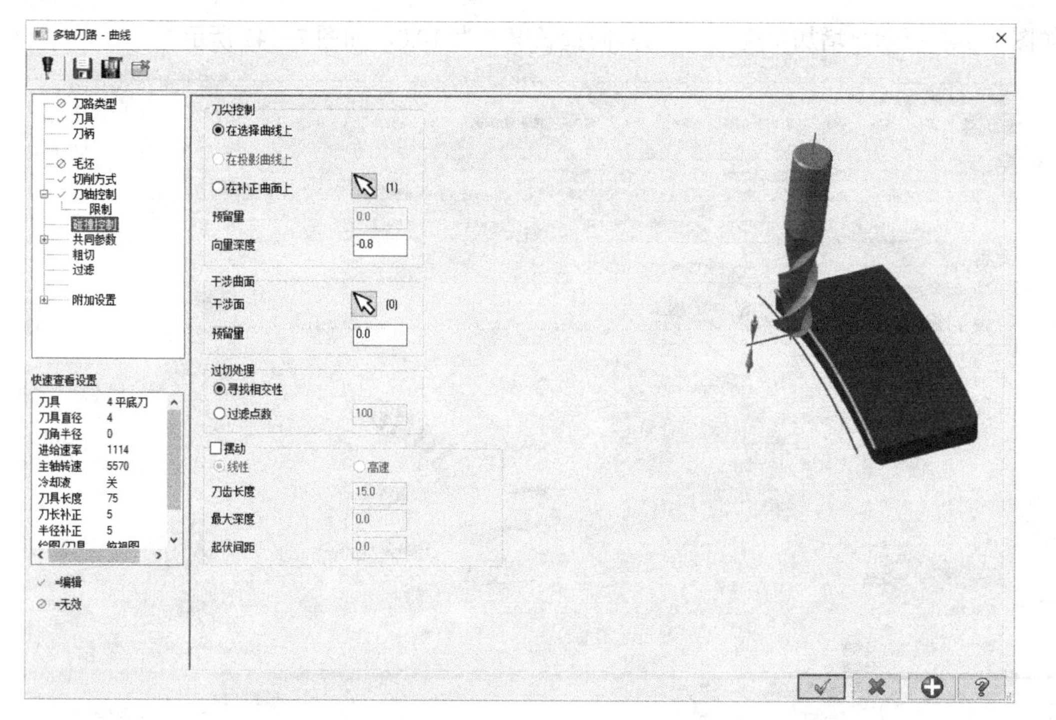

图 7-142 碰撞控制设置

设置共同参数，安全高度 50.0，参考高度 1.0，下刀位置 0.0，两刀具切削间隙保持在刀具直径 300.0%，如图 7-143 所示。

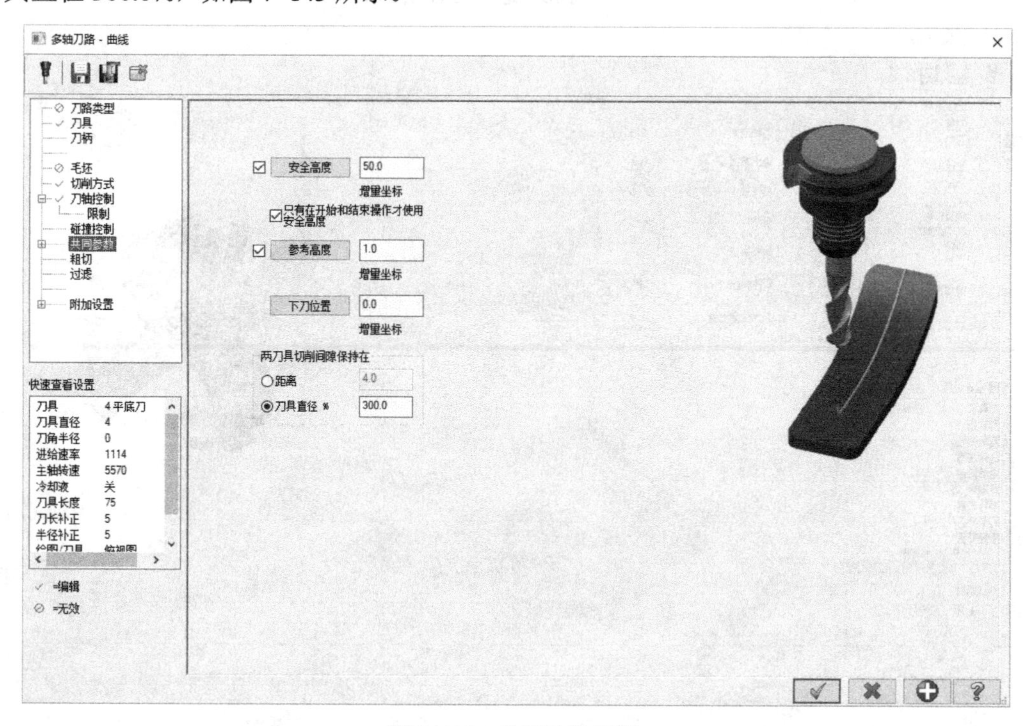

图 7-143 共同参数设置

设置进 / 退刀，进刀曲线长度 3.5，退出曲线长度 3.5，方向向左，曲线公差 0.025，如

图 7-144 所示。

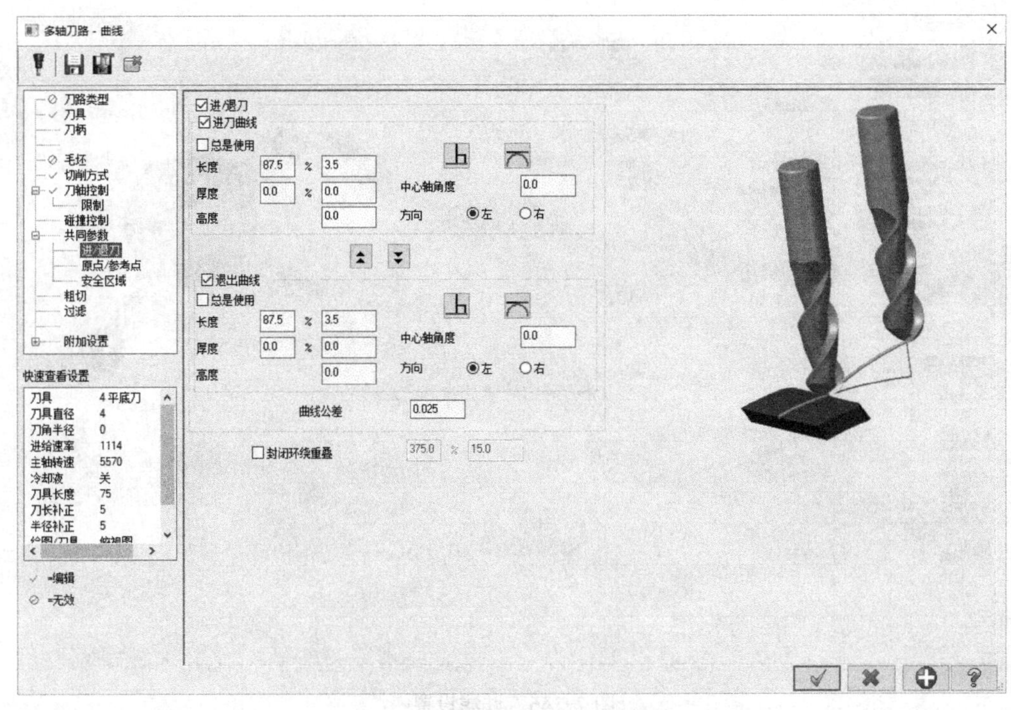

图 7-144　进 / 退刀设置

粗切设置深度分层切削，粗切次数 7，粗切量 1.0，深度分层切削排序依照深度，如图 7-145 所示。

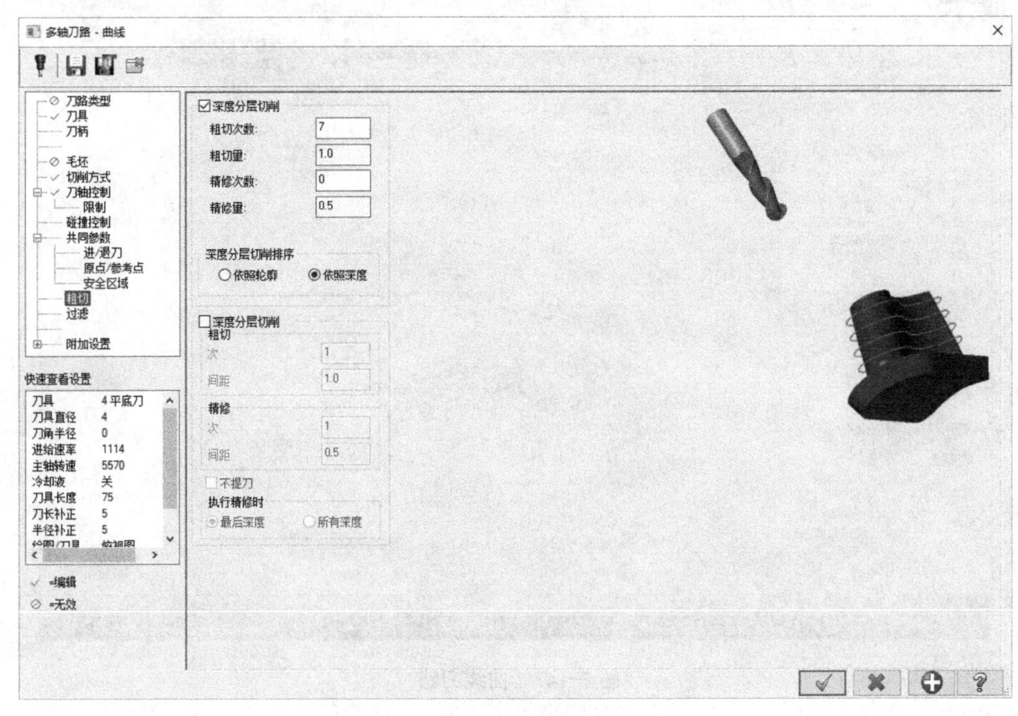

图 7-145　粗切深度分层设置

过滤设置公差 0.025，过滤点数 100，如图 7-146 所示。

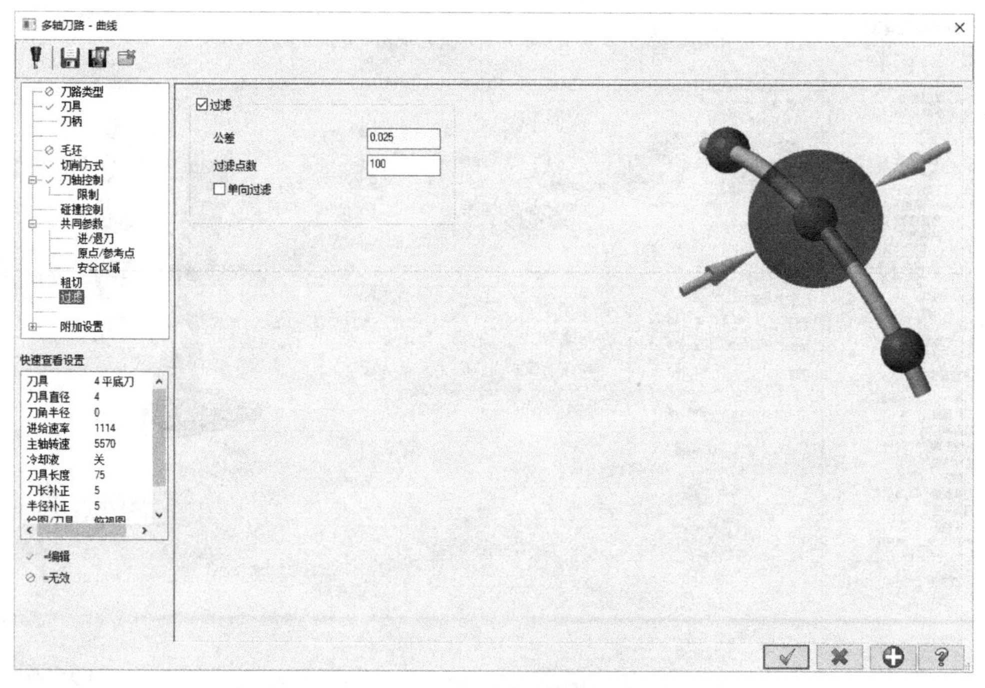

图 7-146　过滤设置

设置完成后单击确定，生成刀路，如图 7-147 所示。

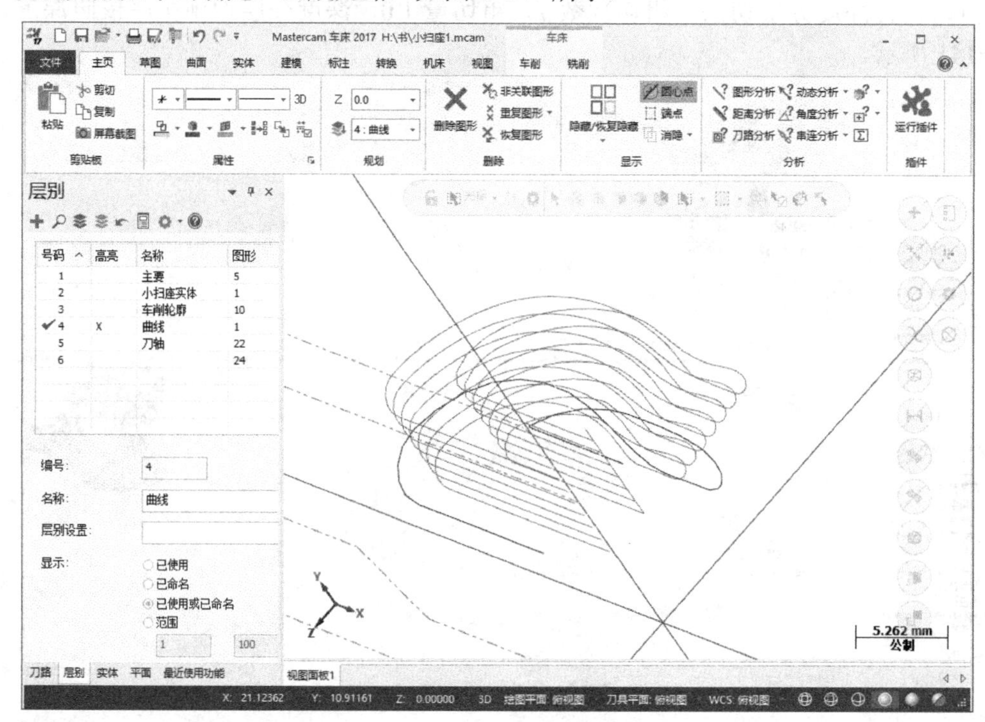

图 7-147　曲线刀路

第七工序，M10 底孔打点。先用“孔轴”命令得到钻孔中心点，如图 7-148 所示。

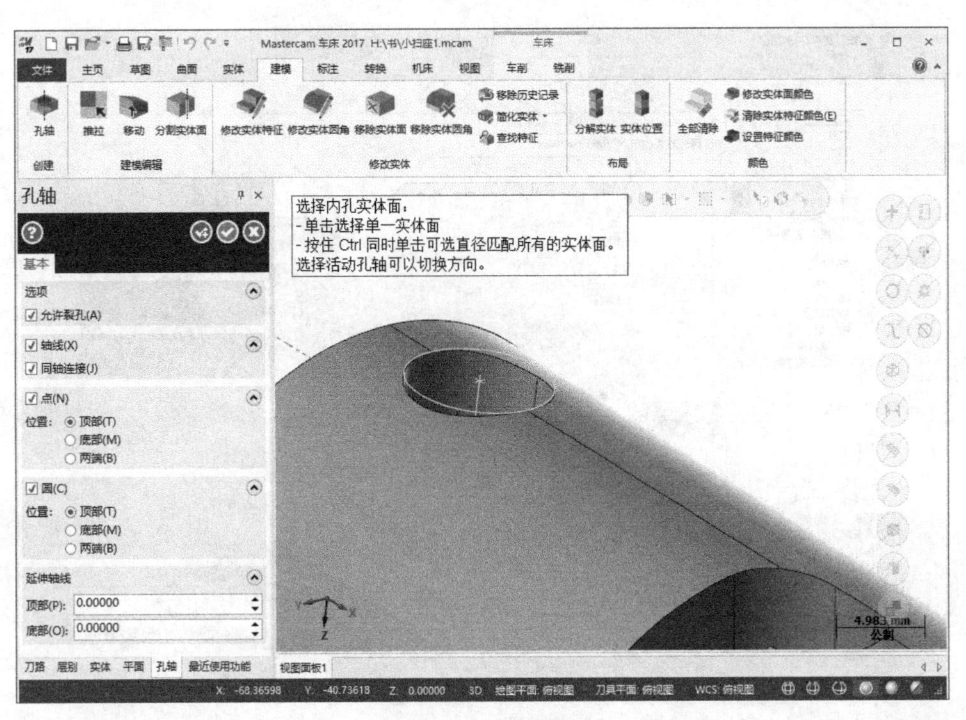

图 7-148　钻孔中心点

选择“C 轴钻孔”策略，选择孔中心点，创建 ϕ6.0mm 定位钻，刀号 6，每齿进刀量 0.03，线速度 30.0094，如图 7-149 所示。

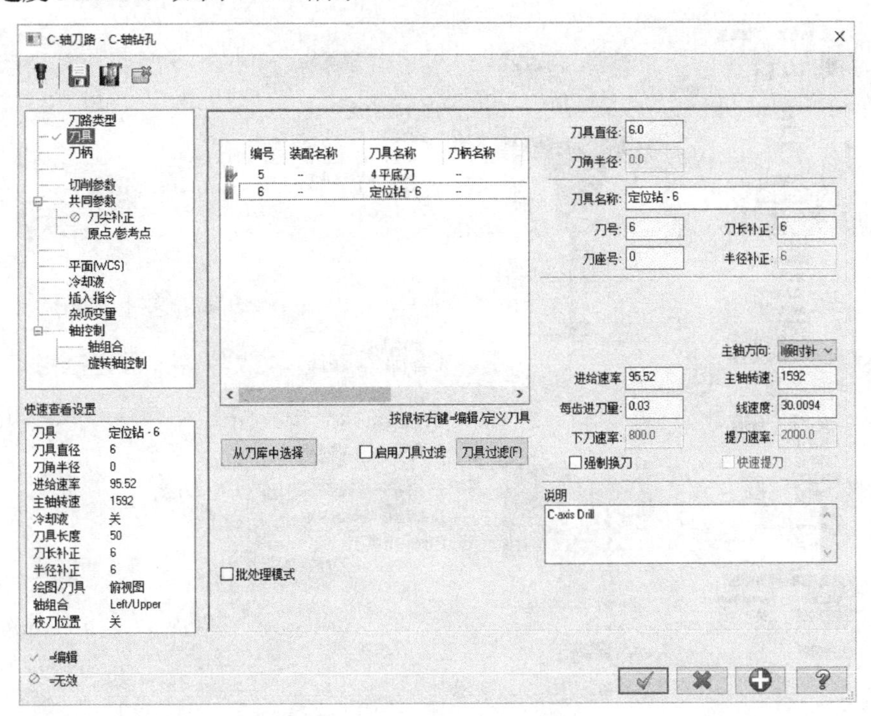

图 7-149　创建 ϕ6.0mm 定位钻

设置切削参数，“循环方式”选择“Drill/Counterbore”，如图 7-150 所示。

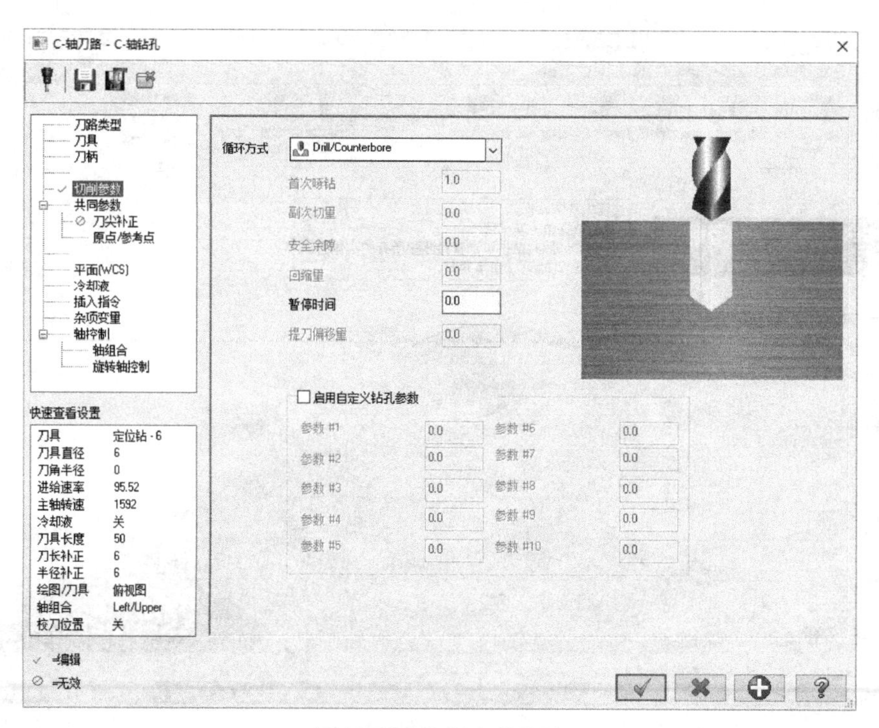

图 7-150　切削参数设置

设置共同参数，安全高度 10.0 增量坐标，参考高度 2.0 增量坐标，深度 -1.5 增量坐标，如图 7-151 所示。

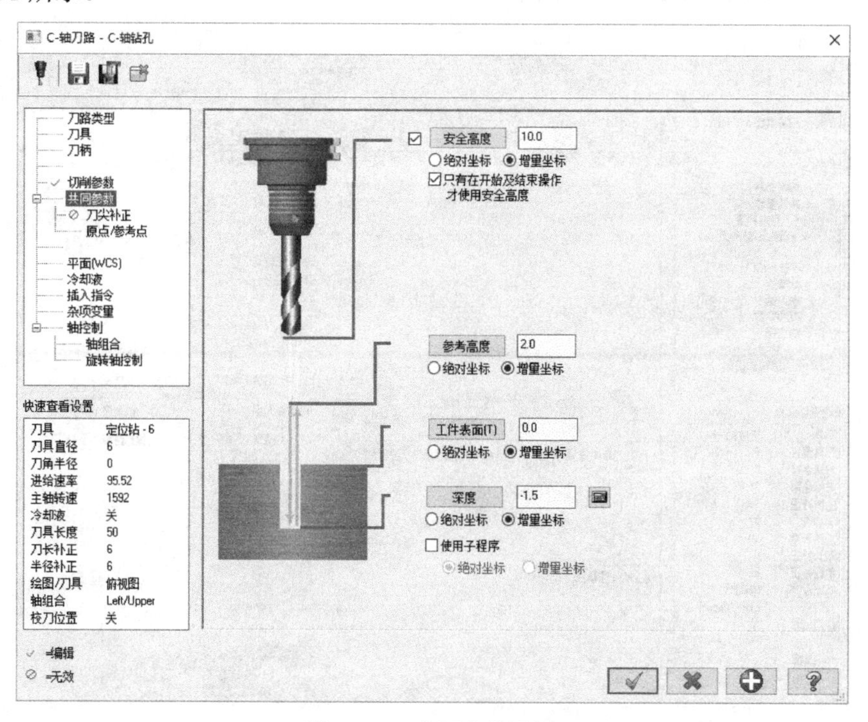

图 7-151　共同参数设置

设置旋转轴控制，旋转直径 32.0，勾选“展开”，展开公差 0.001，如图 7-152 所示。

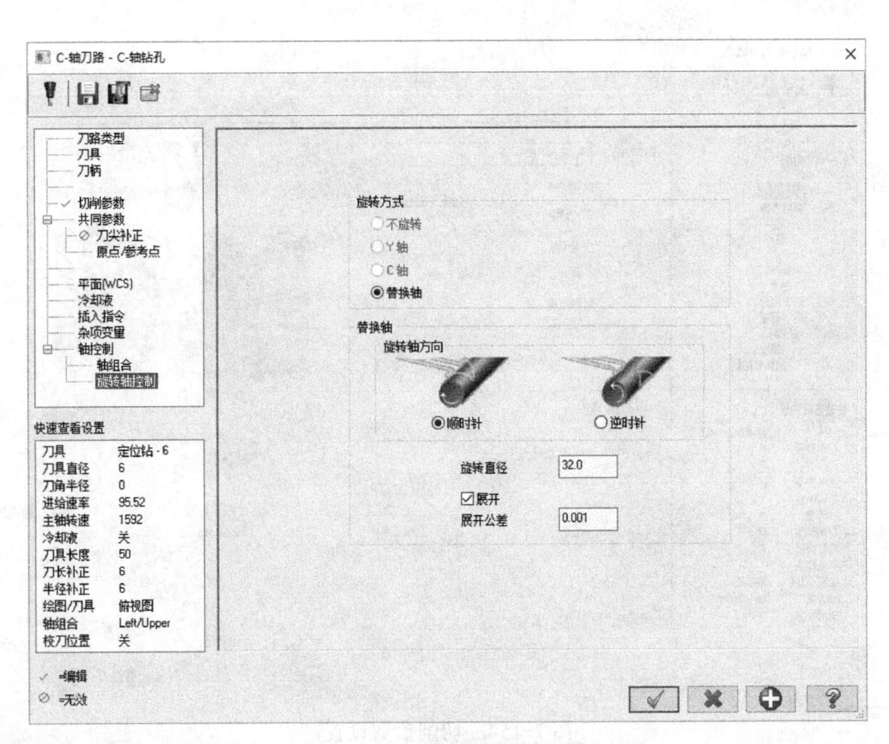

图 7-152　旋转轴控制设置

第八工序，钻 M10 底孔。复制第七工序，新建 ϕ8.5mm 钻头，刀号设置 7，每齿进刀量 0.06，线速度 15.0079，如图 7-153 所示。

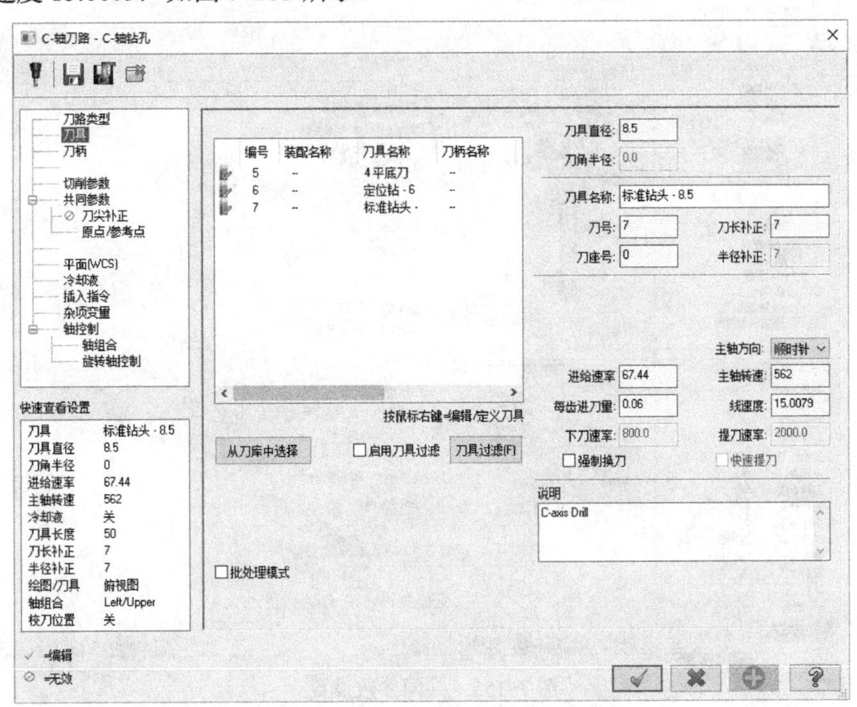

图 7-153　新建 ϕ8.5mm 钻头

设置切削参数，循环方式深孔啄钻（G83），首次啄钻 2.0，如图 7-154 所示。

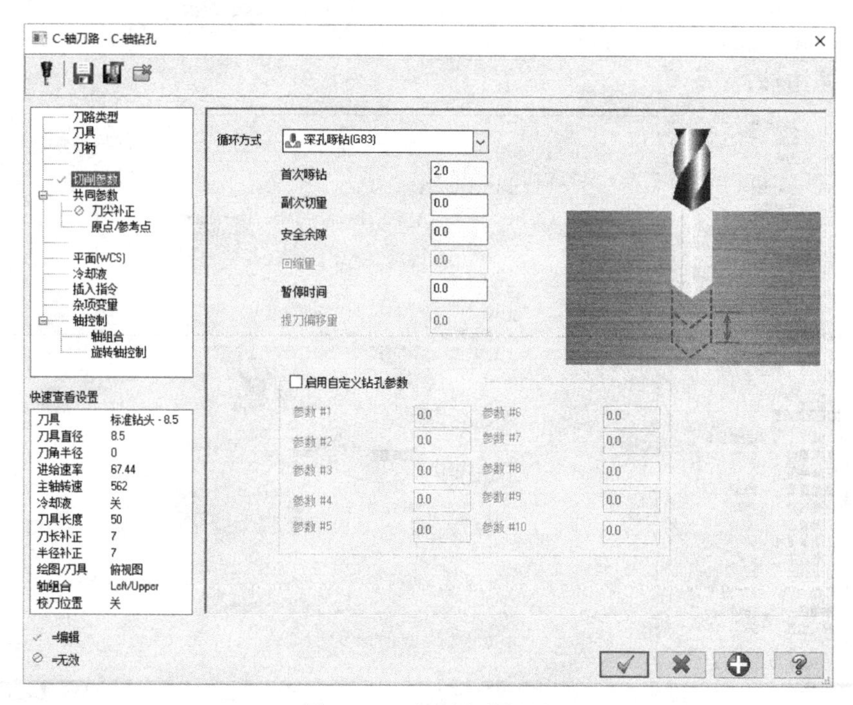

图 7-154　切削参数设置

设置共同参数，安全高度 10.0 增量坐标，参考高度 2.0 增量坐标，深度 −15.0 增量坐标，如图 7-155 所示。旋转轴设置不变，完成后单击确定。

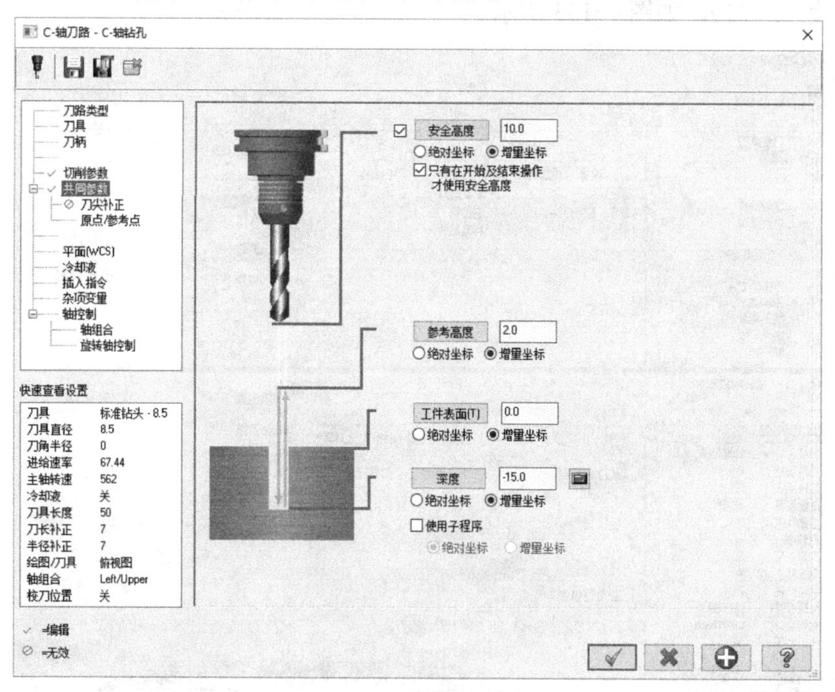

图 7-155　共同参数设置

第九工序，卡槽和底孔倒角。先将卡槽上轮廓线提取出来。选择“C- 轴外形”策略，将底孔外形和卡槽上轮廓线串连，如图 7-156 所示。

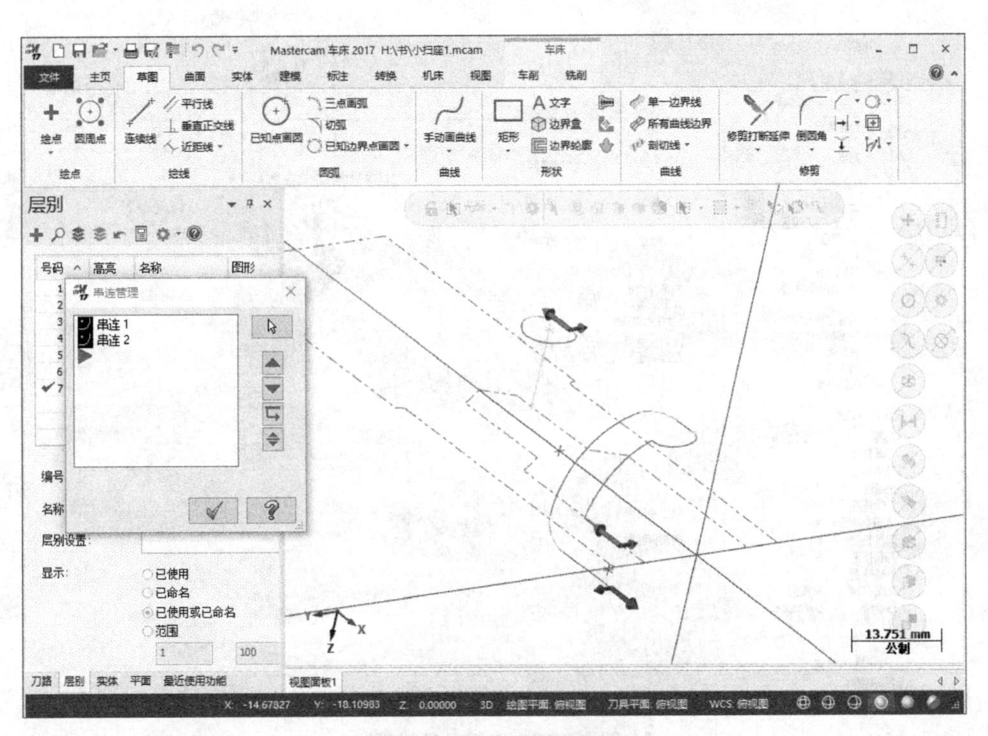

图 7-156　串连轮廓线

选择 6 号刀，每齿进刀量 0.05，线速度 70.0094，如图 7-157 所示。

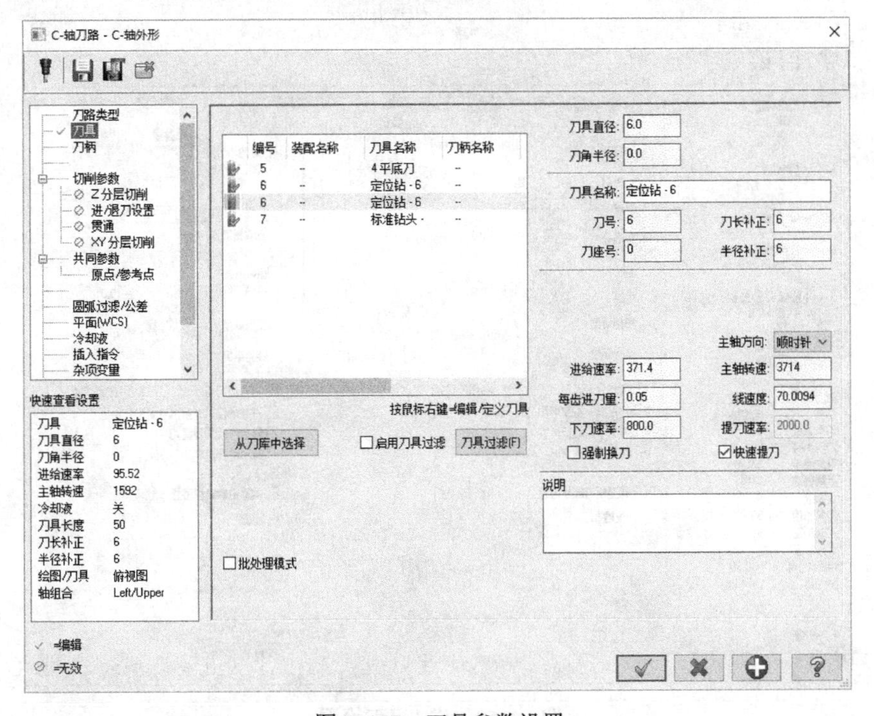

图 7-157　刀具参数设置

设置切削参数，补正方式电脑，补正方向左，外形铣削方式 3D 倒角，宽度 0.5，刀尖补正 1.0，如图 7-158 所示。

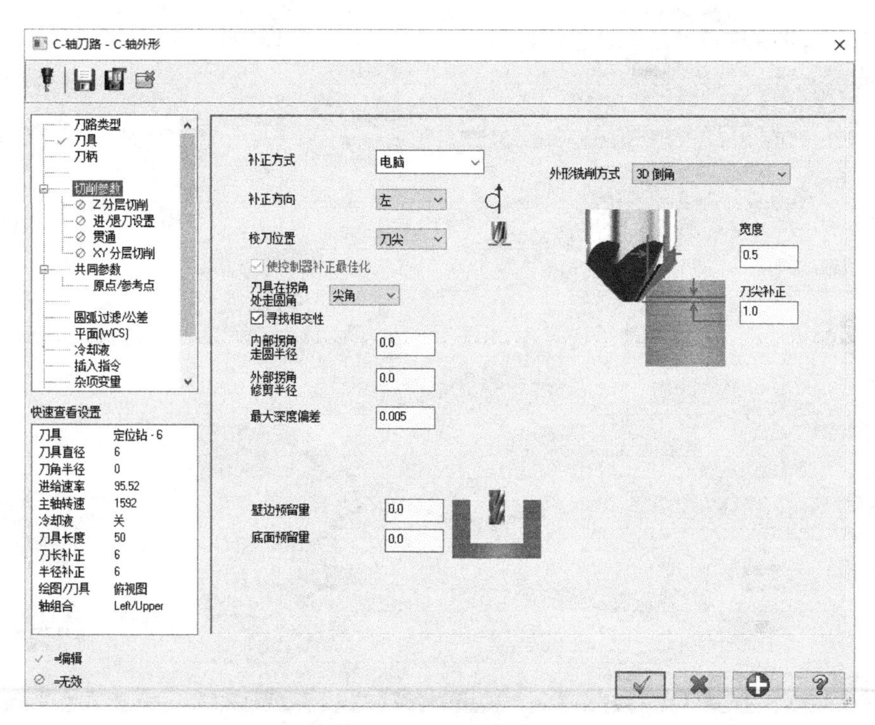

图 7-158　切削参数设置

设置进 / 退刀，重叠量 0.5，进刀垂直长度 1.0，退刀垂直长度 1.0，如图 7-159 所示。

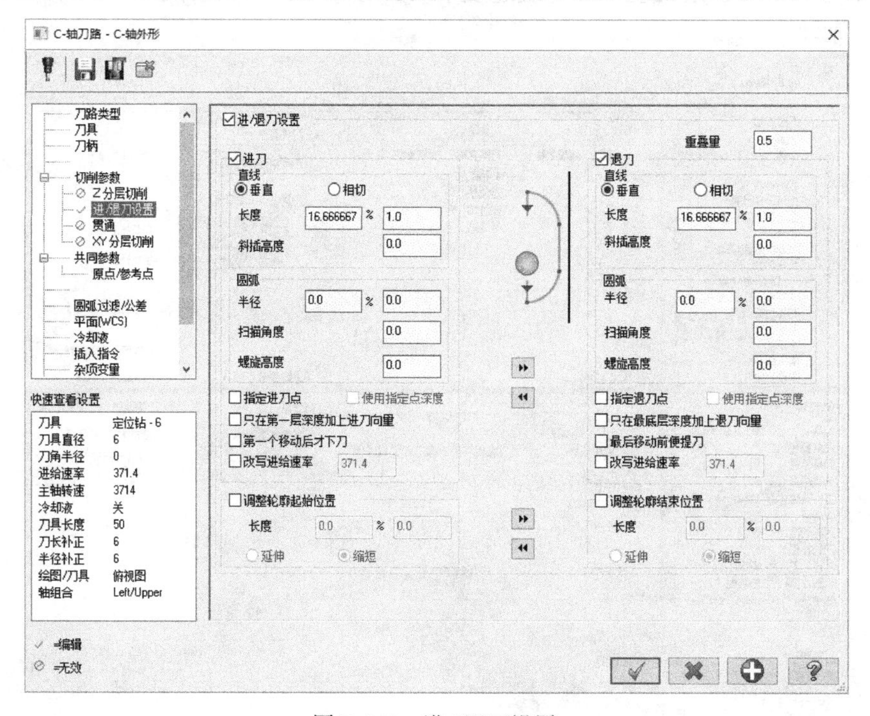

图 7-159　进 / 退刀设置

设置共同参数，安全高度 10.0 增量坐标，参考高度 2.0 增量坐标，下刀位置 1.0 增量坐标，如图 7-160 所示。

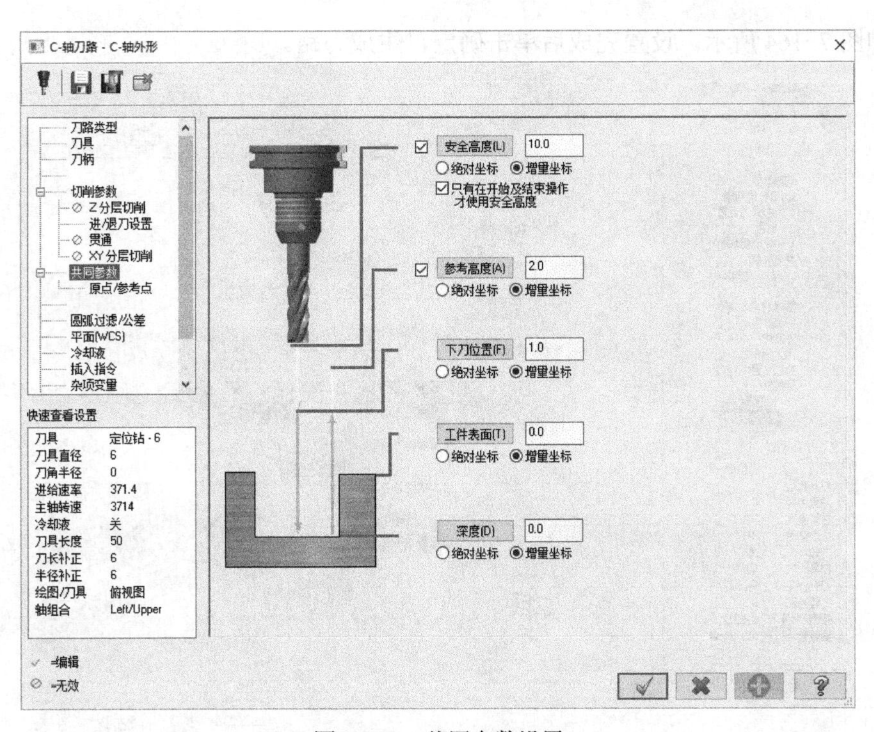

图 7-160　共同参数设置

设置圆弧过滤公差，总公差 0.1，切削公差和线 / 圆弧公差各 50.0%，勾选“线 / 圆弧过滤设置”，如图 7-161 所示。

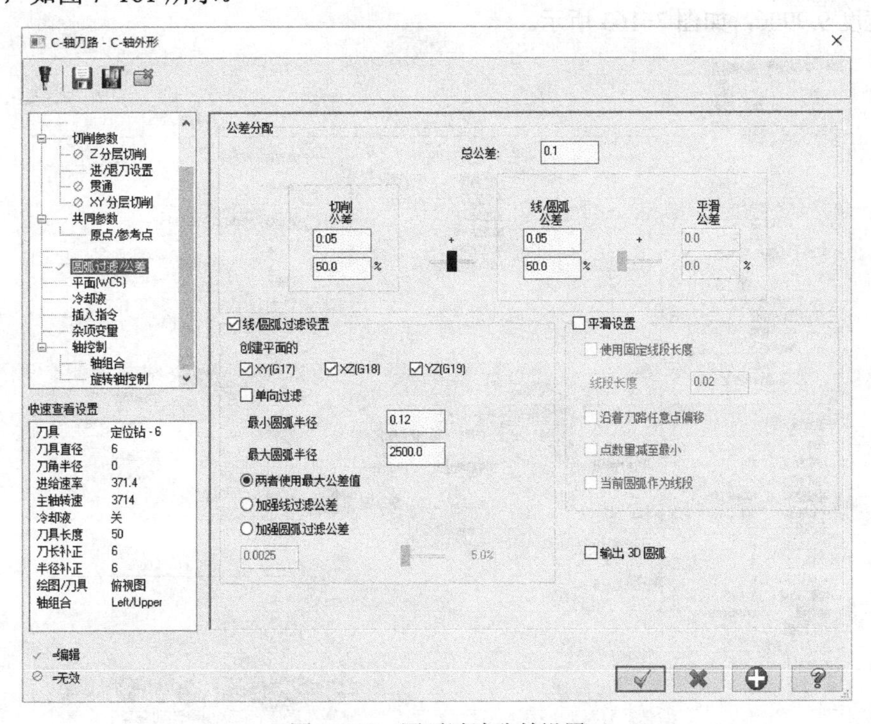

图 7-161　圆弧过滤公差设置

设置旋转轴控制，旋转轴方向顺时针，旋转直径 32.0，勾选“展开”，展开公差

0.001，如图 7-164 所示。设置完成后单击确定，生成刀路。

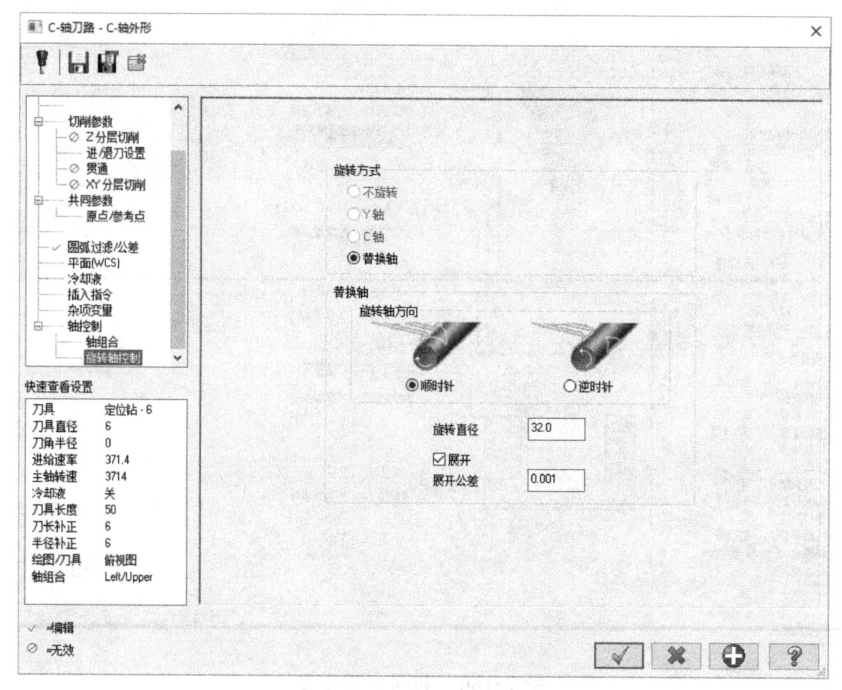

图 7-162 旋转轴控制设置

第十工序，攻 M10 螺纹。复制第八工序，新建 M10×1.5 丝锥，刀号为 8，每齿进刀量 1.5，线速度 9.9906，如图 7-163 所示。

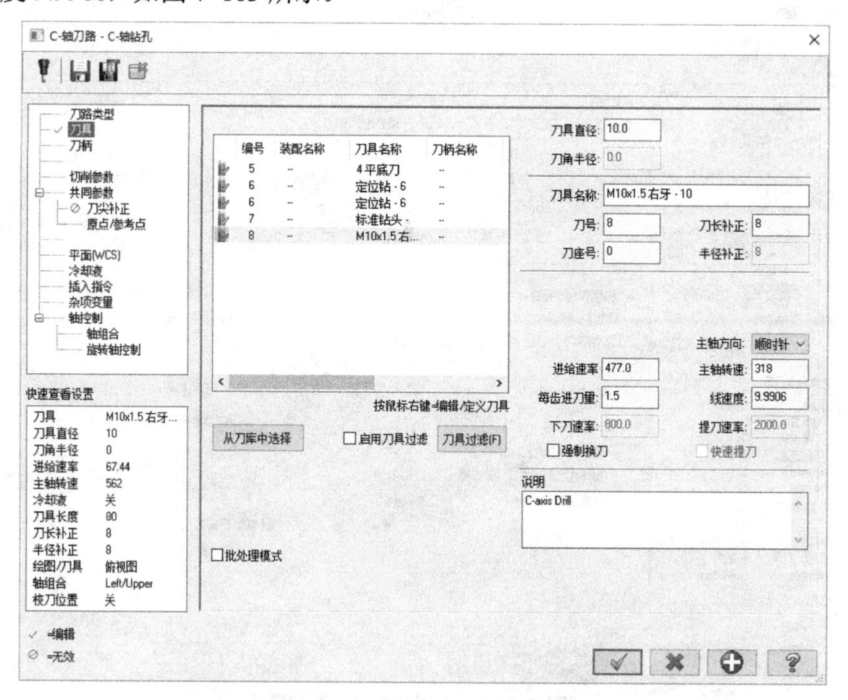

图 7-163 新建 M10×1.5 丝锥

设置切削参数，循环方式攻牙（攻螺纹）。设置共同参数，深度 -14.0 增量坐标，其余默认，如图 7-164 所示。

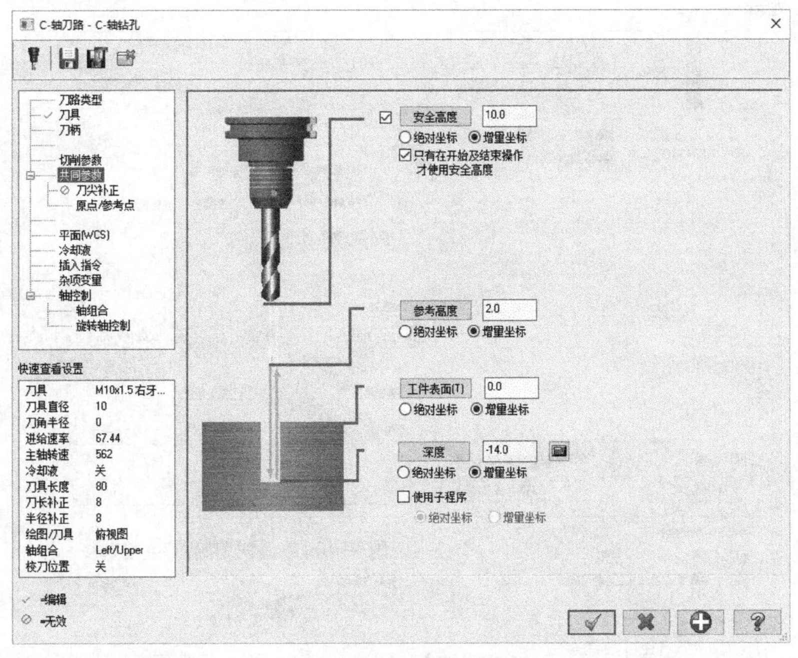

图 7-164　共同参数设置

第十一工序，精车端面及外圆。选择“精车”策略，串连端面及外圆轮廓，如图 7-165 所示。

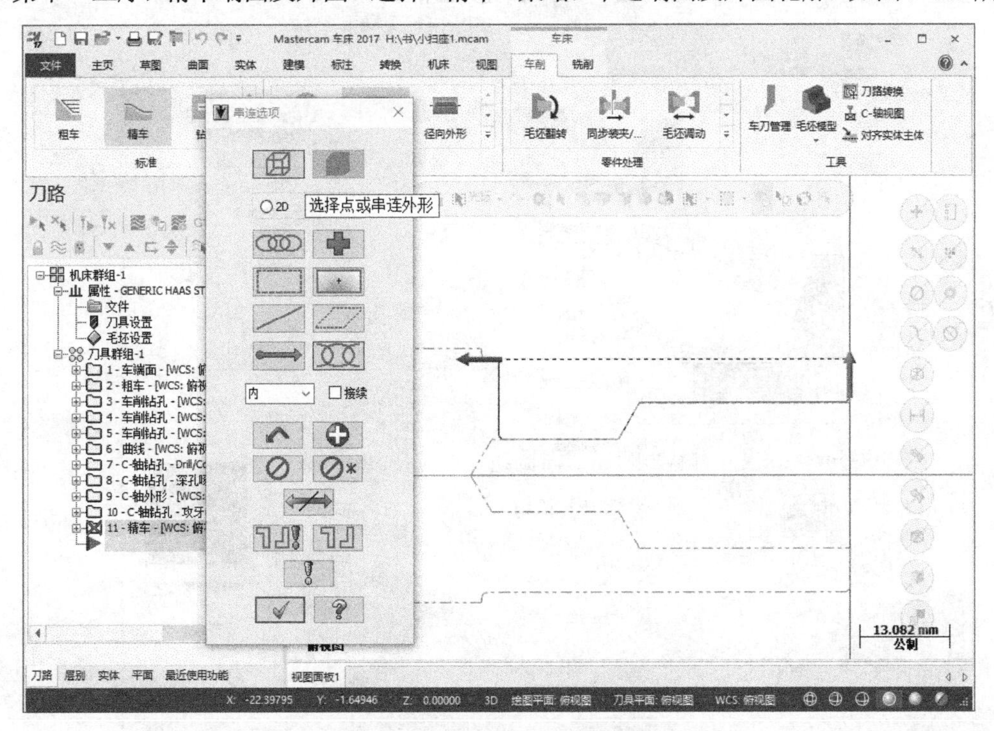

图 7-165　串连端面及外圆轮廓

新建 R0.4mm 精车刀，进给速率 0.1 毫米 / 转，主轴转速 1350 恒转速，如图 7-166 所示。设置精车参数，切入 / 切出分别延伸 1.0，其余默认，如图 7-167 所示。

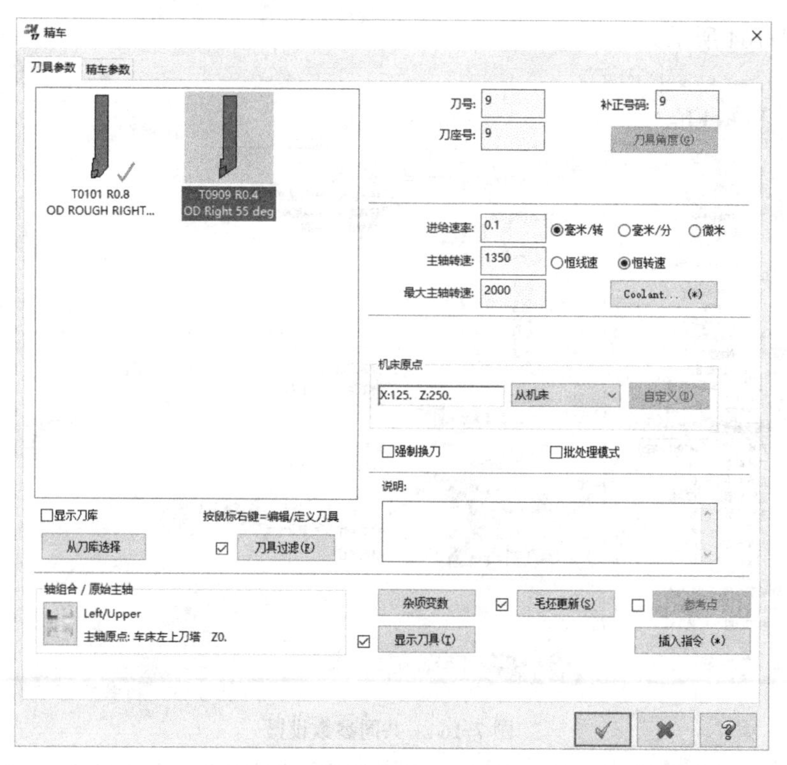

图 7-166　新建外圆精车刀

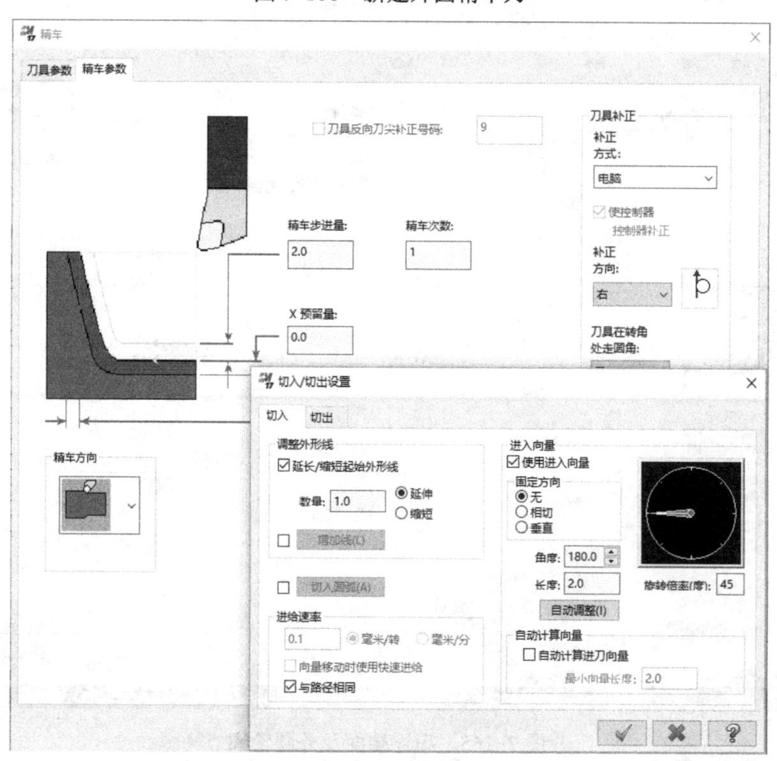

图 7-167　精车参数设置

第十二工序，精车内孔。选择“精车”策略，串连内孔轮廓，如图 7-168 所示。

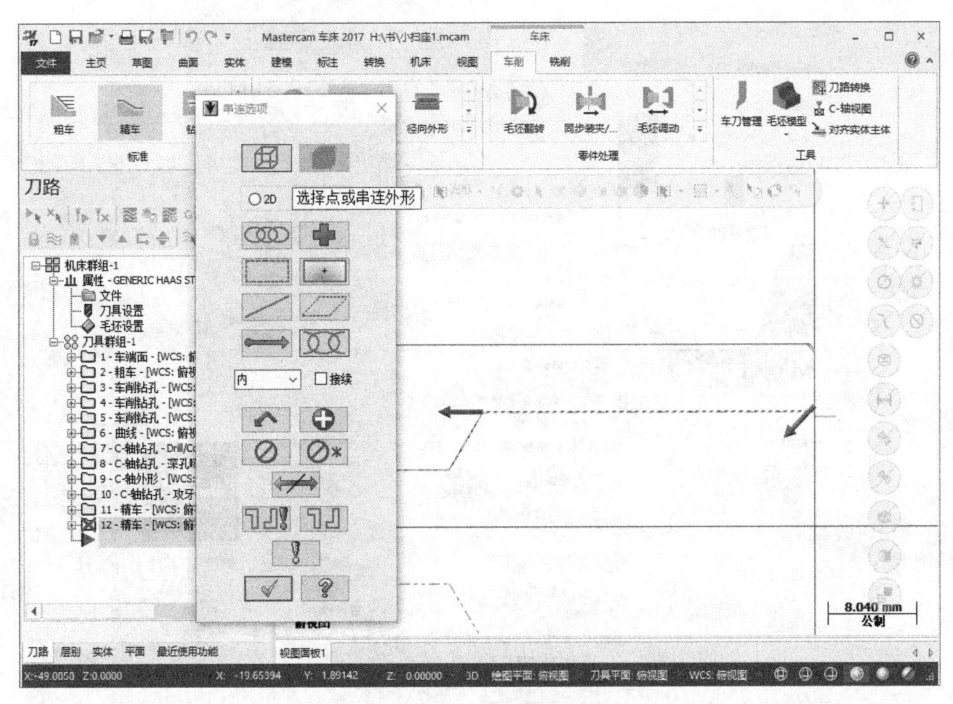

图 7-168　串连内孔轮廓

新建 R0.4mm 刀尖、刀杆直径 12mm 内孔车刀，刀号设置 10，进给速率 0.1 毫米 / 转，主轴转速 1500 恒转速，如图 7-169 所示。

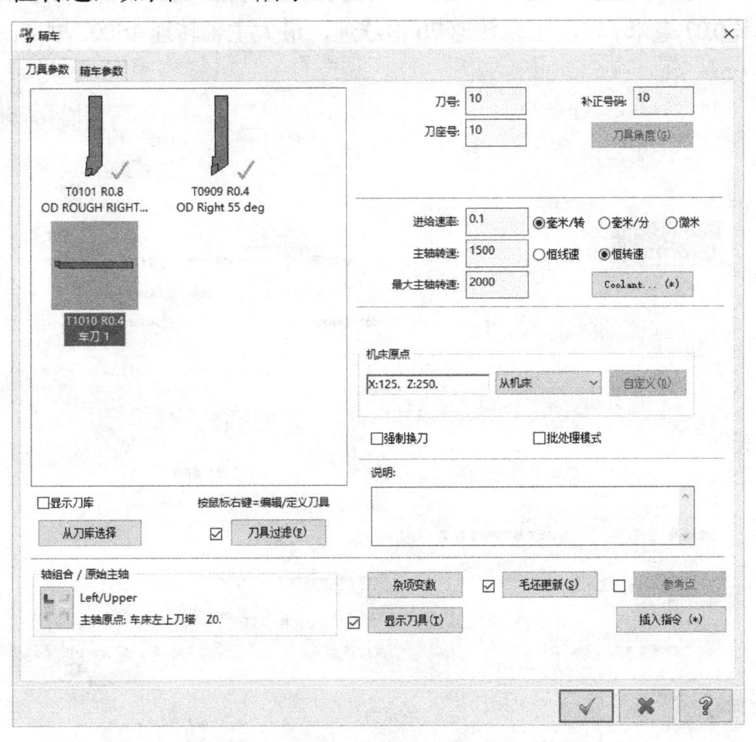

图 7-169　新建内孔车刀

设置精车参数，刀具补正方向左，切入参数延伸 1.0，其余默认，如图 7-170 所示。

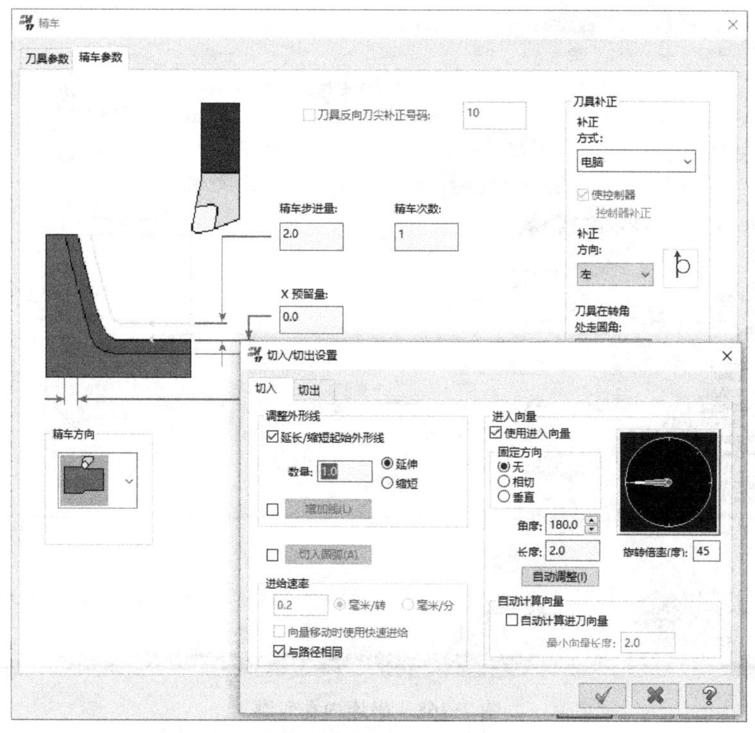

图 7-170　精车参数设置

第十三工序，切断。选择“切断”策略，捕捉切断边界点，新建宽度 3.0mm 切断刀，刀号为 11，进给速率 0.07 毫米 / 转，主轴转速 70 恒线速，最大主轴转速 1500，如图 7-171 所示。

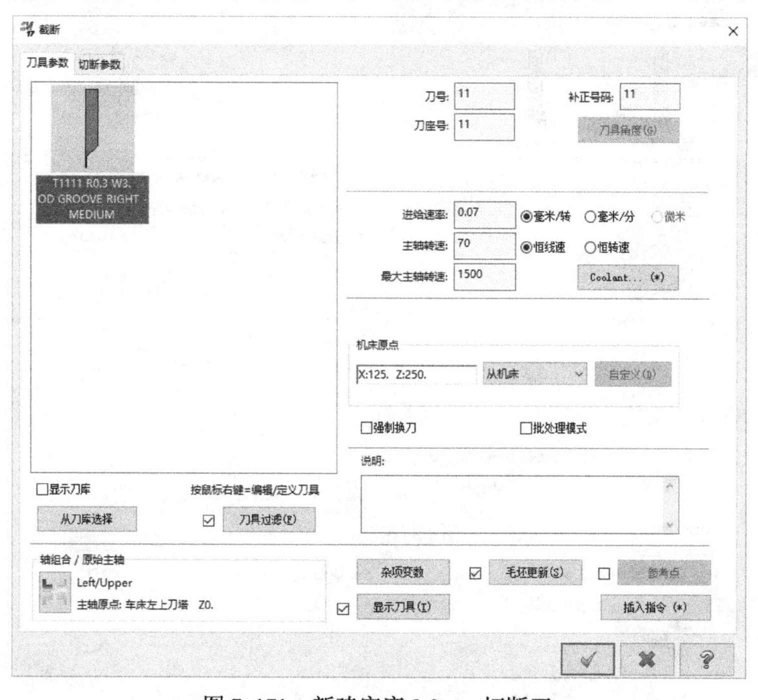

图 7-171　新建宽度 3.0mm 切断刀

设置切断参数，进入延伸量 1.0，退出距离增量坐标 1.0，X 相切位置 4.0，毛坯背面

0.15，切深位置前端半径，倒角宽度 0.5。应用新设置半径 6.5，进给速率 0.05 毫米 / 转，主轴转速 400 恒转速，啄车深度 1.0，退出量 0.5 增量坐标，如图 7-172 所示。

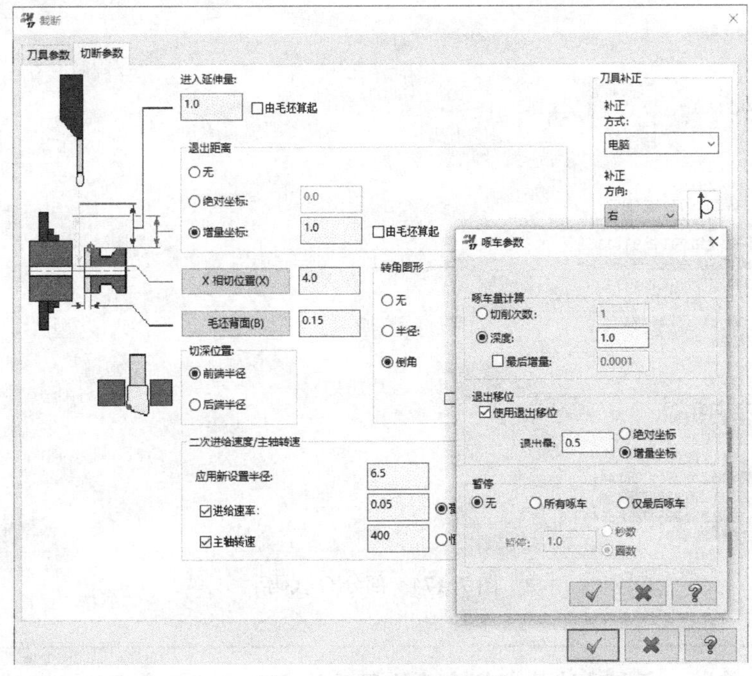

图 7-172　切断参数设置

设置完成后单击确定，生成刀路，最后进行全工序的实体验证，并生成 G 代码，如图 7-173、图 7-174 所示。

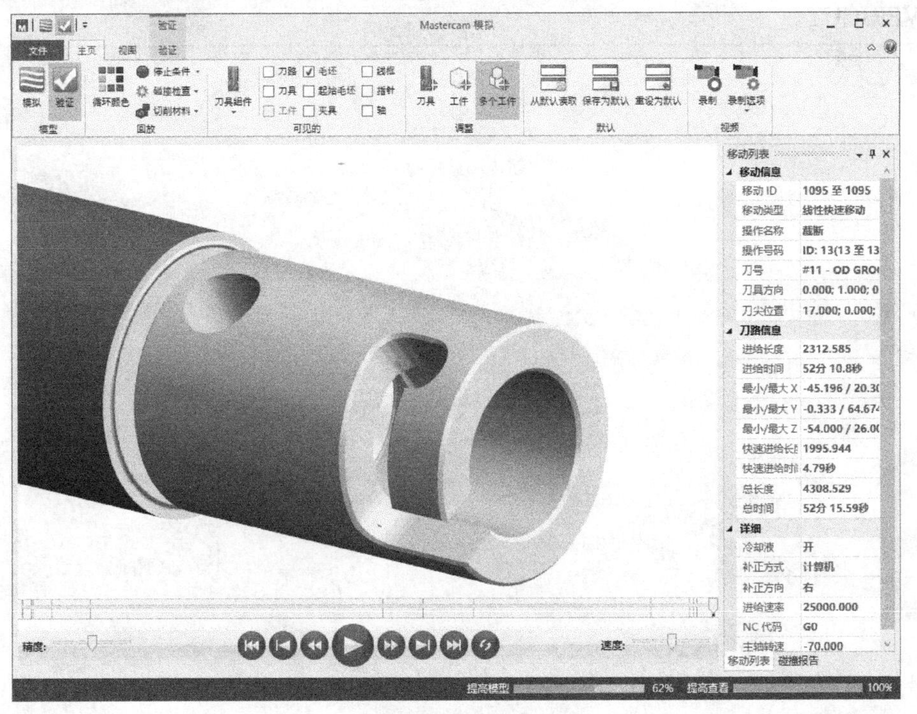

图 7-173　实体验证

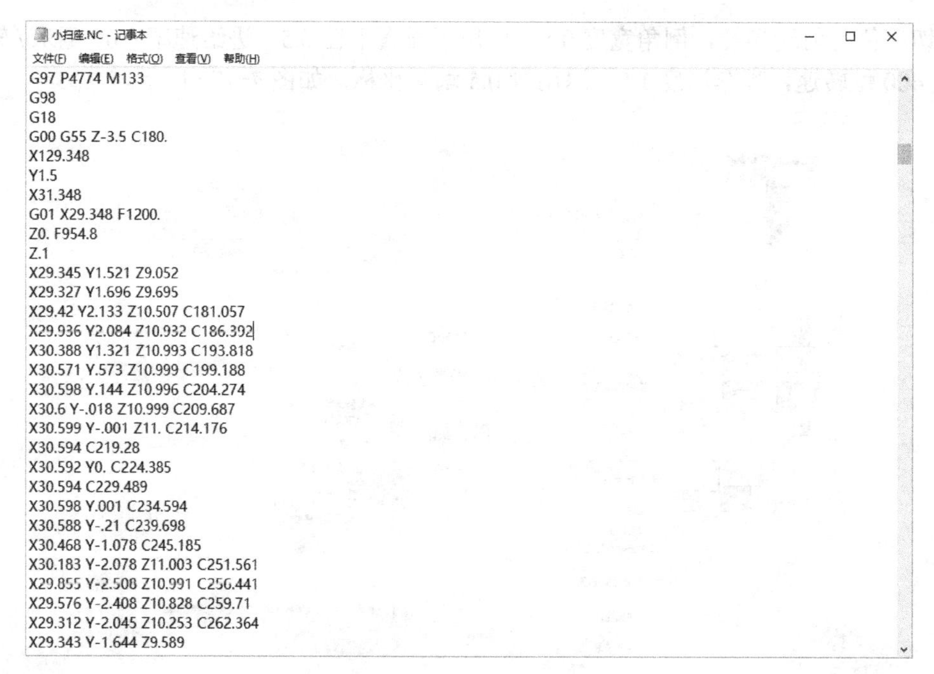


```
G97 P4774 M133
G98
G18
G00 G55 Z-3.5 C180.
X129.348
Y1.5
X31.348
G01 X29.348 F1200.
Z0. F954.8
Z.1
X29.345 Y1.521 Z9.052
X29.327 Y1.696 Z9.695
X29.42 Y2.133 Z10.507 C181.057
X29.936 Y2.084 Z10.932 C186.392
X30.388 Y1.321 Z10.993 C193.818
X30.571 Y.573 Z10.999 C199.188
X30.598 Y.144 Z10.996 C204.274
X30.6 Y-.018 Z10.999 C209.687
X30.599 Y-.001 Z11. C214.176
X30.594 C219.28
X30.592 Y0. C224.385
X30.594 C229.489
X30.598 Y.001 C234.594
X30.588 Y-.21 C239.698
X30.468 Y-1.078 C245.185
X30.183 Y-2.078 Z11.003 C251.561
X29.855 Y-2.508 Z10.991 C256.441
X29.576 Y-2.408 Z10.828 C259.71
X29.312 Y-2.045 Z10.253 C262.364
X29.343 Y-1.644 Z9.589
```

图 7-174　部分 G 代码

注意

在上机之前，一定要通过外部仿真确认程序的正确性，机床内的 NCI 仿真和外部的 G 代码仿真是不一样的，软件自带的后处理不一定适合目前所使用的机床，尤其是多轴刀路，更要谨慎小心。有条件的可以通过现场机床仿真，没有条件的可以用仿真软件仿真，比如 VERICUT。